水体污染控制与治理科技重大专项
成果系列丛书

水体污染控制与治理
代表性关键技术
（上册）

水体污染控制与治理科技重大专项管理办公室　组编

科学出版社

北京

内 容 简 介

水体污染控制与治理科技重大专项是我国第一个系统解决水环境问题的重大科技工程和民生工程，旨在解决制约我国经济社会发展的水污染重大科技瓶颈问题，构建流域水污染控制与治理、饮用水安全保障和流域水环境管理技术体系。本书在上述三大技术体系的框架下，主要收录了具有代表性的有技术前景、有工程应用、已取得成效的219项关键技术，涵盖以下七个技术领域：重点行业水污染全过程控制、城镇水污染控制与水环境综合整治、流域农业面源污染治理、河流水体生态修复、湖泊水体生态修复、流域水环境管理和饮用水安全保障。

本书可用作环境科学与工程、生态学、给水排水工程等专业的研究人员、高等院校师生、企业技术人员、部门管理人员等相关人员的技术参考用书，期望本书的出版能为我国污染防治攻坚战与生态文明建设略尽绵薄之力。

图书在版编目（CIP）数据

水体污染控制与治理代表性关键技术. 上册 / 水体污染控制与治理科技重大专项管理办公室组编. —北京：科学出版社，2024.12
（水体污染控制与治理科技重大专项成果系列丛书）
ISBN 978-7-03-070774-1

Ⅰ.①水… Ⅱ.①水… Ⅲ.①水污染防治—研究—中国 Ⅳ.①X52

中国版本图书馆CIP数据核字（2021）第243237号

责任编辑：刘　冉 / 责任校对：杜子昂
责任印制：徐晓晨 / 封面设计：北京图阅盛世

科 学 出 版 社出版
北京东黄城根北街16号
邮政编码：100717
http://www.sciencep.com

北京富资园科技发展有限公司印刷
科学出版社发行　各地新华书店经销
*

2024年12月第　一　版　　开本：787×1092　1/16
2024年12月第一次印刷　　印张：33
字数：780 000

定价：199.00元
（如有印装质量问题，我社负责调换）

水体污染控制与治理科技重大专项
成果系列丛书

水体污染控制与治理代表性关键技术

编写组（按姓名笔画排序）

于立忠	于建伟	于 茵	马淑芹	马 超	王庆伟	王利军
王沛芳	王国强	王明泉	王泽建	王荣昌	王洪杰	王莉霞
王海波	王 睿	文玉成	尹大强	邓义祥	邓述波	左剑恶
石绍渊	石 磊	叶芝菡	叶 春	史小丽	史惠祥	付丽亚
冯承莲	冯慕华	冯慧云	宁朋歌	邢 妍	邢建民	吕 恒
吕锡武	朱广伟	朱文远	朱正杰	朱 利	朱昌雄	朱金格
朱 琳	庄绪亮	刘书明	刘庆芬	刘征涛	刘艳臣	刘晨明
刘 锐	闫振广	闫海红	江 帅	江和龙	安树青	许 岗
孙文俊	孙 崎	孙贻超	花 铭	李玉平	李玉洲	李兴春
李 军	李红娜	李建辉	李素芹	李海波	杨子萱	杨林章
杨柳燕	吴 达	吴昌永	吴振斌	吴乾元	何兴元	何 欢
何绪文	但志刚	邹国燕	应广东	辛晓东	闵 炬	沈志强
宋玉栋	宋 艳	张 义	张凤山	张文静	张书函	张玉祥
张 东	张列宇	张军立	张 玮	张 凯	张金松	张盼月
张 笛	张晴波	张 歌	张霄林	张毅敏	张 燕	陆书来
陈开宁	邵 煜	尚 巍	罗安程	郗燕秋	周 超	降林华
赵月红	赵乐军	赵秀梅	赵 健	赵 赫	郝春旭	胡卫国
段 亮	段 锋	侯庆喜	侯宝红	施卫明	姜 霞	姚志鹏
骆辉煌	袁 静	莫立焕	贾瑞宝	晏再生	钱 新	钱 毅
徐夫元	徐圣君	徐 建	徐 峻	徐 强	徐睿超	栾金义
高月香	高 光	高晓薇	高康乐	高 涵	席北斗	席宏波
黄头生	曹 特	崔长征	崔福义	符志友	阎百兴	渠晓东
彭开铭	彭文启	董战峰	董黎明	韩小波	韩翠敏	韩 璐
焦克新	储昭升	曾劲松	曾 萍	谢 忱	谢勇冰	雷 坤
管运涛	熊 梅					

丛 书 序 一

水体污染控制与治理科技重大专项（以下简称水专项）是《国家中长期科学和技术发展规划纲要（2006—2020年）》确定的十六个重大专项之一，于2007年启动实施，旨在集中攻克一批节能减排迫切需要解决的水污染防治关键技术、构建我国流域水污染治理技术体系和水环境管理技术体系，为重点流域污染物减排、水质改善和饮用水安全保障提供强有力科技支撑，是党中央、国务院立足我国现代化发展全局，着眼全球竞争形势，审时度势所作出的重大战略决策，具有很强的前瞻性和预见性。

一、水专项有力支撑了国家水污染治理和水环境改善，推进了国家水污染治理和保护进程

水专项实施的15年，是我国水环境认识不断深化、治理力度最大、水质改善速度最快、改善效果最明显的15年，也是科技投入力度最大、科技创新成果产出最多、科技支撑作用最为显著的15年。

一是创新实践了我国流域系统治理的理念。水专项坚持源头治理、系统治理、综合治理，深入践行"山水林田湖草沙"生命共同体理念。在任务部署上打破水资源、水环境、水生态管理条块分割和以地方行政区为管理单元的限制，强调流域的系统性、整体性和完整性以及水系统的循环作用。按照治湖先治河、治河先控污，陆水统筹、协同治理的技术思路，在"十一五""十二五"技术攻关和工程示范的基础上，"十三五"聚焦京津冀区域和太湖流域，在京津冀构建永定河、北运河和白洋淀三条生态廊道，开展技术和管理的综合示范；在太湖建立了一湖四区，形成综合解决方案，系统推进河湖水环境治理和水环境改善。

二是推动了我国水环境管理理念转变。按不同的水环境功能实现有效的水环境目标管理是世界各国普遍采用的水环境管理模式，之前我国尚未开展系统研究。水专项建立了按流域为单元、以质量改善为

核心的水环境管理技术体系。以"分区－基准－排污许可－水环境风险管控"为主线，构建全国"流域－功能区－控制单元－断面"的分区管理体系。建立具有中国特色的水环境基准和标准技术方法体系，实现水环境基准标准本土化，使我国水环境质量标准制订有了自己的标尺。建立污染排放与环境质量响应，从环境质量倒逼污染排放许可排放技术体系，提出了以流域－控制单元为主体的水环境容量计算方法，明确了全国实施水质目标管理的基本思路和技术途径。解决了水环境自动监测、遥感监测和水生态监测技术，推动我国水环境保护目标从物理、化学指标向生态完整性指标的转变。

三是提高了水污染治理和饮用水安全保障自主创新和技术供给能力。在水专项实施前，我国在流域、湖泊、河流、城市水污染控制与饮用水安全保障技术等方面开展了研究并取得了一定的成果，但对我国水环境特征缺乏系统深入研究，水污染控制技术水平低、集成创新不足，水体净化与水生态修复研究刚起步，对治理工程的技术支撑能力薄弱。水专项构建了适合我国国情的水污染治理、水环境管理和饮用水安全保障三大技术体系，全面突破了源头污染治理、河湖生态修复、监控预警、饮用水安全保障等关键技术难题，推动了复杂水环境问题的整体性系统性解决，技术就绪度总体上提升了 3 ~ 6 个等级。通过在十大流域进行工程规模化应用和实践检验，形成了一批成功案例、模式和工程示范，为"水十条"、碧水保卫战、海绵城市建设等国家重大行动，以及京津冀协同发展、长江经济带等国家重大战略的实施提供了有力的科技支撑。

二、水专项形成了一套国家重大项目组织实施机制，积极探索了关键核心技术举国攻关新机制

水专项涉及的污染因子多、利益相关方多、技术方向多，特别是受社会、经济、管理等政策变化影响大，因此组织实施难度大。生态环境部、住房城乡建设部高度重视，通过大胆创新、深入实践，建立起一套符合水专项特点的、行之有效的规范化、科学化、精细化和高效化的组织实施管理机制，积极探索了关键核心技术举国攻关新机制，有力保障水专项目标的顺利实现。

一是建立"地方首长＋首席科学家"负责制，促进了科学研究与行政管理深度融合。水专项主战场在地方，成果应用成效也在地方。水专项两牵头组织部门与北京、天津、河北、江苏等省市签订了部省共同推进水专项实施合作备忘录，确立了"地方首长＋首席科学家"负责制，科学家负责重大关键技术攻关和科技目标的实现，地方政府负责工程示范的落地和治理目标的实现，形成中央与地方、科研与管理责任清晰、协同推进的工作机制，促进研究人员和管理人员融为一体，科研人员参与到政府决策中，管理人员深入到科研一线，形成"管理－研究－决策－执行－管理－研究"的闭环科研模式，有效解决了研究与应用"两张皮"问题。

二是实施"大兵团"联合攻关，探索了关键技术攻关新型举国体制。水专项两牵头组织部门坚持总体专家组的统一技术指导，坚持水专项组织实施的统一技术把关、统一标准和要求。行政、技术两条管理体系建立定期会商机制，密切合作、协调推进。水专项汇聚全国 500 多家科研单位、4 万多名优秀科研人员，高校、国家级科研院所联合地方科研院所、企业等形成数百个联合攻关团队，建成 160 余个科技创新平台，

形成了协同创新的良好局面。

三是完善科技成果转化政策，大力推进水专项成果转化应用。水专项两牵头组织部门多措并举，大力推动水专项成果转化应用，最大限度发挥水专项成果的作用和效益。出台《关于促进生态环境科技成果转化的指导意见》，健全科技成果转化工作体系和成果转化收益分配政策；建成国家生态环境科技成果转化综合服务平台，实现成果汇聚、信息发布、供需对接、咨询交易、金融投资等服务功能，集中展示以水专项成果为主体的各类优秀科技成果4470多项，现已成为我国生态环境领域最权威、规模最大的公益性成果转化平台；建立"一市一策"驻点跟踪研究工作机制，向长江沿线58个城市派出58个专家团队、1000多名科研人员，深入基层一线，把脉问诊开药方，送科技解难题，累计为地方提供形成综合解决方案140多套，有效解决了科技成果转化慢、地方和企业"有想法、没办法"的技术难题，有力支撑了地方水生态环境保护的科学决策和精准施策。

水专项走到今天，成绩来之不易，人民群众清水、亲水、净水的安全感、获得感和幸福感显著增强，这是党中央高度重视和坚强领导、地方政府全力以赴攻坚奋斗的结果，也是水专项全体科技人员集智攻关的结果，凝结着一代人的心血和努力，是一代人的情怀和担当。为完整保存并向社会共享水专项实施15年来取得的典型成果，水专项管理办公室组织相关专家团队，对水专项三大技术体系、八大标志性成果、典型成套技术和关键技术等进行了系统总结和凝练，集成了水专项各研发团队的智慧和贡献，形成了本套"水体污染控制与治理科技重大专项成果系列丛书"。

迈向新征程，我们要坚持以习近平生态文明思想为指引，深入打好污染防治攻坚战，再接再厉，不负韶华，持续推进我国生态环境保护工作向纵深发展，为推动生态文明建设贡献智慧力量，为实现第二个百年奋斗目标提供强大科技支撑。

中华人民共和国生态环境部部长

黄润秋

2023 年 11 月

丛书序二

　　水是生命之源、生产之要、生态之基。党中央、国务院高度重视水资源、水环境、水生态治理。习近平总书记作出一系列重要论述，强调水安全是涉及国家长治久安的大事，要求走好水安全有效保障、水资源高效利用、水生态明显改善的集约节约发展之路。实施水体污染控制与治理科技重大专项（以下简称水专项），是党中央、国务院着眼我国现代化建设全局作出的重要决策，是我国首个系统解决环境问题的重大科技工程和民生工程，着力推动研发高效低耗、经济适用、适合国情的水处理技术和装备，解决制约我国经济社会发展的水污染重大技术瓶颈问题，为水污染物减排、重点流域治污和饮用水安全保障提供全面科技支撑，具有重大而深远的意义。

　　生态环境部、住房城乡建设部深入学习贯彻习近平总书记关于治水的重要论述精神，认真落实党中央、国务院决策部署，强化系统设计，优化资源配置，细化目标任务，聚焦长三角一体化发展、京津冀协同发展等国家战略，坚持中央地方协同、政产学研用联合攻关，持续深入推进水专项实施。经过各方面不懈努力，水专项在研究应用方面取得了丰硕成果，突破了一大批关键核心技术和装备，建立了适合我国国情的流域水污染治理、水环境管理和饮用水安全保障技术体系，有力促进我国重点流域和区域水质持续向好，让更多人民群众喝上了"放心水"。

　　——水专项发挥了政产学研用"大兵团"联合攻关优势，集中攻克了 219 项节能减排迫切需要的水污染防治关键技术，研发集成成套技术 86 项，获发明专利授权 2844 项，编制并发布标准规范 231 项，建成工程示范 1300 余项和综合示范区 20 个，大幅提升了科技自主创新能力。

　　——水专项破解了城镇水污染控制与水环境综合整治的系统性难题，在城镇污水高标准处理与利用技术、城镇降雨径流污染控制成套技术、城镇污泥安全处理处置与资源化技术、城镇排水管网改造与优化技术等方面取得突破，研究成果推广应用到全国 600 余座城市、2000

余条城市黑臭水体治理和3000多项城镇污水处理工程，有力促进了我国城镇水环境质量改善，有效保障了城镇水生态安全。

——水专项建立了"从源头到龙头"供水全流程多级屏障工程技术体系和上下联动的多级协同管理技术体系，在太湖流域、南水北调受水区、长三角地区、珠江下游等重点地区进行技术示范和规模化应用，支撑当地饮用水水质提升与安全达标，直接受益人口超过1亿人。

——水专项建立了"从书架到货架"的材料设备开发技术体系，推动了关键技术装备和环保材料的国产化和产业化，形成了水质监测检测仪器、超滤膜材料及膜组件、水处理用大型臭氧发生器等一系列具有自主知识产权的设备和产品，打破水务设备市场长期被进口产品占据的局面。这些国产水处理设备和产品，不仅填补国内空白，还出口海外，在"一带一路"沿线的尼泊尔、斯里兰卡、伊朗、柬埔寨等国家得到广泛应用。

水专项研究应用取得的巨大成就，是党中央、国务院坚强领导的结果，充分体现了我国社会主义制度集中力量办大事的政治优势。这些成绩的取得离不开有关部门和地方各级党委、政府的大力支持，离不开社会各方面的关心帮助，离不开全体水专项科技人员的辛勤工作。在此，谨向所有关心和支持水专项的各有关部门、单位、专家和各界人士表示衷心的感谢！水专项全体科研和管理工作者的智慧结晶集于"水体污染控制与治理科技重大专项成果系列丛书"，希望丛书的出版能进一步推动水专项的先进技术和管理模式深化应用，推动我国水环境质量持续改善，为建设美丽中国、实现人与自然和谐共生的现代化提供有力的水安全保障。

科技创造未来，创新引领发展。站在新的起点上，我们要深入学习贯彻习近平新时代中国特色社会主义思想，踔厉奋发、勇毅前行，不断加大科技创新力度，推动城乡建设绿色发展，坚决打赢碧水保卫战，为强国建设、民族复兴伟业作出新的更大贡献。

中华人民共和国住房和城乡建设部党组书记、部长

倪　虹

2024年4月

前　言

　　科技是国家强盛之基，创新是民族进步之魂。重大科技创新成果是国之重器、国之利器。党中央、国务院立足我国现代化发展全局，审时度势，设立水体污染控制与治理科技重大专项（"水专项"）。作为我国第一个系统性解决水环境问题的重大科技和民生工程，水专项根据"控源减排－减负修复－综合调控"三步走战略，构建了流域水污染治理、饮用水安全保障和流域水环境管理技术体系。成套技术、关键技术是上述三大技术体系的重要组成部分，是专项科技创新成果的核心展现形式，最重要的是解决了流域/区域的共性问题，具有系统性、逻辑性和完整性的特点。成套技术、关键技术的集成研发与推广应用有效支撑了生态环境质量持续改善，环境保护科技水平不断加强，为深入打好污染防治攻坚战奠定了坚实基础。

　　专项实施以来，在钢铁、造纸、石化、制药等八大重污染行业开展全过程综合控污技术创新，推动行业治污技术转型升级；开展城镇污水收集处理、径流污染控制、污泥处理处置技术创新，破解城镇水污染控制与水环境综合整治的系统性难题；攻克农业面源污染"种－养－生"一体化防控技术瓶颈，创新种植业面源污染全程防控技术、全循环资源利用养殖污染防控技术、高效易维护农村生活污水处理技术，实现流域农业面源污染物消纳、氮磷资源化利用、尾水清洁排放及再生利用；以"上游、中游、下游、全域"空间链条为主线，突破受损水体水质提升及生态完整性修复技术难题，增强河湖水质和生态功能；以流域为单元、质量改善为核心，研发流域功能分区、水生态监测、风险评估、全天候天地一体化监控预警等技术，大幅提升水环境监控预警能力；集成藻类及其衍生物控制、臭氧活性炭次生风险控制、管网漏损识别与控制、水质监测、风险评估、预警应急等饮用水多级屏障工程技术和多级协同管理技术，整体提升了饮用水安全保障能力。

　　收录涵盖重点行业水污染全过程控制、城镇水污染控制与水环境综合整治、流域农业面源污染治理、河流水体生态修复、湖泊水体生态修复、流域水环境管理和饮用水安全保障七个技术领域的专项关键技术，以著书的形式记录和留存这些材料，旨在令今后的学者和环境科研工作者了解我国第一次新型举国体制科学治污的科技成果，并提供技术参考。

　　本书尚有不足之处，虽已进行多次完善，书中难免存在错误和疏漏，希望读者不吝指正。

目 录

第二篇　城镇水污染控制与水环境综合整治

第五篇　湖泊水体生态修复

第六篇 流域水环境管理

第七篇 饮用水安全保障

第一篇

重点行业水污染全过程控制

1　酚油协同萃取关键技术

> **适用范围**：煤化工废水、高浓度含酚废水等预处理。
> **关 键 词**：酚油协同萃取；资源回收；复配萃取剂；高浓度含酚废水；焦化废水；煤化工废水

一、基 本 原 理

煤热解母液中的有机物通常有数百种，本技术核心是在生产端的萃取工段，利用新萃取剂将溶液中浓度和物化性质差异很大的酚、杂环和多环有机物一步协同萃取，减少它们进入末端，抑制微生物活性，提高末端处理效率，降低处理成本。

二、工 艺 流 程

工艺流程具体如图 1.1 所示。

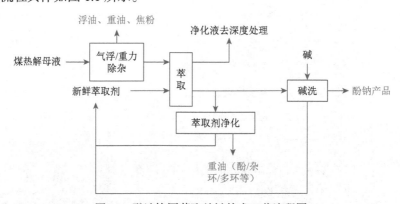

图1.1　酚油协同萃取关键技术工艺流程图

（一）气浮/重力除杂

利用气浮和重力初步分离水中大部分的焦粉和非溶解态油，避免在后续处理过程中堵塞蒸氨塔、脱酸塔和萃取塔，保证工艺顺利运行。

（二）萃取

用研制的新萃取剂将预处理过的水溶液中溶解的酚、杂环、多环等有毒难降解有机物协同萃取到萃取剂中（富酚有机相），脱除有机物后的萃余液（废水）再深度处理。

（三）碱洗反萃

从萃取单元出来的富酚有机相进入碱洗塔，采用浓度为10%～15%氢氧化钠水溶液反萃，将酚选择性生成酚钠产品，脱除酚的萃取剂返回到萃取塔，继续处理母液。

（四）萃取剂净化

由于萃取过程中除了酚外，其他有机物也进入萃取剂中，为了防止杂质积累，抽取富酚有机相体积的10%左右，用精馏塔进行净化处理，杂质从塔釜排出，作为重油产品；净化后的有机物回流到萃取过程。

三、技术创新点及主要技术经济指标

本技术的核心是多污染物协同萃取。

主要难点在于：煤热解母液中通常含有数百种物化生化性质差异大、浓度差异大的有机物，传统二异丙醚（DIPE）萃取，对单元酚有较好效果，但对其他有机物效果有限，部分物质进入末端后难被微生物降解或化学氧化。目前缺乏能够在生产端高效脱除这些污染物的萃取技术，尤其是萃取工段目标污染物的选择，多污染物协同萃取剂及萃取技术，过程精准控制等。

本项目的主要创新点包括如下几点。

（一）萃取工段目标污染物的选择

通过特征污染物分析、污染源解析，结合有机物微生物代谢动力学等，揭示有机分子结构对生物降解和氧化反应的影响规律，查找并确定了多元酚、杂环芳烃、多环芳烃等难生化／氧化的目标污染物，并开发出这些污染物与酚协同萃取优先解毒技术。

（二）创建多污染物协同萃取计算机辅助设计平台

针对目前多物质协同萃取药剂与控制技术缺乏的现状，攻克了基于"虚拟分子"的多物质协同萃取液液相平衡热力学模型、基于大数据分析的萃取剂智能筛选等"卡脖子"技术，创建了多污染物协同萃取计算机辅助设计平台，使得萃取剂研发效率显著提高，时间效率较传统的实验法提高近1万倍。

（三）研制出醇–酮–芳烃复合萃取剂

依托萃取剂设计平台，结合组分优化组配、母液实测、药剂规模化制造等工程技术难题，成功研制出商用多元复合萃取剂（IPE-PO）。

根据详细的实验研究，结合设备设计与选型等，完成了 1 m³/h 含酚废水酚油协同脱除实验，萃酚塔出口取样结果表明废水中的总酚、化学需氧量和油分别降低至 200 mg/L 以下、2500 mg/L 以下、50 mg/L 以下，生化需氧量/化学需氧量从 0.15～0.2 提高至 0.25～0.3，显著改善废水可生化性。

通过两级萃取，新萃取剂体系及萃取工艺可实现废水中单元酚、多元酚、杂环化合物和多环化合物的协同萃取，分配系数较传统 DIPE 萃取分别提高 15%～20%、100%～120%、50%～60% 和 130%～150%，同时新萃取剂在实际废水中的溶解度不足传统萃取剂的 1/30。

四、实际应用案例

（一）典型案例1：陕西乾元5 m³/h兰炭废水脱酚蒸氨处理项目

该技术率先应用于陕西乾元 5 m³/h 兰炭废水脱酚蒸氨处理项目，其水质成分复杂、污染物浓度高、毒性大，通过酚油协同萃取技术，处理出水油从 2000～2500 mg/L 降到 150 mg/L 以下，总酚从 12000 mg/L 降到 2000 mg/L 以下，单元酚从 4000 mg/L 降到 100 mg/L 以下。

（二）典型案例2：云南先锋化工有限公司煤气水预处理改造项目

在云南先锋化工有限公司煤气水预处理改造项目完成工程示范（图 1.2），设计处理规模 100 m³/h，采用酚油协同萃取技术实现废水解毒，出水化学需氧量 ≤ 5000 mg/L，总酚 ≤ 350 mg/L，总氮 < 200 mg/L，石油类 ≤ 50 mg/L，有效回收了酚资源，并为下一步生化高效稳定处理奠定基础。另外，该酚油协同萃取技术推广至新疆天雨废水脱酚蒸氨处理工程。

图1.2　云南先锋煤气水萃取脱酚示范工程

技 术 来 源

- 辽河流域特大型钢铁工业园全过程节水减污技术集成优化与应用（2015ZX07202013）
- 钢铁行业水污染全过程控制技术系统集成与综合应用示范（2017ZX07402001）

2 适度氧化耦合絮凝高效脱酚氰关键技术

> **适用范围**：焦化废水、钢铁综合废水深度处理。
>
> **关 键 词**：适度氧化；絮凝；耦合；高效脱氰；脱色；焦化废水；含氰废水

一、基 本 原 理

针对钢铁行业焦化废水中低浓度氰、酚等污染物难以稳定达标排放的实际需求，研发适度氧化耦合絮凝新技术与复合功能商用药剂，通过以过渡金属氧化物为活性中心的适度氧化剂将低浓度酚、氰污染物高效定向重构转化为容易沉淀的聚合偶联产物；进一步通过研发系列单位电荷密度/分子量的有机高分子环保药剂，通过提高药剂单位分子量的电荷密度，高效絮凝分离适度氧化重构过程产生的聚合偶联产物，实现总氰和有机物化学需氧量协同去除与达标。

二、工 艺 流 程

混凝沉淀工艺是工业废水深度处理的传统技术，广泛应用于我国钢铁企业焦化废水深度处理。新药剂可替换原有混凝工艺的混凝药剂，直接在混凝配药间操作即可，新药剂经过配药间通过泵打入混凝反应池（具体投加位置与投加量根据实际水质水量决定），经过适度氧化聚合偶联反应、凝聚、絮凝、吸附、卷扫等反应形成絮体，随后进入沉淀池进行沉淀分离（图2.1）。

三、技术创新点及主要技术经济指标

针对钢铁、焦化、煤化工行业焦化酚氰废水、脱硫废液、综合废水中酚/氰/硫等特征污染物难以稳定达标排放的实际需求，研究揭示了单电子适度氧化酚类污染物是引发自由基聚合偶联、亲核加成生成易沉淀产物的重要路径，明确了加速电子转移诱

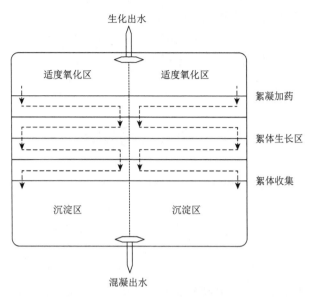

图2.1 适度氧化耦合絮凝高效脱酚氰关键技术工艺流程图

导酚类污染物与共存氰/硫等亲核组分偶联转化为高分子量聚合产物的关键工艺参数；通过调控，显著促进单元酚、多元酚的聚合转化，总酚去除率从 30% 提高至 95% 以上，三聚体、四聚体等高聚合度易分离产物增加 3.9 倍，亲核偶联反应效率可提高 3～11 倍，更容易通过絮凝沉淀分离去除。以上研究工作为新疆最大企业中泰化学新疆天雨在建 500 万吨/年煤分质清洁高效综合利用工程兰炭酚氰废水深度处理反应–沉淀池改造提供工艺设计依据（投资 2.2 亿元，设计水量 5232 t/d）。

提出并建立适度氧化–絮凝分离过程匹配的耦合工艺新方法，以氧化过程污染物结构变化–亲疏水/分子量特征作为匹配调控的关键指标，设计合成出与适度氧化匹配的系列高分子絮凝剂和磁性助凝剂，进一步复配研制出具有复合功能的焦化行业深度脱酚氰商用药剂。在适度氧化过程中，不仅发生酚类污染物的高效聚合转化，也通过络合氰、硫氰化物交叉偶联，实现 90% 以上氰/酚/硫等毒性官能团高效适度氧化重构转化为容易沉淀的聚合偶联产物，污染物分子量提高 4～21 倍，亲水/疏水官能团比例降低 17%～43%，在絮凝过程实现不同亲疏水/分子量特征氧化聚合产物的快速沉淀分离，有效实现了适度氧化过程与絮凝分离过程的高效匹配与耦合协同。

与常规絮凝相比，新技术与药剂具有突出的技术经济优势：

（1）总氰化物去除率由 10% 左右提高至 90% 以上，出水总氰化物低于 0.2 mg/L；

（2）总酚去除率由 25% 左右提高至 90% 以上；

（3）化学需氧量去除率由 20%～30% 提高至 50% 以上；

（4）色度去除率由 15%～20% 提高至 60% 以上；

（5）出水稳定满足《炼焦化学工业污染物排放标准》（GB 16171—2012）、《钢铁工业水污染物排放标准》（GB 13456—2012）和《辽宁省污水综合排放标准》（DB 21/1627—2008）等地方排放标准。

该技术突破解决了钢铁、焦化等行业酚氰特征污染物超标技术瓶颈，处理出水稳定达到行业和地方排放标准要求，运行成本降低近一半，具有突出的技术经济优势，并在鞍钢、邯钢两大央企的 6 项示范工程中应用，包括特大型钢铁工业园鞍钢主厂区综合废水深度处理工程（处理规模 4.8 万 t/d）。以上工作获 2017 年国家技术发明奖二等奖。

四、实际应用案例

适度氧化耦合絮凝新技术和复合药剂分别应用于鞍钢集团化工总厂三期焦化厂焦化废水强化集成处理示范工程（处理规模 200 m³/h，图 2.2）和沈煤集团鞍山盛盟焦化废水处理工程（200 m³/h）两项行业首套工程。焦化废水处理化学需氧量去除率＞ 50%、总氰化物去除率＞ 90%、出水总氰化物≤ 0.2 mg/L，出水指标稳定满足《炼焦化学工业污染物排放标准》（GB 16171—2012），实现氰化物减排 21.7 t/a，在沈煤集团鞍山盛盟煤气化公司的技术应用已运行 6 年，突破解决了酚氰特征污染物超标的行业性技术难题。

图2.2 鞍钢集团化工三期焦化厂废水示范工程

同时，技术应用于鞍钢西大沟钢铁综合废水处理厂钢铁园区综合废水处理示范工程（处理规模 2000 m³/h），综合废水处理氰化物浓度＜ 0.2 mg/L，满足《钢铁工业水污染物排放标准》（GB 13456—2012）和《辽宁省污水综合排放标准》（DB 21/1627—2008）。该技术也被应用推广于河钢集团邯钢焦化厂 200 m³/h 酚氰污水提标改造工程，邯钢集团邯宝钢铁有限公司废水处理提标改造工程（处理规模为 300 m³/h），氰化物从 20 mg/L 降到 0.2 mg/L，取得很好的运行效果。

进一步组建药剂规模制备生产线，具备近 10 万 t/a 的产业化生产能力，商业化系列产品获《北京市新技术新产品（服务）认定》和"环境友好型技术产品（中国环境科学学会）"。技术成果被成功推广应用于钢铁、焦化和煤化工行业 13 项废水处理工程，废水处理总规模合计 7.6 万 t/d，实现总氰化物减排 1202 t/a，为企业减少排污费 3364 万元 / 年。作为焦化废水处理集成技术中的关键技术与核心药剂，入选"四部委"《节水治污水生态修复先进适用技术指导目录》、工信部 / 水利部《国家鼓励的工业节水工艺、技术和装备目录》和生态环境部《国家鼓励发展的环境保护技术目录（水污染治理领域）》。

技 术 来 源

- 太子河典型工业水污染控制与水质改善技术集成与示范（2012ZX07202006）
- 重点流域冶金废水处理与回用技术产业化（2013ZX07209001）
- 辽河流域特大型钢铁工业园全过程节水减污技术集成优化与应用（2015ZX07202013）
- 钢铁行业水污染全过程控制技术系统集成与综合应用示范（2017ZX07402001）

3 非均相催化臭氧氧化关键技术

适用范围：焦化废水／钢铁综合废水深度处理、其他低浓度有机废水深度处理。

关　键　词：非均相催化臭氧氧化；梯度氧化工艺；复合催化剂；大型臭氧氧化塔；废水深度处理；低浓度有机废水；焦化废水

一、基 本 原 理

焦化废水经生化和絮凝处理后，大部分有机污染物已被去除，但还残留少量的难降解毒性有机物，无法实现化学需氧量和毒性有机物达标排放或回用。针对焦化废水的生化尾水中难降解有机物去除难题，开发碳－金属复合的非均相臭氧氧化催化剂，可催化分解臭氧高效产超氧自由基、羟基自由基、单线态氧等活性氧，并基于不同活性氧的氧化能力强弱及与不同结构有机物的作用关系，创新设计出梯度氧化工艺。利用超氧自由基等弱氧化活性氧降解毒性取代酚及其他目标污染物，利用无选择性强氧化的羟基自由基将降解中间产物和其他难降解污染物，将废水中的残留有机物彻底矿化成二氧化碳和水。通过计算流体动力学模拟优化塔内结构设计，提高臭氧氧化塔内气液传质过程，实现传质和反应过程的科学匹配。通过以上措施，提高臭氧的利用效率，并且提高有机物降解程度。开发的非均相催化臭氧氧化剂可稳定使用3.5年以上，并形成了不同规格的商业化的大型催化臭氧氧化塔。

二、工 艺 流 程

催化臭氧氧化一般与生化、絮凝、曝气生物处理工艺组合，利用不同工序去除有机物的特点和成本优势，形成一套有效的有机物深度处理技术。工艺流程具体如图3.1所示。

絮凝脱氰是催化臭氧氧化的前处理单元，混凝过程会生成大量的絮体，如果直接进入催化臭氧氧化过程，会附着在催化剂活性位表面降低催化剂活性，并容易发生催化剂床层堵塞的现象，大大缩短稳定运行时间。增加砂滤作为催化臭氧氧化的预处

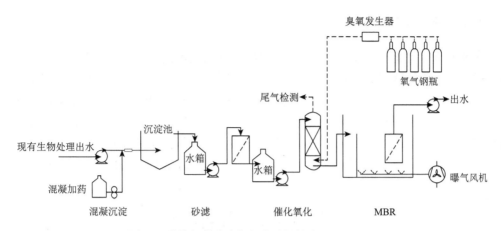

图3.1 非均相催化臭氧氧化关键技术工艺流程图

理步骤，可以有效去除混凝沉淀之后残余在水体中的少量絮体和细颗粒悬浮物，提高臭氧氧化的效率。经过催化臭氧氧化处理后，大部分污染物被氧化分解为水和二氧化碳，还存有少量的难降解羧酸类中间产物。曝气生物滤池或膜生物反应器（MBR）降解羧酸类有机物效率高，可作为催化臭氧氧化处理的后续环节，能进一步提高有机物去除效率。

三、技术创新点及主要技术经济指标

（一）技术创新点

焦化废水生物处理出水剩余有机物水溶性好，稳定性强，直接臭氧氧化难以奏效，臭氧利用率低，成本高。本项目通过长寿命的高效非均相催化剂开发，结合催化氧化反应设备研制，提高有机物氧化效率，提高深度处理水质，同时大幅度降低氧化剂（臭氧）使用量，从而降低处理成本。开发一种共掺杂碳基多孔催化剂，提高了催化剂界面的臭氧活化产自由基的效率；通过构造碳表面的含氧官能团和缺陷位，以及利用掺杂金属组分上的晶格氧缺陷高效活化臭氧，提高了过程氧化能力。在开发复合催化剂的基础上，并实现了催化剂的规模化制备，催化剂可稳定使用3年以上，并保持较高活性。而常规的活性炭催化剂使用寿命不足2年，并易在操作运行中发生爆炸，影响运行效果；而锰砂催化剂易流失活性金属，造成活性下降及金属离子二次污染。另外，结合气液传质模拟，调整臭氧氧化塔设计参数，增强气液传质效率，提高废水处理效果。

非均相催化臭氧氧化技术能在中性条件下将难降解有机物选择性氧化分解，使处理后的废水化学需氧量、色度、苯并芘等毒性有机物等指标达到国家最新排放标准，处理成本低，有机物和色度去除率高，处理成本低于芬顿（Fenton）氧化等氧化技术，同时不引进任何盐类，有利于废水回用，而且催化剂稳定性高，寿命长，系统自动化程度高，操作简单。

（二）主要技术经济指标

进水化学需氧量 < 150 mg/L 时，催化臭氧氧化出水化学需氧量可达到 80 mg/L 以下。进水化学需氧量 > 100 mg/L 时，臭氧利用效率均不低于 1 g COD/g O$_3$，化学需氧量去除效率较高，吨水处理成本不高于 2.5 元。催化臭氧氧化能有效去除化学需氧量，但对氨氮几乎无去除效果，可后接膜生物反应器去除氨氮。处理出水满足国家《污水综合排放标准》（GB 8978—1996）一级排放标准、《辽宁省污水综合排放标准》（DB 21/1627—2008）一级标准和《炼焦化学工业污染物排放标准》（GB 16171—2012）要求。

四、实际应用案例

该技术在鞍钢集团完成中试后，率先应用于鞍钢集团化工总厂三期焦化废水改造工程（处理规模 200 m^3/h），为行业内首套焦化废水臭氧催化氧化深度处理示范工程（图 3.2），处理出水化学需氧量 < 50 mg/L，苯并芘、多环芳烃等毒性污染物浓度也满足《炼焦化学工业污染物排放标准》（GB 16171—2012），开发的复合催化剂可稳定使用 3.5 年以上。

该技术还应用于武钢－平煤联合焦化公司焦化废水提标改造工程（处理规模为 480 m^3/h），行业内单套处理规模最大工程（图 3.3），采用梯度催化臭氧氧化作为深度处理工艺，处理出水化学需氧量从 120 mg/L 左右降至 50 mg/L 以下，稳定实现焦化废水深度处理达标排放难题，废水经处理后直排长江。其他技术应用推广还包括邯钢东区焦化废水催化臭氧氧化工程（规模 200 m^3/h）、邯钢西区焦化废水催化臭氧氧化处理工程（规模 300 m^3/h）、安阳钢铁焦化废水催化臭氧氧化工程（规模 300 m^3/h）、涟钢酚氰废水催化臭氧氧化示范工程（规模 110 m^3/h）、攀钢焦化废水催化臭氧氧化处理工程（规模 150 m^3/h）、鞍山盛盟焦化废水深度处理及回用工程（规模 100 m^3/h）等十余套示范工程。

图3.2　首套催化臭氧氧化深度处理焦化废水工程（鞍钢焦化三期）

图3.3　最大规模催化臭氧氧化处理焦化废水工程（武钢–平煤联合焦化公司）

技 术 来 源

- 辽河流域特大型钢铁工业园全过程节水减污技术集成优化与应用（2015ZX07202013）
- 钢铁行业水污染全过程控制技术系统集成与综合应用示范（2017ZX07402001）

4 高盐废水处理及回用关键技术

> **适用范围**：钢铁、煤化工、有色等行业综合废水深度处理回用、高盐有机废水资源化处理。
>
> **关 键 词**：高盐有机废水；非均相催化臭氧氧化；纳滤分盐；超滤－反渗透；电渗析；双极膜电渗析

一、基 本 原 理

采用多杂质协同深度去除、催化臭氧氧化和压力－电驱动膜组合技术处理高盐有机废水，去除废水中的有机物和无机盐实现淡水回用，并利用双极膜电渗析技术将废水中大部分氯化钠盐转化为对应的盐酸和氢氧化钠溶液，回用于企业生产过程。开发的多组分复合碳高效催化剂可耐受高含盐废水，并且臭氧通过纳微气泡的形式进入催化臭氧氧化塔，提高了气液混合效率和臭氧利用效率，对有机物去除效果更高，同时也减少后续膜处理单元的膜污染程度。基于研制新型抗污堵的离子交换膜，结合超滤、纳滤、反渗透等压力驱动膜与电膜组合工艺，可以实现产淡水回用及联产酸碱回用。

二、工 艺 流 程

工艺流程如图 4.1 所示。废水经高效混凝、催化臭氧氧化、膜生物反应器等耦合工艺处理后，使高盐废水中有机物浓度大大降低。高盐废水中除了含大量硫酸根和氯离子等可溶性无机盐外，还含一定的钙、镁、铁离子和少量其他重金属杂质，通过构建多杂质协同深度去除预处理工艺，使高盐废水中硬度、氟离子、无机硅、浊度和色度等获得深度去除，并采用超滤－反渗透膜技术得到一定比例的淡水回用；反渗透浓缩水（简称"RO 浓水"）经过催化臭氧氧化处理去除浓水中有机物后，进一步通过纳滤处理分离氯离子和硫酸根，对含钠、氯等一价离子的纳滤淡水进一步采用高压反渗透和电渗析进行浓缩，最后采用双极膜电渗析技术将浓缩后的氯化钠溶液转化为对应的盐酸和氢氧化钠溶液,回用于企业生产过程。所研发的集成技术可根据不同企业的用水需求,产生一定比例淡水回用,通过其他渠道(如浊循环单元)消纳少量的浓水。

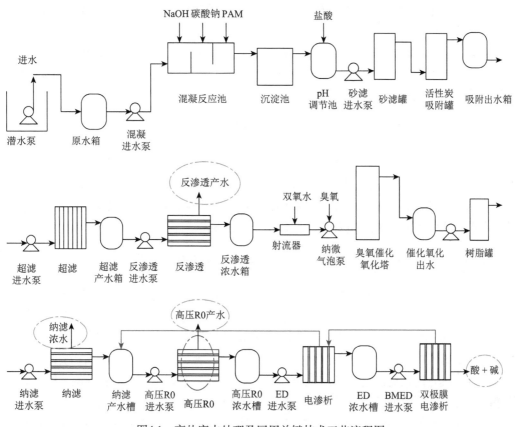

图4.1 高盐废水处理及回用关键技术工艺流程图

三、技术创新点及主要技术经济指标

(一)技术创新点

采用催化臭氧氧化技术降解有机物,可作为膜处理工艺的预处理单元降低膜污染,也可处理膜浓缩产生的浓水,降低后续处理的压力,通过耐盐复合高效催化剂研发和纳微臭氧气泡组合,可有效去除高盐废水中的有机物。通过表面复合修饰研制新型抗污染离子交换膜,改善离子交换膜表面抗污堵能力,提高电渗析系统运行稳定性和延长运行周期,降低废水脱盐成本。采用催化臭氧氧化技术、压力-电驱动膜组合脱盐/浓缩、酸碱再生集成技术,可实现高比例淡水回用和联产酸碱,解决了钢铁、煤化工、焦化等行业废水处理不能稳定达标排放、回用率低和产生大量固体杂盐等问题。

（二）主要技术经济指标

1. 纳微气泡耦合–强化催化臭氧氧化技术

合成非均相金属 – 碳复合催化剂，并构建纳微气泡、臭氧增浓与臭氧复合催化氧化耦合强化技术，用于反渗透浓水处理。当进水化学需氧量为 100 ~ 150 mg/L 时，出水化学需氧量为 30 ~ 60 mg/L，化学需氧量去除率大于 50% 以上，出水色度低至 1/10，臭氧利用率高于 90%，同时能高效去除反渗透浓水中难降解有机污染物，出水满足后续膜系统的进水要求。

2. 抗污染压力/电驱动膜组合高效脱盐与浓缩技术

通过表面复合改性研制出新型抗污染离子交换膜和离子选择性透过膜，结合反渗透 – 纳滤 – 倒极电渗析组合膜分离工艺，回收含盐废水中的淡水和氯化钠，服务分质循环利用。产水率约 90%，氯化钠回收率 > 80%，膜清洗周期延长 1 倍以上。膜组合脱盐产水化学需氧量 < 10 mg/L、电导率 < 200 μS/cm。

3. 基于酸碱再生和水回用的工业含盐废水超低排放集成技术

构建基于反渗透脱盐 – 浓水纳微气泡 / 催化耦合强化臭氧氧化 – 纳滤分盐 – 电驱动膜脱盐与浓缩 – 双极膜酸碱再生的工业含盐废水资源化回用与超低排放集成工艺。高盐废水中大部分氯化钠被转化为浓度 7% ~ 8% 的盐酸和氢氧化钠溶液，回用到生产线，不产生无机盐；浓水产率 < 10%，主要为硫酸盐，可满足用于冲渣等浊循环要求。

本技术具有催化剂稳定性高、有机物去除效率高、膜抗污染能力强和浓盐水再生酸碱效率高等特点。集成膜过程用于焦化尾水资源化处理与回用过程，连续运行 3 个月无明显膜污染，膜通量维持不变，结合膜清洗工艺可实现集成膜系统的长期稳定运行，淡水产率达到 85% 以上，产酸、碱浓度约 2 当量浓度且满足回用要求，扣除淡水、酸和碱的收益后处理成本约为 10 元 /m³ 废水，且系统运行稳定。

四、实际应用案例

研发的关键技术在鞍钢集团已完成处理规模 50 m³/d 现场中试实验，验证了技术可靠性与经济性。并于 2019 年 10 月通过中国环境科学学会组织的成果鉴定，认为研发的高盐有机废水纳微气泡 – 催化耦合强化臭氧氧化关键技术、抗污染压力 / 电驱动膜组合高效脱盐与浓缩关键技术、基于酸碱再生 / 水回用的焦化尾水近零排放集成技术水平领先，并建议推广应用。目前研发的超滤 – 反渗透等膜脱盐浓缩技术、高盐有机废水深度氧化技术已应用于神华国能集团河曲发电厂的脱硫废水处理示范工程，这种高盐水的处理规模为 35 m³/h，实现稳定运行。

另外，高盐水资源化处理及回用整体技术“高效软化 + 催化臭氧氧化 + 多膜集成 + 双极膜联产酸碱”已应用于邯钢高盐水处理示范工程（图 4.2），处理规模为 1200 m³/d。

其中电渗析单元浓缩可获得含盐量约为 13% 的氯化钠溶液，经双极膜电渗析单元转化为 7%～8% 的盐酸溶液和氢氧化钠溶液。目前工程运行效果良好，淡水产率不低于 90%，高盐水量不高于 5 m³/h，淡水出水指标化学需氧量≤ 5 mg/L、氨氮≤ 1 mg/L、电导率≤ 200 μS/cm、pH 为 7～9。吨水处理成本约为 10 元，较蒸盐工艺年可节省成本约 300 万元。

图4.2　邯钢高盐废水资源化处理回用示范工程

技 术 来 源

- 辽河流域特大型钢铁工业园全过程节水减污技术集成优化与应用（2015ZX07202013）
- 钢铁行业水污染全过程控制技术系统集成与综合应用示范（2017ZX07402001）

5　钢铁园区水网络优化与智能调控关键技术

> **适用范围**：钢铁园区水网络全局优化及水系统全过程节水减排管控。
> **关 键 词**：长流程钢铁园区；多尺度；超结构模型；智慧管理平台；水网
> 络优化；节水减排

一、基 本 原 理

基于全过程水污染控制策略，以新型供水预处理技术、工艺过程单元节水减排技术以及末端废水强化处理技术等水污染控制技术单元和用水单元作为园区水网络的基本构成单元，并通过与园区供水、用水、排水、废水处理及回用等基本用水方式的组合，设计园区水网络集成方案超结构，以表达水污染控制单元技术在园区水网络中的集成和水网络优化的搜索空间，从园区整体的视角发掘潜在的节水减排潜力。在此基础上，以水中污染物和水量平衡为重点，建立单元 - 工序 - 园区三个尺度水系统模型和以综合用水成本最低为目标的水网络全局优化模型。

通过对钢铁企业水系统全过程用排水信息的收集，结合物联网、云技术等手段，根据水处理系统工艺和运维的需求，形成水网络优化的输入参数和约束条件，并以水的质量平衡和杂质的质量平衡作为分析原则，建立有效的水质水量预测模型和分析模型，构建水系统精细化运行知识库和相应的推理机制，建设钢铁企业水污染全过程控制智能管控平台。

二、工 艺 流 程

全局优化：利用工业园区水网络优化框架，对目标钢铁园区开展调研，获取水网络结构及其操作参数，形成支持园区水网络优化参数和约束条件；以园区生产综合用水成本最低为目标，利用水网络全局优化程序对园区水污染控制技术集成和节水减排方案进行研究，以期为园区水网络全局优化提供思路和参考（图5.1）。

全过程节水减排智慧管控平台：通过对厂内用水及水处理单元的水质、水量、工艺运行状态及处理效率的实时监管，提升水处理系统综合治理效果，实现运行管理规

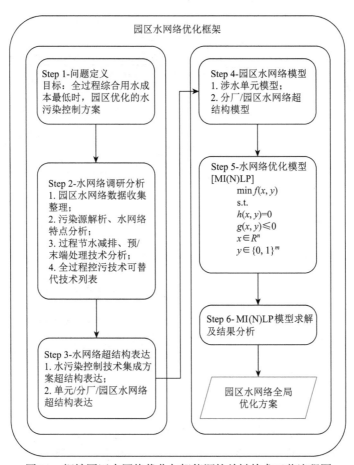

图5.1 钢铁园区水网络优化与智能调控关键技术工艺流程图

范化、数字化、可视化，保障钢铁企业全厂水系统的稳定高效运行；同时将钢铁企业用排水全生命周期可视化显示于企业管理人员及技术人员面前，使之可以通过图形界面或统计图表实时了解全厂给排水网络的运行状况。平台功能主要包括有：水系统实时业绩管理、水系统质量管理、环保管理、水资源控制和协调（图5.2）。

三、技术创新点及主要技术经济指标

（一）建立水网络优化实施框架，指导开展园区水网络优化工作的实施

基本思路是以全过程水污染控制策略为指导，结合项目示范工程，以新型供水预处理技术、工艺过程单元节水减排技术，以及末端废水强化处理技术等水污染控制单元技术和用水单元技术作为园区水网络设计的基本单元，并通过与园区供水、用水、排水、水回用等基本用水方式的组合，设计园区水网络集成方案超结构，以表达水污染控制单元技术在园区水网络中的集成和水网络优化的搜索空间。在此基础上，建立以综合用水成本最低为目标的水网络优化模型，通过模型的求解分析，以形成指导工业园区基于综合用水成本最小的水网络全局优化方案。

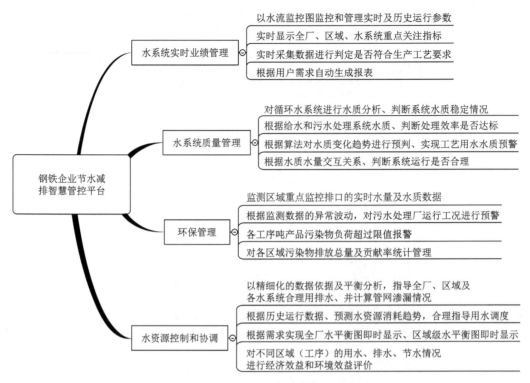

图5.2 钢铁企业节水减排智慧管控平台功能

（二）开发基于物联网、信息化技术的水处理系统综合信息收集及分析技术，并结合用水–排水–回用水全过程的水质水量平衡优化，实现水系统智能化监控和钢铁联合企业全园区水资源合理调配

结合循环水水质保障技术、钢铁企业全厂给排水系统优化运行的创新，形成源头控制、清洁生产、过程精细化管控、末端治理和水资源重复利用的基于超低排放的钢铁园区水系统优化及智慧管理和分质供水技术。

通过水网络优化和智慧管控平台的应用，可以保障钢铁企业各水处理系统合理、智能运行，减少排水并保证环境排放达标，减少水处理过程能耗。最终实现钢铁企业综合节水 5%～10%，节省水处理运行费用 10% 以上。

四、实际应用案例

邯钢全过程节水减排智慧管控平台（图 5.3 至图 5.5）：结合邯钢具体需求，通过建立园区水网络多尺度超结构模型，形成了涵盖烧结、球团、焦化、炼铁、炼钢、轧钢等钢铁生产主体工序，包括供水、用水、水处理、水回用等全生命周期环节的大型钢铁园区水网络优化模型，并通过开发高效求解方法，提出了邯郸钢铁工业园区水网络的优化和智能调控技术方案。

图5.3 钢铁企业节水减排智慧管控平台首页（左）及全局概览（右）

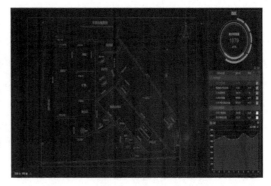

图5.4 钢铁企业节水减排智慧管控平台工艺监控（左）及环保管理（右）

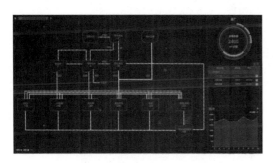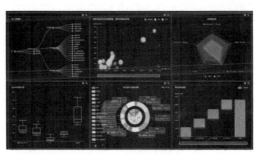

图5.5 钢铁企业节水减排智慧管控平台水平衡管理（左）及图表分析（右）

利用智慧管控平台，对邯钢园区水系统运行监控管理，实现水处理系统的智能化科学管理，对厂内用水、水处理单元的水质、水量、工艺运行状态、处理效率实施监管，提升了水处理系统综合管理水平，实现了运行管理规范化、数据化、可视化，保障了园区水系统的稳定高效运行。平台部署后，邯钢逐步实现精细化管理，提升浓缩倍数，降低补水量和排水量；同时邯钢对水系统突发事件的发现与响应速度、工作的协同性得到大幅提升，为按质供水、节约用水、优化水系统的运行提供了有力的支撑。

技 术 来 源

- 钢铁行业水污染全过程控制术系统集成与综合应用示范（2017ZX07402001）

6　ABS 接枝聚合反应釜清釜周期延长关键技术

> **适用范围**：可用于乳液接枝 – 本体 SAN 掺混法丙烯腈 – 丁二烯 – 苯乙烯
> 　　　　　共聚物树脂（ABS 树脂）乳液接枝聚合反应装置。
> **关 键 词**：ABS 树脂；反应釜；清洁生产；源头减量

一、基 本 原 理

　　反应釜内传质传热效果差、局部热量积累导致胶乳破乳是反应釜易挂胶、清釜周期短的重要原因。针对聚合胶乳特性，通过流场模拟和系列试验，研究开发了在低搅拌剪切力下满足反应釜传质传热要求的宽桨叶搅拌器与折流挡板组合搅拌设备，在不改变乳化剂投加量和胶乳颗粒粒径分布特征的条件下，保证了乳液体系的稳定性和釜内传质传热效果。采用该设备对传统乳液聚合反应釜进行改造后，釜内流场得到优化，反应液整体打漩现象得到消除，径向和轴向混合均得到加强，传热传质效果显著提高，因散热不及时局部高温导致的胶乳颗粒破乳凝聚减少，釜壁挂胶量大幅降低，从而延长了清釜周期。

二、工 艺 流 程

　　工艺流程具体如图 6.1 所示。

　　丙烯腈 – 丁二烯 – 苯乙烯共聚物树脂（ABS 树脂）生产过程中丁二烯聚合、乳液接枝聚合、凝聚干燥三个工段是产生废水的主要环节，接枝聚合工段清釜废水排放是废水中悬浮物的主要来源。本技术应用于乳液接枝反应釜釜内件改造，在不改变原有生产工艺的情况下，可有效降低清釜废水及污染物排放量以及凝聚干燥工段有毒有机物排放量。

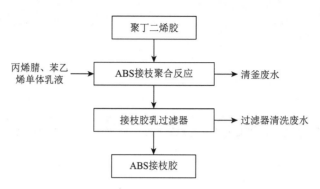

图6.1   ABS接枝聚合反应釜清釜周期延长关键技术工艺流程图

三、技术创新点及主要技术经济指标

接枝聚合反应釜釜壁挂胶严重和清釜周期短是 ABS 树脂生产企业普遍存在的问题。对多家 ABS 生产企业的调研结果表明，尽管各企业釜内件、清洗方式均不完全相同，传统接枝聚合反应釜清釜周期普遍较短，多为 6 ～ 30 批，清釜废水排放量大。

（一）识别了影响ABS接枝聚合反应釜釜壁挂胶和清釜周期的关键因素

通过反应釜流场和温度场模拟及乳液接枝聚合试验识别出反应釜内反应液整体打漩，传质传热效果差、局部热量积累导致胶乳破乳是反应釜易挂胶、清釜周期短的重要原因，改善反应釜混合条件是关键。

（二）研发了低搅拌剪切力下满足反应釜传质传热要求的搅拌设备，实现接枝聚合反应釜清釜周期延长、污染物源头减量和产品收率提升

清釜周期由 30 批延长到 120 批以上，清釜废水及污染物排放量源头削减 75.0% 以上，减少了清釜废水间歇排放造成的冲击负荷。由于反应釜改造后釜内流场和温度场更加均匀，反应效率更高，ABS 树脂的产品收率和产品性能得到进一步提升，单体转化率由 98.3% 提高至 98.8%；ABS 树脂产品抗冲击强度由 185 J/m 提高至 195 J/m。由于单体转化率提高，接枝胶乳中残留的丙烯腈和苯乙烯单体含量下降，降低了凝聚干燥工段废水和尾气中的有毒有机物浓度。

四、实际应用案例

吉林石化公司38万吨/年ABS树脂装置接枝聚合反应釜改造项目

ABS 接枝聚合反应釜清釜周期延长技术应用于吉林石化公司 38 万 t/a ABS 树脂装置接枝聚合反应釜改造（图 6.2），实现清洁生产减排，并增收 ABS 树脂产品，反应釜

搅拌器改造后，每年可减排化学需氧量 902.5 t，丙烯腈 53.5 t 和苯乙烯 55.6 t，排污费和清胶费用节约以及产品增收等直接经济效益共计 1080 万元。ABS 接枝聚合反应釜清釜周期延长技术已成功应用 3 年以上，运行效果稳定，清釜周期由 30 批延长到 120 批以上，清釜废水及污染物排放量源头削减 75.0% 以上，减少了废水冲击负荷。

图6.2　ABS接枝聚合反应釜优化试验中试装置（左）及改造工程（右）

技 术 来 源

- 松花江石化行业有毒有机物全过程控制关键技术与设备（2012ZX07201005）
- 松花江重污染行业有毒有机物减排关键技术及示范工程（2008ZX07207004）
- 石化行业废水污染全过程控制技术集成与工程实证（2017ZX07402002）

7 基于凝聚颗粒特性调控的 ABS 树脂接枝乳胶复合凝聚清洁生产关键技术

> **适用范围**：可用于乳液接枝－苯乙烯－丙烯腈共聚物（本体 SAN）掺混法 ABS 接枝乳胶凝聚工艺单元。
> **关 键 词**：ABS 树脂；复合凝聚；清洁生产；源头减量

一、基 本 原 理

在丙烯腈－丁二烯－苯乙烯共聚物树脂（ABS 树脂）生产过程中，胶乳凝聚工段是实现胶乳中聚合物与水的分离过程，分离出的聚合物进入后续生产工艺，而水相则作为废水排出系统。在传统 ABS 接枝胶乳凝聚工艺中，往往会产生高浓度未被凝聚的聚合物粒子和凝聚产生的过小团簇（简称"微粉"），这些微粉在凝聚浆液过滤过程中不仅会穿过过滤介质，流失进入废水，造成资源浪费和污水处理成本增加，还会造成浆液过滤阻力加大，过滤后滤饼含水率偏高，酸性凝聚剂残留量高，影响产品品质。通过选用复合凝聚体系，可使不同特性的乳化剂失去稳定作用，再结合装置流程和设备情况，对加药点位和釜内件进行改造，从而改善了凝聚效果，提高了凝聚浆液分离效率，凝聚母液由浑浊变澄清，废水中的悬浮物浓度大幅度下降，同时可有效改善凝聚颗粒内部酸性凝聚剂残留量过高的问题，提高产品品质（图 7.1）。

二、工 艺 流 程

工艺流程具体如图 7.2 所示。

（1）ABS 接枝胶乳进入凝聚工序，在复合凝聚体系的作用下，胶乳颗粒凝聚成 ABS 粉料颗粒，凝聚胶乳转化为聚合物浆液；

（2）聚合物浆液进入脱水工序，在真空带式过滤机和离心机作用下进行脱水，滤饼进入干燥工序，滤液作为废水排出系统；

（3）滤饼经破碎后进入干燥器干燥，成为 ABS 接枝粉料。

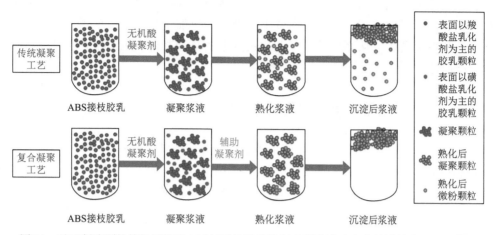

图7.1　基于凝聚颗粒特性调控的ABS树脂接枝乳胶复合凝聚清洁生产关键技术原理示意图

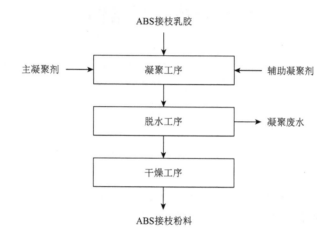

图7.2　基于凝聚颗粒特性调控的ABS树脂接枝乳胶复合凝聚清洁生产关键技术工艺流程

三、技术创新点及主要技术经济指标

（一）开发ABS接枝胶乳复合凝聚药剂

采用由主、辅凝聚剂组成的复合凝聚体系替代传统单一凝聚剂，使接枝胶乳中含有的不同特性的乳化剂均得到有效破乳，从而改善了凝聚效果，提高了凝聚浆液分离效率，凝聚母液由浑浊变澄清，废水中的悬浮物大幅度下降，凝聚废水悬浮物浓度由传统工艺的 200～1000 mg/L 降至 100 mg/L 以下，在生产成本不增加的情况下，凝聚废水悬浮聚合物排放量较改造前降低 80% 以上。

（二）优化ABS接枝胶乳复合凝聚清洁生产工艺

采用凝聚剂多点投加凝聚工艺替代传统的凝聚剂单点投加凝聚工艺，一方面避免不同破乳机理凝聚剂间的互相干扰，另一方面避免了因搅拌强度不足而导致的凝聚剂局部浓度过高情况的出现，工业化条件下凝聚剂的投加量调控的余地更大，乳化剂和凝聚剂的残留量更少，从而保证了工业化条件下的复合凝聚效果，改善了产品的白度和色差稳定性。

（三）优化凝聚釜设备构造及运行参数

通过调整凝聚釜釜内件的形式和安装位置，优化搅拌器型式和转速，强化凝聚剂和胶乳的分散与混合过程，有效改善凝聚剂浓度过高导致凝聚颗粒内部酸性凝聚剂残留量过高的问题，从根本上提高了 ABS 接枝粉料品质，可增加高性能 ABS 树脂产量。

四、实际应用案例

ABS 接枝胶乳复合凝聚技术应用于吉林石化公司 20 万 t/a ABS 树脂装置清洁生产改造（图 7.3），凝聚废水聚合物微粉生成量大幅下降，产品收率和高性能产品产量明显提高。改造工程完成后经第三方监测，凝聚废水悬浮物浓度由传统工艺的 200 ～ 1000 mg/L 降至 100 mg/L 以下，在生产成本不增加的情况下，凝聚废水悬浮聚合物排放量较改造前降低 80% 以上，每年可减排化学需氧量 72 t，悬浮物 96 t。技术的应用显著减少了凝聚工段聚合物粉料损失，降低了脱水机运行电流，提高了装置连续运行稳定性，增产了高品质 ABS 接枝粉料和高性能 ABS 树脂产品（0215H），较改造前每年为公司增加直接和间接经济效益 3000 多万元。

图7.3　ABS复合凝聚技术示范工程

技 术 来 源

- 松花江石化行业有毒有机物全过程控制关键技术与设备
（2012ZX07201005）
- 松花江重污染行业有毒有机物减排关键技术及示范工程
（2008ZX07207004）
- 石化行业废水污染全过程控制技术集成与工程实证（2017ZX07402002）

8 微氧水解酸化－缺氧／好氧－微絮凝砂滤－臭氧催化氧化关键技术

适用范围：适用于石化综合污水以及其他含低浓度难降解有机物的工业废水。

关 键 词：石化综合污水；难降解工业废水；微氧水解酸化；催化氧化；微絮凝砂滤

一、基 本 原 理

微氧又称限氧、微好氧，是指在低溶解氧条件下发生的生物处理过程。研究发现水解酸化也可在微氧条件下进行。相比于传统厌氧水解酸化，微氧条件下可以促进胞外酶的分泌，提高难降解有机物的水解酸化效率。采用微氧水解酸化，不仅可以将难降解的大分子有机物转化为简单易降解的小分子有机酸等物质，而且可以有效抑制硫酸盐还原菌的活性，提高硫氧化菌的活性，将硫酸盐的还原和硫单质的生成耦合，从而抑制有害中间产物的产生，降低废水的毒性，提高废水可生化性，有利于提高后续生化处理工艺的处理效率和出水水质。

微絮凝砂滤对生化出水中分子量大于 3000 的有机物和疏水性有机物具有较高去除率，而臭氧催化氧化易于去除分子量小于 3000 的物质和亲水性有机物，微絮凝砂滤单元和臭氧催化氧化单元高效耦合，实现了废水中悬浮物及胶体有机物和难降解小分子有机物的有序去除，保障了出水水质可稳定达到《石油化学工业污染物排放标准》(GB 31571—2015)。

二、工 艺 流 程

该组合工艺主要由初沉池、微氧水解酸化池、中间沉淀池，缺氧／好氧反应池、二沉池、微絮凝砂滤池和臭氧催化氧化池组成。石化综合污水经初沉池沉淀后，由配水池打入微氧水解酸化反应池，反应池出水经沉淀后进入缺氧／好氧反应池，底部污泥回流至微氧水解酸化池。缺氧／好氧反应池出水经二沉池沉降后进入微絮凝砂滤池，二沉池底部污泥回流至缺氧段。二沉池出水在进入微絮凝砂滤池前和混凝剂在管道混合器内先完成混合絮凝过程。微絮凝砂滤池出水在重力的作用下进入臭氧催化氧化池，臭氧从反应池底部进入，与污水进行逆向接触。臭氧尾气从氧化池上部进入臭氧破坏器破坏后排入大气。工艺流程具体如图8.1所示。

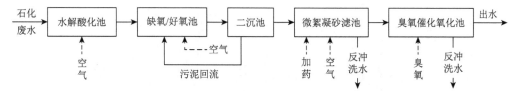

图8.1　微氧水解酸化-缺氧/好氧-微絮凝砂滤-臭氧催化氧化关键技术工艺流程图

三、技术创新点及主要技术经济指标

（一）针对石化废水毒性高的特点开发了微氧水解酸化预处理技术

采用微氧水解酸化，不仅可将难降解的大分子有机物转化为简单易降解的小分子有机酸等物质，而且可以有效抑制有害气体硫化氢的产生，尤其适用于硫酸盐含量较高的石化废水。具体工艺参数为曝气强度 $5.5 \sim 13.8 \, L/(m^3·h)$，氧化还原电位为 $-180 \sim -300 \, mV$，水力停留时间为 $12 \sim 15 \, h$，化学需氧量去除率由 5% 提高到 16% 左右，废水毒性降低，可生化性明显改善。

（二）研发微絮凝砂滤-高效臭氧催化氧化技术及设备保障石化出水稳定达标排放

利用微絮凝砂滤去除废水中分子量大于3000的特征有机物、胶体类有机物和疏水性有机物，利用臭氧催化氧化去除溶解性小分子特征有机物，实现了石化废水深度处理中悬浮物及胶体有机物和溶解性难降解小分子有机物的耦合有序去除。为进一步提高臭氧单元传质效率，开发了串联式两级臭氧催化氧化技术，可实现去除单位化学需氧量的臭氧消耗量约 $1.0 \, g \, O_3/g \, COD$ 的效果（行业普遍处于 $1.3 \sim 1.7 \, g \, O_3/g \, COD$），提升了石化废水深度处理能耗水平，在臭氧投量为 $30 \sim 50 \, mg/L$，接触氧化时间为 1 h 的条件下，出水常规指标和特征污染物指标稳定达到《石油化学工业污染物排放标准》（GB 31571—2015），水生态毒性（发光细菌、藻、溞、鱼死亡最低无效应稀释倍数 LID 分别为 1、3、1、1；遗传毒性 I_R 为 0.76）全面优于德国等发达国家排放控制要求，吨水处理成本低于 3 元/吨。

四、实际应用案例

本技术在吉化公司综合污水处理厂（设计规模：24万 t/d）进行了工程示范（图8.2），工程实际处理规模为 2200 m^3/h。出水常规及特征污染物指标可稳定达到《石油化学工业污染物排放标准》（GB 31571—2015），生物毒性指标达到发达国家排放标准，有力支撑了新标准的实施和流域水质改善，并已通过了示范工程第三方验收。该示范工程的技术方案获得行业内专家认可，对国内石化、化工园区综合污水处理厂提标改造起到示范和引领作用，其核心的深度处理技术单元已在大庆石化、兰州石化等企业推广。

水解池改造施工　　　　　微絮凝砂滤池滤料填装　　　　　臭氧催化氧化池施工

深度处理装置全貌

图8.2　吉化公司综合污水处理示范工程

技 术 来 源

- 松花江石化行业有毒有机物全过程控制关键技术与设备（2012ZX07201005）
- 松花江重污染行业有毒有机物减排关键技术及示范工程（2008ZX07207004）
- 石化行业废水污染全过程控制技术集成与工程实证（2017ZX07402002）

9 基于培养基替代的青霉素发酵水污染控制关键技术

适用范围：工业抗生素、维生素等大型发酵过程的工艺优化控制，以及发酵过程污染物的排放控制。

关 键 词：合成培养基；抗生素发酵；多尺度参数协同；污染物减排；工艺优化

一、基 本 原 理

青霉素发酵过程中，氧消耗速率（OUR）显著影响菌体的生长代谢和青霉素合成，通过 OUR 控制水平优化保证青霉素次级代谢合成途径中大量的还原力供给，同时避免过高的氧消耗速率引起的碳源底物过度消耗释放二氧化碳，提升了碳源底物葡萄糖向青霉素合成转化效率。OUR 合理控制与活细胞传感器检测活菌体量的变化相结合，可有效控制营养物质的供需平衡，指导采用高转化率的合成培养基来替代低利用率的复合培养基质，实现根据细胞的实时需求进行培养液流加控制，调节菌体细胞的活力状态，降低废水污染物的排放。

二、工 艺 流 程

工艺流程具体如图 9.1 所示。

（1）利用尾气在线分析质谱仪、活细胞传感仪，并结合 pH、溶解氧、体积、流量等参数进行状态变量参数和生理代谢参数的采集与分析；

（2）发酵过程中，对所有原料葡萄糖、苯乙酸、氨水、硫酸铵、硫酸钠、磷酸盐等物质进行分别流加补料，根据数据采集和测定参数的分析，进行不同营养元素的定量流加控制；

（3）根据生理代谢参数 OUR、比生长速率的相关性变化，进行转速、通气、补料等的反馈控制；

（4）利用无机营养元素，结合生理代谢参数的一致性，替代原工艺有机复合氮源，形成优化的青霉素发酵生产工艺。

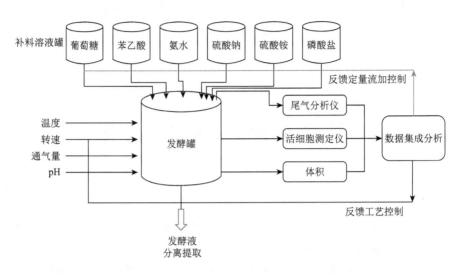

图9.1 基于培养基替代的青霉素发酵水污染控制关键技术工艺流程图

三、技术创新点及主要技术经济指标

建立了高转化率的合成培养基替代传统复合培养基的发酵新工艺。以生理代谢参数 OUR、二氧化碳释放速率（CER）、活细胞量变化、电导率等为指导，系统研究了氧消耗速率、铵离子、硫酸根、磷酸根离子浓度控制策略对青霉素合成代谢的影响，建立了基于在线生理代谢参数的供氧、营养物质流加、菌体形态调节的优化控制工艺。通过调整磷酸盐和铵离子的流加量精确控制菌体的比生长速率为 0.025 h^{-1} 能很好维持菌体的生长、促进青霉素合成，平均发酵单位达到了 13.7 万 μg/mL，生产效率提升 11% 以上。该优化控制工艺成果在生产上验证结果显示，发酵废酸水化学需氧量较原工艺降低 30% 以上，废酸水中氨氮降低了 40% 以上。

四、实际应用案例

基于培养基替代的青霉素发酵水污染控制技术在华北制药股份公司成功应用（图 9.2）。通过调整磷酸盐和铵离子的流加控制维持菌体的比生长速率为 0.025 h^{-1} 能很好维持菌体的生长、促进青霉素合成，生产效率提升 11% 以上，发酵废水化学需氧量降低 30% 以上，废酸水中氨氮降低了 40% 以上。该技术将进一步推广应用于其他发酵类原料药的生产过程。

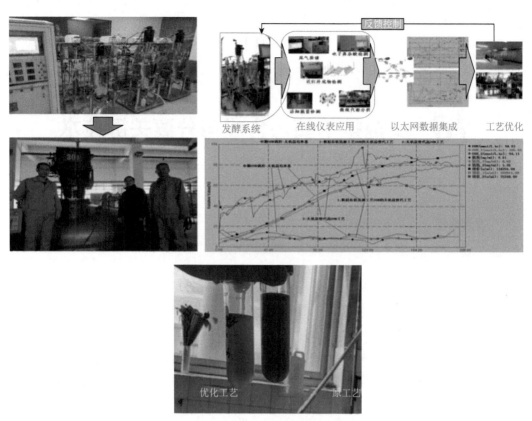

图9.2　青霉素发酵生产线图片

技 术 来 源

- 制药行业全过程水污染控制技术集成与工程实证（2017ZX07402003）

10 头孢氨苄酶法合成与分离关键技术

适用范围：头孢氨苄清洁生产。

关 键 词：头孢氨苄；酶法合成；绿色分离；化学需氧量（COD）减排

一、基 本 原 理

头孢氨苄酶法合成以水为溶剂、在温和条件下、以固定化青霉素酰化酶为催化剂，母核原料 7- 氨基去乙酰氧基头孢烷酸（7-ADCA）和侧链 D- 苯甘氨酸甲酯盐酸盐发生缩合反应，一步高效合成头孢氨苄。本技术构建了悬浮液体系中头孢氨苄高效酶法合成工艺，并实现了固定化酶 – 产物颗粒 – 反应液的高效分离，将大幅度降低有毒有害原材料用量，降低能耗，降低污染物排放量。

二、工 艺 流 程

头孢氨苄酶法合成与绿色分离工艺流程见图 10.1。在头孢氨苄酶法合成中，温度和 pH 是影响头孢氨苄酶法合成效率的关键因素。反应温度控制在 10 ～ 15℃，pH 控制在 6.5 ～ 7.0。青霉素酰化酶不仅对酶促合成反应有催化作用，同时还对反应侧链和产物水解有催化作用，酶用量需要控制在合适范围。反应侧链容易发生水解，侧链需采用流加方式，并严格控制侧链加入速度。具体操作如下：

（1）首先将侧链 D- 苯甘氨酸甲酯盐酸盐溶解于去离子水中，配制成溶液；

（2）向合成反应罐中加入去离子水，开启搅拌，投入 7-ADCA，控制反应罐温度；

（3）通过向合成反应罐中加入氨水，调节溶液的 pH 在 7.0 左右，加入固定化酶；

（4）向合成反应罐中匀速加入侧链溶液，控制反应过程的 pH 和温度，直到 7-ADCA 残留 ≤ 5 mg/mL 为反应合格；

（5）对反应后的溶液进行分离，得到固定化酶和头孢氨苄结晶液，回收的固定化酶继续投入合成反应罐使用，头孢氨苄结晶液经过溶解、脱色和过滤得到滤液；

（6）头孢氨苄滤液加入结晶罐中进行结晶，得到头孢氨苄结晶，经干燥后得到头孢氨苄原料药产品。

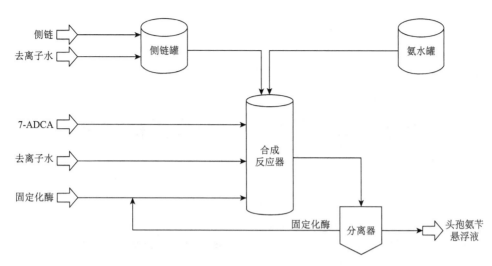

图10.1　头孢氨苄酶法合成与分离关键技术工艺流程图

三、技术创新点及主要技术经济指标

开发了悬浮液体系中头孢氨苄酶法合成与绿色分离产业化新技术,实现了以水为反应介质、在温和条件下,头孢氨苄高效酶法合成,提高了分离效率,将大幅度降低有毒有害原材料用量,降低能耗,降低化学需氧量等污染物排放量,从工艺源头实现了污染控制,在节能和减排方面优势显著。7-ADCA 转化率≥99%,产品质量符合 BP2019 和 USP41 要求,摩尔收率提高 3.0%,生产成本降低 4.0%,废水化学需氧量降低 50%,废水降低 30%。

四、实际应用案例

在华北制药股份有限公司建设了 1000 吨 / 年头孢氨苄原料药酶法合成及绿色分离清洁生产工程示范,实现 7-ADCA 摩尔转化率达到 99%,化学合成中所用辅助材料降低 100%,废水化学需氧量总量降低 50% 以上,废水排放量降低 30%。该项技术具有显著的社会效益、环保效益和经济效益。

技 术 来 源

• 制药行业全过程水污染控制技术集成与工程实证(2017ZX07402003)

11　头孢氨苄连续结晶关键技术

适用范围：制药行业粒子产品晶体形态调控。
关 键 词：粒子产品；晶体形态调控；连续结晶；智能化装置及控制

一、基本原理

　　本技术由头孢氨苄水相连续结晶工艺、智能化连续结晶装备及放大设计工艺包组成。头孢氨苄的溶解度随 pH 变化显著，在等电点处其溶解度最低。二级水相连续结晶工艺实现了头孢氨苄结晶过程中多个物理场参数的耦合相关调控，分级控制头孢氨苄晶体的二次成核与晶体生长过程，获得单分散不聚结的短棒状头孢氨苄晶体产品，提高结晶收率，降低其在母液中残留量。设计的推进式全混型智能化连续结晶装备实现了结晶器中固液流股快速充分混合与扩散，高效传热、传质，保证大型结晶器的过饱和度均匀，解决了传统结晶器固液搅拌混合效果差、局部过饱和度高导致爆发成核产品细碎等问题。同时，配套的化工过程温度调控的自校正模糊控制算法软件实现了结晶过程的料液温度的精确调控，最终提高晶体产品晶形和过程收率。形成的放大设计工艺包在年产 1000 吨规模的头孢氨苄连续结晶生产线完成工程实证。整套技术实现了废水减排 30% 和化学需氧量下降 40% 以上，产品晶形、粒度、过程收率等指标有效提高。

二、工艺流程

　　在晶体工程学、药物结晶过程分析、连续结晶技术与装备等方面研发基础上，开发了头孢氨苄水相二级连续结晶工艺（图 11.1）。具体如下：
　　（1）一级结晶：配制结晶底液，流加料液和碱液，调控溶液 pH 为 2.6 ～ 3.3，控制温度 30 ～ 40℃，一级结晶器排出晶浆，二级结晶器进料，连续进出料；
　　（2）二级结晶：控制适宜温度，缓慢加氨水，控制料液 pH 至 4.8±0.2，然后料液降温；
　　（3）固液分离：晶浆经过滤、洗涤、干燥，得到头孢氨苄晶体产品。

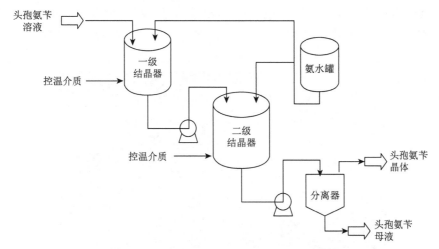

图11.1 头孢氨苄连续结晶关键技术工艺流程图

三、技术创新点及主要技术经济指标

（一）技术创新点

突破传统头孢氨苄间歇结晶路线，首次构建了抗生素原料药结晶清洁生产技术与装备，包括头孢氨苄水相连续结晶工艺、智能化连续结晶装备及放大设计工艺包等。开发了二级连续结晶工艺，耦合调控各级的 pH、温度、流加速度、晶浆密度等参数，实现高堆密度头孢氨苄可控制备。开发推进式全混型结晶装备及过程温度调控自校正模糊控制算法，高效螺旋搅拌桨与导流筒的优化设计，强化传热传质，实现了大型结晶装备中物料的良好混合与晶浆悬浮，解决了粒子产品连续制造中普遍存在的设备结垢、产品质量差、运行周期短等问题，有效提高药物产品质量和收率。依据开发的放大设计工艺包，建立了年产千吨级规模头孢类原料药连续结晶生产线，产品堆密度高、稳定性一致性好。该技术可推广应用到其他化工、食品、医药中间体等行业的清洁生产，促进我国制药行业绿色升级与可持续发展。

（二）主要技术经济指标

提高结晶度并改善粒度分布、流动性，连续结晶生产装置应用于年产 1000 吨头孢氨苄生产线，结晶收率 91% 以上，较原工艺提高 2.4 个百分点，母液中头孢氨苄减排 20% 以上，废水减排 30% 以上和化学需氧量下降 40% 以上。

四、实际应用案例

本技术与装备已在华北制药股份有限公司实现千吨级头孢类原料药结晶生产线产业化应用（图 11.2），实现高堆密度头孢氨苄药物产品的可控制备。头孢氨苄结晶收率较原有间歇结晶提高 2.4%，结晶母液中头孢氨苄减排 20%，废水减排 30%，化学需氧量下降 40% 以上，头孢氨苄产品晶形、粒度等质量指标明显提升，减排增效成果显著。

图11.2　年产1000吨规模头孢氨苄连续结晶实证工程现场图

技 术 来 源

- 制药行业全过程水污染控制技术集成与工程实证（2017ZX07402003）

12 制药废水深度氧化与抗生素脱除关键技术

> **适用范围**：制药废水中有机物和残留抗生素的深度去除，制药废水提标改造。
>
> **关 键 词**：臭氧催化氧化；非均相催化剂；自由基；残留抗生素；污染物减排

一、基 本 原 理

制药废水经过生化处理后的难降解污染物废水中仍然残留一些抗生素和难降解有机物，造成化学需氧量和急性毒性偏高，对环境潜在危害大。臭氧本身具有强氧化性，但是针对制药废水中复杂有机物仍不能将它们完全氧化去除，通过开发具有高催化活性位点的多孔复合催化剂，催化臭氧产生强氧化性自由基，使得废水中的残留抗生素等有机物通过臭氧的直接氧化和自由基的间接氧化作用被开环、裂解、矿化成二氧化碳。结合传质 – 反应优化匹配的非均相催化臭氧氧化设备，提高臭氧利用率，使得残留抗生素和难降解有机物完全去除。

二、工 艺 流 程

工艺流程具体如图 12.1 所示。

制药废水深度氧化与抗生素脱除工艺流程为"多介质过滤—臭氧催化氧化"，具体如下：

（1）废水首先通过多介质过滤去除悬浮物和胶体等，使得悬浮物＜ 30 mg/L，防止后续催化剂的堵塞；

（2）废水进入臭氧催化氧化段，在催化氧化塔（池）内，废水由上面进入，臭氧发生器产生的臭氧气体由下面进入，废水与臭氧逆流接触，在非均相催化剂表面发生反应生成强氧化性自由基，将残留抗生素等有机物完全去除。

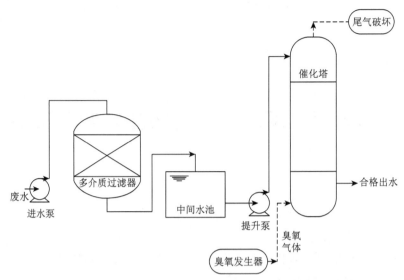

图12.1   制药废水深度氧化与抗生素脱除关键技术工艺流程图

三、技术创新点及主要技术经济指标

采用高效的非均相碳基催化剂催化臭氧产生强氧化性自由基微泡分散，提高制药废水中有机物去除率和臭氧利用率，最终实现残留药物去除率不低于99%，化学需氧量＜120 mg/L，出水急性毒性（氯化汞毒性当量）＜0.07 mg/L，出水满足《发酵类制药工业水污染物排放标准》（GB 21903—2008）或《化学合成类制药工业水污染物排放标准》（GB 21904—2008）。

四、实际应用案例

（一）典型案例1：华北制药华胜有限公司的日处理3000吨发酵制药废水处理项目

本技术应用于华北制药华胜有限公司的日处理3000吨发酵制药废水工程示范（图12.2），采用非均相臭氧催化氧化技术处理制药废水A/O处理工艺出水，实现废水中的残留抗生素、化学需氧量等去除效率提高，残留链霉素和双氢链霉素去除效率达到99.2%以上，化学需氧量＜120 mg/L，出水满足《发酵类制药工业水污染物排放标准》（GB 21903—2008）。该技术适用于制药废水深度处理领域，满足制药废水直接排放要求，具有很好的环保效益，应用前景包括制药废水深度处理或者需要提标改造的情况。

图12.2 日处理3000吨发酵制药废水工程示范

（二）典型案例2：石药集团中诺药业（石家庄）有限公司的日处理 3000吨化学合成制药废水处理项目

本技术应用于石药集团中诺药业（石家庄）有限公司的日处理3000吨化学合成制药废水工程示范，采用低成本非均相臭氧催化氧化技术，使用臭氧作为氧化剂，在高效的专用催化剂作用下将难降解有机物氧化分解，使处理后的废水化学需氧量、氨氮、色度、急性毒性等指标达到国家外排标准，残留头孢唑林、美罗培南、普鲁卡因青霉素等去除效率为99.1%以上，出水满足《化学合成类制药工业水污染物排放标准》（GB 21904—2008）。该技术适用于制药废水深度处理领域，满足制药废水直接排放要求，具有很好的环保效益，应用前景包括制药废水深度处理或者需要提标改造的情况。

技术来源

• 制药行业全过程水污染控制技术集成与工程实证（2017ZX07402003）

13 无元素氯清洁漂白关键技术

适用范围：适用于非木材、木材等各类纤维原料的化学法制浆的清洁漂白。

关 键 词：化学法制浆；深度脱木素；清洁漂白

一、基 本 原 理

该技术的基本原理是通过在漂白前增设氧脱木素（O）段或臭氧漂白段，在保证纸浆质量的前提下，尽可能地把木素通过绿色化学品脱出，再经高效洗涤分离后，含木素的废水逆流回用到提取工段，最终进入碱回收系统。由于本段没有废水排放，根据脱木素程度，可削减 30%～70% 的有机污染物，同时增加纸浆白度、提高可漂性，为后续漂白节水减排创造有利条件。纸浆进入漂白工序后，通过单元强化，将常规常压碱抽提工段（E）提升为压力碱抽提工段（Eop 或 Po），在去除第 1 段二氧化氯（D_1）漂白降解的有机物的同时，实现了纸浆的漂白，进一步提高了漂白效率，经该段之后，非木化学浆白度即可达到 80% 标准值（ISO）以上，若再经第 2 段 D_2 漂白，在少量漂剂用量下，即可实现 85%ISO 以上的高白度漂白；即在同等白度下，可降低二氧化氯用量 20% 以上，而且洗涤废水色度低、污染物含量低，废水水质得到改善、回用量增加。

上述关键技术实施后，化学法制浆中段废水（主要是漂白废水）低于 25 m³/t，化学需氧量浓度降至 1000 mg/L，削减 50% 以上。

二、工 艺 流 程

该技术的工艺流程为 O-D_1-Eop-D_2，即"氧脱木素 – 第 1 段二氧化氯漂白 – 压力碱抽提 – 第 2 段二氧化氯漂白"，流程示意图如图 13.1 所示，主要技术特点：

（1）采用 15% 近高浓氧脱木素技术，脱木素率稳定在 40% 以上，纸浆硬度至 8 以下（非木浆），获得低硬度易漂白的洁净本色浆，即漂前浆；

（2）采用强化碱抽提技术（Eop 或 Po），一步法实现有机物溶出和漂白，漂白效率高，废水量少、污染轻、易回用。

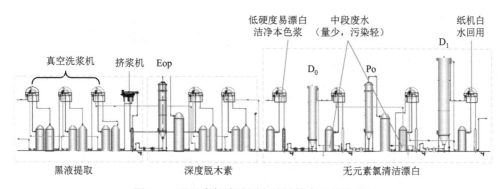

图13.1　无元素氯清洁漂白关键技术工艺流程图

三、技术创新点及主要技术经济指标

该技术是由近高浓深度氧脱木素技术和压力碱抽提两项支撑技术构成，主要创新和技术经济指标如下：

（一）研发突破15%近高浓漂白技术，并实现稳定运行

通过建立流体化实验装置，研究转子外形结构、叶片宽度、转速等参数对不同浓度纸浆流体化特性的影响，得到了 0% ～ 15% 浓度下纸浆扭矩对转速的变化曲线及转速与雷诺数的关系曲线。根据这一研究结果，掌握了 15% 浓度下实现纸浆流体化的条件，研制出专用流体化设备，发明中浓浆泵液位自动调节控制逻辑和高效纸浆管道式加热器，实现温度、时间、压力、浓度的平衡，开发出近高浓度下的漂白技术，可应用于各漂白工段，较常规 10% 浓度下的氧脱木素技术可减少废水量 37%。

（二）压力碱抽提强化洗涤技术

根据降解木素在碱性条件下的脱出机理，通过加入氧气和过氧化氢，将原有常规碱抽提升级为压力过氧化氢强化碱抽提（E → Eop），可在进一步破坏苯醌和粘糠酸酯的结构同时，改变发色基团，提高纸浆的白度；能使后续二氧化氯在更为缓和的条件下进行，甚至不需要进行 D_2 段漂白即可满足要求。采用该技术可以节约二氧化氯漂剂用量 20% 以上；同时，提高了废水水质，增加废水循环回用，实现废水量＜ 25 m^3/t，化学需氧量浓度降至 1000 mg/L 左右，下降 50% 以上。

四、实际应用案例

化学法制浆清洁生产与水污染全过程控制技术已经应用在驻马店市白云纸业有限公司非木化学浆生产项目中（图 13.2），通过在原 DED（其中 D 表示二氧化氯、E 表

示碱抽提）漂白系统中增加氧脱木素工段，并将 E 段改为 Eop 段，提高了漂白效率，实现有毒二氧化氯药剂减量。技术应用后，漂前氧脱木素率稳定达到 40% 以上，二氧化氯用量削减 20% 以上，中段废水量由原来的约 60 m³/t 浆降至 30 m³/t 浆以下，年实现废水减排 150 多万吨，化学需氧量减少 243 吨 / 年，卤化物削减 42.8 吨 / 年，产生经济效益 3640 万元 / 年。对照《制浆造纸行业清洁生产评价指标体系（2015）》要求，清洁生产指标达到国际领先水平。

图13.2　年产8.8万吨化学法制浆示范工程现场图

技 术 来 源

- 重点流域造纸行业水污染控制关键技术产业化示范（2014ZX07213001）
- 造纸行业水污染全过程控制技术优化集成与应用推广（2017ZX07402004）

14　基于"MVR-多效蒸发-燃烧"碱回收处理关键技术

适用范围：适用于木材纤维原料的化学机械法制浆清洁生产。

关 键 词：化学机械法制浆；机械蒸汽再压缩（MVR）；碱回收；水资源化利用

一、基 本 原 理

机械蒸汽再压缩（MVR）技术是重新利用蒸发浓缩过程中产生的二次蒸汽的冷凝潜热，从而减少蒸发过程中对外界能源需求的一项先进节能技术，其原理是利用蒸汽压缩机对二次蒸汽进行机械压缩，提高二次蒸汽的热焓值，用于补充或完全替代新鲜蒸汽，与传统的多效蒸发相比，MVR 技术具有能耗低、效率高、占地面积小等优点。MVR 系统具有先进的冷凝水分离技术，能把降膜蒸发器产生的干净冷凝水和污冷凝水分离，使得前者完全回到化学机械浆车间作为清水使用，后者则全部应用于化学机械浆车间的木片洗涤工段，实现化机浆废水梯级循环回用过程。实践证明，与直接多效蒸发工艺相比，采用 MVR 技术与多效蒸发相结合的组合蒸发工艺具有优势，废液的起始浓度越低，优势越明显。

采用该技术，选用国产的多效板式降膜蒸发器，并结合国内先进的结晶蒸发技术，蒸发效率约为 5.2 kg 水 /kg 汽，较之传统工艺（蒸发效率为 3.5 kg 水 /kg 汽）节省用汽量，产出的废液固形物浓度达 65%；最后，采用国内先进的低臭型次高压碱回收炉来燃烧黑液，碱回收率在 98.0% 以上，远远高于传统碱回收率 85%～93% 的指标。与传统相比，该关键技术可以降低水污染排放负荷约 90%。

二、工 艺 流 程

化机浆基于"MVR-多效蒸发-燃烧"碱回收处理技术工艺流程如图 14.1，化学机械法制浆车间送来的约 1.5% 浓度的废液先进行预浓缩，浓缩分为两个区域，在第一个区域污水的浓度达到 7%，在第二个区域时浓度达到 15%；然后选用国产的多效板式降膜蒸发器和国内先进的结晶蒸发技术，蒸发效率约为 5.2 kg 水 /kg 汽，较之传统工艺（蒸发效率为 3.5 kg 水 /kg 汽）节省用汽量，产出的废液固形物浓度达 65%；最后，采用国内先进的低臭型次高压碱回收炉来燃烧黑液，碱回收率在 98.0% 以上，远远高于传统碱回收率 85% ～ 93% 的指标，同时回收热量，减少恶臭气体排放；再之后，采用国内先进的连续苛化工艺，白泥干度可达 70%，用来生产碳酸钙。

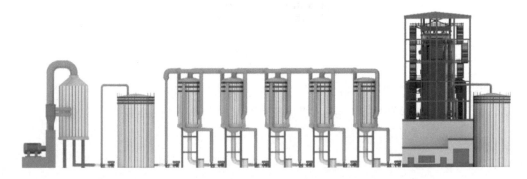

图14.1   基于"MVR–多效蒸发–燃烧"碱回收处理关键技术示意图

三、技术创新点及主要技术经济指标

（1）针对 MVR 系统结垢严重问题，厘清了废水中有机物和无机盐结垢机理，建立了废液流量 / 流速控制结垢的关系，增设洗汽塔利用气液传质理论去除蒸汽中有机组分，降低结垢。技术升级后，MVR 系统清垢周期延长 40 天以上，提升了设备运行的效率和经济效益；

（2）研究厘清 MVR 蒸发系统传质传热机理，提升 MVR 蒸发系统的散热速度，减少停机时间；通过增开人工孔和配备辅助风机，将散热时间由 10 小时缩减为 4 小时；

（3）对废液成分分析，增设废液过滤系统，可使分离的废液和固废更有效地循环回用。

四、实际应用案例

化学机械法制浆全过程水污染减排与资源化处理技术已经应用在山东太阳纸业股份有限公司化学机械法制浆生产项目（图 14.2）中，通过对生产工艺进行改进，废水量由 10 m³/t 浆降至 5 ～ 7 m³/t 浆；通过对 MVR 蒸发器（图 14.3）进行适应性改造，实现废水的低成本蒸发相较于常规多效蒸发，成本节约 40% 以上；同时，解决了蒸发器结垢难题，蒸发器运行周期稳定在 40 天以上；废液经资源化处理后，化学需氧量平均降低 100 kg/t 浆。

图14.2　化学机械法制浆废水资源化处理应用推广工程

图14.3　集成二次蒸汽洗涤的改进型MVR蒸发器

技　术　来　源

- 重点流域造纸行业水污染控制关键技术产业化示范（2014ZX07213001）
- 造纸行业水污染全过程控制技术优化集成与应用推广（2017ZX07402004）

15 化机浆过程水最优化回用关键技术

适用范围：适用于木材纤维原料的化学机械法制浆清洁生产。
关 键 词：化学机械法制浆；过程水；清洁生产；循环回用；水资源化利用

一、基 本 原 理

传统化机浆的筛选系统是适合于板纸级的筛选系统，筛缝是 0.15 mm。新的设计把原来的 F50 和 F40 压力筛作为一段主筛，筛缝更改为 0.12 mm。再加一台 F50 压力筛作为渣筛，筛缝也设计为 0.12 mm，以保证成浆质量，使化机浆用于生产文化纸。

通过优化完善化学机械法制浆的水循环回用网络，化机浆木片洗涤水经内部处理后回用，部分废水随渣带走；挤压撕裂机（MSD）、螺旋压榨机（SP）、筛选净化浓缩挤出废液经处理后回用，多余部分进废液收集池，经进一步过滤净化处理后，送 MVR 蒸发系统。采用新的水循环路线后，生产线的废水产生量降至 10 m³/t 浆以下。

二、工 艺 流 程

化学机械法制浆的水循环回用网络具体如图 15.1 所示。

化机浆过程水通过多圆盘过滤机进行纤维浓缩和滤液分离，分离的滤液在滤液槽中沉淀后分为浊滤液和清滤液，浊滤液循环回用到漂白塔、消潜池等进行浆料的稀释，清滤液则循环回用到系统各补水点，并做以下用途：①洗网和冲网喷淋，用于圆盘过滤机、转鼓洗浆机、双网压榨机、双辊压榨机、斜筛等设备；②精磨机喂料稀释，使用清洁白水替代浓白水，可减少白水中细小纤维对纸浆游离度的影响；③筛选净化的尾渣再磨前的稀释，可最大化实现除节和纤维束的回用；④最后一段纤维回收净化器的稀释，可最小化纤维的流失；⑤回用到木片洗涤系统，可减少清水补充水。

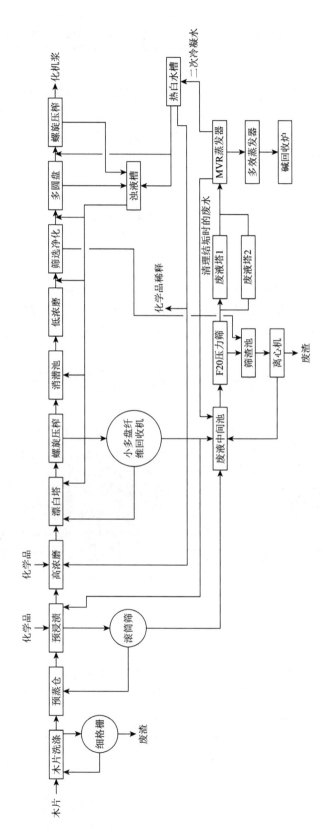

图15.1　化机浆过程水最优化回用关键技术工艺流程图

三、技术创新点及主要技术经济指标

通过优化完善化学机械法制浆的水循环回用网络，化机浆木片洗涤水经内部处理后回用，部分废水随渣带走；MSD 和 SP 筛选净化浓缩挤出废液经处理后回用，多余部分进废液收集池，经进一步过滤净化处理后，送 MVR 蒸发系统。采用新的水循环路线后，生产线的废水产生量降至 10 m³/t 浆以下。

四、实际应用案例

示范工程依托于山东太阳纸业股份有限公司的一条年产 15 万吨的化学机械浆生产线。化机浆过程水通过多圆盘过滤机进行纤维浓缩和滤液分离，分离的滤液在滤液槽中沉淀后分为浊滤液和清滤液，浊滤液循环回用到漂白塔、消潜池等地方浆料的稀释，清滤液则循环回用到系统各补水点。采用新的水循环路线（图 15.2）后，生产线的废水产生量降至 10 m³/t 浆以下。

图15.2　化学机械法制浆过程废水净化及封闭循环回用系统

技 术 来 源

- 重点流域造纸行业水污染控制关键技术产业化示范（2014ZX07213001）
- 造纸行业水污染全过程控制技术优化集成与应用推广（2017ZX07402004）

16 阴极出槽挟带液原位刷收关键技术

适用范围：湿法冶金行业电解车间。
关 键 词：电解车间；原位；出槽；刷收；阴板；电解液

一、基 本 原 理

阴极板在出电解槽／钝化槽时，极板表面会挟带大量的电解液／钝化液，这是电解车间重金属污染物的最初液相来源。阴极出槽挟带液原位刷收技术是在提升阴极板的过程中，由原位刷从极板两侧夹紧极板并完成对阴极板两侧的整片刷沥，利用极板与原位刷之间的相对摩擦，结合极板表面电沉积产品的粗糙度，通过优化极板提升速度、刷子结构、刷丝材质及疏密度等，将大部分的挟带液刷收返回至电解槽／钝化槽。

二、工 艺 流 程

工艺流程（图16.1）为"机械手／机器人精准移至目标电解槽上方 – 主体框架下落／机器人手臂下探 – 精准抓住阴极板 – 提升阴极板，合并原位刷（提升过程中完成对整片阴极板两侧的刷收）– 完成刷收，原位刷打开 – 转运阴极板离开槽面"。具体如下：

图16.1　阴极出槽挟带液原位刷收关键技术工艺流程图

（1）首先机械手／机器人精准移至要出槽的电解槽面上方；
（2）多功能机械手上的主体框架下落／机器人手臂下探；
（3）机械手／机器人精准抓取半槽／单片带有锌皮的阴极板；
（4）提升阴极板的过程中原位刷合并，原位刷从极板两侧紧紧夹住带锌板表面；

（5）按照给定的速度提升阴极板，在阴极板上升的过程中原位刷完成对极板两侧挟带电解液的刷收，刷下的电解液返回至电解槽；

（6）完成对整片极板的刷收动作后，原位刷打开；

（7）机械手/机器人将完成刷收的阴极板转运至下一道工序。

三、技术创新点及主要技术经济指标

（一）技术创新点

从重金属液相源的源头减少了重金属污染物的产生，实现了有价元素的高效利用。阴极出槽挟带液是电解车间重金属废水最初的液相源，针对挟带液淋落速度慢，凹坑渗出液反渗持续时间长，难以有效控制等难题，原创分层刷收技术，通过合理设置极板提升速度、刷丝密度等，实现极板表面挟带液的原位刷收，刷下的电解液重新返回电解槽再利用。有效避免了国外接液托盘不能快速高效回收挟带液、不得不用泡板槽的问题，为取消泡板槽奠定了基础。

（二）主要技术经济指标

成功削减阴极出槽挟带液 82.3% 以上。

四、实际应用案例

（一）典型案例1：建成重金属水污染物过程减排成套工艺平台

先后建成了"5000 吨电解锰/年重金属水污染物过程减排成套工艺平台""10000 吨电解锌/年重金属水污染物过程减排成套工艺平台""20000 吨电解锌/年重金属水污染物过程减排成套工艺平台""15000 吨电解锌/年电解整体工艺重金属废水智能化源削减大型成套装备"4 项示范工程和推广示范。

（二）典型案例2：建成与20000吨电解锌/年电解生产线配套的大型成套装备

该技术已成功应用于湖南省花垣县太丰冶炼有限责任公司，建成与 20000 吨电解锌/年电解生产线相配套的大型成套装备（图 16.2），成功削减电解出槽挟带液 82.3%，实现了电解车间重金属废水液相源的源头削减，为后面清洗工序提高用水效率、彻底取消泡板槽提供了可能。极板表面的电解液被直接刷回至电解槽，实现了有价元素的再利用，避免了高价电解液的浪费。

图16.2　阴极出槽挟带液原位刷收过程

该技术属于污染物源削减技术，除电解锰、电解锌行业外，还可以广泛应用于电解铜、电解镍等湿法冶金行业。

（三）典型案例3：建成与15000吨电解锌/年电解生产线配套使用的工程示范

该技术已成功应用于白银有色集团股份有限公司西北铅锌冶炼厂，与 15000 吨电解锌 / 年电解生产线相配套使用（图 16.3），成功削减电解出槽挟带液 94.0%，实现了电解车间重金属污染物的源头削减，避免了高价电解液浪费，也为后面清洗工序提高用水效率、彻底取消泡板槽提供了可能。

图16.3　阴极出槽挟带液原位刷收

该技术属于污染物源削减技术，除电解锰、电解锌行业外，还可广泛应用于电解铜、电解镍等湿法冶金行业。

技 术 来 源

- 锰锌湿法冶金行业重金属水污染物过程减排成套工艺平台（2010ZX07212006）
- 重点行业水污染全过程控制技术集成与工程实证（2017ZX07402004）

17　硫酸盐智能识别及干法去除关键技术

适用范围：固体平直表面缺陷、污渍区域的智能识别。
关 键 词：缺陷；污渍；智能识别；固体表面；面积

一、基 本 原 理

电解过程中，阴极板颈部会生成硫酸盐结晶带，是电解车间废水中重金属污染物的固相源。硫酸盐智能识别及干法去除技术首先利用非接触式光学技术智能精准识别、锁定硫酸盐结晶带的信息，包括结晶带形状、厚度及结晶物在极板上的位置等，并输送信号至硫酸盐去除工位，利用滚刷/刷子等将硫酸盐结晶带干法去除，并实现回用。

二、工 艺 流 程

工艺流程（图 17.1）为"阴极板转运至硫酸盐去除工序 – 快速识别锁定硫酸盐结晶物（位置等）– 信号传输至去除装置 – 结晶物干法去除 – 极板转运至下一道工序"。具体如下：

（1）多功能机械手/机器人将带锌板转运至硫酸盐去除工序；

（2）智能识别系统快速锁定硫酸锌结晶带的准确位置、形状、厚度等信息；

（3）将硫酸盐结晶带的相关信息输送至干法去除装置；

（4）依据智能系统传来的信号，去除装置快速锁定结晶带的位置，准确去除结晶物且不伤害阴极板；

（5）去除掉的硫酸盐结晶物被收集到专用容器中定期回用或是直接回用（结晶物的主要成分硫酸锌是电解液的有效组分），实现有价元素的再利用。

转移至硫酸盐去除工序 → 锁定硫酸盐结晶物 → 信号传输至去除装置 → 结晶物干法去除 → 转运至下一道工序

图17.1　硫酸盐智能识别及干法去除关键技术工艺流程图

三、技术创新点及主要技术经济指标

（一）技术创新点

从重金属固相源的源头减少了重金属污染物的产生，实现了有价元素的高效利用。针对硫酸盐结晶带的位置、形状、厚度等信息因板而异给硫酸盐结晶的自动去除带来的难题，硫酸盐智能识别及干法去除技术首先利用智能识别系统锁定硫酸盐结晶带的准确信息，并采用刷具精准去除结晶物，同时可实现结晶物的再利用。破解了传统工艺采用高温水浸泡清洗导致污染扩散和大量重金属废水产生的难题，为取消泡板槽奠定了基础。

（二）主要技术经济指标

去除硫酸盐结晶物 94.4% 以上。

四、实际应用案例

（一）典型案例1：建成重金属水污染物过程减排成套工艺平台

先后建成了"5000 吨电解锰／年重金属水污染物过程减排成套工艺平台""10000 吨电解锌／年重金属水污染物过程减排成套工艺平台""20000 吨电解锌／年重金属水污染物过程减排成套工艺平台""15000 吨电解锌／年电解整体工艺重金属废水智能化源削减大型成套装备"4 项示范工程和推广示范。

（二）典型案例2：建成与15000吨电解锌/年电解生产线配套使用的工程示范

该技术已成功应用于湖南省花垣县太丰冶炼有限责任公司，与 20000 吨电解锌／年电解生产线相配套使用（图 17.2），硫酸盐结晶物去除率达 98.0% 以上，去除掉的硫酸盐结晶全部回用于制液工段。该技术实现了极板上的硫酸盐结晶物智能干法去除，为彻底取消泡板槽奠定了基础。同时，硫酸盐结晶作为电解液的有效组分回用系统，提高了资源利用率。

图17.2　硫酸盐结晶带及硫酸盐智能识别及办法去除

该技术属于源头削减技术，除电解锰、电解锌行业外，该技术还可以广泛应用于电解铜、电解镍等湿法冶金行业。

技 术 来 源

- 锰锌湿法冶金行业重金属水污染物过程减排成套工艺平台（2010ZX07212006）
- 重点行业水污染全过程控制技术集成与工程实证（2017ZX07402004）

18 脏板智能识别关键技术

适用范围：固体平直表面缺陷、污渍区域的智能识别。
关 键 词：缺陷；污渍；智能识别；固体表面；面积

一、基 本 原 理

电解锌产品剥离后，会产生部分表面残留少量锌皮、酸液或其他杂质的脏板，脏板是电解车间水污染物的主要间接来源之一，传统人工目测判定常导致误判。脏板智能识别技术利用不同材质光学特性的差异，并结合双侧线扫描成像提取技术判定、统计污渍的区域面积，通过与设定值的比较，判定其是否属于脏板。

二、工 艺 流 程

工艺流程（图 18.1）为"转移至脏板识别工序 – 识别判断污渍等缺陷的面积 – 判断是否为脏板并将信号传输至分拣工序 – 完成对不合格极板的分拣 – 正常板转运至下一道工序"。具体如下：

（1）多功能机械手 / 机器人将剥离得到光板转运至脏板智能识别及分拣工序；

（2）通过光学技术识别极板表面污渍等缺陷，进一步判断极板表面的缺陷面积；

（3）与企业设定的最小缺陷面积（设定值）相对比，判断极板是否为脏板，并将信号传输至分拣装置；

（4）分拣装置根据收到的信号完成对脏板的分拣，正常板直接通过进入下一道工序。

图18.1 脏板智能识别关键技术工艺流程图

三、技术创新点及主要技术经济指标

（一）技术创新点

实现了电解车间重金属水污染物间接源的源头削减。脏板是锌电解车间重金属废水的主要间接来源之一，该技术突破每块极板表面污渍随机分布、形状各异，人工和自控识别慢且不准等难题，借助非接触式光学技术智能识别缺陷并获取所有缺陷的相关信息，判断缺陷的总面积，为分拣系统提供分拣信号，实现了对不同类型脏板缺陷的智能识别，破解间接源不经过识别分拣难的问题。

（二）主要技术指标

污渍面积识别精度达 0.8 mm×0.8 mm，平均识别率 98.0% 以上。

四、实际应用案例

（一）典型案例1：建成重金属水污染物过程减排成套工艺平台

先后建成了"10000 吨电解锌／年重金属水污染物过程减排成套工艺平台""20000 吨电解锌／年重金属水污染物过程减排成套工艺平台""15000 吨电解锌／年电解整体工艺重金属废水智能化源削减大型成套装备"3 项示范工程和推广示范。

（二）典型案例2：建成与15000吨电解锌/年电解生产线配套的大型成套装备

该技术已成功应用于甘肃白银有色集团西北铅锌冶炼厂，建成与 15000 吨电解锌／年电解生产线配套的大型成套装备（图 18.2）。实现了脏板高效、自动识别及分拣，替代传统粗放的人工拣板模式。识别精度 0.8 mm×0.8 mm，脏板平均识别和分拣率 98.0% 以上。

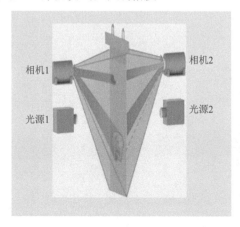

图18.2 脏板智能识别原理及设备

该技术属于污染物源削减技术,除电解锰、电解锌行业外,还可广泛应用于电解铜、电解镍等湿法冶金行业。

技 术 来 源

- 锰锌湿法冶金行业重金属水污染物过程减排成套工艺平台（2010ZX07212006）
- 重点行业水污染全过程控制技术集成与工程实证（2017ZX07402004）

19 重金属废水生物制剂深度处理关键技术

> **适用范围**：有色重金属冶炼废水，有色金属压延加工废水，矿山酸性重金属废水，电镀、化工等行业的重金属废水处理，对环境和规模无特殊要求。
>
> **关 键 词**：重金属；生物制剂；深度处理；多基团；配合；水解

一、基 本 原 理

基于多基团高效协同捕获复杂多金属离子的新机制。通过将菌群的代谢产物与多基团（如羧基、酰胺基、巯基）等进行嫁接复配，制备了多种复合配位体的生物制剂，可与废水中多种类的重金属离子同时配位，对各重金属离子的去除率明显高于单一基团，实现废水中多种重金属离子的同时深度脱除。

二、工 艺 流 程

工艺流程（图19.1）为"生物制剂配合 – 水解 – 脱钙 – 絮凝分离"。具体如下：

（1）重金属废水进入调节池／均化池进行水质水量调节；

（2）生物制剂通过计量泵加入水泵出水的管道反应器中，通过管道反应器使生物制剂迅速与废水中的重金属离子反应，生成生物制剂与重金属的配位离子；

（3）配合反应后废水进入多级溢流反应系统，在斜板前的水解反应池内投加石灰乳或液碱，使生物制剂与重金属配合物水解，颗粒长大沉淀，实现重金属离子的深度脱除；

（4）在脱钙反应池中投加脱钙剂脱除钙镁离子；

（5）向絮凝反应池投加少量的聚丙烯酰胺（PAM）协助沉降，斜管沉降的上清液可以直接回用于企业生产车间。

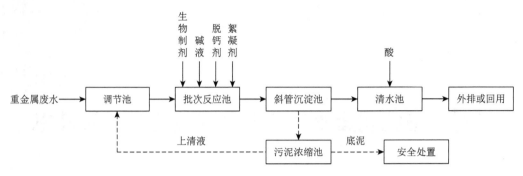

图19.1 重金属废水生物制剂深度处理关键技术工艺流程图

三、技术创新点及主要技术经济指标

技术创新点：针对重金属废水传统方法难以深度净化、稳定达标、实现全面回用等问题，基于复合功能菌群的多基团净化重金属废水的新理念，成功研发出细菌代谢产物功能扩增的多基团嫁接技术，突破用于深度净化重金属的复合配位体水处理剂（生物制剂）及其制备方法，发明了"多基团配合 – 水解 – 脱钙 – 分离"新工艺及装备，解决了传统技术难以同时深度脱除多种重金属的技术瓶颈，并实现药剂与装备的产业化，开辟了重金属废水处理与资源化的新途径。

主要技术经济指标：重金属废水生物制剂深度处理综合性废水投资成本约为3000～5000元/(t·d)，直接运行成本（药剂费＋电费）约为1.0～3.0元/t水。

以黑龙江紫金铜业1680 m³/d废水深度处理工程为例（表19.1和表19.2）：

表19.1 进水水质 单位：mg/L

项目	pH	砷	铜	铅	锌	锑	钙	氟
浓度	2～7	＜100	＜100	＜15	＜200	＜1	＜2000	＜1000

表19.2 出水水质 单位：mg/L

项目	pH	砷	铜	铅	锌	其他重金属	硬度	锑	氟
浓度	满足《铜、钴、镍工业废水排放标准》（GB 25467—2010）表2间接排放要求						＜400	≤0.3	＜15

注：Sb排放标准参考《锡、锑、汞工业污染物排放标准》（GB 30770—2014）

四、实际应用案例

（一）典型案例1：部分生物制剂推广企业名录及示范工程清单

在全国200多家企业推广应用，部分生物制剂推广企业名录及示范工程如表19.3所示。

表19.3 部分生物制剂推广企业名录

企业名称	项目名称	执行标准	主要污染物
全国最大锌冶炼企业原湖南株洲冶炼集团	14400 m³/d 重金属废水深度处理与回用工程	《铅、锌工业污染物排放标准》（GB 25466—2010）	铜、铅、锌、砷、镉、深度脱钙
	2400 m³/d 含汞污酸处理工程	《铅、锌工业污染物排放标准》（GB 25466—2010）	汞、铜、铅、锌、砷、镉
	1200 m³/d 铅锌冶炼污酸生物制剂深度处理工程	《铅、锌工业污染物排放标准》（GB 25466—2010）	铅、锌、砷、镉、铜、氟、氯
全国最大铅冶炼企业河南豫光金铅集团	5000 m³/d 重金属废水深度处理与回用工程	《铅、锌工业污染物排放标准》（GB 25466—2010）	铅、砷、镉、深度脱钙
	锌业公司 4800 m³/d 重金属废水深度处理与回用工程	《铅、锌工业污染物排放标准》（GB 25466—2010）	铅、锌、砷、镉、深度脱钙
锡矿山闪星锑业有限责任公司	10000 m³/d 南矿浅部（放水巷）渗水治理及回用工程	《锡、锑、汞工业污染物排放标准》（GB 30770—2014）	砷、锑、悬浮物
中金岭南有色金属股份有限公司	韶关冶炼厂 1200 m³/d 污酸处理系统工程	《铅、锌工业污染物排放标准》（GB 25466—2010）	铊、锌、砷、镉、铅、深度脱钙
	韶关冶炼厂 4800 m³/d 废水站深度处理工程	《铅、锌工业污染物排放标准》（GB 25466—2010）	锌、砷、镉、铅、深度脱钙
	广西中金岭南矿业有限责任公司 1800 m³/d 尾矿库废水深度处理工程	《铅、锌工业污染物排放标准》（GB 25466—2010）及企业提出的总量控制标准	铅、锌、镉、铜、砷、化学需氧量、悬浮物
湖南水口山有色金属集团有限公司	5500 m³/d 康家湾选矿废水处理工程	《铅、锌工业污染物排放标准》（GB 25466—2010）	铅、锌、镉、铜、砷、化学需氧量、悬浮物
	720 m³/d 含铍废水处理工程	《污水综合排放标准》一级标准（GB 8978—1996）	铍、镉、铜
	600 m³/d 铜矿废水治理工程	《铜、镍、钴工业污染物排放标准》（GB 25467—2010）	砷、锌、镉
	2000 m³/d 四厂含铊废水处理工程	《铅、锌工业污染物排放标准》（GB 25466—2010）《工业废水铊污染物排放标准》（DB43/968—2014）	铅、铜、镉、汞、砷、铊
辰州矿业股份有限公司	5000 m³/d 尾矿库废水治理工程	《锡、锑、汞工业污染物排放标准》（GB 30770—2014）	锑、砷、铅、化学需氧量
江西铜业铅锌金属有限公司	8000 m³/d 冶炼重金属废水处理工程	《铅、锌工业污染物排放标准》（GB 25466—2010）	铅、锌、砷、镉、铜
江铜百泰环保科技有限公司	35000 m³/d 矿坑废水处理工程	《铜、镍、钴工业污染物排放标准》（GB 25467—2010）	铜、悬浮物、化学需氧量
西藏华钰矿业股份有限公司	15000 m³/d 矿井涌水处理工程	《铅、锌工业污染物排放标准》（GB 25466—2010）	砷、铅、铜、锌、镉、铬、汞
紫金铜业有限公司	1500 m³/d 污酸处理系统工程	《铜、镍、钴工业污染物排放标准》（GB 25467—2010）	铜、铅、砷、镉
	8000 m³/d 废水站深度处理工程	《铜、镍、钴工业污染物排放标准》（GB 25467—2010）	铜、铅、砷、镉
大冶有色金属集团控股有限公司	5000 m³/d 重金属废水处理及回用工程	《铜、镍、钴工业污染物排放标准》（GB 25467—2010）	铜、铅、砷、镉

续表

企业名称	项目名称	执行标准	主要污染物
甘肃厂坝有色金属有限责任公司	2000 m³/d 张庄尾矿库废水处理系统	《铅、锌工业污染物排放标准》（GB 25466—2010）	铜、铅、砷、镉、铬、镍、汞、锌、化学需氧量
	5000 m³/d 柒家沟沟口废水处理系统工程	《铅、锌工业污染物排放标准》（GB 25466—2010）	铜、铅、砷、镉、铬、镍、汞、锌、化学需氧量
广晟有色金属股份有限公司	石人嶂矿业 6000 m³/d 废水深度处理项目	《广东省地方标准水污染物排放限值》（DB44/26—2001）	锌、铅、砷、镉
	梅子窝 4000 m³/d 采选矿废水处理工程	《广东省地方标准水污染物排放限值》（DB44/26—2001）	砷
金堆城钼业股份有限公司	300 m³/d 工业污水深度治理项目	《工业循环冷却水处理设计规范》（GB 50050—2017）	化学需氧量、深度脱钙
金隆铜业有限公司	3000 m³/d 雨水处理工程	《铜、镍、钴工业污染物排放标准》（GB 25467—2010）	铜、铅、砷、镉、铬、锌
青海西部矿业锌业分公司	2400 m³/d 重金属废水处理及回用工程	《铅、锌工业污染物排放标准》（GB 25466—2010）	铅、锌、砷、镉、深度脱钙
株洲清水塘工业废水处理利用厂	10000 m³/d 冶炼重金属废水处理工程	《地表水环境质量标准》（GB 3838—2002）Ⅲ类标准	镉、铅、锌、砷、铜、汞
湖南宇腾有色金属股份有限公司	200 m³/d 污酸深度处理工程	《铅、锌工业污染物排放标准》（GB 25466—2010）	砷、锌、铅、镉
金贵银业股份有限公司	100 m³/d 含重金属污酸废水深度处理工程	《铅、锌工业污染物排放标准》（GB 25466—2010）	砷、锌、铅、铜、镉、汞
	7000 m³/d 总废水 & 雨水深度处理升级改造土建工程	《铅、锌工业污染物排放标准》（GB 25466—2010）	砷、锌、铅、铜、镉
亚洲最大铅锌选矿厂中金岭南凡口铅锌矿	15000 m³/d 中金岭南凡口铅锌矿尾矿库废水深度处理与回用工程	《地表水环境质量标准》（GB 3838—2002）Ⅲ类标准	化学需氧量、生化需氧量、锌、镉、铅、砷
湖南柿竹园有色金属有限责任公司	20000 m³/d 柴山尾矿库废水深度处理及回用工程	《污水综合排放标准》一级标准（GB 8978—1996）及回用水质	铅、锌、镉、铬、砷、化学需氧量、悬浮物
湖南金水塘矿业有限责任公司	2000 m³/d 重金属废水生物制剂深度处理工程	《铅、锌工业污染物排放标准》（GB 25466—2010）	铅、铜、砷、镉、镍、化学需氧量、悬浮物
湖南邦普循环科技有限公司	1200 m³/d 含镍废水处理扩建工程	《污水综合排放标准》一级标准（GB 8978—1996）	镍、钴、锰、铜、镉、锌、铅、化学需氧量

（二）典型案例2：中金岭南有色金属股份有限公司韶关冶炼厂4800 m³/d 废水站深度处理项目

中金岭南有色金属股份有限公司韶关冶炼厂 4800 m³/d 废水站深度处理项目采用"生物制剂协同脱钙 – 超滤 – 反渗透 – 蒸发"工艺（图 19.2），在原有设施的基础上进行了生物制剂协同脱钙处理工艺的改造，2011 年初完成工业调试，至今运行情况良好。

出水效果：铅 < 0.05 mg/L、砷 < 0.01 mg/L、镉 < 0.01 mg/L、化学需氧量 < 40 mg/L、五日生化需氧量 < 10 mg/L，远低于《铅、锌工业污染物排放标准》（GB 25466—2010），

图19.2 中金岭南有色金属股份有限公司韶关冶炼厂示范工程

钙＜50 mg/L。出水通过膜系统结合蒸发实现全厂废水"零排放"。每年回用净化水160万吨以上，削减重金属排放量：铅4.72吨、砷1.59吨、镉1.58吨、化学需氧量256吨、五日生化需氧量64吨。与国内同种冶炼废水处理工艺相比，工程建设节约195万元，运行费用节省135万元/年，节约排污费85万元/年。

技 术 来 源

- 湘江水环境重金属污染整治关键技术研究与综合示范（2009ZX07212001）

20　含重金属氨氮废水资源化与无害化处理关键技术

适用范围：锂电池材料三元前驱体、镍、钴、钨、钼、钒、锆、铌、钽、新材料、稀土、废旧锂电池回收、催化剂、煤化工等行业产生的高浓度氨氮废水（氨氮 1 ~ 70 g/L）的资源化处理。

关 键 词：氨氮废水；重金属；汽提精馏；资源化；络合 – 解络合；防堵抗垢

一、基 本 原 理

　　基于氨与水分子相对挥发度的差异，通过氨 – 水的气液平衡、金属 – 氨的络合 – 解络合反应平衡、金属氢氧化物的沉淀溶解平衡的热力学计算，在汽提精馏脱氨塔内将氨氮以分子氨的形式从水中分离，然后以氨水或液氨的形式从塔顶排出，并资源化回收为高纯氨水或铵盐产品，可回用于生产或直接销售；脱氨后废水氨氮浓度降至 10 mg/L 以下，可直接排放或处理后回用于生产。

二、工 艺 流 程

　　工艺流程图如图 20.1 所示。

（1）废水首先进入预热器中进行预热，并根据需要选择加入碱；

（2）从脱氨塔中部的废水入口进入脱氨塔；

（3）废水与来自脱氨塔底部的蒸汽逆流接触，废水中的氨在蒸汽汽提的作用下进入气相，气相中的氨浓度大幅度提高，由塔顶进入塔顶冷凝器，含氨蒸汽被液化为稀氨水；

（4）稀氨水再经过回流泵从塔顶回流到脱氨塔中，当冷凝氨水浓度达到所需浓度（16% ~ 25%）后，氨水作为产品被输送到回收氨水储罐；

（5）脱氨后废水由塔底流出（氨氮 < 10 mg/L），塔底出水经与进塔废水换热后可达标排放或回用，也可进入后续金属回收系统进行重金属回收。

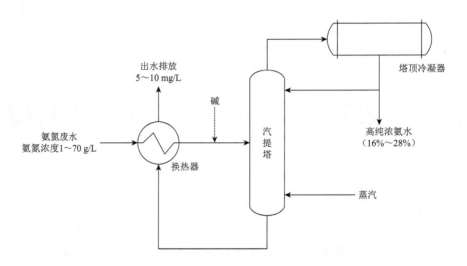

图20.1　含重金属氨氮废水资源化与无害化处理关键技术工艺流程图

三、技术创新点及主要技术经济指标

（一）技术创新点

1. 氨氮去除效率高，不产生污染物转移及二次污染

国际首创药剂强化热解络合－分子精馏分离技术，一步处理实现废水中氨氮由 1 ～ 70 g/L 降至低于 10 mg/L（最低可小于 5 mg/L），氨氮削减率大于 99%；处理后水质优于国家《污水综合排放标准》（GB 8978—1996）一级排放标准要求；且全过程无二次污染产生。

2. 资源回收效率高

采用精馏技术实现了废水中氨资源的高效提取与纯化，回收氨水浓度达 16% ～ 25%，或回收形成系列铵盐产品，可闭路循环于生产工艺，氨资源回收率大于 99%。

3. 设备集成化程度及自动化程度高

开发系列标准化、模块化设备，安装便捷，占地面积小。设备运行稳定，弹性负荷高，抗垢性能好，能耗低。开发全流程实时动态监控及无人值守人工智能（AI）控制技术，满足不同场景需求，实现设备精准控制。

（二）主要技术经济指标

以处理量 800 m³/d，进水氨氮浓度 8000 ～ 16000 mg/L、镍浓度 10 ～ 20 mg/L，出

水氨氮浓度＜10 mg/L、镍浓度＜1 mg/L 的示范工程为例。

（1）投资情况：项目总投资 1200 万元，其中设备投资 900 万元，基建费用 200 万元，其他费用 100 万元。

（2）运行费用：处理吨水运行费用为 25 元，主要包括蒸汽费用 13 元、电费 6 元、人工费 0.38 元、设备折旧费 3.75 元、维修管理费用 1.88 元。

（3）经济效益分析：该项目总投资 1200 万元，运行费用 600 万元／年，企业通过污染物减排和资源回收利用实现经济净效益 430 万元／年，投资回收年限为 2.8 年。

四、实际应用案例

（一）工程示范及推广工程

在全国 60 余家企业推广应用（表 20.1）。

表20.1　部分推广应用工程

序号	推广应用
1	华友新能源科技（衢州）有限公司氨氮废水资源化处理示范工程
2	衢州华海新能源科技有限公司氨氮废水、废气资源化处理示范工程
3	浙江华友钴业股份有限公司脱氨一体化装置示范工程
4	华金新能源材料（衢州）有限公司氨氮废水资源化处理示范工程
5	衢州华友资源再生科技有限公司废旧电池资源化绿色循环利用项目示范工程
6	衢州华友钴新材料有限公司（Ⅰ期）氨氮废水资源化处理示范工程
7	衢州华友钴新材料有限公司（Ⅱ期）氨氮废水资源化处理示范工程
8	湖南邦普循环科技有限公司（Ⅰ期）氨氮废水综合治理示范工程
9	湖南邦普循环科技有限公司（Ⅱ期）氨氮废水资源化处理示范工程
10	湖南邦普循环科技有限公司（Ⅲ期）氨氮废水资源化处理示范工程
11	湖南邦普循环科技有限公司（Ⅳ期）氨氮废水资源化处理示范工程
12	湖南邦普循环科技有限公司（Ⅴ期）电池放电废水处理示范工程
13	湖南邦普循环科技有限公司（Ⅵ期）氨氮废水资源化处理示范工程
14	湖南邦普循环科技有限公司（Ⅶ期）氨氮废水资源化处理示范工程
15	广东邦普循环科技有限公司氨氮废水资源化处理示范工程
16	江苏当升材料科技有限公司环保设施工程项目废水处理示范工程

续表

序号	推广应用
17	江苏当升材料科技有限公司废水处理示范工程
18	浙江远隆贸易有限公司氨氮及重金属处理示范工程
19	金驰能源材料有限公司氨氮废水治理示范工程
20	五矿集团长沙矿冶研究院有限责任公司金驰综合废水处理项目氨氮废水处理示范

（二）典型案例

1. 典型案例1：衢州华友钴新材料有限公司含镍钴锰、氨氮废水的资源化处理项目

衢州华友钴新材料有限公司钴材料及锂离子电池三元正极材料生产过程中所产生的含镍钴锰、氨氮废水的资源化处理系统采用"药剂强化热解络合分子精馏脱氨技术"（图20.2）。一期、二期工程分别于2014年7月、2015年7月建成。处理前废水中氨氮浓度为3000～10000 mg/L，处理后出水氨氮浓度稳定达标（氨氮≤10 mg/L，最低可达到3 mg/L以下），二价钴、镍、锰离子含量分别由35 mg/L、65 mg/L、30 mg/L降至低于0.5 mg/L、0.1 mg/L、2.0 mg/L，同时回收浓度大于15%的高纯浓氨水，回用于生产。设备运行过程中无氨气泄漏，无二次污染产生，工程达到预期目标。

图20.2　衢州华友钴新材料有限公司技术应用案例

项目一期、二期工程处理能力分别为650 t/d、1500 t/d，每年达标处理废水60余万吨，减排氨氮3200吨以上，回收浓氨水24000吨。通过氨氮减排及氨水资源回收利用节约排污及原料费用1500万元以上，整套装置运行稳定达标，具有显著的环境、经济及社会效益。

2. 典型案例2：湖南邦普循环科技有限公司产生的氨氮废水资源化综合治理项目

湖南邦普循环科技有限公司产生的氨氮废水资源化综合治理工程采用氨氮废水资源化处理技术（图20.3），2011年1月建成，处理前氨氮浓度为3000～9000 mg/L，总处理量400 m³/d，出水氨氮浓度稳定达标（氨氮＜15 mg/L，最低可降至10 mg/L以下），每年减排氨氮约700吨，设备运行时无氨气泄漏，无二次污染物产生，工程达到预期目标。

图20.3　湖南邦普循环科技有限公司技术应用案例

年回收氨水约4500吨，浓度达15%以上，可全部回用于生产。年节约氨水采购成本约180万元，节约排污费60万元以上，增收240万元以上，全套精馏脱氨装置运行稳定，运行多年未出现结垢、堵塔现象。

3. 典型案例3：金堆城钼业股份有限公司化学分公司产生的高浓度氨氮废水处理项目

金堆城钼业股份有限公司化学分公司钼酸铵生产过程产生的高浓度氨氮废水及含氨废气采用脱氨技术进行处理（图20.4）。工程于2012年9月建成，处理前氨氮浓度约为35000 mg/L，出水浓度稳定低于10 mg/L，最低可达到3 mg/L以下，回收氨水浓度超过16%，可回用于生产中，提高资源内部循环效率。设备运行过程无二次污染产生，工程达到预期效果。

工程达标处理废水量3万吨/年，实现氨氮减排1000余吨/年，节约排污费120万元/年。回收氨水8000吨/年，节约氨水采购成本400万元/年。工程环境经济效益显著，有效保证了企业的正常生产。

图20.4   金堆城钼业股份有限公司技术应用案例

技 术 来 源

• 松花江重污染行业清洁生产关键技术及工程示范（2008ZX07207003）

21　化纤印染废水混凝／吸附分级除锑脱毒关键技术

> **适用范围**：化纤印染废水毒害污染物锑高效控制。
> **关 键 词**：强化混凝；精确加药；絮体再利用；复合材料；专性吸附

一、基 本 原 理

为了满足环境敏感区化纤印染废水锑控制要求，该技术根据废水不同阶段水质特征，提出了分级控制方法。

（一）亚铁/钙复合混凝除锑技术

单独硫酸亚铁作为工业中常用混凝剂存在适应性不足等缺点，而铁盐除锑主要机理为羟基氧化铁对锑的吸附作用，投加氢氧化钙强化硫酸亚铁混凝能够有效改变液相中电位及羟基氧化物表面结构，增加硫酸亚铁在碱性环境中的适应性，从而提高混凝除锑效果。

（二）铁锰材料强化吸附除锑技术

铁基复合吸附剂中锰的添加促进了无定形铁氧化物的生成，阻碍了其向结晶态铁的转变，增加了复合材料表面铁氧化物的不饱和性，增加了表面的吸附点位和吸附活性，而无定形铁氧化物的吸附能力要强于结晶态铁，因此改善了铁氧化物的锑吸附能力，提高了铁锰复合材料对锑的吸附能力。

（三）混凝精确加药深度除锑技术

该技术建立了混凝剂投加量与出水锑残留率的反比例模型和控制系统，利用进水锑前馈控制混凝剂投加量，实现了混凝剂精确加药（投加比为 0.4‰ ~ 0.7‰）和锑高标准稳定控制。利用混凝沉淀絮体具有的除锑潜力，将混凝絮体回流至进水，吸附进水较高浓度的锑，解决了传统技术混凝剂经验投加、单次利用引发的出水锑波动大、药剂投加量高的问题。

二、工艺流程

化纤印染废水混凝/吸附分级除锑脱毒关键技术工艺流程如图21.1。该技术包括亚铁/钙复合混凝除锑、铁锰材料强化吸附除锑、混凝精确加药深度除锑等环节。

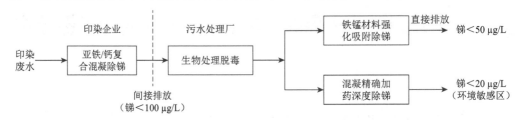

图21.1　化纤印染废水混凝/吸附分级除锑脱毒关键技术工艺流程图

三、技术创新点及主要技术经济指标

（1）通过亚铁/钙耦合、药剂负荷分配、基于反比例模型的混凝进水锑前馈精确加药、混凝絮体回流气浮端再利用，实现气浮－混凝沉淀协同除锑脱毒。利用现有反应池、沉淀池等构筑物，通过原有混凝剂的复配，使混凝沉淀物中铁形态由凝胶态更多地转变为羟基氧化铁形态，增强混凝沉淀对锑的去除性能。亚铁/钙复合混凝除锑技术处理成本≤0.4元/m³，混凝精确加药深度除锑技术处理成本≤1.1元/m³。

（2）通过铁锰材料复合，强化吸附除锑。开发铁锰摩尔比为3∶1的新型铁锰复合材料，与未添加锰的材料相比，无定形铁含量由310 mg/g提高到440 mg/g；增强了复合材料对锑的吸附能力，同时提高无定形铁的稳定性。新型铁锰复合材料吸附除锑技术处理成本≤0.6元/m³。

四、实际应用案例

（一）典型案例1：印染行业特征污染物锑综合控制技术工程示范

在嘉善洪溪污水处理有限公司、嘉善宏阳纺织印染有限公司进行示范应用。亚铁/钙复合混凝除锑技术在嘉善宏阳纺织印染有限公司厂区示范，示范总处理规模3000 m³/d，主要建设内容为石灰及硫酸亚铁投加系统各1套，排放纳管时（锑≤100 μg/L），增加处理成本为0.35元/m³，比现有处理技术平均低41%。铁锰材料强化吸附除锑技术在嘉善洪溪污水处理有限公司厂区示范，示范总处理规模500 m³/d，主要建设内容为吸附剂配制系统1套，反应沉淀系统1套，直接排放时（锑≤50 μg/L），增加处理成本为0.56元/m³，比现有处理技术平均低35%。

（二）典型案例2：印染等废水毒害污染物削减与毒性控制技术验证工程示范

在苏州吴江盛泽水处理发展有限公司联合污水处理厂工业废水段进行示范应用，处理能力为 4.5 万 m^3/d。示范技术为混凝精确加药深度除锑技术，包括基于反比例模型的混凝进水锑前馈精确加药、混凝絮体回流进水端再利用。联合污水处理厂工业废水段出水锑降低至 20 μg/L 以下，处理成本为 2.8 元 $/m^3$，比现有处理技术成本降低 15% 以上。

技 术 来 源

- 望虞河东岸水设施功能提升与全系统调控技术及示范（2017ZX07205001）
- 平原河网地区污染源深度削减成套技术与综合示范（2017ZX07206002）

22　基于吸附－电沉积回收电镀废水中高价值重金属关键技术

> **适用范围**：电镀、电子、金属加工、有色金属冶金等行业产生的含镍和含铜废水，实现重金属回收和废水稳定达标。
>
> **关 键 词**：电镀废水；资源化；树脂吸附；树脂再生；再生液；电化学沉积；膜分离；电化学除杂；镍板；铜板

一、基 本 原 理

　　吸附－电沉积回收电镀废水中高价值重金属关键技术原理是利用二级阳离子交换树脂吸附交换水中的大部分的阳离子镍和铜离子，再通过螯合树脂螯合吸附剩余的低浓度镍铜离子，使出水稳定达标；饱和树脂采用汽水混合酸洗新方法，高浓度氢离子离子交换再生树脂上的镍和铜离子，得到高浓度（＞ 60 g/L）含镍含铜再生液，然后树脂经过氢氧化钠溶液活化，转为钠型树脂用于下次吸附；得到的高浓度含镍含铜再生液先进行除杂，通过调节 pH 形成杂质铜、铁等金属氢氧化物得以去除，最后进入电沉积装置回收镍，阳极氧化降解有机物杂质，镍和铜离子在阴极得到电子发生还原反应，得到高纯度镍板和铜板。本关键技术集成了吸附和电沉积技术，从系统上考虑高效回收镍铜和除杂，得到高纯度的镍铜板，经济效益显著。

二、工 艺 流 程

　　该关键技术的工艺流程具体如图 22.1 所示，包括树脂吸附和电沉积两部分。
　　树脂吸附的工艺流程为：先将含镍或含铜废水收集到调节池中，用液碱（NaOH）调节废水 pH，去除重金属杂质；含镍或含铜废水经过沉降后，将上清液通过滤袋过滤器除去悬浮物；预处理后的废水进入二级阳离子交换树脂，吸附富集废水中的镍或铜离子，吸附出水再经过一级螯合树脂，进一步去除残留重金属，吸附出水中重金属达标，进入后续生化处理系统；树脂吸附饱和后，用含盐酸或硫酸溶液再生树脂，得到镍离子或铜离子浓度大于 60 g/L 的再生液，用于后续电沉积系统。

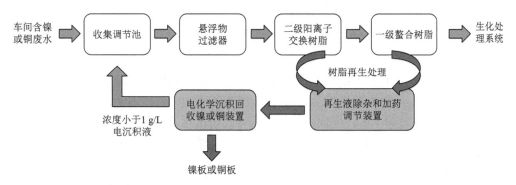

图22.1　基于吸附–电沉积回收电镀废水中高价值重金属关键技术工艺流程图

电沉积工艺流程：首先再生液进行除杂，通过调节 pH 过滤去除再生液中铁、铜等杂质；然后再添加助剂，调整 pH 后的再生液泵入电沉积装置进行电化学反应，最终得到镍板或铜板，低浓度再生液转入废水收集池。

三、技术创新点及主要技术经济指标

（一）技术创新点

（1）确定最优阳离子交换和螯合树脂，形成"二级阳离子交换树脂＋一级螯合树脂"工艺，高效富集废水中镍和铜，出水稳定达标；

（2）发明气水混合树脂酸再生新方法，得到高浓度含镍、含铜再生液，镍浓度大于 60 g/L，可直接用于后续电沉积，减少加热浓缩过程；

（3）构建镍离子浓度 – 电流密度 –pH 耦合作用下再生液中镍离子沉积数学模型，构建基于电解液 pH、镍离子浓度、电流密度与镍沉积效率的函数关系，精准调控电沉积参数，实现高效、低能耗电沉积回收镍板；

（4）揭示各种共存金属离子杂质对镍沉积的影响阈值，提出经济、高效的化学方法去除共存阳离子，有效保障后续电沉积过程回收镍的效率与纯度。

（二）主要技术经济指标

含镍和含铜废水经过树脂吸附后出水稳定达到排放标准（镍和铜离子浓度分别小于 0.1 mg/L 和 0.3 mg/L），镍和铜回收率分别大于86%和90%，得到的镍板和铜板纯度分别大于99%和93%。考虑到回收镍板和铜板的收益，处理含镍废水和含铜废水收益分别为 4.6 ～ 7.1 元 /m³ 和 1.6 ～ 5.5 元 /m³。可见，采用树脂吸附 - 电沉积回收镍和铜具有显著经济效益，有很好的推广价值和前景。

四、实际应用案例

本关键技术应用于常州市武进洛阳第二电镀有限公司的集中污水处理厂电镀废水资源化工程示范（图 22.2 至图 22.4）。处理规模为每天 100 吨，以含镍和含铜废水为处理对象，采用基于吸附 - 电沉积回收电镀废水中高价值重金属关键技术。工程示范稳定运行结果表明，含镍和含铜废水经过树脂吸附后出水稳定达到《电镀污染物排放标准》

图22.2　电镀废水资源化示范工程的吸附系统（a）和电沉积系统（b）

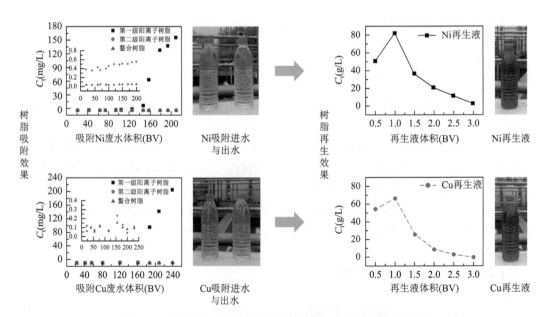

图22.3　树脂高效吸附再生回收电镀废水中的镍和铜的效果

（GB 21900—2008）表 3 标准，饱和树脂经过再生处理可产生浓度大于 60 g/L 的高浓度含镍或含铜再生液；电沉积得到的镍板和铜板的纯度分别大于 99% 和 93%，镍和铜的平均回收率分别为 86% 和 90%。考虑到回收镍板和铜板的收益，处理含镍废水和含铜废水的收益分别为 4.6 ~ 7.1 元 /m³ 和 1.6 ~ 5.5 元 /m³。可见，采用树脂吸附 – 电沉积回收镍和铜具有显著的经济效益，绿色节能，减少污染物排放，有很好的推广价值和前景。

技 术 来 源

- 工业聚集区污染控制与尾水水质提升技术集成与应用（2017ZX07202001）

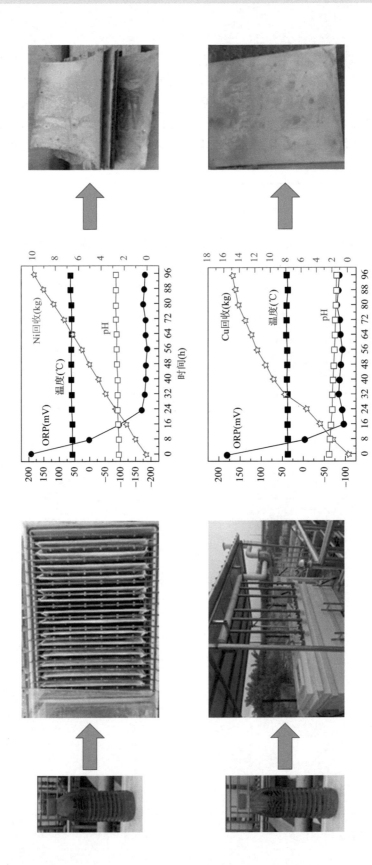

图22.4 复杂水质条件下再生液电化学高效沉积镍和铜的效果

23 以降钙控钙为核心的造纸废水资源化利用长效稳定运行调控关键技术

适用范围：废纸造纸废水的污染控制与资源化利用。
关 键 词：废纸造纸废水；持泥排钙；酸溶控钙；曝气脱碳池；晶种介导

一、基 本 原 理

（一）厌氧控钙

钙化厌氧颗粒污泥存在中心钙核压缩微生物定殖空间、外层钙盐沉积物堵塞污染物传质通道两大问题，严重降低污泥活性，影响厌氧反应器的正常运行。针对中心钙化问题，设计"持泥排钙"技术，使用倒锥形重渣水力旋流筛选装置，选择性地排出碳酸钙含量＞80%的"重渣"。同时，由于在"重渣"排放过程中，不可避免会协同排放部分有活性的厌氧污泥，为维持厌氧反应器中稳定的污泥浓度，设计了一个基于污泥内循环颗粒化的厌氧反应器（DCAS），可有效减少悬浮污泥的流失，加快污泥颗粒化进程，维持厌氧反应器高效稳定运行。

针对外层钙盐沉积的问题，设计"酸溶控钙"技术。由于钙溶解度与氢离子浓度呈幂函数关系，因此通过加酸调控液相的 pH，能将污泥中过量的碳酸钙去除，消除钙化影响。而厌氧发酵过程会产生大量以乙酸为代表的挥发性有机酸，因此选用乙酸作为酸溶剂，对厌氧颗粒污泥进行间歇性酸溶脱钙，恢复外层钙化污泥的传质能力。

（二）好氧除钙

由于厌氧出水中钙浓度高，直接进入好氧处理阶段会导致污泥无机化严重，活性降低，严重影响好氧段的生化处理效果。针对厌氧出水高钙、含饱和 CO_2 的特点，在厌氧出水和好氧池之间设置曝气脱碳池，通过曝气吹脱 CO_2，提高废水 pH，调控 $H_2CO_3^*$-HCO_3^--CO_3^{2-} 缓冲平衡体系，发生如下反应：$Ca^{2+} + 2HCO_3^- \longrightarrow CaCO_3\downarrow + CO_2\uparrow + H_2O$，促进 $CaCO_3$ 沉淀生成，降低好氧生化处理的钙负荷。

（三）深度脱钙

造纸废水处理回用过程中，好氧出水钙浓度高，易造成中水回用管道结垢、堵塞。传统化学沉淀工艺能有效缓解这一现象，但药剂投加量大，成本高，因此采用晶种介导强化沉淀技术改良传统化学沉淀技术，即将沉淀污泥回流至反应池，与化学药剂一起进行反应。晶种介导一方面降低了碳酸钙沉淀的临界过饱和度，另一方面降低了碳酸钙晶体结晶的表观活化能，提升了晶核生长的反应速率，使得碳酸钙更易结晶沉淀，有效减缓了管道和设备上的结垢，减少了药剂投加量。

二、工 艺 流 程

工艺流程具体如图 23.1。

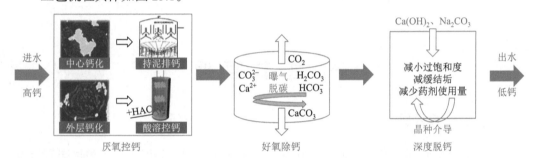

图23.1 以降钙控钙为核心的造纸废水资源化利用长效稳定运行调控关键技术工艺流程图

三、技术创新点及主要技术经济指标

（一）厌氧控钙

针对钙盐在污泥中心和外层积淀的问题，设计了持泥排钙和酸溶控钙技术相结合，实现厌氧颗粒污泥更换周期一年以上。

在持泥排钙方面，使用倒锥形导流板和梯度多层旋流布水系统，选择性地排出碳酸钙含量 > 80% 的 "重渣"，同时增设厌氧反应器内构件，促进悬浮污泥颗粒化，以补充排钙时协同排放的厌氧活性污泥，从 "保增长" 和 "去钙化" 两方面共同解决厌氧颗粒污泥中心钙化问题，除改造费用外不增加运行成本。

在酸溶控钙方面，根据碳酸钙和磷酸氢钙溶解度的强 pH 相关性，利用乙酸快速溶解污泥表层沉积的钙盐，恢复污泥表面的高速传质，解决了厌氧颗粒污泥外层钙化的问题，处理成本约 0.14 元 /m^3。

（二）好氧除钙

厌氧出水进入曝气脱碳池，通过曝气达到脱除 CO_2 并产生 $CaCO_3$ 沉淀的效果，有效降低好氧处理段进水中的钙浓度至 200 mg/L 以下，去除率 60% 以上，每去除 100 mg/L 钙的处理成本约为 0.01 元 /m³。

（三）深度脱钙

引入晶种介导强化钙沉淀技术改良传统化学沉淀工艺，以回流污泥中作为晶种，降低了碳酸钙沉淀的临界过饱和度和结晶的表观活化能，提升了晶核生长的反应速率，降低了药剂使用量 15% 左右，每去除 100 mg/L 钙的处理成本约为 0.18 元 /m³。

四、实际应用案例

在浙江景兴纸业股份有限公司应用本技术如图 23.2 所示，在原有工程基础上进行技术改造，主要含厌氧塔一座（Φ12.5 m×28.0 m）、终沉脱钙池一座（4.61 m×14.9 m×3.3 m）等，于 2017 年 9 月立项、2019 年 10 月建成使用，投入使用后运行正常，效果良好，2019 年 10 月到 2020 年 10 月一年内厌氧颗粒污泥未有更换，好氧单元钙去除率平均 62.6%，膜回用系统进水钙浓度平均 73 mg/L，满足中水回用要求。

厌氧反应器

（IC）终沉池

图23.2　浙江景兴纸业股份有限公司应用图

技 术 来 源

• 嘉兴市水污染协调控制与水源地质量改善（2017ZX07206）

24 复杂废乳化液高效磁破乳分离关键技术

适用范围：机械加工行业涉及的表面清洗、粗加工等过程产生的各类乳化液废水，废水化学需氧量分布范围 17000 ～ 56000 mg/L。

关 键 词：废乳化液；磁性颗粒；磁分离；破乳；油水分离；机械加工

一、基 本 原 理

机械电子加工行业产生的废乳化液中含有高浓度矿物油和阴 / 非离子型表面活性剂，表面活性剂包裹的油滴以纳米尺寸稳定分散在水中，同时使油滴带极强负电荷，乳化结构超稳定。废乳化液处理的关键步骤是打破乳化结构，促进油水分离。工程中最常用的处理技术是化学絮凝破乳，但絮凝剂的投加量较高，含油污泥絮体量大，且分离速率慢，这大大降低了废乳化液的处理效率。研发团队开发的磁破乳分离技术在化学絮凝破乳的基础上引入磁性颗粒和磁场，基于磁性颗粒的配重和磁场作用加速絮体分离并压缩絮体体积，以提高破乳速率。图 24.1 表示了磁破乳分离原理，首先，通过絮凝剂水解形成的具有大比表面积和高正电荷密度的产物，有效中和油滴表面负电荷，使失稳的油滴聚集，形成含油絮体；同时投加的磁性颗粒与含油絮体碰撞结合，形成具有一定机械强度的磁性絮体；比重较大的磁性颗粒在外磁场驱动下带动絮体运动，实现絮体 – 水的快速分离和絮体压缩。

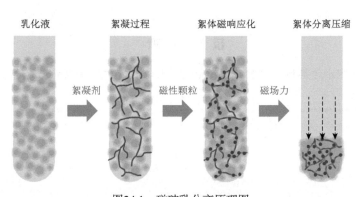

图24.1 磁破乳分离原理图

二、工 艺 流 程

磁破乳分离技术工艺流程具体如图24.2所示。该工艺主要由磁絮凝反应区、磁分离区、磁性颗粒回收区和磁性颗粒回用流路组成。在磁絮凝反应区中，废乳化液根据需要经pH调节后首先进入絮凝反应池。在快速搅拌分散作用下，絮凝剂水解，并基于静电中和等作用使油滴失稳，形成小絮体。随着小絮体进入磁结合区，磁性颗粒与絮体碰撞结合形成磁性絮体。随后，磁性絮体在助凝剂的网捕卷扫作用下尺寸增大并逐渐变得密实，形成具有一定机械强度的磁性絮体。磁性絮体经过中间水池后进入磁分离区，随着磁盘的转动，水中的磁性絮体被源源不断吸附到磁盘上，从而实现絮体与水的快速分离。磁盘上的磁性絮体经过刮板脱附后进入磁性颗粒回收区，在高速剪切机的作用下被剪切分散为细小的絮体，并经过磁鼓被分离出来，最终磁性颗粒回用流路进入磁破乳区域进行回用。

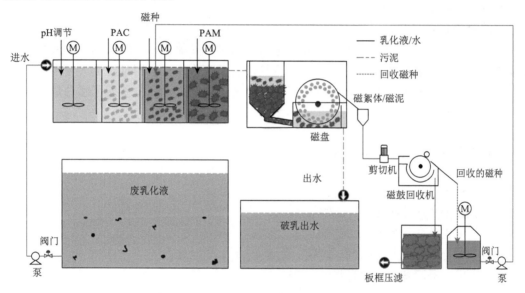

图24.2　复杂废乳化液高效磁破乳分离关键技术工艺流程图

三、技术创新点及主要技术经济指标

磁性颗粒破乳剂是新兴破乳剂，最早始于2012年。目前国内外相关研究中磁性颗粒破乳的对象多为模型乳化液，且表面活性剂浓度非常低（0～100 mg/L）、油滴尺寸在微米级别（6～10 μm）。该关键技术可应用于复杂的机械加工废乳化液，相对于低浓度表面活性剂形成的脆弱油水界面膜，高浓度表面活性剂的存在不仅形成了更稳定的油水界面膜包裹纳米尺寸的油滴（200～500 nm），还会在油滴外部形成稳定的三维网状结构，这种两级保护结构显著提升了废乳化液的稳定性，使其处理难度呈指数级上升。该关键技术中成功研发的磁性颗粒破乳剂，突破了其在复杂实际乳化液中的应用瓶颈，大大扩展了磁性颗粒破乳剂的应用对象。

（一）技术创新点

相对于传统化学破乳剂，磁性颗粒破乳剂具有分离速率快、可回用、不产生二次污染等显著优势。传统的化学破乳处理复杂废乳化液时，絮凝剂的投加量通常很大，由此易产生高体积比的含油污泥絮体（高达 80%），且絮体 – 水分离速率慢（分离时间长达几小时至数小时），这对分离池的容积和构筑物场地提出了很高的要求。此外，化学絮凝破乳对不同水质特征的废乳化液适应性较差，产生的絮体可能上浮、悬浮或者下沉，这给后续絮体 – 水分离工艺的设计也带来了极大挑战。该磁破乳分离技术的应用使传统化学破乳分离时间从 240 分钟缩短至 10 分钟内，絮体体积比从 40% ～ 90% 压缩至 12% 内。分离速率大幅提升使一体化和集约化磁分离设备的应用成为可能，对空间受限的应用场景大有裨益。磁性颗粒赋予絮体的磁响应性能有效应对不同特征的含油絮体，实现快速分离，有效解决了传统化学絮凝破乳在实际工程应用中面临的泥水分离难的问题，大大提升了废乳化液的处理效率。

磁分离技术最早应用于磁性物质的筛选，近年来在水处理领域的应用得到了扩展，但仍主要应用于市政污水的除浊和除藻。相对去除体积相对较大的固体颗粒，磁分离技术在多相胶体体系中的应用涉及更复杂的相互作用，应用难度更大。本项目率先突破了磁分离技术在复杂多相体系中的高效液 – 液分离，充分扩展了磁分离技术的应用领域。

（二）主要技术经济指标

（1）分离时间：< 10 分钟；
（2）含油絮体体积比：< 12%；
（3）油去除率：> 89%；
（4）综合运行成本（药剂、能耗、人工）：< 118 元 /m^3；
（5）出水澄清度：透射光强度 ≥ 85%。

四、实际应用案例

磁破乳分离技术在江苏绿赛格再生资源利用有限公司实现了应用和连续稳定运行，对源于常州及其周边，如昆山、苏州、无锡等地区的多种废乳化液都具有很好的破乳分离效果，如图 24.3。相对于化学絮凝破乳技术的处理能力 1400 m^3/a，该技术对废乳化液的处理能力可达 8000 m^3/a，废乳化液油水分离效率从原有的 60% 提高至 89%，大大提升废乳化液的处理能力和效率。为"十三五"水专项重点行业污染控制和解决武进港小流域工业与农村复合污染负荷高、入太湖负荷削减提供了有力技术支撑。

磁盘分离

连续出水效果

磁絮凝破乳-分离成套设备

图24.3　磁破乳分离设备及其应用效果

技 术 来 源

- 机械加工废水处理技术集成、装备研发及示范（2017ZX0720200302）

25　高盐难降解废水处理和资源回收利用关键技术

适用范围：高盐难降解废水处理与资源化。

关 键 词：高盐难降解废水；电催化氧化；过硫酸盐催化氧化；机械蒸汽再压缩技术（MVR）；杂盐分质结晶；资源化；趋零排放

一、基本原理

针对高盐废水中的络合重金属沉淀困难和去除效果差，通过过一硫酸盐催化氧化和电催化氧化破络、重金属捕获剂共沉和电催化阴极沉积去除重金属；对于高盐废水中难降解有机物通过化学催化氧化与气浮沉淀协同作用、电催化氧化分解、电催化氧化与化学催化氧化共同作用分解与去除，剩余部分有机物通过适用于高盐废水的吸附剂吸附和 MVR 浓缩液酸化进一步去除。上述预处理技术可以保证 MVR 装置的长期稳定运行，为后续杂盐分离和资源化打下基础。

废水去除有机物和重金属后进入 MVR 浓缩与结晶工艺过程，利用硫酸钠和氯化钠结晶温度的不同进行分离。工艺技术原理与过程如下：首先利用一效板式降膜蒸发器进行浓缩至 70%，然后通过闪蒸罐产生微量晶核，再进入二效升膜列管蒸发器，通过蒸发浓缩产生大量晶核，当晶浆比达到 15% ～ 25% 进入离心机进行分离，离心母液进行酸化除油后进入三效升膜列管蒸发器蒸发，然后通过晶浆罐离心机分离，分离之后的母液通过三级（1 级：90 ～ 98℃；2 级：30 ～ 40℃；3 级：0℃）冷冻结晶分离出硫酸钠，氯化钠在母液中进入单独的 MVR 系统进行浓缩分离，分离出来的硫酸钠和氯化钠可以达到工业级标准销售。MVR 浓缩与结晶系统冷凝水通过吸附和离子交换处理之后回到生产线。

二、工艺流程

工艺流程为"络合重金属混凝沉淀去除 – 有机物电催化氧化去除 – 有机物过滤吸附深度处理 – 硫酸钠 MVR 结晶浓缩 / 硫酸钠与氯化钠 MVR 浓缩与分质结晶 – 冷凝水处理与回用"（图 25.1），具体如下：

（1）生产废水预处理后进入混凝沉淀药剂及工艺技术单元，通过化学催化氧化和专用混凝沉淀药剂实现络合重金属破络及去除；

（2）出水进入电催化氧化单元，实现有机物和重金属的同步高效去除；

（3）催化电解出水采用有机物吸附工艺严格控制出水，较低浓度的有机物被进一步深度去除；

（4）预处理后，针对硫酸钠难降解废水，采用MVR浓缩与结晶工艺技术，分离出废水中所含硫酸钠并加以回收利用，实现硫酸钠难降解废水处理规模不低于2000 m³/d，硫酸钠产量不低于每月2000 t，达到工业盐标准；针对硫酸钠和氯化钠混合的废水，采用MVR浓缩与分质结晶回收技术，分别将硫酸钠和氯化钠从废水中分离出来，同时产生两种工业盐。

针对以上两种工艺技术中所产生的冷凝水，进行冷凝水回收技术的研究，实现冷凝水的回用。

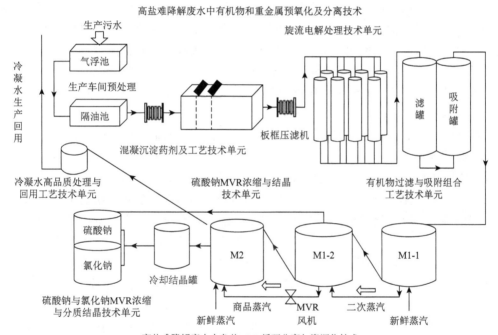

注：M1-1：一效板式降膜蒸发器
　　M1-2：二效管式强制循环蒸发器及管式强制分离器
　　M2：三效管式强制循环蒸发器及强制分离器

图25.1　高盐难降解废水处理和资源回收利用关键技术工艺流程图

三、技术创新点及主要技术经济指标

针对滨海工业带高盐难降解废水特点，创新开发出有机物与重金属同步去除技术，研发适合更高盐度的专用材料和吸附技术，整合改进工艺路线，形成创新的整装技术，突破了高盐有机废水中难降解有机物和络合重金属预处理技术、杂盐分质结晶资源化技术、大型 MVR 有机垢控制技术难题，解决了大型 MVR 设备的长效运行问题。

（一）技术创新点

（1）高盐废水中难降解有机物通过多元自由基协同的化学催化氧化、电催化氧化和吸附化学共同作用去除与分解；

（2）多效 MVR 浓缩循环套用 – 母液有机物酸化分层 – 冷冻结晶，实现了高盐废水中的杂盐分离和资源化。

（二）主要技术经济指标

我国"十一五"和"十二五"的"水专项"产业化项目和课题有些涉及高盐废水，主要侧重于 MVR 设备、配套风机等设备研究和研制，没有重点研究高盐废水中有机物和重金属预处理技术、杂盐分质结晶和资源化技术。以"十一五""十二五"研究成果为基础，以高盐难降解废水中无机盐和水资源回收利用技术为主要技术路线，通过技术和设备研发，实现 99% 以上无机杂盐资源回收和冷凝水的全部回收利用，成功解决了园区污水处理"最后一公里"的难题，达到高盐废水趋零排放。

高盐难降解废水中有机物和重金属旋流电解处理技术对有机物去除率不低于 30%，重金属去除率不低于 50%，废水处理规模不低于 1000 m³/d，耗电成本低于 9 元 /m³；高盐难降解废水中重金属混凝沉淀药剂及工艺技术废水处理规模不低于 1000 m³/d，出水重金属浓度低于 10 ppm，药剂处理成本不大于 3 元 /m³；高盐难降解废水中有机物过滤与吸附组合工艺技术废水处理规模不低于 1000 m³/d，出水有机物（以油计）低于 50 ppm，处理成本不大于 4.1 元 /m³；硫酸难降解废水 MVR 浓缩与结晶工艺技术，实现硫酸钠难降解废水处理规模不低于 2000 m³/d，硫酸钠产量不低于每月 2000 t，达到工业盐标准。吨水耗电不大于 40 kW·h，处理成本小于 60 元 /m³，设备推广到 3 个以上国家；硫酸钠与氯化钠复合杂盐难降解废水 MVR 浓缩与分质结晶回收技术实现硫酸钠与氯化钠杂盐废水处理规模不低于 150 m³/d，氯化钠产量不低于每月 50 t，达到工业盐标准，吨水耗电不大于 40 kW·h，处理成本小于 60 元 /m³；MVR 浓缩与结晶系统冷凝水高品质处理与回用技术处理规模为 600 m³/d，出水中钠离子小于 20 ppm，处理成本不大于 8.3 元 /m³。

四、实际应用案例

应用于天津市天津茂联科技有限公司高盐难降解有机废水趋零排放工程，项目规模不小于 3000 t/d，通过电催化氧化、络合重金属混凝沉淀及过滤吸附组合技术，实现高盐难降解废水有机物和重金属预氧化及分离，实现预处理技术对重金属的去除率可以达到 90% 以上，COD 去除率可以达到 60%，为 MVR 装备的稳定运行提供前提保障；针对以往高盐难降解废水中硫酸钠与氯化钠杂盐在同一设备中分质结晶困难、MVR 浓缩成本高、无机盐产品纯度低等问题，在充分考虑硫酸钠废水自身特征（含少量氯离子），为保证结晶出的硫酸钠和氯化钠质量，设计采用四段蒸发和冷却结晶流程，实现了硫酸钠和氯化钠于同一套设备中分别蒸发结晶，突破硫酸钠与氯化钠杂盐 MVR 蒸发浓缩、分质结晶。实现硫酸钠难降解废水处理量可以达到 2000 m³/d，硫酸钠产量可以达到每月 4000 t，达到工业盐二级标准。除了色度以外，其余指标均能达到一级标准，产生的硫酸钠盐销售到国内山东、天津与河北等省市，出口至缅甸、马来西亚、印度尼西亚以及俄罗斯等国家；项目产生的冷凝水全部通过高品质处理技术回用车间。本项资源化技术降低高盐难降解废水的处理成本，减轻了企业负担，具有良好的经济效益和应用前景。

技 术 来 源

- 滨海工业带高盐难降解废水趋零排放技术研究与示范应用（2017ZX07107002）

26 滨海工业带污水处理厂天津地标高标准排放关键技术

适用范围：工业带污水处理厂高标准排放新建、改扩建。

关 键 词：高标准排放；稳定达标；节能降耗；污水处理；碳源高效利用；
高级氧化；磁介质；深度除磷

一、基本原理

针对滨海工业带污水可生化性差、碳源极度缺乏、难降解有机物复杂去除难度大等水质特点及 COD、氮磷高标准稳定达标难点，以强化生物处理和深度处理为核心，强化生物处理，通过园区碳源较丰富废水补充碳源、生物电解水质调理改善污水可生化性、碳源优选及投加载体提升脱氮菌群活性、生物功能区精细化设计和精准运行调控等技术措施，提高碳源利用效率，强化生物脱氮，降低碳源投加成本。深度处理，采用 H_2O_2/Fe^{2+}、臭氧（催化）氧化等氧化体系，产生羟基自由基，利用高活性及无选择性氧化能力的羟基自由基作为强氧化剂，氧化去除难降解有机物，通过与其他单元技术集成耦合，保障有机物稳定去除；利用除磷药剂与水中污染物反应形成化学絮体，磁粉等介质与絮体高效耦合，通过反应时间和水力条件等优化，强化介质、絮体间的吸附电中和、微磁场吸附等相互作用，促使以磁介质为"晶核"的复合絮体快速稳定形成，强化絮体沉淀效果，保障磷、SS 高标准稳定达标。

二、工艺流程

滨海工业带污水处理厂天津地标高标准排放关键技术工艺流程（图 26.1）为强化预处理、强化生物处理、多模式深度处理、达标排放/再生利用，具体如下：

（1）污水经管网进入水解酸化池/初沉池等预处理单元，根据企业废水和污水水质情况，采取"协商排放"模式以及碳源挖掘及碳源品质提升技术或措施，强化后续生物脱氮；

（2）预处理单元出水进入生物处理单元，生物处理单元以强化生物脱氮与精细化设计运行为核心，提高碳源利用效率，实现高排放标准要求下 TN 的强化去除和节能降耗；

（3）生物处理单元出水进入深度处理单元，深度处理单元以多模式设计灵活运行为核心，根据水质情况，对有机物、氮、磷等采取灵活适宜的深度处理方法，实现工业集聚区进水水质波动下出水稳定达标与节能降耗的有机统一；

（4）深度处理高品质尾水直接排放水体或再生利用，实现区域水的良性循环。

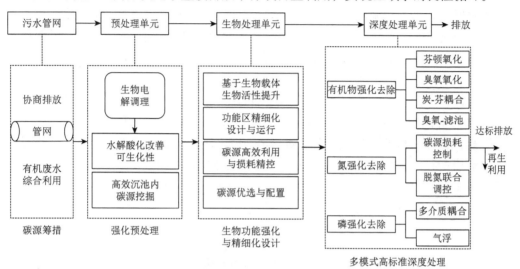

图26.1 滨海工业带污水处理厂天津地标高标准排放关键技术工艺流程图

三、技术创新点及主要技术经济指标

首次较系统地形成了滨海工业带污水处理厂高标准排放稳定达标技术，解决了国内首次滨海工业带工业园区污水处理厂最严格的准Ⅳ类排放稳定达标问题。

基于天津滨海工业带污水特征，构建以"碳源筹措、污水可生化性提升与碳品质改善、生物功能强化和碳源高效利用与损耗精控、多模式超净深度处理"为核心技术路径的滨海工业带污水处理厂天津地标高标准排放技术，从技术选择、工程设计及运行管理层面，为工业带污水厂高标准稳定达标提供技术支撑。

（1）针对工业带污水难降解有机物高复杂性和低浓度高标准深度处理的难点，研发"炭－芬"高效耦合催化氧化技术，利用低剂量炭引导、催化及对低浓度难降解有机物的吸附聚集作用，提升高活性羟基自由基与目标有机物反应速率，较传统芬顿，药剂量降低 40% 以上；基于不同工业园区污水特性和有机物分解去除难度，明确臭氧、臭氧催化氧化、芬顿氧化等难降解有机物深度处理的氧化效能特征及适用条件，并实现臭氧、芬顿氧化技术在工业带污水高标准深度处理难降解低浓度有机物（COD 30 ~ 50 mg/L）的首次大规模工程化应用。芬顿氧化适用于水质波动大、有机物组分复杂下的难降解有机物高标准深度去除，反应 pH 为 3.0 ~ 4.5，

$H_2O_2 : \Delta COD = (1.5 \sim 5.0) : 1$，$H_2O_2 : Fe^{2+} = (1.0 \sim 4.0) : 1$；臭氧（催化）氧化适用于水质波动相对较小、有机物组分相对单一的难降解有机物高标准深度去除，去除单位 COD 的臭氧消耗量在 1.5 以上（COD 由 $50 \sim 30$ mg/L 降至 30 mg/L 以下），具体取决于水质及有机物组分，臭氧接触池多级逆流接触反应，接触水深 $5.5 \sim 6.5$ m，臭氧接触反应时间为 $40 \sim 60$ min。

（2）针对滨海工业带污水可生化性差、碳源极度缺乏、C/N 比低、外加碳源成本高昂等问题，研究有机废液补充碳源与高品质碳源优选的多级碳源综合利用技术，生物电解水质调理提升碳源品质技术，脱氮菌群活性提升技术，功能区精细化设计及碳源无效损耗精控技术，形成了"筹措 – 提质 – 增效"的全流程碳源高效利用策略，实现工业带复杂水质条件下去除单位 TN 碳源耗量降低 $4.0 \sim 4.5$，碳源利用效率提升 $20\% \sim 30\%$，外加碳源投加成本降低 30% 以上。

（3）针对工业带污水磷组分复杂，常规除磷技术存在高标准稳定达标难度大、药剂投加量大等问题，研发多介质耦合深度除磷技术，探明"介质 – 生物絮体 – 化学絮体"耦合机理，基于复合絮团生长动力学，提出多介质复配模式及促使复合絮团快速稳定形成的技术措施及动态调控策略。适宜磁介质优势粒径 $70 \sim 110$ μm，系统磁粉持有量 $1.0 \sim 3.0$ g/L、磁固比 $3.0 \sim 5.0$。聚丙烯酰胺（PAM）投加量降低至 $0.2 \sim 0.5$ mg/L，去除单位磷综合药耗降低 40% 以上。

四、实际应用案例

滨海工业带污水处理厂天津地标高标准排放技术在综合性工业园区天津经济技术开发区西区污水处理厂提标改造工程进行示范应用（图 26.2）。天津经济技术开发区西区工业企业高度集中，以生物制药、机械加工、电子产业、汽车制造和新材料等行业为主，典型的综合性工业园区，为其配套服务的西区污水厂，设计规模 5 万 t/d，进水工业废水占比 80% 以上，水质复杂且波动性大。针对提标改造中面临的水质复杂、波动大，残余有毒有害难降解有机物浓度低，稳定去除难度大、生态风险高等的瓶颈问题，采用基于 H_2O_2/Fe^{2+} 高级氧化技术，并与脉冲澄清单元进行高效耦合，进行难降解有机物深度去除，并建立季节性水质波动下，优化的多参数联合调控及与运行模式，降低药剂消耗量，保证 COD 的高标准稳定达标，月平均出水 COD 浓度在 25.0 mg/L 以下，主要有毒有害污染物削减 85% 以上；针对进水碳氮比低、可被微生物直接利用碳源极度缺乏、外加碳源成本高等问题，集成应用碳源投加点优化调整，新型复合碳源高效配置使用，深度脱氮滤池跌水复氧控制、深度脱氮与前端生物脱氮协同调控等的全流程碳源高效利用技术，提高脱氮功能菌多样性和丰度，降低碳源无效损耗，在保障 TN 稳定达标的同时，碳源利用效率提高 $23\% \sim 33\%$，外加碳源成本降低 30% 左右，月平均出水 TN 浓度在 8.1 mg/L 以下。

图26.2　天津经济技术开发区西区污水处理厂提标改造示范工程图

技 术 来 源

- 工业带污水厂高标准超净排放技术研究与示范（2017ZX07107003）

27　基于滨海工业园区污水厂尾水及园区初期雨水特征的人工湿地污染物协同去除与控制关键技术

> **适用范围**：滨海人工湿地消氮除磷，水体残存有机有害污染物净化基质滤料，滨海工业园区初期雨水高效预处理，滨海人工湿地景观构建与生境恢复。
>
> **关 键 词**：植物 – 微生物协同强化；复合降解菌剂；有毒有害有机污染物；景观构建；生境恢复

一、基 本 原 理

针对滨海工业园区污水厂尾水及雨水处理，以及滨海湿地退化导致的鸟类栖息地功能退化问题，通过旋流沉砂、磁絮凝辅助沉淀、MBBR 优化组合，结合管道及坑塘河道调蓄，在雨水干管主节点和湿地进水端分别对高污染园区初期雨水进行分散式和集中式处理，降低工业园区初期雨水对人工湿地的冲击负荷；研发氮磷复合降解菌剂，对全氟化合物及多环芳烃等有毒有害有机污染物具有特异性吸附的基质滤料，提高人工湿地对低浓度氮（N）、磷（P），以及残存有毒有害有机污染物的去除效率，保障湿地排水水质及生态环境风险；通过焦点物种确定、生态习性解析，设计岛屿、环流渠、缓冲林等物理生境空间布局，构建湿地水鸟生境，提升区域生态服务功能。

二、工 艺 流 程

工艺流程为"初期雨水高效预处理 – 氮磷强化去除 – 保育区生境构建 – 有毒有害污染物吸附净化"（图 27.1），具体如下：

（1）以管网及坑塘河道水量调蓄的方式解决工业园区脉冲式降雨径流水量冲击问题，分别以"旋流沉砂 + 磁絮凝辅助沉淀""磁絮凝辅助沉淀 +MBBR"工艺对路面径流及调蓄初期雨水进行强化预处理，确保湿地进水水质；

（2）筛选土著高效降解菌，通过高通量发酵与酶酵耦合制备微生物复合降解菌剂，同时有机添加生物促生剂在水质净化区施用，强化湿地氮磷去除效果；

（3）确定区域急需保护的焦点物种，围绕焦点物种生态习性和生境需求，在生境保育区设计"浅滩－岛屿－深水沟渠－环流渠－缓冲林"布局，构建湿地鸟类适宜物理生境，并通过增殖放流恢复湿地底栖/鱼类生物群落；

（4）选择具有吸附活性的铁尾矿、秸秆粉等，通过共混造粒、低温焙烧，制得特异性吸附基质，对全氟化合物及多环芳烃等进行强化吸附，降低湿地出水生态环境风险。

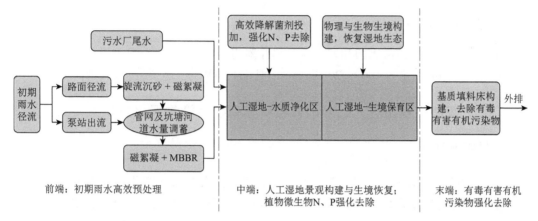

图27.1 基于滨海工业园区污水厂尾水及园区初期雨水特征的人工湿地污染物协同去除
与控制关键技术工艺流程图

三、技术创新点及主要技术经济指标

本技术提出了可以同步解决滨海工业园区初期雨水污染、低浓度氮磷及残存有毒有害污染物强化去除、区域生态服务功能提升的滨海工业带多功能人工湿地构建模式，具体创新点与主要技术经济指标如下：

（一）滨海工业园区初期雨水高效预处理

1. 技术创新点

针对滨海工业带雨水径流常规污染负荷高、含有特征重金属污染物问题，国内首次以"管网＋坑塘河道"调蓄、"分散式＋集中式"处理方式对工业园区初期雨水进行强化预处理，降低工业园区初期雨水对人工湿地的冲击负荷风险。

2. 主要技术经济指标

吨水耗电约 0.011～0.013 kW·h；主要污染物去除率：COD 为 55%～75%，SS 为 65%～90%；特征污染物去除率：总铬为 20%～40%、总锌为 50%～80%、总砷为 35%～60%。

（二）滨海工业园区表流人工湿地植物–微生物氮磷强化去除

1. 技术创新点

在滨海工业园区人工湿地芦苇根系筛选脱氮聚磷菌，通过高通量发酵、酶酵耦合制备氮磷降解菌复合菌剂，并与生物促生剂在人工湿地系统配伍施用，提升湿地系统植物 – 微生物对氮磷的协同去除效果。

2. 技术经济指标

黏着剑菌、黏质沙雷氏菌和太平洋芽孢杆菌的复配比例为 2：1：1；喷洒频次约为每月一次；喷洒用量为 100 ～ 200 kg/hm^2；对 TN、TP 的去除提升率＞ 20%。

（三）滨海工业园区人工湿地有毒有害有机污染物强化去除

1. 技术创新点

以含铁矿渣、秸秆、粉煤灰为原料，通过活性组分掺杂、膨化制孔等手段，制备出净水性好的新型基质滤料，实现对人工湿地残存全氟化合物及多环芳烃的高效净化。

2. 主要技术经济指标

基质孔隙率：大于 50%、水力停留时间＞ 2 h；多环芳烃、全氟化合物吸附效率 30% 以上。

（四）基于水质改善和栖息地保育的滨海工业园区人工湿地景观构建与生境恢复

1. 技术创新点

以鸻鹬类水鸟为焦点物种，结合其生态习性分析设计"浅滩 – 岛屿 – 深水沟渠 – 环流渠 – 缓冲林"布局，构建鸟类适宜湿地物理生境，并提出湿地底栖 / 鱼类群落快速重建物种清单与增殖放流方案，快速恢复自然湿地生态。

2. 主要技术经济指标

浅滩水位＜ 15 cm；缓冲林宽度＞ 30 m；底栖动物重建物种为三带环足摇蚊、喜盐摇蚊、三段二叉摇蚊等 13 种；鱼类群落重建种类为鲫、鲤、鳙、鲢等 14 种。

四、实际应用案例

本技术应用于天津临港经济区人工湿地二期工程进行示范应用（图 27.2 至图 27.4）。湿地总面积 106 hm^2，承接了湿地一期工程出水及园区初期雨水，又承担着区域鸟类栖息地生态服务功能。为减轻园区高污染初期雨水对湿地的水质水量冲击，构建一套 2000 m³/d 分散式处理装置对渤海十路 1 km 段路面径流进行预处理，构建一套 3000 m³/d 集中式处理装置对 12# 雨水泵站区域初期雨水进行预处理，总汇水面积达到 178 hm²，主要污染物去除率：COD 为 55%～75%、SS 为 65%～90%，特征污染物去除率：总铬为 20%～40%、总锌为 50%～80%、总砷为 35%～60%；在湿地进

图27.2　初期雨水集中式与分散式处理装置

图27.3　人工湿地植物–微生物氮磷强化去除技术现场作业图

图27.4　滨海工业带尾水人工湿地示范工程现场实景

行每月一次氮磷复合降解菌剂投放，强化湿地脱氮除磷效果；并构建 500 m³ 功能基质滤床，对水体残存全氟化合物等特征污染物进行去除。最终保证了湿地平均出水水质（TN 浓度为 1.41 mg/L，TP 浓度为 0.13 mg/L），主要特征污染物去除率高于 40%，湿地生态得到有效恢复。

技 术 来 源

- 滨海工业带尾水人工湿地构建技术研究与示范（2017ZX07107004）

第二篇

城镇水污染控制与水环境综合整治

28 城镇污水负压式收集与传输关键技术

> **适用范围**：管网施工和布设困难的滨河带、重力排水盲区、分散的生活污水收集与传输。
>
> **关 键 词**：真空排水；负压收集；污水截流；分散式污水；真空界面阀

一、基 本 原 理

城镇污水负压式收集与传输技术是指利用真空与常压间的压力差值作为传输的动力源，实现分散式污水的收集和传输的技术方法。该技术基本由污水收集系统（井、罐、坑等）、真空负压管道和真空泵站三部分组成。真空泵站内设置真空泵，使真空负压管道形成并保持一定的负压；污水收集系统一般通过重力作用收集一定范围的污水，污水收集系统内设置控制阀（电动、浮球、压力传感、补气及水封等），在污水到适当水位（体积）后开启，污水在负压作用下进入管道后到达真空泵站，最后污水在真空泵站经系统提升后输送至下游市政污水管道。

根据开启负压收集与传输的模式，该技术可以分为实时负压收集与传输、间歇负压收集与传输、实时重力收集与间歇负压传输三种实施方式，分别以老城区滨河带适宜性真空截污技术、新型真空排水技术和分散污水负压收集技术为代表。

（1）实时负压收集与传输：采用（电动）真空界面阀进行启闭操作。当真空阀井的水位达到指定液位后，真空界面阀自动打开，污水和空气在压差作用下抽吸入真空管道，可以做到随收随排。

（2）间歇负压收集与传输：设置排空管进行补气操作。在管网末梢连接真空集水箱与真空管道的真空阀的出水侧设置排空管，当真空阀出水侧的相对真空度大于设定值或真空阀开启一设定时间后，启闭真空管控制阀一次，通过排空管补入一定量的空气增加水柱前端面与后端面的压差，使得末梢水柱能够顺利前行。

（3）实时重力收集与间歇负压传输：通过设置水封、利用虹吸原理进行操作。负压收集管运行时，为保证水封始终存在，通过负压控制系统控制污水收集罐的最低负压和最高负压。在最低负压时，控制使与负压收集管连接的各污水收集井内的污水不溢出；在最高负压时，控制使水封抽吸管内水封不破坏。因此可以做到积存一定体积的污水，"零存整取"，做到间歇负压传输。

二、工 艺 流 程

（一）实时负压收集与传输

工艺流程如图 28.1 所示。截污口排放污水重力进入收集立管（1），多个收集立管汇集到重力调蓄管（2）后进入真空阀井；真空阀井（3）与真空支管（4）连接，当真空阀井的水位达到指定液位后，真空阀井（3）中的电动真空界面阀打开，污水通过真空支管（4）及真空主管（5）抽吸至真空泵站（6），最后污水在真空泵站经系统提升后输送至下游市政污水管道。

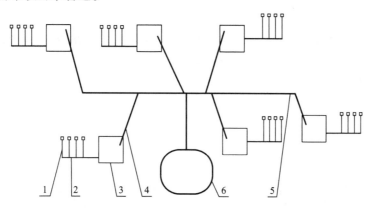

图28.1　实时负压收集与传输方式的工艺流程图

（二）间歇负压收集与传输

工艺流程如图 28.2 所示。污水首先通过重力管道收集至室外的收集箱（2）中，每当液位到达一定高度，真空阀（4）在控制器的作用下开启，当真空阀出水侧的相对真空度大于设定值或真空阀开启一设定时间后，启闭真空管控制阀（6）一次，通过排空管（1）补入一定量的空气增加水柱前端面与后端面的压差，将污水和数倍体积的空气将真空管道入口（5）抽吸至真空管道（3）中，最后进入真空泵站。真空泵站内的污水泵和真空泵分别将收集而来的污水和空气排出系统。

（三）实时重力收集与间歇负压传输

工艺流程如图 28.3 所示。室内污水重力流到室外污水收集井；收集井底部与水封抽吸管相连，在水封抽吸管下部形成水封，在负压站的负压驱动下，污水从水封抽吸管进入与负压站内的负压收集罐相连的负压收集管道；负压收集管运行时，通过负压控制系统控制污水收集罐的最低负压和最高负压，在最低负压时，

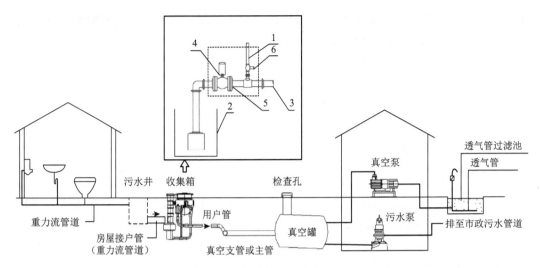

图28.2　间歇负压收集与传输方式的工艺流程图

控制使与负压收集管连接的各污水收集井内的污水不溢出，在最高负压时，控制使水封抽吸管内水封不破坏，因此水封始终存在。最后污水在真空收集站经系统提升后输送至下游市政污水管道。

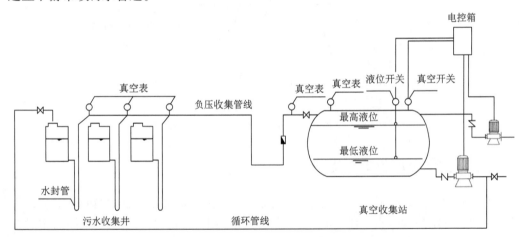

图28.3　实时重力收集与间歇负压传输方式的工艺流程示意图

三、技术创新点及主要技术经济指标

（一）技术创新点

1. 实现了"污水全收集"和"精准截污"

生活污水负压式收集与传输技术属于新型的适宜性截污技术，是城市市政截污系统的补全和补充技术，是完成控源截污"最后一公里"的"精准截污""能截尽截"的关键技术，其实施应用，补全了城市管网系统下的盲点和难点，可以有效地纳入市政排污系统，有效提高市政污水的截污效率。

2. 开发了一种电动控制阀和两种真空界面阀，有效弥补了国内市场的空白

作为真空排水系统的核心设备，真空界面阀及触发装置对加工精度和技术含量的要求极高。研究人员开发了一种电动控制阀和两种真空界面阀，有效地弥补了国内市场的空白，具备广泛应用于室外真空排水系统的潜力。

3. 研发了基于虹吸原理的水封式分散污水负压方法

该方法结合虹吸原理研发了利用水封进行间歇负压输送污水的技术，不需要真空界面阀，无机械和控制部件和设备；在管道布置也不需要像传统的真空收集管一样布置成波浪形；由于空气不进入系统中，系统中的负压正常情况下不会破坏，真空泵和水泵均可为负压收集罐内提供运行的负压，运行能耗明显降低，同时可省去了真空监控系统，使系统大大简化。

4. 开发了补气式负压系统

通过在真空管道末梢设置连接空气的排空管所开发的真空管网末端强化排空补气策略，使真空管道末梢无须保持较高的真空度，并增加分散污水的收集半径，节约了投资、降低了泵站的占地面积与施工难度。

（二）主要技术经济指标

1. 实时负压收集与传输方式

该技术适用于排污户分散，管网施设场地缺乏且不宜埋深的场景，是适用于滨河带直排水收集与输送的适宜性截污技术。该技术可以做到"随收随排"，在平坦地形时该系统最大管道收集半径约为 2500 m，在实际需要爬坡时，最大摩擦压力损失条件下该系统的收集半径约 800 m。收集能力约 300 m³/d。因其可以沿岸架管且不需管道埋设施工等特点，是滨河污水直排收集成本低、效率高的实用技术。

2. 间歇负压收集与传输方式

适用于排污户分散但局部相对集中，管网施设场地和深度限制条件不高的场景。该技术铺设真空管道 1600 m。污水总收集能力为 300 m³/d，造价是采用常规重力式排水造价的 1/4，是采用常规真空保持式真空排水造价的 2/3，工程建设费用约为 0.77 万元 /t，运行能耗约为 0.5 kW·h/t 水。基于本技术搭建的真空排水系统具备无人值守能力。

3. 实时重力收集与间歇负压传输方式

适用于排污户虽然分散但密度较大，可以集中收集，管网设施可以深埋且有一

定场地的场景。该技术可以做到"零存整取"，间歇传输。技术适用收集面积约为 0.5 km²，污水量约 160 m³/d。该收集方式管道投资较传统的重力收集减少 30% 以上，运行费用节约 10% 以上。

四、实际应用案例

（一）典型案例1：滨河生活区沿河截污适宜性技术示范工程

工程位于江苏省常州市老城区，沿北市河周边人口居住密集，部分地区由于过于密集或出于文化保护的原因难以实现雨污分流和管道入户改造，部分居民生活污水分散直排河道，通过沿河两岸铺设近 2 km 的收集管道，利用真空收集技术实现了 1 km 河段沿河两岸的污水收集难题，如图 28.4 所示。

图28.4　真空泵站内部及沿河铺设真空管道

该工程利用真空排水系统对示范区域内的生活污水进行实时负压收集与传输，收集范围覆盖北市河滨河带约 1 km，截污大小排污口 28 处，共设置真空收集箱 5 处，设计污水收集能力为 300 m³/d。1 h 负压漏损率为 4.35%，2 h 为 4.64%；整个系统在 2 h 内可以维持承受（70±5）kPa 的局部真空。

根据实际监测工程截污量约 180 m³/d，与其他技术集成应用后实现示范区内污水收集率达到 85% 以上，实际截污效果提升 5% ～ 10%，现场基本不存在噪声及臭气问题。有效解决老城区滨河带无法开挖及入户改造等问题，完善了排水系统的覆盖范围。

（二）典型案例2：甪直古镇室外负压污水收集技术示范工程

工程位于江苏省苏州市甪直镇支家库，服务面积约 0.52 km²，两期共 40 m³/d，自 2010 年实现自动运行，解决了古镇服务区内生活污水收集问题，消除了污水直排对受纳水体的污染，如图 28.5 所示。

图28.5　负压中央收集站外观及内部图片

该工程管道铺设费用较传统的重力收集减少 30% 以上，收集污水量约 160 m³/d，每年可削排入支家库的 COD、NH₃-N 和 TP 污染物分别约为 20.44 t、1.752 t 和 0.292 t，为城镇密集居住区生活污水的收集提供示范。

（三）典型案例3：江苏省常熟市虞山公园真空排水示范工程

工程位于江苏省常熟市虞山公园，地处常熟古城闹市区，总占地 23 万 m²。区内地形起伏跌宕，高低落差最大处达数十米（高程 4.90 m 至 43.40 m），多年来一直无法实现污水截流，对公园环境及下游古城区河道水质造成污染，工程采用新型真空排水技术解决了这一难题，实现了全域污水收集，如图 28.6 所示。

(a) 真空集水箱及控制柜　　　　(b) 真空泵站　　　　　　　(c) 铺设真空管道

图28.6　虞山公园真空排水示范工程

示范工程于 2012 年 8 月开工，2012 年 10 月竣工，工程总造价 230 万元，建设 11 套容积为 3 m³ 的污水收集箱，内部安装所研发的真空阀组单元各一套；铺设真空管道 1600 m，平均埋深约 0.7 m，最大管径 DN160；新建真空泵房一座，安装新研发真空泵组一套；服务范围覆盖了园区内 11 所公共厕所及若干茶馆、面馆、动物园等，污水总收集能力为 300 m³/d，秒流量 7 L/s；在管网末端安装所开发的真空补气装置，有效改善管网末端污水收集能力。所收集的污水通过真空管网、真空站输送至马路对面市政污水管道内，最后至城北污水厂处理。

工程实施后，有效解决了地势起伏地区重力排水管道开挖困难、建设成本高昂的污水收集难题，实现了景区污水全收集，显著改善了景区卫生设施水平与下游河道水环境质量；建设成本大幅降低。真空管道管径小、埋深浅、布置灵活，开挖土方大幅减少，吨水建设成本 0.77 万元，大幅低于类似地区重力排水设施建设成本；节水效果显著。采用真空便器的厕所，单次冲水量不超过 1.0 L，与常规水冲便器（单次冲水按 6 L/ 次）节水 80% 以上。

（四）其他应用及推广

（1）"老城区滨河带适宜性真空截污技术"将实时负压收集与传输方式推广应用于杭州、青岛等 12 个城市的大型项目，10 个城市的地铁项目；截止到 2020 年，基于该技术理念的真空排水系统已经推广应用 1500 余项工程，截污总规模 30000 m³/d，有效地补全了盲点污水排放问题，做到了"最后一公里"的"能截尽截"，使截污效率在高收集率排水系统中得到进一步提高，创造了 10 余亿元人民币的销售收入，获得了显著的环境效益、经济效益和社会效益。

（2）"新型真空排水技术"将间歇负压收集与传输方式推广应用于 3 项城市污水收集处理工程，22 个村庄的分散污水处理工程，工程收集处理能力达到 1612.9 m³/d。

（3）"分散污水负压收集技术"研发团队将实时重力收集与间歇负压传输方式推广应用于 5 个城市、39 套设备，应用于宁波、舟山、南通、佛山多地。负压式收集与传输技术的示范应用改善了示范区水环境质量，美化项目所在区景观，优化居民生活环境，提高了居民的环境保护意识。

技 术 来 源

- 老城区水环境污染控制及质量改善技术研究与示范（2008ZX07313001）
- 敏感古文化区污水收集与管网运行优化（2008ZX07313006）
- 产业密集型城镇水环境综合整治技术研究与示范（2011ZX07301003）

---

29 城镇排水管道检测评估与非开挖修复关键技术

> **适用范围**：排水管网混接错接及外水渗漏点的筛查定位，管道缺陷的检测
> 评估，以及非开挖修复等。
> **关 键 词**：混接错接；筛查定位；管网缺陷；检测评估；原位固化

一、基 本 原 理

（一）混接错接和渗漏点筛查定位

通过划分监测网格开展水量和水质特征因子调查，并结合化学质量平衡的溯源解析模型，分区筛查混接、渗漏的雨污水管段。针对筛查出的问题管段，通过网格化监测点的在线水位流量数据和管网反问题数学模型，反演混接、渗漏水量来源，缩小筛查范围。进而对于严重混接和渗漏管段采用光纤测温技术开展线内水温时空高频观测，进一步提高定位精度。

（二）管道缺陷检测评估技术与装备

研发的数字化检测机器人突破了基于鱼眼镜头拍摄图像的二维展开技术和基于图像像素计算的管渠内壁状况量化技术。鱼眼图像二维展开技术应用新型图像传感器和高解析度摄像系统，获得管道内部高清图像，并环形展开拍摄的全景图像，对展开图像采用图像配准拼接，并利用图像融合处理生成二维管壁全景展开 2D 图像，主要创新点为图像的拼接。管渠内壁状况量化技术是通过对管渠检测数据利用数字信号代替模拟信号进行传输，采用 200 万以上像素进行采样，将采集的视频数据、传感器组采集的数据汇为一路数字信号，传输到电缆盘上并利用图像的颜色处理、几何变换、正交变换、图像增强、图像匹配等将数字信号解析出来，最终通过像素计算量化图像中的缺陷。

（三）管道缺陷整体原位固化修复

将研发得到的修复用树脂与聚酯纤维软管在真空条件下进行充分的浸渍，使树

脂均匀地浸渍到纤维软管的空隙中，依据设计厚度确定纤维软管的设计厚度和树脂用量。然后将浸渍树脂的内衬软管送往施工现场，在水压的作用下使软管翻转进入原有管道内部，将软管中的水进行循环加热，达到树脂固化所需的温度，使树脂发生固化反应，从而在原有管道内部形成一层新的内衬。修复后形成的内衬管与原有管道紧密贴合，实现对管道内部缺陷的整体修复处理。

二、工 艺 流 程

各技术点的工艺流程如图 29.1 所示。

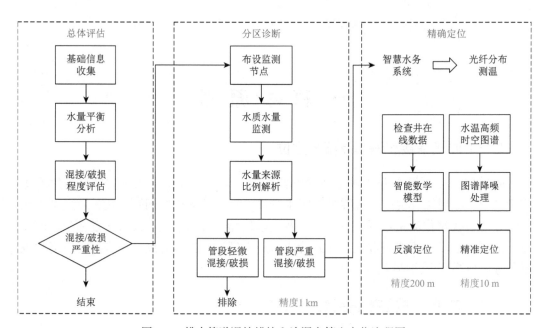

图29.1　排水管道混接错接和渗漏点筛查定位流程图

（一）排水管道混接错接和渗漏点筛查定位

（1）总体评估：采集排查区域内排放源、排放水量等基础信息，初步核查混接水量及来源，利用差异性分析和荧光指纹图谱分析筛选水质特征因子。

（2）分区诊断：开展水量和水质特征因子网格化监测，分区解析各管段的水量来源类型及渗漏水量比例，识别出问题管段位置（筛查精度 1000 m 以内）。

（3）反演定位：针对问题管段，基于网格监测点水位、流量数据，利用具有自寻优算法的数学模型，反演定位混接点或者入渗点（定位精度 200 m 以内）。

（4）精准定位：在反演定位基础上，利用感温光缆获取管道内水温时空谱图，识别定位管道混接错接点或外水渗漏点位置（定位精度 10 m 以内）。

（二）排水管道缺陷检测评估技术与装备

利用鱼眼镜头拍摄管渠内部图像并转化为数字信号，提升传输信号稳定性，减少噪声干扰，提高图像清晰度；对高清数字图像进行二值化表达，转为灰度图，而后进行图像分割、消除噪声等操作；进而提取图像中的特征，采用相关算法得到其长宽度，实现管网缺陷的定量评估，工艺流程如图 29.2 所示。

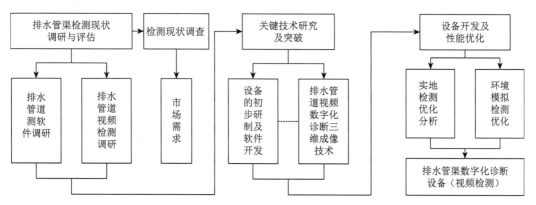

图29.2　排水管道缺陷检测评估技术与装备的工艺流程图

（三）管道缺陷整体原位固化修复

（1）壁厚设计：对排水管道进行 CCTV 检测后，根据检测评估结论，由专业的设计单位出具修复设计方案和设计壁厚。

（2）材料制作：按照壁厚计算树脂用量，采购纤维软管和树脂，然后将树脂均匀浸渍在纤维软管中，并将软管碾压至设计厚度，冷藏运输到施工现场。

（3）修前预处理：对待修复管道进行疏通清洗，消除管道内树根、凸起等缺陷，并对严重渗漏点进行堵漏处理，完成后使用 CCTV 检测预处理效果。

（4）现场施工：预处理完成后，搭设翻转设备，将内衬软管通过翻转设备翻转进入原管道内部，待软管从起始检查井翻转到结束检查井时，翻转完成。

（5）固化与冷却：连接热水锅炉对软管中的水循环加热至树脂固化设计温度，待树脂固化反应完全后，将软管中通入冷水，缓慢降低水温。

（6）端头切割与复检：待水温降低后，将两端检查井中多余的部分进行切割处理，然后使用 CCTV 对修复后的管道内部进行检测，检测修复效果。

工艺流程图见图 29.3。

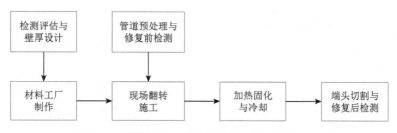

图29.3　管道缺陷整体原位固化修复工艺流程图

三、技术创新点及主要技术经济指标

（一）技术创新点

1. 排水管道混接错接和渗漏点筛查定位

基于水质特征因子和水流运动波模型的排水管网无干扰检测方法。综合采用水质指标差异性分析以及荧光指纹图谱技术，确定了表征不同水量来源的水质特征因子，提高了特征水量排放识别的灵敏度。建立了基于贝叶斯概率分析与化学质量平衡的水量来源分区定量解析模型，以及基于水流动力波演进的排放点位反演定位模型，形成了水质指纹判断 – 分区筛查 – 溯源定位的排水管道无干扰检测理论方法体系。

基于光纤测温的排水管道时空高分辨率检测技术。研发基于光纤分布式测温的管道渗漏线内听诊技术，实现了基于降噪后水温时空图谱的管道入流入渗点位精准识别。同"内窥式"物探成像检测技术相比，"内窥式"温度信号高频感知技术实现了管道无干扰运行条件下的全天候在线听诊，显著提升了对外水渗漏源的精准识别能力。

2. 排水管道缺陷检测评估技术与装备

将鱼眼镜头的拍摄图像，采用相应的算法及校准纵向剖开进行环形展开，从而实现排水管道内部全景获取和缺陷量化表达。同时利用高清数字摄像机替换传统模拟摄像机，改用两芯电缆盘实现电力信号、视频信号和控制信号的同轴传输，减少了电缆的数量，提高了线缆抗拉强度，解决了缆线缠绕和机器人回收拉力不足的难题，大幅度提升了机器人的放线距离和越障能力。同时也给后续的不同机器人运行姿态开发、三维模拟、地理信息系统搭建入模、5G 技术联用等提供了便利条件。

技术的创新促进我国排水管道检测设备实现了由进口到仿制再到独创的飞跃式发展，形成了适用于我国国情的技术和产品标准。设备性能领先国际水平，产品畅销欧美发达国家。

3. 管道缺陷整体原位固化修复

研发形成了一系列配套设备和工具，提高了我国城镇排水管网修复水平和修复质量，实现了修复材料特别是树脂材料的国产化，针对转弯、变径等特殊类型的管道修复方法，解决了我国特殊类型管道修复的难题。

（二）主要技术经济指标

1. 排水管道混接错接和渗漏点筛查定位

可实现排水管网正常运行状态下作业，不需要封堵、降水运行和清淤，不仅操作简单、定位准确而且大大降低了检测成本，相比常规的摄像检测技术可降低成本 50%以上，定位精度在 10 m 以内。

2. 排水管道缺陷检测评估技术与装备

视频数字化成像设备（图29.4）适用管径范围为150～1800 mm，分辨率大于44万像素，灵敏度大于0.1 lux；摄像装置与爬行装置工作温度为–1～50℃；照明光源采用LED，无极调节亮度；爬行装置拖力20 kg，最大行走速度可达32 m/min，高精度（±0.01 m）编码器计算电缆线的放线长度；可在录制全景影像过程中实时展开，拼接为二维展开图，在二维展开图上测量管径或缺陷对象长度、面积等，自动量化判读缺陷，输出检测报告。

X5-HR4 全地形管道机器人	X5-H系列 管道CCTV检测机器人	X1-H 管道潜望镜

图29.4 排水管渠检测机器人系列产品

3. 管道缺陷整体原位固化修复

管道缺陷整体固化修复工艺依靠国内较为成熟的不饱和聚酯树脂制造工艺，结合原位固化修复工艺独特的要求，实现了修复树脂的国产化生产，改变了必须依赖国外公司生产树脂的情况，使树脂的销售成本下降20%以上，促进了原位固化修复行业在国内的快速发展。

四、实际应用案例

（一）典型案例1：上海市漕河泾排水系统雨水管网混接诊断与改造

1. 工程概况

该系统位于上海市城区，服务面积3.74 km²；1986年建成分流制排水系统，但混接排放问题严重，导致苏州河主要支流蒲汇塘水质长期受到污染。该系统是上海市率先实施混接调查与改造的系统。

2. 技术应用

应用管道混接错接和渗漏点筛查定位技术，对该系统进行了分析。确定污水混接进入雨水管网量占该区域污水总量的 50% 以上，主要混接源是旧式居住区生活污水及半导体工业废水，诊断出错接点位，绘制了雨水管网混接水量分布图（图 29.5 和图 29.6），依此对 3 个大流量的错接源实施了分流改造，对其余量小面广的分散源，实施末端截流（设计截流能力 21600 m³/d）并在后期逐步实施雨污分流改造。

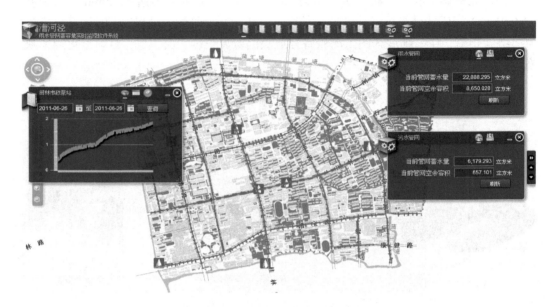

图29.5   示范区域管网运行在线监控系统

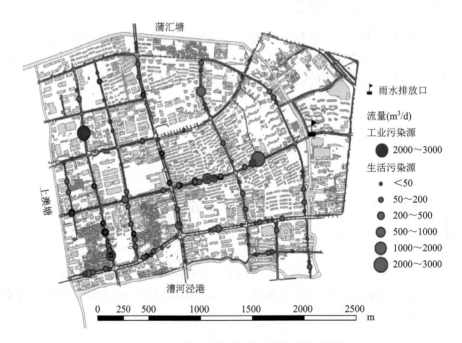

图29.6   示范区域雨水管网混接水量分布图

3. 环境效益

工程实施后，雨水管网旱流和雨天溢流污染负荷较大幅削减，年削减 COD、TN、TP 溢流负荷分别为 1200 t、188 t、24 t；周边河道水质得到改善，基本消除了长期困扰苏州河支流的旱季黑臭问题。

（二）典型案例2：武汉市排水管道标准化检查考核项目

1. 项目概况

2017 年，按照武汉市"四水共治"工作要求，利用排水管渠数字化诊断（视频检测）系列设备对全市进行了标准化检查考核工作（图 29.7），共检测排水管渠 139968 m（包括箱涵），检测出结构性缺陷 48 处、功能性缺陷 264 处。

图29.7　武汉市施工现场

2. 技术应用

使用该系列设备，将以往通过视频进行缺陷判读的方法升级为通过管道内部全景图进行缺陷判读，可以清晰诊断出管道内部的各种缺陷，如支管接入、底部沉积、破裂等（图 29.8）；并可以通过激光探测实现精确量化评估（图 29.9）；同时，可以以色谱图的方式对管道内部进行呈现（图 29.10），在色谱图上，用不同颜色表示测量到的管道尺寸与理论尺寸的偏差。通过颜色的异常点，可以定位到对应的视频和激光轮廓数据，完成对管道缺陷的量化。在图 29.11 中，可以发现每个管段接口处的异常。这是传统 CCTV 检测所无法呈现的。

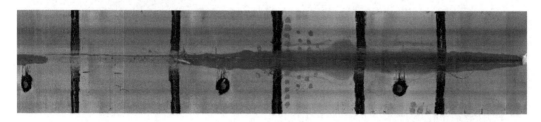

图29.8　管道全景图

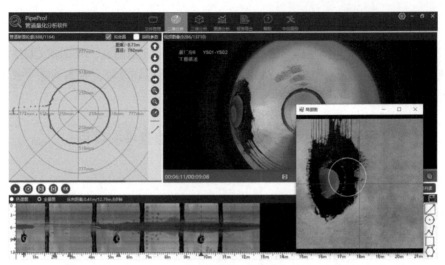

图29.9　管道缺陷量化

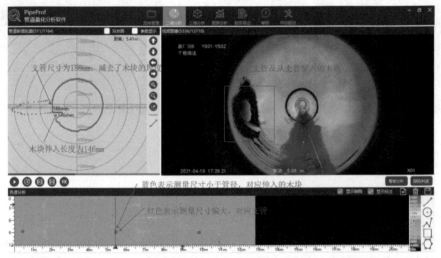

图29.10　管道缺陷量化

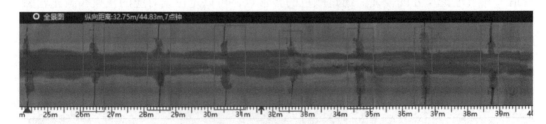

图29.11　管道接口处缺陷

使用全景量化的技术，具有如下优点：

（1）可以更加直观、高效地呈现管道内部的整体情况，这是传统 CCTV 所不具备的。

（2）全景图、视频更加清晰，易于发现管道内部的缺陷。

（3）可以通过全景图、色谱图发现管道缺陷，通过全景图、色谱图自动关联缺陷处的视频及激光轮廓数据，提升判读效率。

（4）可以对缺陷进行有效的量化，解决目前 CCTV 无法进行量化的问题。

（三）典型案例3：清远市飞来湖周边污水干管修复工程

1. 项目概况

项目位于清远市飞来湖周边，污水管道铺设在市政道路下方，域内外水入渗严重，致使污水管满管运行，另外部分道段出现了严重的塌陷，开展了损坏管段的修复工程。

2. 技术应用

使用管道整体原位固化修复技术，对该项目范围内 D1800 和 D1300 变径管道进行修复施工。采用国产修复树脂和配套的施工设备，在效率提高 40% 的情况下完成了 D1800 的管道修复，同时采用定制化软管，完成了 D1300-D1100 变径管道的修复施工（图 29.12 至图 29.14）。

图29.12　内衬软管的材料工厂制作

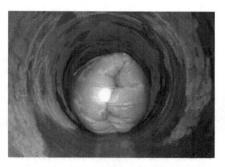

图29.13　材料翻转施工

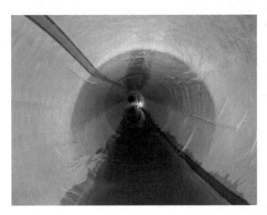 

图29.14 管道修复后实景

3. 环境效益

项目实施后,污水系统的运行水位明显降低,下游污水处理厂的进厂 COD 提升到 200 mg/L 左右,达到了预期的目的和效果。

技 术 来 源

- 高截污率城市雨污水管网建设、改造和运行调控关键技术研究与工程示范（2008ZX07317001）
- 城市排水系统溢流污染削减及径流调控技术研究（2013ZX07304002）
- 城市排水管渠数字化诊断、清淤设备及修复材料产业化（2015ZX07309001）

30 城镇排水管网优化运行与调度控制关键技术

适用范围：城市排水管网运行优化。
关 键 词：管网运行优化；溢流削减；泵站控制；厂网联动；实时控制

一、基 本 原 理

本技术首先基于资产管理数据库，开发了城市排水管网水力模型，仿真管网运行状态以指导排水设施和污水处理厂的运行调控。该模型具有管网查询、状态分析等功能，并通过与地理信息系统耦合，实现多角度、多视图、多模式显示模拟结果，为管网的优化运行与调度控制提供决策支持。在此基础上，开展运行调蓄与厂网联动调度的研究。针对泵站控制，基于长期监测结果，并考虑入流不确定性，通过采样生成不同入流情景，筛选稳健的泵站策略；针对管网联动，通过水质水量动态监测，优化生成全局协调策略，实现排水管网与污水处理厂协同的系统集成分层优化控制。应用本技术提出的管网运行优化策略，能充分利用管网调蓄空间，保障管网健康运行，显著降低溢流发生风险，减少污水处理厂入流波动性，有效降低泵站能耗（图30.1）。

二、工 艺 流 程

（一）优化完善排水设施资产数据库

建立排水管网数据管理与更新机制，涵盖基础地形数据、管网资料、运行报表等，实现基础数据统一管理。

（二）建立城市排水管网模拟模型

基于资产数据库，合理概化排水系统，划分服务片区和子汇水区，识别管网拓扑关系，以支持对管网的分析和模拟计算。

（三）明确运行优化目标体系

为实时优化控制策略，构建多目标决策体系，综合考虑管网负荷、污水厂稳定运行和泵站低耗稳定运行等目标，确保管网和污水厂运行稳定性、安全性和低能耗。

（四）泵站控制策略优化

以排水管网模型为基础，在节点入流基本变化规律的基础上，基于统计分析进行扰动生成多条随机入流曲线。同时利用拉丁超立方采样控制策略，并在多入流情景下策略筛选。

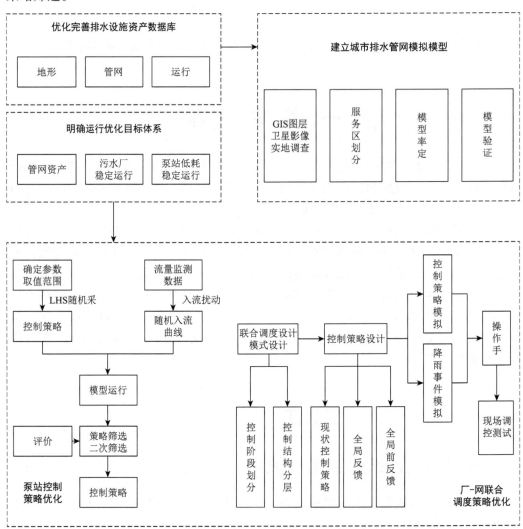

图30.1   城镇排水管网优化运行与调度控制关键技术工艺流程图

（五）厂-网联合调度策略优化

采用集成分层优化控制方法，基于污水处理厂和排水管网在线模型，以场次尺度全系统雨季减排为目标优化小时尺度水厂最优控制曲线，并作为边界优化求解管网分钟尺度最优控制曲线。

三、技术创新点及主要技术经济指标

（一）技术创新点

（1）理念创新：针对排水系统运行效能低，不同设施调控孤立，管理缺乏数据支撑等问题，本技术立足厂网一体化控制的理念，打破厂网分散割裂管理运行的局面，以实现联动增效；坚持数据驱动管理的理念，提升数据管理的规范性和系统性，充分挖掘数据背后的信息，以支撑调度控制。

（2）理论创新：在理念创新的基础上，本技术在理论方法上取得重要突破：①提出分层实时优化控制算法并建立排水系统简化机理模型，填补了模型实时校正理论的空白，解决了集成优化体系下面临的控制时间尺度多样、过程非线性、变量强耦合、随机扰动大等复杂问题，同时引入不确定性分析方法，完善了城市排水系统运行优化理论框架；②拓展了运行优化的范围边界，由管网、污水厂的孤立控制扩大至全系统的联合调度控制，实现工业污水与市政污水间的优化调度；③构建了厂网联合运行调度系统，耦合排水管网资产管理数据库、水力模型与在线监测信息，能对管网运行状况进行综合监测评估，并支持管网运行的优化与调度控制。

本技术丰富了运行优化的目标体系，使得控制策略综合性能进一步提升，能协同降低管网溢流污染次数，提高溢流削减率，减少泵站操作次数，减小泵站能耗率，保障污水厂运行安全。

（二）主要技术经济指标

在现场测试与大量数值模拟的基础上，利用该技术，为昆明市北排水片区编制了《雨污调蓄系统与污水处理厂联合控制操作手册》，明确了旱季、小雨、中雨及大雨情景下，北排水片区调蓄池、泵站及污水处理厂的运行控制操作参数。

雨污调蓄系统与污水处理厂联合控制以最小化溢流污染负荷为目标，可分为降雨事件发生前的准备阶段、降雨事件中的溢流污染削减阶段、降雨事件发生后的尽快排空阶段。北排水片区各阶段控制设施的操作参数如表30.1所示。溢流削减阶段操作规则见表30.2至表30.4。

表30.1　北排水片区控制设施的操作参数

运行阶段	白云路调蓄池排空泵流量（m³/h）	张官营泵站流量（m³/h）	污水处理厂进水流量（万 m³/h）
旱季运行阶段	370	3583	18.5
雨前准备阶段	740（调蓄池液位低于 0.5 m 时，切换回 370）	5000	23.5
溢流削减阶段	（表30.2）	（表30.3）	（表30.4）

表30.2　溢流削减阶段白云路调蓄池出水泵站控制规则

降雨	第四污水处理厂集水井液位（m）	泵流量（m³/h）
小雨	＜1.45	740
	1.45～1.75	550
	＞1.75	370
中雨	＜1.42	740
	1.42～1.70	550
	＞1.70	370
大雨	＜1.25	740
	1.25～1.53	550
	＞1.53	370
暴雨	—	100%

表30.3　溢流削减阶段张官营泵站控制规则

第五污水处理厂集水井液位与第四污水处理厂集水井液位之差（m）	张官营泵站流量（m³/h）
−1～−2.5	7000
−1～1	6000
1～2	5000
2～3	4000
3～4	3000

表30.4　溢流削减阶段第五污水处理厂雨季应对设施操作规则

降雨	第五污水处理厂雨季应对设施操作规则	雨季应对设施进水闸门
小雨、中雨	高于5.2 m	50%
大雨、暴雨	高于5.6 m	100%

四、实际应用案例

　　研发至今，本技术主要有3项推广运用工程：①无锡污水管网－污水处理厂联合运行与调度的系统示范工程，在面积大于50 km² 的示范区内实现了管网集中管理与优化调度；②昆明北排水片区排水管网与污水处理厂的联合控制工程（效益详述见应用案例）；③昆明排水系统及污水厂联合调度系统控制平台示范，对第三污水厂和多座中途提升泵站实现多层级联合调度控制，保障水厂高效稳定运行。

典型应用案例：昆明北排水片区排水管网与污水处理厂的联合控制工程

工程示范区域为第四、第五污水处理厂和金色大道、核桃菁、校场北、学府路、圆通沟、麻线沟以及白云路等7座调蓄池。

该技术以排水设施全系统污染负荷削减为目标，在考虑雨污调蓄系统与污水处理厂之间相互影响的基础上，建立了包括系统信息收集、控制策略优化设计、评价指标定义、数值模拟测试、现场测试等五个步骤的联合控制模式开发框架。该技术综合利用遗传算法与排水系统集成模拟分别对污水处理系统入流参数、雨污调蓄系统的控制策略与参数、污水处理系统生化段的控制策略与参数进行评估优化，进而在管理层、策略层和执行层三重结构上实现排水系统的联合调控。解决了城市排水系统集成控制时间尺度多样、过程非线性、变量强耦合、随机扰动大等复杂性问题。

根据该区域的特点编制了具有实用性的操作手册指导现场操作，在六场测试降雨中进行了水量水质同步监测，本技术的应用削减溢流量9630 t，分别削减溢流COD、SS、TN、氨氮、TP负荷0.48 t、1.73 t、0.18 t、0.16 t、0.02 t，较现状控制策略污染负荷削减率分别提升了3.5%、13.1%、10.8%、12.9%和19.3%，充分利用现有排水管网和污水处理厂的存储处理能力，实现对现有系统的提质增效，具有显著的环境与经济效益（图30.2和图30.3）。

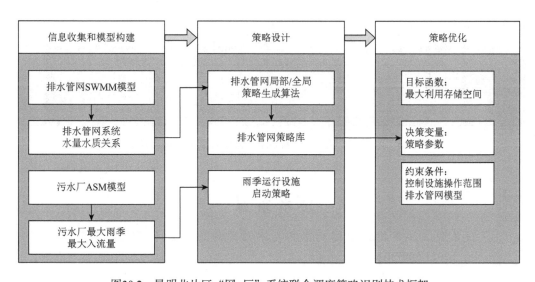

图30.2 昆明北片区"网–厂"系统联合调度策略识别技术框架

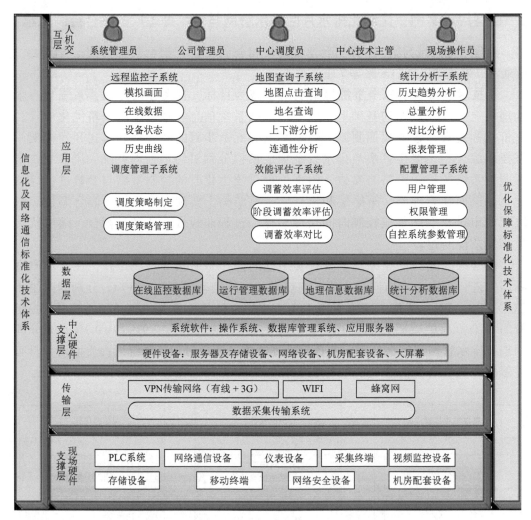

图30.3 昆明北片区雨污调蓄系统运营监管系统整体架构设计

技 术 来 源

- 昆明主城区污染物综合减排与水质保障关键技术研究与示范（2011ZX07302001）

31　城市径流污染控制海绵设施规划设计关键技术

适用范围：城市径流污染控制规划、城市径流污染控制设施方案设计、海
　　　　　绵城市专项规划。
关 键 词：海绵城市；低影响开发；规划；雨水系统；径流控制

一、基 本 原 理

针对我国海绵城市径流污染控制建设相关规划涉及的主要内容、指标体系、关键技术及措施等的科学性和合理性不足，以及对建设控制目标把握不准确、控制指标无法落实、各专业各自为政和建设工作进程缓慢等诸多问题，开展海绵城市径流污染控制规划设计方法研究。

径流污染低影响开发源头控制规划技术结合现行规划编制体系，对低影响开发详细规划编制要点、规划衔接要点、规划编制方法、规划优化方法、规划实施保障体系等进行研究，以雨水径流的源头管控为核心，基于地块效能模型模拟＋用地分类特征提出指标分解方法，并基于排水分区水文模型径流控制效果开展规划方案优化与绿色设施布局。

海绵城市径流污染规划与设计技术按照海绵城市建设理念和要求，进一步对规划技术进行提升，基于修复水生态、改善水环境、涵养水资源、提高水安全、复兴水文化多重目标，统筹源头径流控制系统、城市雨水管渠系统以及超标雨水径流排放系统三个系统，甄选操作性强、易于落地的规划控制指标和引导性指标，探索形成从汇水分区整体层面系统解决城市涉水问题的规划设计方法。

在海绵城市径流污染控制设施设计部分，通过对相关海绵城市径流污染控制规划设计系统性关键参数分析研究，针对建筑与小区、城市道路、绿地与广场、水系等类型项目的不同特点，提出基于多目标的优化设计方法，编写了海绵城市径流污染控制建设分析模型构建技术，形成规范性的海绵城市规划设计指导文件。

二、工 艺 流 程

海绵城市径流污染控制工程建设是多目标、全过程的系统工程，其核心是城

市径流总量控制、径流峰值控制、径流污染控制和雨水资源利用四方面的有效实施（图31.1）。

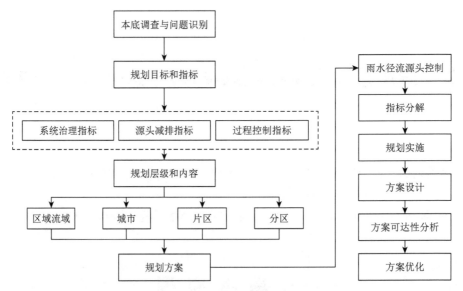

图31.1 海绵城市径流污染控制规划设计关键技术工艺流程图

（一）海绵城市径流污染控制专项规划的编制

1. 识基底、辨问题

开展城市气候特征、地形地貌、河湖水系、土壤地质等自然生态本底条件调查，识别分析城市排水防涝、水环境、水生态、水资源等方面的突出问题，确定海绵城市径流污染控制建设重点解决的问题，根据问题和需求明确规划的重点内容。

2. 定目标、明指标

结合当地基础条件和主要问题合理确定源头减排指标、过程控制指标和系统治理指标三方面制定规划指标，构建以径流控制为核心的涵盖年径流总量控制率、年径流污染控制率、源头径流峰值控制、硬化地面率等指标的海绵城市多级指标体系。

3. 分层级、明布局

明确海绵城市径流污染控制专项规划的编制层级：区域流域、城市、片区和分区，并提出各层级的总体要求、目标指标和空间布局。

4. 编规划、落方案

结合相应特点及问题，以问题和目标为导向，因地制宜地布置海绵径流污染控制建设设施和项目，从雨水径流源头控制、过程控制、系统治理等多方面系统性构建规划方案，确保海绵城市建设目标得以实现。

5. 定分期、明制度

制定各阶段海绵城市径流污染控制设施建设的步骤和时间节点要求，专项规划应融入城市既有规划体系，并构建制度、资金等方面保障体系，以及智慧信息化、监测评估等方面能力建设计划，保障海绵城市可持续实施。

（二）径流污染源头减排项目的方案设计步骤

包括明确设计需求、调研、资料收集、确定设计依据、编制设计方案等，设计方案包括项目概况、设计依据、设计标准、场地分析、技术方案、效果评估、投资估算、相关图示等各项内容，并使用雨洪模型模拟计算进行校核分析及方案优化。

三、技术创新点及主要技术经济指标

（一）技术创新点

1. 规划编制方法

提出海绵城市径流污染控制建设模式纳入现行规划体系的结合点、技术要点和指引、实施途径和方法，从而使海绵城市建设融入现行规划体系。

2. 指标分解技术

以径流控制为核心，提出将年径流总量削减、雨水径流污染物削减、径流峰值削减等核心目标分解为实际可操作的技术指标的路径、方案以及技术手段。

3. 管控机制

首次提出指标入"两证一书"和施工管理的管控路径，从而在不增加行政许可的前提下，将海绵城市径流污染控制建设管控覆盖建设项目的土地出让、规划、设计、建设、运营全过程。

4. 实施机制

提出"以地方政府为责任主体，组织十余职能部门共同参与，形成低影响开发的管控平台"的组织推广路径，克服无先例可循的困局，为我国探索海绵城市径流污染控制建设实施路径奠定了基础。

（二）主要技术经济指标

1. 年径流总量削减

新建片区年径流总量削减不应低于我国年径流总量控制率分区图所在区域规定的

下限值，改建片区年径流总量控制率经济技术比较落后不宜低于我国年径流总量控制率分区图所在区域规定的下限值。

2. 年径流污染控制率

新建片区年径流污染控制率不宜小于 70%，改建片区年径流污染控制率不宜小于 40%。

3. 源头径流峰值控制

在雨水管渠及内涝防治设计重现期下，新建项目不得超过开发建设前原有径流峰值流量，改扩建项目不得超过改造前原有径流峰值流量。

4. 硬化地面率

地块类新建项目硬化地面率应符合规划要求，改建或扩建项目硬化地面率不应高于开发建设前。

四、实际应用案例

成果已纳入住建部 2014 年 11 月颁布实施的《海绵城市建设技术指南——低影响开发雨水系统构建（试行）》。《指南》吸收了水专项研究成果，指出各地人民政府是建设海绵城市的责任主体，有责任明确下沉式绿地率、绿色屋顶率等主要指标，并落实海绵城市建设任务，要将指标作为各地块开发的约束条件。该指南作为海绵城市建设推进过程中重要的技术指引文件，有效指导了全国 600 多个城市的海绵城市建设。研究成果直接支撑了深圳市、北京市、济南市海绵城市建设规划，并在广州、东莞、佛山、中山、湛江、西咸新区、台州、济宁、许昌、三门峡等城市海绵城市建设规划中得到了应用。

典型案例：深圳市光明新区低影响开发径流污染控制详细规划设计

低影响开发径流污染通知综合示范区位于光明高新科技园区（深圳市高新技术产业发展的重点和核心片区）的东区，园区用地相对集中，具备区域交通优势，是近期光明新区重点发展的片区（图 31.2）。通过规划编制与低影响开发设施设计，高起点、高标准整体指导低影响开发综合示范区创建工作，使综合示范区成为深圳低碳生态城市的典范示范区，为深圳市乃至全国实现科学发展积累经验。通过实施，构建一条从贯穿综合示范区建设全过程的低影响开发实施途径，具体而言包含以下几个内容：

（1）编制低影响开发详细规划，提出控规层面可持续发展的技术手段和指标；

（2）编制实施方案，统筹安排低影响开发示范工程；科学合理确定各项目的具体建设手段；

（3）提出规划管理路径，落实低影响开发设施的建设规模和布局，成为规划控地和审批的依据；

（4）结合光明新区用地布局，提出6类建设项目的低影响开发设计要点。

图31.2　规划研究范围

在研究成果助力下，深圳市于2016年4月获批成为国家海绵城市试点城市之一，并编制《深圳市海绵城市建设专项规划》。规划内容包括综合评价海绵城市建设条件、确定海绵城市建设目标和具体指标、提出海绵城市建设的总体思路、提出海绵城市建设分区指引、落实海绵城市建设管控要求、提出规划措施和相关专项规划衔接的建议、明确近期建设重点提出规划保障措施和实施建议等。

研究成果支撑了《深圳市推进海绵城市建设工作实施方案》《深圳市海绵城市建设规划要点与审查细则》《法定图则编制技术指引》《拆除重建类单元更新规划编制技术规定》等15项深圳市地方性规划编制技术文件的出台；指导了深圳各区（重点区域）开展了10余项区级（重点区域）海绵城市详细规划的编制工作，实现了海绵规划空间上、层次上的全覆盖；确保了深圳市2020年海绵城市建设新增面积20%的任务完成。深圳市形成了海绵城市建设全域系统化推进的"七全"模式，即：全部门政府引领、全覆盖规划指引、全视角技术支撑、全方位项目管控、全社会广泛参与、全市域以点带面、全维度布局建设，全域系统化推进海绵城市建设。

技 术 来 源

- 海绵城市建设与黑臭水体治理技术集成与技术支撑平台（2017ZX07403001）
- 低影响开发雨水系统综合示范与评估（2010ZX07320003）

32　城镇径流污染源头削减关键技术

> **适用范围**：适用于建筑、小区、道路、公共空间径流污染负荷的源头削减
> 及雨水综合利用。
> **关 键 词**：雨水径流；透水铺装；快速入渗；生物滞蓄；雨水管断接

一、基 本 原 理

针对城镇建筑小区、道路、公共开放空间等典型下垫面径流污染，采用渗透材料、多种绿色滞留设施、雨水储存与利用及其组合集成应用，实现不同下垫面径流污染负荷源头削减及雨水综合利用。技术集成了透水铺装、绿色屋顶、生态树池、植草沟、阶梯式绿地、雨水花园和生物滞留塘等多项渗透、滞留径流污染控制技术，并进行组合集成应用。

在本技术中，透水铺装和渗透地面通过采用透水砖、透水沥青、嵌草砖、园林铺装中的鹅卵石、碎石等材料使地面渗透系数变大，从而大大提高了雨水入渗率减少了路面径流的形成。通过优化基质填料种类配比、土壤层类型筛选和适当厚度、植物配置等，实现上述各绿色渗透与滞留单项技术中降雨径流污染物的强化去除。其中，基质土壤层通过吸附过滤作用去除降雨径流的 SS；通过基质填料层吸附径流中氨氮，为氮的形态转化提供载体与平台；通过基质填料层和植被的吸附、截留作用提高 TN 的控制效果；通过基质层填料吸附、植被截留与吸收、化学沉淀等多种耦合应用，实现 TP 的强化去除；最终实现降雨径流污染物的高效去除。

二、工 艺 流 程

城镇径流污染源头削减技术工艺流程（图 32.1）如下：

（1）绿色屋顶上的雨水通过雨水管断接和透水铺装路面上的雨水一并汇入到下沉式绿地、阶梯式绿地、雨水花园、生态树池和植草沟等绿色滞蓄设施进行消纳；透水铺装路面和非渗透路面上的雨水也可直接汇入雨水停车位进行原位消纳。

（2）汇入停车位的径流雨水通过原位蓄水模块进行收集，通过旋流沉砂和过滤消毒等手段对径流进行物化处理后可用于洗车和绿化浇灌。

（3）滞留在绿色滞蓄设施中的部分径流雨水就地下渗，减少雨水径流总量。同时，雨水在其中发生吸附、过滤、沉淀、硝化及反硝化系列反应，去除一定比例的SS、TN、TP等典型径流污染物。超出绿色滞蓄设施容量的径流雨水流入滞留塘储存后再溢流至雨水收集管或直接溢流至雨水收集管，其中污染较严重的初期雨水被弃流至市政管网，中后期雨水被输送到雨水收集模块，最终通过旋流沉砂和过滤消毒等手段对径流进行物化处理后可用于洗车、冲厕、冲洗马路、绿化浇灌等。

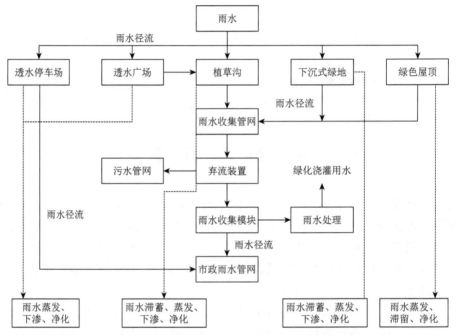

图32.1　城镇径流污染源头削减关键技术工艺流程图

三、技术创新点及主要技术经济指标

（一）技术创新点

本技术研发了多种透水路面和透水沥青材料，能够实现径流雨水快速渗透，减排道路雨水；不透水下垫面降雨径流路径优化方法，实现了降雨径流污染控制源头削减；研发了针对不同下垫面特点的径流污染分质分级生物滞留处理技术，将绿色屋顶、生态树池、植草沟、阶梯式绿地、雨水花园、生物滞留塘等多项绿色生物滞留设施进行组合应用，分质分级处理不同下垫面径流雨水；针对绿色生物滞留设施，研发了一批具有高效截污能力的复合介质材料，提高了绿色生物滞留设施的截污能力，降低了介质材料的成本，实现了径流污染减排；简化了雨水处理系统的结构，强化了污染物去除效果，延长了雨水处理系统的使用寿命；结合雨水储存与处理技术，实现了雨水高效净化与综合利用。

（二）主要技术经济指标

1. 绿色屋顶

绿色屋顶最优配置为园林土：珍珠岩：蛭石 = 8：1：1，基质层厚度为 150 mm，植被类型为麦冬草；能够有效控制径流，实现径流削峰、错峰。

2. 透水铺装

透水砖面层砖缝间接缝宽度为 3 mm，砖缝填砂，碾压；植草砖面层内含 40 mm 种植土，植物选取台湾草；找平层采用中砂，中砂要求 $\Phi 0.3 \sim 5$ mm 级配砂；透水砖铺装基层采用连续级配砂石，植草砖铺装采用 $\Phi 15 \sim 25$ mm 级配碎石；透水砖铺装无底基层，植草砖底基层采用二灰碎石；土基夯实，密实度要大于等于 93%。

3. 下沉式绿地

改良型下沉式绿地为矩形，设计为四个处理单元，竖向分布分别为蓄水层（100 mm）、改良土壤层（200 ~ 500 mm）、细砂层（100 mm）、陶粒填料层（150 mm）和砾石层（100 mm），渗透系数维持在 2.5×10^{-5} m/s 左右；细砂层与陶粒层之间铺设土工布，砾石层中铺设 DN50 穿孔集水管用于收集下渗雨水，草坪采用台湾草；改良型下沉式绿地能延缓径流峰值时间，实现削峰、错峰，有效控制径流总量，对 SS、COD、TP、TN 去除率为 80.2%、57.0%、38.1% 和 68% 左右。

4. 阶梯式绿地

绿色建筑小区阶梯式绿地截缓径流技术采取四级绿地组合而成，每级装置的纵向由蓄水层、基质土壤层、细砂层、填料层组成，相应的高度分别为 150 mm、100 mm、50 mm、250 mm。种植植被为台湾草，改良土壤的渗透系数维持在 3.0×10^{-5} m/s。填料层选用大、中、小三种不同粒径级配的陶粒，各级填料层由孔口相连。渗透出水经穿孔集水管收集后回收利用或排入市政管网。雨水在通过多级绿地系统过程中，通过土壤等层截留、蓄存作用以及渗透作用使得外排放的雨水量大幅减少；径流中的污染物在系统上部透水填料层、种植土层及其下层填料层等内渗透的过程中被吸附、过滤、截留，得到有效去除。在系统末端，雨水的水量和水质均得到控制。根据处理的效果，末端雨水可收集回用或者排入市政雨水管网。该系统延长了雨水在排放过程中的汇流时间，可有效削减洪峰峰值。实验证明，研发的阶梯式绿地可以完全消纳重现期为 0.25 年、服务面积比为 1：3 的径流雨水，渗透出水 SS、TP、TN、氨氮均达到《城市污水再生利用景观环境用水水质》（GB/T 18921—2002）观赏性景观环境用水水景类的水质要求。

5. 雨水花园

雨水花园花坛植被层选取秋枫，浅沟选用台湾草，表层铺设卵石，选取 $\Phi 40 \sim$

60 mm，除消纳外，还利于雨水均匀汇入绿地；改良土壤层砂土比为 1/2，下部铺设土工布；卵石层选用 $\Phi 40 \sim 60$ mm 的卵石，穿孔排水管选用管径 20 mm 的 PVC 管；花坛表层取 3% 的坡度，浅沟取倒抛物线断面，宽度约 400 mm，深度约 50 mm，纵向坡度约 3‰。

6. 生态树池

停车场旁树池树木选择高干蒲葵，2 ～ 3 和 4 ～ 5 栋间树池树木种类选择小叶榄仁；土壤改良层砂土比取 1/2。

7. 植草沟

植草沟植被选取深圳当地植物风车草，利于生长；断面选取倒抛物线形，宽度约为 400 mm；考虑到示范区地势平缓，植草沟纵向坡度取 3‰。

8. 雨水停车位

停车位的长和宽分别为 6 m 和 3 m，底部经过净化的雨水通过两个停车位之间的透水管渠，导入位于侧边埋于绿地下的蓄水箱。蓄水箱是利用塑料模块材料的组合式水箱，可根据储水需要灵活选择模块容积，水箱有效容积为 3.8 m^3。贮水方块安装方便，承载力大，不滋生蚊蝇及藻类。停车位顶部为透水性能良好的砂砖，下部依次为填料过滤层、支撑层和导流层。停车位施工时总开挖高度为 0.6 m。

9. 蓄水模块

蓄水池长 × 宽 × 高为 20 m×9 m×3.5 m，进水管和溢流管管径取 600 mm，溢流管底距蓄水池顶部 0.2 m；蓄水池顶部为钢筋混凝土预制板，蓄水池由砖砌而成，厚度 200 mm，内外表做防水涂膜，再用 1 ∶ 2 防水砂浆抹面厚 20 mm。蓄水池底部为 C20 混凝土底板，厚 200 mm。

10. 生态滞留塘

生态滞留塘地表径流流速削减约 50%。初期地表径流中 SS、TP、TN、氨氮、COD 去除率分别达到 75%、45%、30%、50%、45% 以上。本技术工程投资为 260 元 $/m^2$，运行成本约为 0.02 ～ 0.03 元 $/m^3$。

四、实际应用案例

（一）实际应用案例1：深圳光明新区低影响开发示范工程

（1）建筑类示范工程：光明新区群众体育中心（图 32.2）建设过程中采用多项雨

水径流源头减排设施，形成了包括绿色屋顶、下沉式绿地、植草沟、透水停车场和雨水收集模块等技术设施在内的雨水综合利用系统。项目海绵城市建设约1050万元，实现年径流综合控制率75%，年径流污染物削减50%，径流峰值削减37%～47%的效应，雨水回用量约0.6万 m^3/a，用于绿化浇灌、道路冲洗，年节约水费约2万元。

（2）小区类示范工程：光明新区万丈坡片区拆迁安置一期工程（图32.3）采用了绿色屋顶、雨水花园、雨水树池、植草沟、阶梯绿地、下沉式绿地、透水铺装、雨水断接、雨水储存回用等单项技术及系统集成技术。工程占地面积2.75 hm^2，建筑面积6.47万 m^2，工程造价2.36亿。该示范工程建成后，小区雨水能够外排，降雨期间，有部分地方会有少量积水但也能顺利外排。旱季时绿地浇水频率相对其他小区减少，节水率达到8%。经第三方监测评估，污染物（以悬浮物计）削减率均超过了40%。

图32.2　群众体育中心实景图

图32.3　万丈坡片区拆迁安置一期工程实景图

（3）道路类示范工程：光明新区公园路（图32.4）采用了道路渗透减排铺装技术和生物滞留技术，通过合理利用道路两侧绿化带设置生态雨水设施，实现削减雨水径流外排量，提升了公园路的生态景观效果及道路的综合排水能力。通过2016年的6场监测降雨（包括暴雨、大、中、小雨），表明示范工程建成后，年径流总量控制率达66.3%～69.2%，污染物负荷（以SS计）削减量为68.0%～90.0%，有着良好的截留减排、控污效果。

（4）开放空间类示范工程：光明新区新城公园（图32.5）采用了生物滞留、植被浅沟、初期雨水自动弃流、前置塘、湿地、多级溢流、旋流沉砂过滤7项技术，示范工程的建成提高了公园下游管网综合排放标准，使得公园雨水内部及下游雨水管线的综合设计标准由2年一遇提高到4年一遇；有效控制径流污染，保护水环境，降低雨水收集回用水质处理成本；增加公园雨水下渗量和回用量，提高种植土涵水量，减少绿化用水量。通过2016年6场降雨的监测，表明示范工程建成后，年径流总量控制率达82.8%～98.4%，污染物负荷（以SS计）削减量为66.1%～82.7%。同时增加绿色空间，改善公园生态环境，提升公园景观品质，创造良好的休闲娱乐环境。

图32.4　公园路实景图　　　　　　　　　　　图32.5　新城公园实景图

（二）实际应用案例2：未来科学城地表径流减控低影响开发示范工程

在未来科学城约 10 km² 的区域内完成了未来科学城地表径流减控低影响开发示范工程的建设。综合示范应用了透水铺装、下凹式绿地、生物滞留槽、植被浅沟、雨水净化湿地等技术手段。通过合理调控和配置雨水资源，使雨水资源在未来科技城内部得到充分有效地控制利用，减少外部水资源的消耗量和工程建设对外部环境的冲击强度。根据北京未来科学城 2016 年的监测结果，示范区的径流总量的削减比例为70.0%。SS 的排放量从 135661 kg 削减到 25756 kg，削减率为 81%；COD 的排放量从6916 kg 削减到 3111 kg，削减率为 55%；氨氮的排放量从 1335 kg 削减到 124 kg，削减率为 90.7%；TN 的排放量从 1771 kg 削减到 285 kg，削减率为 83.9%；TP 的排放量从63 kg 削减到 36 kg，削减率为 42.1%。

（三）实际应用案例3：生态停车场低影响开发示范工程

北京亦庄经济开发区政务区生态停车场（图 32.6）采用了混凝土透水砖、植草沟、雨水花园技术，合理利用停车场空间通过各个低影响开发措施的有机结合，合理布局，实现停车场的景观化、经济化以及洪涝控制等多方面的生态排水系统目标。年径流总量控制率达到 60% 以上；相对于普通停车场，年径流污染（以 SS 计）削减量达到 50% 以上。无锡市尚贤河分区—南侧生态停车场（图 32.7）使用嵌草砖和原位净化蓄水回用技术。在长时间运行过程中，该技术模式对径流中总 SS、COD、TP、溶解性 TP、TN、NH_3-N、NO_3^--N 和 NO_2^--N 的平均去除率分别达 89.3%、66.4%、83.3%、55.3%、43.6%、86.8%、28.5% 和 75.8%，大大的改善了停车位本身及其周边的环境。

图32.6　北京亦庄生态停车场现场图

图32.7　无锡市尚贤河生态停车厂实景图

技 术 来 源

- 绿色建筑与小区低影响开发雨水系统研究与示范（2010ZX07320001）
- 城市道路与开放空间低影响开发雨水系统研究与示范（2010ZX07320002）
- 低影响开发雨水系统综合示范与评估（2010ZX07320003）
- 污水处理系统区域优化运行及城市面源削减技术研究与示范（2011ZX07301002）
- 城市地表径流减控与面源污染削减技术研究（2013ZX07304001）

33　城镇径流污染过程控制关键技术

> **适用范围**：具有存储空间和调蓄能力的雨污排水系统。
> **关 键 词**：雨水调蓄；雨污排水系统优化；初期雨水；溢流污染控制

一、基 本 原 理

本技术以削减合流制排水系统溢流污染和控制分流制排水系统初期雨水污染为目标，在考虑截流管道、雨污调蓄系统和污水处理厂之间相互影响的基础上提出了影响雨水截流调蓄效率主要因素的量化指标；结合数学模型和理论计算，优化了雨水截流系统和雨水调蓄系统的关键设计参数和设计方法；建立了适应不同排水体制和降雨特征的雨天溢流污染截留效率最优化规划模型和评价指标；综合利用遗传算法与排水系统集成模拟，分别对雨污管网截流倍数、污水处理系统入流参数、雨污调蓄系统的控制策略与参数等进行评估优化，实现雨污截流管道、雨污调蓄系统与污水处理厂的联合调控；构建了以截流为基础、调蓄为补充的截流 – 调蓄的城市排水系统设计、建设与联合调控技术。

二、工 艺 流 程

城镇径流污染过程控制关键技术工艺流程如图 33.1 所示。

（1）收集基础信息，对旱雨季气象与水质进行动态监测，量化评估排水系统的截流方式（包括串联式、并联式、串联式加流量控制和并联式加流量控制等）、截流规模、溢流水质、降雨特征参数（包括降雨强度分布、雨型特征等）、旱流污水特征、系统汇流时间、管网布局特征、下游污水输送处理能力等关键设计环节和参数对系统截流效果的影响，确定影响城市排水系统截流设施效能的关键因子，基于 EPA SWMM 模型提出合流制系统截流倍数、分流制系统初期雨水截流规模、截流方式等关键设计参数。在此基础上分析截流管道 – 调蓄 – 水厂间的相互影响。

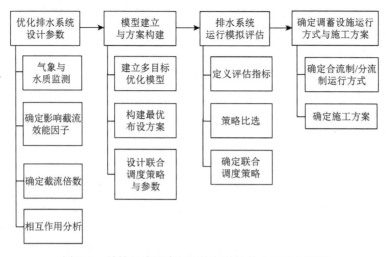

图33.1　城镇径流污染过程控制关键技术的工艺流程

（2）以污染削减量为目标、建设成本为主要约束条件，建立基于遗传算法和水力模型计算的雨水截流 – 调蓄 – 处理的多目标优化模型；可根据不同条件选取合流制排水系统最低总造价和调蓄池的最优布设方案；优先设计联合调度策略，根据系统调控目标进行备选策略集设计，确定每种联合调度策略的启用条件、联合调度的控制情景、每种控制情景下的具体控制算法等；以系统整体污染物负荷削减为目标，通过最优化方法确定联合调度策略参数；在多个实现目标之间寻找出最佳的平衡关系，为工程的评估和规划提供科学的依据和参考。

（3）对构建的模型进行模拟评估，定义策略选择的评估指标，进行策略比选，确定现场使用的联合调度策略，为调蓄设施运行方式与施工方案的构建提供支撑。

（4）结合我国降雨和排水特性，确定合流制调蓄设施和分流制调蓄设施的规模计算方法、进水模式、放空模式和清淤模式，综合提出调蓄设施工程方案。

三、技术创新点及主要技术经济指标

（一）技术创新点

针对我国排水系统溢流污染和初期雨水问题，系统性地提出了以截流为基础、调蓄为补充、处理为提升的截流 – 调蓄 – 处理一体化排水系统设计、建设与调控技术。在本技术中建立了包含可量化评估排水系统设计参数、模型建立与方案构建、模拟评估、调蓄设施运行模式与施工方案等四个步骤的截流 – 调蓄 – 联合模式框架。本技术自主设计、开发 LTXMain 程序，以水力学模型为条件，应用遗传算法快速优化截留倍数；结合我国降雨径流特点和排水系统特性，创新性地提出合流制和分流制调蓄设施规模计算方法及与运行操作模式，支撑了《室外排水设计规范》（GB 50014—2014）的修订和《城镇雨水调蓄工程技术规范》（GB 50014—2014）中以径流污染控制为目标的城镇调蓄工程相关内容编制。该项技术实现了以雨季污染负荷削减为目标，排水系统在管理层、策略层和执行层三重结构下的联合调控，并通过雨季污水处理厂应对技术实现雨水污染的高效处理。

（二）主要技术经济指标

1. 截流倍数与截流率

基于典型排水系统数学模型手段，提出在人口密度 250 人 /hm², 区域径流系数 0.6、人均污水量平均 250 L/(人 ·d) 的情况下，合流制系统适宜的截流倍数为 2 ～ 4。对于不同排水体制的系统，降雨强度增大均会使水量和水质的截流率减小，但降雨雨型对截流率的影响不超过 2%；系统汇流时间延长 15 ～ 20 min 可使水量和水质的截流率分别提升 5% ～ 10%；通过优化设计运行水位，可提高系统在线调蓄能力 30% 左右。并联式截流方式和增设流量控制措施的串联式较传统串联式截流效率可提升 20% ～ 30%。

2. 降雨总量控制率

根据水环境容量、降雨特征 – 雨水溢流规律、年径流总量控制率 – 降雨量对应关系，提出了应用区径流污染削减目标为 ≥ 70%；其应用成效为降雨总量控制率由 68% 提升到 86%，与国外发达地区一致。

3. 径流污染削减量

应用区域全年平均溢流量削减 11.4%，COD、SS、NH_3-N 及 TP 的溢流负荷分别削减 15.5%、9.7%、17.1%、19.6% 和 16.1%。最优控制策略使得应用区域平均溢流量削减 16.6% ～ 37.3%，COD 溢流负荷削减 8.5% ～ 12.2%。

四、实际应用案例

（一）典型案例1：常州市杨家花园截流调蓄示范工程

杨家花园区域面积 0.3 km²，在本工程实施前属于直排式合流制排水体制，片区雨污水通过 4 个排放口排放至附近水塘，水塘水位上涨后利用排涝闸站将水提升至南侧大通河。

水专项研究过程中，在 4 个排放口新建 3 个截流井，整个系统通过自控系统自动运行并可远程控制。在截流管末端新建截流泵站，截流倍数 3.5 倍，总截流能力 168 m³/h。截流泵站旁设置调蓄设施，调蓄规模 110 m³。截流井设为三格，晴天及小雨时通过 DN200 截流管进入截流泵站；中雨时，截流井水位上升，超过截流能力部分通过截流井内部溢流堰溢流进入截流井底部 DN500 截流管，并通过泵提升进入调蓄设施；大雨时，通过截流井溢流堰或紧急排放闸门进入水体。雨后泵站通过远程信号关闭紧急排放闸门，打开 DN500 进水管上闸门和调蓄设施至集水井闸门，通过截流泵把集水池时关闭调蓄设施至集水井闸门。常州市杨家花园截流调蓄示范工程如图 33.2 所示。

图33.2　常州市杨家花园截流调蓄示范工程

（二）典型案例2：常州市竹林泵站溢流快速处理示范工程

本工程设立初期雨水截流管，对雨天超过截流泵站能力的部分进行截留，经快速处理装置处理后再排放进入关河，减少关河污染负荷。该工程采用的处理工艺为自清洗溢流格栅 + 旋流分离。溢流格栅（图 33.3）的过滤精度为 5 mm，不仅可以保护水泵运行，也可以去除雨污水中超过 5 mm 的 SS。本工程设立的溢流快速处理设施（图 33.4）具有占地面积小，处理能力大的技术优势。通过溢流快速处理设施可以实现对溢流污染的浓缩，减少调蓄所需容积，实现在不具备建设大规模调蓄设施的地区实施溢流污染控制的目标。

图33.3　5 mm自清洗溢流格栅　　　　　　图33.4　水力旋流分离器组

工程应用可达到截流量不小于 5 mm 降雨量；与未修建该示范工程之前相比，年削减总负荷为 88.4 t，可削减年 COD 负荷的 29.1%。

（三）典型案例3：雨污调蓄系统与污水处理厂联合控制工程示范

昆明市北排水片区拥有 2 座污水处理厂（第四污水处理厂与第五污水处理厂）；7 座调蓄池，包括：金色大道、核桃箐、校场北、学府路、圆通沟、麻线沟、白云路调蓄池。其中，白云路调蓄池是在线调蓄池，其余为离线调蓄池。

示范工程应用雨污调蓄系统与污水处理厂联合控制技术，识别出系统的最优控制策略，对北部排水片区进行优化。在不增加建设成本的前提下，有效降低了雨季溢流。在最有效控制策略条件下，较现有调蓄池控制策略，能够减少溢流量 11.4%、COD 溢流负荷 15.5%、SS 溢流负荷 9.7%、TN 溢流负荷 17.1%、氨氮溢流负荷 19.6% 及 TP 溢流负荷 16.1%。

利用该技术，依托示范工程，为昆明市北排水片区编制了《雨污调蓄系统与污水处理厂联合控制操作手册》；明确了旱季、小雨、中雨及大雨情景下，北排水片区调蓄池、泵站及污水处理厂的运行控制操作参数；通过充分协调排水管网、调蓄池与污水处理厂的相互影响，最大化挖潜现有排水系统的存储与处理能力，实现雨季区域污染负荷的减排，进而促进城市水环境质量的改善。

（四）典型案例4：合肥市合流制溢流污水调蓄处理示范工程

合肥市合流制溢流污水调蓄示范工程位于杏花排水系统、合肥市老城区环城路和南淝河上游。

建立了基于改进型 SWMM 和单位投资环境效益的截流倍数优选方法；建立了基于水力模型优化调控的线内调蓄技术和基于水力模型的初期雨水调蓄池设计方法，并在杏花排水系统进行了示范应用。

在合肥市老城区环城路范围内 1.0 km²，相应河道长度为 1.7 km，建设雨水调蓄池，调蓄池平面尺寸为 37.5 m×28.8 m，有效水深 7.5 m，埋深约 12.05 ～ 13.8 m。采用重力进水，水泵压力提升放空，调蓄池放空时间 8 ～ 16 h。内含门式冲洗装置 5 套、放空泵 2 台及出水计量设施，配套电气、自控、除臭和通风设备。调蓄池采用先截后蓄再排的工作方式，当降雨初期或者降雨量较小时，调蓄池闸门关闭，由污水截流泵截流旱流污水和初期雨水。当降雨强度超过截流能力，泵站内水位接近防汛安全水位时，打开调蓄池进水，初期雨水进入雨水调蓄池；调蓄池储满时，关闭进水闸门，根据南淝河水位和前池水位确定泵站自排或强排。待降雨结束后，逍遥津泵站前池水位降至低水位时，开启放空泵将池内初期雨水提升排至污水截流干管。调蓄池运行 214 天，调蓄 28 次，减少溢流排河次数 19 次，削减溢流水量 159000 m³，调蓄池溢流水量削减率为 38.3%。污染负荷削减率 32% 以上。工程实施后杜绝旱天污水入河现象，有效削减雨天入河污染，改善河道水环境，满足区域水环境容量需求（图 33.5）。

图33.5 杏花排水系统示范工程

技 术 来 源

- 城市排水系统溢流污染削减及径流调控技术研究（2013ZX07304002）
- 昆明主城区污染物综合治理减排与水质保障关键技术（2011ZX07302001）
- 合肥市南淝河水质提升与保障关键技术研究及工程示范（2011ZX07303002）

34 城镇径流污染控制效能监测评估关键技术

> **适用范围**：城镇径流污染控制设施效果评估。
> **关 键 词**：城市径流污染控制；低影响开发；效能评估；水质水量；污染负荷

一、基 本 原 理

（一）城镇径流污染控制效能监测评估技术

针对径流污染控制设施综合效能评估方法缺乏的难题，结合光明新区示范区、示范项目进行了监测和跟踪评估，研究了低影响开发设施的监测方法，提出了以径流总量控制、污染控制、资源化利用为核心的评价方法。该技术对径流污染控制设施效能进行现场监测，运用概率论和数理统计方法进行了效果评估，提出了不同尺度的监测和评估方法，并在此基础上结合监测和模型，对单项设施及其组合的雨水控制效能进行了研究，提出了各类建设项目设施效能评价的方法。

（二）城镇径流污染控制效能监测评估技术

全面落实海绵城市径流污染控制建设理念，针对径流污染控制效能监测评估进一步深化、提升，统筹区域流域、城市、片区、项目与设施监测，构建涵盖气象水文、城镇排水系统及相关河湖水体水量、水质等多类型数据融合的监测系统，运用物联网、大数据等技术，实现分层级和全系统监测目标，支撑海绵城市规划建设与运行维护，满足片区、城市层级海绵城市建设本底与效果评价、"源－网－厂－河"系统智慧运行调度等要求。

二、工 艺 流 程

城镇径流污染控制效能监测以片区监测为基本单元，评估径流污染控制设施建设前后城市水文特征和径流控制能力，项目与设施监测作为片区监测基本内容之一，区域流域、城市监测作为城市、片区边界条件监测，并能反映城市、片区整体建设效果。城镇径流污染控制效能监测应开展全过程质量保证与质量控制，定期评估监测数据的数量和质量，并通过进一步调整、优化监测方案，达到监测目的要求，运用"监测分析＋模型模拟"联用评价方法对城镇径流污染控制进行效能评价。

主要步骤（图34.1）为：

（1）监测目标确定。监测目标主要包括：不同类型下垫面径流污染情况和场次降雨初期冲刷情况；径流污染的控制能力、径流体积、径流峰值、峰现时间等。

（2）基础资料收集。收集监测范围内及周边土地利用、下垫面构成、水文地质、地形地貌、土壤渗透能力、绿色和灰色设施类型和分布等基础资料。

（3）明确监测范围与对象。根据汇水范围选择居住与公建、道路与交通、绿地与广场等具有代表性的典型项目，所选设施监测对象应与项目监测统筹考虑。

（4）监测点位布置。项目监测点应在项目接入市政排水管渠的溢流排水井或接入受纳水体的排放口布设，排水管渠监测点应具备人工、自动监测条件；评价设施径流污染削减效果时，在设施的进水口、过程处理单元、出水口布设监测点。

（5）监测内容。评价设施径流污染负荷削减效果应同步监测设施的进、出水流量变化过程与水质，评价合流制溢流污染负荷时，应同步监测溢流流量变化过程与水质状况，片区外排径流污染、合流制溢流影响受纳水体水环境质量达标时，应监测典型场次降雨条件下受纳水体各监测断面的污染物浓度变化过程。

（6）监测方法：评价项目外排径流污染物平均浓度和污染负荷时，采用人工或自动监测方式采集混合样。

（7）径流污染控制效能评价。根据典型场次降雨水质、水量监测数据，评价项目外排径流总量、径流污染量的本底情况和控制效果，根据典型场次降雨排水管渠、排放口、排水泵站、合流制溢流排放口或污水截流井、受纳水体的水质水量监测数据，对片区模型进行参数率定和验证，利用满足率定、验证要求的模型，评价片区海绵城市建设前后的年径流污染削减率、年均溢流污染物总量削减率。

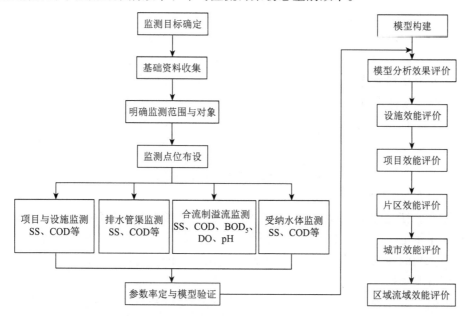

图34.1 城镇径流污染控制效能监测评估关键技术工艺流程图

三、技术创新点及主要技术经济指标

（一）技术创新点

（1）该成果突破了城镇径流污染控制设施建设行业缺乏科学规范的监测方法及综合效能评估方法的难题，统筹区域流域、城市、片区、项目与设施监测，提出了各层级、多目标监测方法，实现分层级和全系统监测目标，满足效能评估要求。

（2）提出运用"监测分析＋模型模拟"联用评价方法，明确模型构建、参数率定与模型验证、模型分析和应用等的技术要求，结合监测数据和模型模拟，提出了设施、项目、片区、城市、流域各层级径流污染控制效能评估方法。

（3）分别针对建设小区、公园绿地、道路等不同类型设施指定效能评价方法，提出透水沥青、透水铺装、生物滞留带、植被浅沟等设施对雨水径流水质水量控制效果效能及其耦合效应的评估方法。

（二）主要技术经济指标

（1）项目排水管渠及设施水量自动监测数据采集时间间隔不宜大于 5 min，通信时间间隔不宜大于 15 min。

（2）评价项目外排径流污染物平均浓度和污染负荷时，应采用人工或自动监测方式采集混合样。自监测点产生排放时刻起，前 3 h 内每 1 h 应至少采集 3 个样品，样品采集间隔时间不应小于 15 min，3 h 后每 30 min 或 1 h 或 1.5 h 应采样一次；排放时长小于等于 3 h，采集总时长应覆盖整个排放过程，排放时长大于 3 h，采集总时长不应小于排放总时长的 75% 且不应小于 3 h。

（3）径流雨水水质检验指标应根据污染源类型、排放标准、受纳水体水质标准、监测目的等确定，包括 SS、COD 等指标。

（4）合流制溢流污水水质检验指标应根据污染源类型、排放标准、受纳水体水质标准、监测目的等确定，宜包括总固体、SS、BOD_5、pH、DO，也可包括粪大肠菌群。

（5）在典型场次降雨条件下监测分流制雨水管网排放口、合流制溢流排放口影响范围内的受纳水体水质时，各监测断面、各采样点样品采集间隔时间不宜大于 4 h，降雨开始前 24 h 应至少采集 2 个背景水样，降雨开始后样品采集时长不应少于 48 h。

四、实际应用案例

2016 年，在光明新区示范区监测过程中，应用低影响开发综合示范区的效能监测方法开展了示范区的监测工作。同时，在住宅小区类示范工程、道路类示范工程与公园类示范工程的监测过程中，也应用了相关示范工程的效能监测方法开展了监测工作（图 34.2 和图 34.3）。

（1）公共建筑类示范工程：在小雨条件下，群体中心场次径流控制率为 67% ～ 82%；在中雨条件下，群体中心年均场次径流控制率为 63% ～ 81%，均高于对比区域。在污染物削减方面，群体中心总口的 SS 负荷低于对照值 45% 左右。

（2）住宅类示范工程：在小雨条件下，保障房总口场次径流控制率为 63.1% ～ 82.2%；在中雨条件下，场次径流控制率为 65% ～ 80%，均高于对比区域。在径流污染物削减方面，与传统开发的住宅区比较，保障房总口的 SS 削减率低于对照值 47% 左右。

（3）道路类示范工程：在小雨条件下，38 号路雨水口场次径流控制率为 74% ～ 84%；在中雨条件下，场次径流控制率为 67% ～ 75%。在径流污染物削减方面，道路 SS 负荷低于对照值 62% 左右。

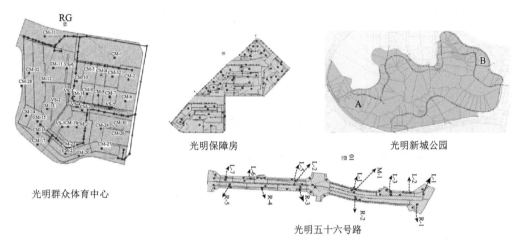

图34.2 基于监测的典型用地低影响开发效能模拟分析

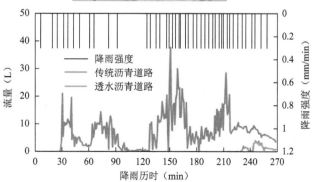

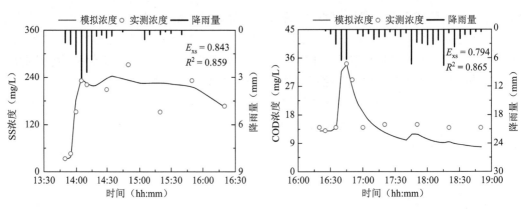

图34.3 敏感参数率定

技 术 来 源

- 海绵城市建设与黑臭水体治理技术集成与技术支撑平台（2017ZX07403001）
- 低影响开发雨水系统综合示范与评估（2010ZX07320003）

35 城镇污水强化预处理工艺系统

适用范围：城镇污水预处理工艺单元的选择和设计。
关 键 词：强化预处理；惰性组分去除；碳源损耗；初沉发酵池；跌水富氧

一、基 本 原 理

针对我国城镇污水处理厂在稳定达标处理过程中所面临的进水碳氮比低、无机组分含量高及出水标准高等实际问题，在原有机械格栅、沉砂池和初沉池等污水处理工艺单元构成的基础上，通过研发超细格栅、泥渣砂快速分离设备、初沉（发酵）池、生物絮凝沉淀、物理沉淀等强化预处理设施或单元，采用灵活组合的运行模式，有效去除进水悬浮固体并高效截留利用污水碳源以控制其损耗，从而实现对污水中泥渣砂、毛发与固态油脂等污染物的快速高效分离。

二、工 艺 流 程

城镇污水强化预处理工艺流程（图 35.1）如下：

（1）格栅/全拦截超细格栅：通过粗、中、细格栅的合理配置，去除进水中的漂浮物、颗粒物和缠绕物，防止后续单元污堵、缠绕及磨损。当采用膜生物反应器（MBR）、深床滤池等工艺时，生物系统前应增设全拦截超细格栅，以进一步去除缠绕物为主的杂质。

（2）沉砂池/SSgo 泥渣砂快速分离：沉砂池设置于泵站后端和初沉池之前，主要去除粒径 ≥ 0.2 mm 的砂粒，防止后续单元设备磨损与泥沙沉积；SSgo 泥渣砂快速分离设备可实现 100 μm 以上粒径砂粒的高效去除。

（3）初沉（发酵）池：设置于沉砂池后和工艺单元前，去除可沉悬浮固体，降低后续生物处理的运行负荷，提高污泥活性，并发挥一定的缓冲作用，有利于后续工艺单元的稳定运行。通过水解产酸发酵沉淀、生物絮凝沉淀、物理沉淀等运行模式的灵活切换实现对进水悬浮固体的有效去除和污水碳源的高效截留利用。

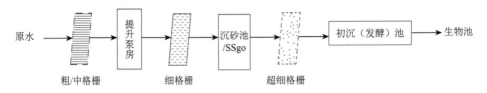

图35.1　城镇污水强化预处理工艺流程图

三、技术创新点及主要技术经济指标

在深化认识预处理单元功能的基础上，进一步强化城镇污水预处理工艺单元级设备，通过全拦截超细格栅、初沉发酵池、SSgo泥渣砂快速分离及跌水富氧控制等技术设备的有效耦合，实现了进水中惰性组分与泥砂渣的去除、碳源损耗的减少与碳源质量的改善。

（1）针对高排放标准带来的细小缠绕物及颗粒物高去除要求，创新研发出转鼓式、内进流式、平板式全拦截超细格栅（图35.2）。通过采用全拦截过滤模式、多孔径栅板级配（0.75 mm、1 mm、2 mm、2.5 mm、3 mm 等不同规格过滤断面）、固定过滤断面、密封结构改进、栅渣洗刷系统改良以及耦合栅渣输送压榨脱水功能等多项创新技术，成功解决了传统格栅普遍存在的格栅级配不合理、栅渣翻越、纤维状缠绕物穿透以及栅板变形渗漏等问题，实现了全进水拦截与全形态杂质拦截，拦污率比传统格栅提高 30% 以上，有效提升了城镇污水处理系统运行效率。

图35.2　转鼓式、内进流式、平板式超细格栅设备应用现场图

（2）基于我国城镇污水无机组分偏高、碳氮比偏低的水质特征，国际首创集进水悬浮固体高效去除和污水碳源高效保留利用功能于一体的新型初沉（发酵）池工艺系统（图35.3）。该系统沿用常规初沉池的结构形式，在初沉池刮泥系统或池壁上增设低速推进器，通过控制刮泥系统和推进器启停，实现了水解产酸发酵、生物絮凝、物理沉淀等运行模式的适时切换，从而促进了不同密度污泥的分层沉淀，强化了污泥絮体对悬浮固体的快速网捕沉淀以及附着有机物的水力剥离，大幅度降低了进入生物系统的无机固体含量，水力停留时间缩短到 1 h 以内，较常规初沉池节省占地 50% 以上，运行的常泥位为有效池深 80% 左右，固体停留时间提高到 5 d 左右，泥层内完成悬浮固体液化、复杂大分子水解和污泥产酸发酵，提高初沉发酵池出水优质碳源比例。后续生物系统可利用碳源提高了 20% 以上，混合液挥发性悬浮固体浓度和混合液悬浮固

体浓度比例由 0.3 ～ 0.4 升高到 0.5 ～ 0.6，活性污泥产率和所需生物池容积均降低 30%以上，节地节能降耗的综合效果显著。

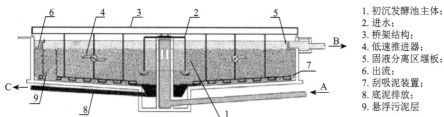

1. 初沉发酵池主体；
2. 进水；
3. 桥架结构；
4. 低速推进器；
5. 固液分离区堰板；
6. 出流；
7. 刮吸泥装置；
8. 底泥排放；
9. 悬浮污泥层

图35.3　初沉发酵池工艺系统主要构筑物及关键设备运行示意图

（3）在探索新的固液分离技术基础上，国际首创新的固液分离设备结构型式，创新研发高通量、高抗污、高稳定性的新型高分子过滤材料，开发了 SSgo 泥渣砂快速分离设备（图 35.4），实现了对污水中泥渣砂、毛发、固态油脂的高精度秒分离，强化了对泥渣砂的去除效果。与传统污水预处理技术相比，SSgo 的处理能力和效果不依赖于进水流态，100 μm 以上粒径的砂粒去除率可达 70% 以上，SS 去除率达 40% 以上，泥渣砂、毛发可去除 95% 以上，为提高污水处理厂活性污泥有机质含量、降低设备运维成本、提升运行能效提供了技术支撑。

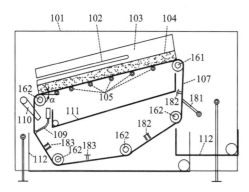

图35.4　SSgo泥渣砂快速分离设备原理与实景图

（4）首次发现污水预处理单元跌水富氧及带来的进水碳源损耗的科学问题，进一步提出了预处理单元跌水富氧机理，并在此基础上，提出了跌水面加盖控制富氧等预处理单元跌水富氧工程控制策略（图 35.5），跌水后 DO 浓度降低 50% 以上，为我国低碳氮比进水条件下高标准污水处理厂的碳源损耗控制与高效利用提供了新思路。

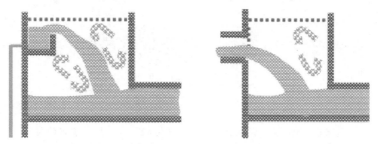

图35.5　基于跌水面加盖的跌水富氧控制策略原理示意图

四、实际应用案例

城镇污水强化预处理技术产品更适应我国污水水质特征，性能达到甚至超过国际水平，并在价格和服务上具有明显的竞争优势，已在全国300余座工程中得到推广应用。

（一）典型案例1：无锡芦村污水处理厂工程

初沉（发酵）池工艺系统率先应用于我国首座完全按一级A排放标准建设的无锡芦村污水处理厂一期（5万 m³/d）提标改造工程，于2010年10月完成改造并调试运行，主要改造内容包括：①在原初沉池池壁增设两台潜水搅拌器，搅拌器高度及转速可调，搅拌密度2 W/m³；②改造排泥管路，保障初沉污泥排泥通畅；③改造排渣管路，保障表面浮渣的快速排出。改造后运行结果显示，与传统初沉池相比，出水无机组分含量降低10%以上，有机组分含量较传统初沉池提升15%以上，碳氮比提高20%以上。该系统在提升无机组分去除效率的同时显著改善了出水水质，生物系统混合液挥发性悬浮固体浓度和混合液悬浮固体浓度比例由0.4升高到0.5，污泥活性得到明显提升，同步提升了生物系统的池容利用率和除磷脱氮效能。

此外，在预处理段沉砂池出口处示范应用了单层加盖复氧控制策略。为方便改造，隔断挡板选择防水防腐的软玻璃材质，通过增设隔断挡板，使曝气沉砂池出水井内部形成一个封闭空间，核算出水井的水力停留时间为3 min，通过跌水复氧控制改造，出水井内部污水DO由改造前的8 mg/L下降至改造后的4.3 mg/L，跌水复氧抑制效果明显（图35.6和图35.7）。

图35.6 无锡芦村污水处理厂初沉（发酵）池工艺系统实景图

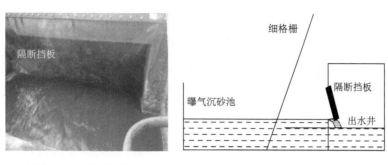

图35.7　无锡芦村污水处理厂曝气沉砂池出水井隔断挡板设置图

（二）典型案例2：定州中诚污水处理厂工程

SSgo 泥砂渣快速分离强化预处理技术在定州中诚污水处理厂进行了示范应用（图 35.8）。定州中诚污水处理厂位于定州市南城区尹庄村北，占地面积 62.4 亩，设计处理能力为 4 万 m³/d，主体处理工艺为 CAST+V 型滤池。技术应用后实现了污水中泥渣砂、毛发等的高效分离，100 μm 以上粒径的砂粒去除率达 70% 以上，SS 去除率40% 以上，可有效替代传统预处理的细格栅、沉砂池工艺单元，节省 50% 以上的占地，同时降低了生化单元污染物负荷，提高了滤池运行的稳定性。项目的示范应用有效推动了强化预处理集成技术和装备的产业化。

图35.8　SSgo强化预处理装备示范工程应用图

技 术 来 源

- 城镇污水处理厂提标技术集成与设备成套化应用（2013ZX07314002）
- 城市污水处理厂节能降耗稳定运行技术集成研究与示范（2013ZX07314001）

36 城镇污水悬浮填料强化硝化工艺系统

> **适用范围**：NH$_3$-N 不能稳定达标处理且新增池容困难或新建工程土地严重受限的城镇污水处理厂。
>
> **关 键 词**：悬浮填料；强化硝化；循环流动；微动力混合；拦截格网

一、基 本 原 理

　　针对城镇污水处理厂面临的冬季低水温条件下生物硝化不稳定、TN 难达标及新增生物池池容受限等问题，基于悬浮填料具有生物附着和功能微生物选择性富集的特性，通过向活性污泥系统的曝气区投加一定数量并保持充分流化的悬浮填料，构建形成悬浮填料强化硝化工艺系统，利用功能微生物特别是硝化菌在悬浮填料上的附着生长，促进系统内微生物特别是硝化菌的富集，使功能微生物同时以悬浮态活性污泥和附着态生物膜共存于同一系统中，提高原有活性污泥系统的有效生物量和生物活性，进而提高污染物的转移转化能力，特别是硝化能力；同时利用投加至曝气区的悬浮填料主要富集硝化菌而较少富集反硝化菌与聚磷菌的特性，促进硝化菌与反硝化菌以及硝化菌与聚磷菌赋存场所的相对分离，突破现有污水除磷脱氮系统对非曝气区与曝气区污泥质量分数的限制，并缓解硝化菌与聚磷菌的泥龄矛盾，提高整个系统的除磷脱氮能力及运行稳定性。

二、工 艺 流 程

　　工艺系统主要由处理构筑物、悬浮填料、曝气设备、水力推进设备、拦截装置及水下设备保护装置等 6 个要素构成（图 36.1），并进一步划分为填料选型与填充、曝气供氧、填料流化和填料拦截与过水保障等 4 个功能单元。

　　（1）填料选型与填充：根据进出水水质要求以及挂膜试验所确定的表面负荷或有效生物量等技术参数，确定合理填充率，投加选型好的悬浮填料至好氧区。

　　（2）曝气供氧：结合悬浮填料填充率的大小，采用适当数量的穿孔和微孔曝气装置曝气供氧，保障填料填充区生化反应的正常进行。

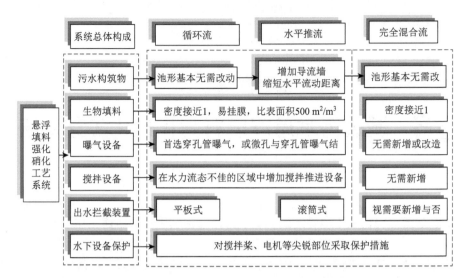

图36.1　悬浮填料强化硝化工艺系统的构建模式

（3）填料流化：通过在悬浮填料填充区增设配套水力推进设备形成循环流态或采用曝气不均匀布置及整体进出水流态布置的方式实现悬浮填料的充分流化，保障悬浮填料与污水、污泥的混合以及溶解氧的传递和转移。

（4）填料拦截与过水保障：在悬浮填料区出水区域合理设置拦截装置及自清洗系统，保障悬浮填料在填充区的均匀分布与出水区域的过水通畅。

三、技术创新点及主要技术经济指标

悬浮填料强化硝化工艺系统突破了传统工艺非曝气区占比50%的限制，生物池容缩小35%以上，实现了不新增池容，甚至不停产条件下的提标改造，节地节能降耗效果显著，有效解决了冬季低水温条件下生物硝化不稳定、TN难达标及新增生物池池容受限等技术难题。

（一）悬浮填料选型与投加

悬浮载体是悬浮填料强化硝化工艺系统污染物去除的关键部件，应选择生物附着性好、有效比表面积大、孔隙率高、比重接近于水、使用寿命长的悬浮填料，其有效比表面积不宜低于 $500 \ m^2/m^3$，投加量应根据进出水水质、氨氮去除目标和挂膜试验确定的表面负荷或有效生物量计算，填充率宜在 20% ～ 50%。当无试验数据时，填料区的氨氮容积负荷可按 0.1 ～ 0.3 $g/(m^3 \cdot d)$ 计算，填料区应设置于好氧区中后部，与好氧区末端保持 10 ～ 20 m 距离，同时不宜靠近好氧区前端。

（二）填料充分流化

为实现悬浮填料强化硝化工艺系统的良好传氧传质，通过对构筑物池型结构、水力流态、曝气系统及推进搅拌系统的综合集成，开发形成悬浮填料充分流化技术。该技术包含循环流动池型和微动力混合池型两种池型（图 36.2），均可保障悬浮填料的充分流化。其中，循环流动池型是通过在处理构筑物的转弯处设置导流墙及水下推进器（搅拌功率＞4 W/m³）等技术措施构建而成，同时需采取防护措施避免悬浮填料对推进器叶轮、电缆等的影响；微动力混合池型不再使用推流器，而是通过曝气的不均匀布置及整体进出水流态的布置，实现池内悬浮填料的均匀流化。二者相比，后者更节省推流器的投资成本及运行电耗。一般来说，对于新建工艺，宜以微动力混合池型为主；对于改建工艺，则需要根据具体池型合理布置，通过对曝气系统、推流搅拌系统、池体升级优化与它们之间的相互配合，实现悬浮填料在池体内无水力死角的自然流化和不堆积。

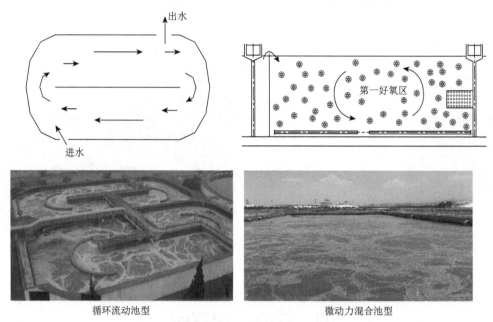

图36.2　悬浮填料强化硝化系统的常用池型

（三）填料拦截与过水保障技术

为防止悬浮填料自填充区流失，悬浮填料的投加区与非投加区之间应设置拦截格网（图 36.3），格网与水流方向应呈小于 30° 的倾角。对于城镇污水处理厂升级改造，拦截格网的选择，应保证所需的过水断面面积，通常根据过水孔洞的流速及现有池型结构而定。当采用侧向流出水方式时，可选择平板式拦截格网；当采用正向流出水方式（出水洞）或无法安装平板式拦截格网时，可选择滚筒式拦截格网；当采用平板式拦截格网出现出水断面面积不足时，可选择平板-滚筒组合式拦截格网。

为防止悬浮填料在拦截格网处的堆积堵塞、保证填料的充分流化和出水区过水断面的畅通，格网处和池壁处应设置穿孔管曝气冲刷系统（图 36.4）。采用外形具有一定边缘锐度和适量突起毛刺的悬浮填料，通过适当的曝气参数设计，在填料拦截区域内保持一定的曝气强度，避免悬浮填料流化运动过程中出现过度的排队上爬问题，并利用尖锐突起对堵塞格网的纤维杂质类堵塞物进行切割和水流冲洗，可有效防止格网孔隙的堵塞，实现格网自清洗功能，保障出水畅通。

平板式

滚筒式

平板-滚筒组合式

图36.3　常用悬浮填料隔离拦截装置型式

图36.4　悬浮填料排队冲刷自清洗系统

四、实际应用案例

悬浮填料强化硝化工艺系统在无锡芦村污水处理厂、青岛李村河污水处理厂等工程项目中推广应用，总规模近 1500 万 m³/d，相关产品销售额约 21.6 亿，产品国内市场占有率达 60%。

典型案例：青岛李村河污水处理厂改扩建及提标建设工程

青岛李村河污水处理厂提标建设工程于 2016 年完成工程建设并投产运行，处理规模由 17 万 m³/d 提升至 25 万 m³/d，出水执行一级 A 标准，采用悬浮填料强化硝化工艺系统等水专项研发关键技术，进行了厂区平面布局优化、挖潜技术改造（图 36.5），特别是基于悬浮填料强化硝化工艺系统的改良 A²/O-IFAS（MBBR）工艺的应用，充分利用了原有生物池系统，进行池容的划分，通过投加悬浮填料强化硝化、增设后缺氧区强化反硝化脱氮等技术措施，实现了在不新增建设用地条件下的扩容和高浓度进水条件下出水水质的高标准稳定达标处理。

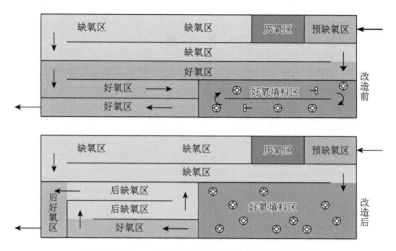

图36.5 李村河污水处理厂生物池改造示意图

在工程建设过程中,对好氧池容不足部分,通过投加有效比表面积 800 m^2/m^3 的悬浮填料,实现原池 20% 以上的扩容或提标;悬浮填料投加区域采用好氧微动力混合池型,省去了传统循环流动池型推流器的使用,在实现池内悬浮载体均匀流化前提下,降低了推流器投资和运行费用。

青岛李村河污水处理厂(图 36.6)出水 COD ≤ 30 mg/L、BOD_5 ≤ 6 mg/L、氨氮 ≤ 1.5 mg/L、TN ≤ 10 mg/L、TP ≤ 0.3 mg/L,稳定达到一级 A 标准,并且部分指标达到Ⅳ类水水平,TN 负荷达到 0.3 kg N/($m^3 \cdot d$) 以上,吨水占地小于 0.14 m^2/m^3,吨水电耗 0.2908 kW·h/($m^3 \cdot d$),削减 COD 电耗 0.9194 kW·h/kg COD,耗氧污染物削减电耗 1.6766 kW·h/kg,大幅度削减了排入周边水环境的污染负荷,有力支撑胶州湾水环境的改善以及青岛市水污染治理及节能减排目标的实现。

图36.6 运行中的青岛李村河污水处理厂悬浮填料强化硝化工艺系统

技 术 来 源

- 城市污水处理系统运行特性与工艺设计技术研究（2012ZX07313001）
- 城镇污水处理厂提标技术集成与设备成套化应用（2013ZX07314002）
- 城镇污水处理厂高效填料和载体产业化（2012ZX07318001）

37　城镇污水 MBR 强化脱氮除磷工艺系统

适用范围：适用于指导我国 MBR 城镇污水处理工艺设计和运行管理。
关　键　词：MBR；强化脱氮除磷；优化运行；节能降耗；膜污染清洗

一、基 本 原 理

针对我国城镇污水碳氮比偏低、传统生物处理工艺出水氮磷难以同时达标的共性技术难题，利用膜分离技术保障硝化细菌截留的硝化效果，将膜生物反应器（MBR）工艺用于城镇污水处理工艺系统，并在传统生物脱氮除磷工艺基础上增设后缺氧池，形成 A/A/O/A 耦合 MBR（3A-MBR）工艺。通过后缺氧池中生物污泥内碳源的释放和利用，缓解了碳源不足问题，提高脱氮除磷效率；开发 MBR 膜池 – 生化池联动优化曝气系统，通过由水质监测 – 过程模拟 – 自动控制构成的一整套节能降耗稳定运行技术的应用，实现在保障出水水质稳定的前提下 MBR 工艺运行能耗降低，以增加其工程应用竞争力；同时，采用"先酸洗后碱洗"的膜污染清洗优化模式及在碱洗药液中加入络合剂、表面活性剂等清洗效果好、成本低的清洗助剂的膜污染清洗技术与对策，进一步提升膜污染清洗效果和膜系统运行稳定性。

二、工 艺 流 程

城镇污水 MBR 强化脱氮除磷工艺流程如图 37.1 所示。

图37.1　MBR强化脱氮除磷工艺流程图

（一）MBR强化脱氮除磷工艺系统构建

强化内源反硝化 A/A/O/A-MBR 工艺系统由厌氧池、前缺氧池、好氧池、后缺氧池和膜池组成。污水首先进入厌氧池，在该池进行厌氧释磷；之后进入前缺氧池，进行反硝化脱氮，同时部分反硝化聚磷菌利用胞内聚羟基脂肪酸酯进行反硝化除磷；随后进入好氧池，硝化菌去除进水中的氨氮，聚磷菌通过吸磷去除溶解性磷；接下来进入后缺氧池，利用高污泥浓度促进内源反硝化，实现 TN 深度去除；最后进入膜池，通过膜分离进一步保障出水水质。

（二）MBR工艺节能降耗与优化运行

首先，通过高低交替曝气自控软件和基于氨氮 - 溶解氧二阶串级反馈的曝气控制新方法，分别实现膜池、赫尔生物池曝气的优化控制；之后通过 MBR 膜池 - 生化池联动优化曝气系统，实现水质监测 - 过程模拟 - 自动控制的节能降耗稳定运行技术。

（三）膜污染清洗

首先使用浓度为 10 ～ 20 g/L 的柠檬酸或草酸进行 12 ～ 24 h 的浸泡酸洗，然后使用浓度为 3 ～ 5 mg/L 的次氯酸钠进行 12 ～ 24 h 的浸泡碱洗。

三、技术创新点及主要技术经济指标

创新研发 MBR 强化脱氮除磷工艺系统及优化运行技术，实现 MBR 膜组器整体性能优化，形成 MBR 系统优化运行与节能降耗策略，节能降耗达世界先进水平。

（一）开发形成强化内源反硝化的A/A/O/A耦合MBR（3A-MBR）工艺

解决了低碳氮比城镇污水传统生物处理工艺出水氮和磷难以同时达标的共性技术难题，在不投加外部碳源的条件下，出水稳定达到一级 A 排放标准。该工艺包括厌氧池、前缺氧池、好氧池、后缺氧池和膜池等 5 个部分，通过后缺氧池设置使脱氮效果提升 24.6%，同时利用后缺氧池污泥胞外多聚物的分解降低混合液膜污染风险，有利于减轻膜污染（图 37.2）。

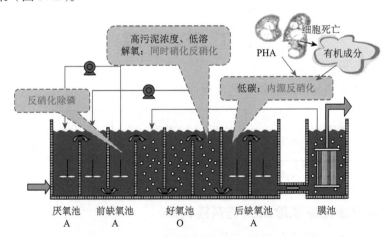

图37.2　3A-MBR强化脱氮除磷工艺原理示意图

主要技术参数为：

（1）总 HRT：16～20 h，厌氧∶前缺氧∶好氧∶后缺氧∶膜 = 1∶2∶3∶2.6∶0.9（按实际工程膜组器尺寸计算，可适当减少膜池容积比例，减少的部分加至好氧和后缺氧池）；

（2）污泥龄：30～40 d；

（3）膜池污泥浓度：8～12 g/L；

（4）回流比：膜池至好氧池 300%，好氧池至前缺氧池 200%，后缺氧池至厌氧池 100%。

（二）开发形成MBR工艺节能降耗与优化运行技术

主要包括膜池曝气优化运行技术和生化池曝气优化运行技术（图 37.3）。针对膜池曝气的优化控制，开发出高低交替曝气自控软件，并优化了高低交替曝气模式，实现了高曝气可以对膜表面形成高强度冲刷，低曝气则主要是维持污泥混合；针对生化池曝气的优化控制，基于 MBR 脱氮除磷工艺的特点，校正了适合 MBR 生化工艺特征的动力学参数，根据 IWA 活性污泥动力学模型和 BioWIN 软件建立了生物工艺概化模拟，进而建立了基于氨氮 – 溶解氧二阶串级反馈的曝气控制新方法，提高了控制灵敏度。通过采用集成膜池曝气控制和生化池曝气控制技术，首次开发出 MBR 膜池 – 生化池联动优化曝气系统，开发出由水质监测 – 过程模拟 – 自动控制构成的一整套节能降耗稳定运行技术，在保障出水水质稳定的前提下，有效降低了运行能耗。

技术参数为：

（1）高曝气时间 / 低曝气时间：1/5；

（2）高曝气量 / 低曝气量：2/1。

（三）优化了膜污染清洗模式

发现了"先酸后碱"的清洗效果优于目前 MBR 工程中普遍采用的"先酸后碱"的清洗效果；采用草酸代替常用的柠檬酸可以提升清洗效果；筛选了清洗效果好、成本低的清洗助剂，在碱洗药剂中加入少量助剂，形成复合清洗药剂，进一步提高了膜污染清洗效果，提升了膜系统运行稳定性。

（1）清洗模式：先酸洗后碱洗，碱洗药剂为次氯酸钠，浓度为 3～5 mg/L，浸泡清洗时间 12～24 h；酸洗药剂为柠檬酸或草酸，浓度为 10～20 g/L，浸泡清洗时间 12～24 h；在膜表面无机污染物比较多的情况下，草酸清洗效果优于柠檬酸；

（2）清洗助剂：络合剂、表面活性剂等，加入浓度 100～150 mg/L，适合膜表面无机污染物比较多的情况。

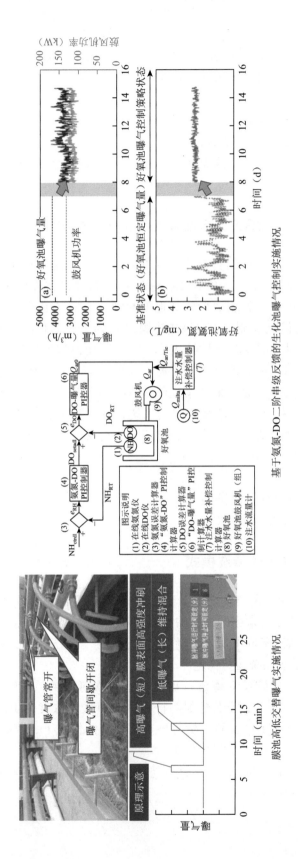

图37.3　MBR工艺节能降耗与优化运行技术实施情况

四、实际应用案例

研究成果先后在无锡硕放污水处理厂、无锡梅村污水处理厂Ⅲ期工程示范应用，并在南京城东污水厂三期工程、昆明第十污水处理厂、昆明第九污水处理厂、南京仙林新区污水处理厂等工程中得到推广应用，总规模达1200万 m³/d。

（一）典型案例1：无锡硕放污水处理厂示范工程

研发的强化内源反硝化 A/A/O/A-MBR 工艺于 2009 年 11 月成功应用在无锡硕放污水处理厂，建成首座示范工程（2 万 m³/d，图 37.4）。示范工程在进水水质波动大的不利条件下表现出良好而稳定的污水处理能力。根据长期连续监测数据，98% 出水 COD 浓度低于 40 mg/L，95% 出水 TN 浓度低于 10 mg/L，98% 出水 NH₃-N 浓度低于 3 mg/L，90% 出水 TP 浓度低于 0.3 mg/L。

图37.4　无锡硕放污水处理厂示范工程照片

（二）典型案例2：无锡梅村污水处理厂Ⅲ期工程

研发的 MBR 膜池-生化池联动优化曝气技术于 2015 年 5 月应用于无锡梅村污水处理厂Ⅲ期工程，建成首座示范工程（5 万 m³/d，图 37.5）。通过集成应用优化的膜池高低曝气技术、基于氨氮-溶解氧二阶串级反馈的生化池曝气控制技术，该厂出水在稳定达到一级A排放标准的基础上，与技术实施前相比，运行能耗平均降低20%。

图37.5　无锡梅村污水处理厂示范工程

技 术 来 源

- 污水处理系统区域优化运行及城市面源削减技术研究与示范（2011ZX07301002）
- 快速城市化新区水环境综合保护技术研究与示范（2008ZX07313004）

38　城镇污水深度净化处理工艺系统

适用范围：城镇污水深度处理工艺系统构建。
关 键 词：深度净化；膜过滤；紫外消毒；臭氧

一、基 本 原 理

针对城市污水深度处理与再生利用需求，构建形成由混凝－分离、深床（反硝化）过滤、高级氧化、膜分离、消毒等工艺单元组成的深度净化处理工艺系统，通过各功能单元的不同组合实现对不同污染物的强化去除，保障出水高标准稳定达标，并通过膜组器、臭氧发生器等配套技术设备（装备）的研发、成套化与产业化应用，满足深度净化处理工艺系统的配套设备性能与工程化需求，有力支撑我国从深度处理设备应用大国向制造大国转变。

二、工 艺 流 程

城镇污水深度净化处理工艺流程（图 38.1）如下：

（1）混凝－分离：污水处理厂二级出水经过混凝－分离处理，进一步去除 SS、TP、有机物与色度，为后续过滤工艺的处理效果和稳定运行提供保障。

（2）过滤：混凝－分离处理单元出水进入过滤单元，以进一步去除 SS。

（3）有机物与新兴微量污染物强化去除：通过臭氧氧化、活性焦/活性炭吸附等处理过程，进一步提高对有机物和新型微量污染物的去除，以提升城镇污水处理厂的生态安全性。

（4）膜分离：可进一步去除 SS（或化学除磷）。当用地紧张、出水水质要求较高或出水再生利用且经济条件允许时，可设置微滤膜过滤器。

（5）消毒：通过物理或化学方法杀灭处理水中的病原微生物，以切断其传播途径，防止对人类及畜禽的健康产生危害或对生态环境造成污染。

图38.1　城镇污水深度净化处理工艺流程图（示例）

三、技术创新点及主要技术经济指标

（1）在城镇污水二级处理基础上，以一级 A 及以上标准稳定达标排放与安全利用为目标，构建由混凝－分离、深床（反硝化）过滤、有机物与新兴微量污染物强化去除、膜分离、消毒等主要工艺单元组成的深度净化处理工艺系统，并通过各工艺单元的不同组合实现对不同污染物的深度净化目标（表 38.1），保障出水高标准稳定达标，并进一步提升城镇污水处理厂出水的生态安全性。

表38.1　深度净化处理工艺单元典型组合模式

序号	工艺单元组合模式	主要去除目标	适用标准
1	滤布滤池	SS、TP	一级 A
2	高效沉淀池＋V 型滤池	SS、TP	一级 A
3	高效沉淀池＋反硝化滤池＋O₃氧化	SS、TP、TN、COD、色度	优于一级 A
4	磁混凝沉池＋反硝化滤池＋O₃氧化	SS、TP、TN、COD、色度	优于一级 A
5	反硝化滤池＋气浮	SS、TP、TN	优于一级 A
6	气浮＋活性焦吸附＋V 型滤池	SS、TP、COD、色度	优于一级 A
7	磁混凝沉淀＋砂滤＋O₃氧化	SS、TP、COD、色度	优于一级 A
8	高效沉淀池＋砂滤＋O₃催化氧化	SS、TP、TN、COD、色度	优于一级 A

（2）通过抗污染、低能耗、高性能膜材料开发与规模化制造、膜组件和膜单元系列化设计与装配以及优化运行系统自控设备的研发，建立以膜过滤为核心的深度处理设备成套化及产业化应用体系，并以主流商品化膜材料 PVDF 为基材，围绕污水资源化膜应用核心技术，采用压力式连续膜过滤（CMF）、浸没式连续膜过滤（SMF）方式，采用一体装备化及组装技术，开发形成满足不同处理规模工程项目应用需求（500 m³/d、1000 m³/d、2000 m³/d、5000 m³/d、10000 m³/d）的集成化、模块化成套装备（图 38.2），建立污水资源化的规模化示范工程并进行技术推广，实现我国从膜应用大国向膜制造大国转变。

（3）针对紫外线消毒系统在污水处理工程应用过程中因设备灯管老化、套管清洗系统效率低、套管结垢清洗恢复效果不佳、可调大功率电子镇流器运行不稳定等所造成的紫外灯使用寿命低和消毒效率衰减问题，通过对紫外消毒系统性能和质量提升的研究，研发了采用机械加化学套管清洗系统、稳定可调大功率电子镇流器结构、新型紫外灯管立式排布并具有自清洗功能结构和优化水力学流态的、适合城镇污水处理厂使用的新型高效紫外消毒系统（图 38.3），并具备批量化生产能力。

图38.2　膜深度处理成套设备现场实景

图38.3　新型高效紫外消毒系统工程现场图

（4）创新研制性能先进的臭氧发生器（图 38.4），通过优化臭氧发生器介质材料配方与加工工艺并提高专用电源的负载匹配性，对现有臭氧发生器性能和质量进行了提升，有效解决了现有城镇污水处理所用臭氧发生器臭氧产率低、浓度不稳定、设备电耗高、可靠性低等问题。主要技术参数为：臭氧浓度 152.0 mg/L、臭氧电耗 7.48 kW·h/kg，臭氧浓度 182.3 mg/L、臭氧电耗 9.96 kW·h/kg。产品性能达到国际先进水平。通过消毒工艺及配套设备的系统控制设计，实现臭氧消毒系统运行全过程的自动化控制；系统工艺设备具有故障自诊断和报警自恢复功能，运行状态可不断进行动态优化，有效降低能耗和气耗，提高设备运行稳定性。

图38.4   臭氧发生器设备

四、实际应用案例

典型案例：北京排水集团清河再生水工程

北京排水集团清河污水处理厂位于北京市海淀区东升乡，在清河北岸、清河镇以东，距八达岭高速路约 1.7 km，距清河北岸约 1.4 km。再生水工程位于污水处理厂的东边，工程规模：14 万 m^3/d。水源：清河污水处理厂二级出水。再生水工程的工艺主要采用了"超滤膜＋臭氧"再生水集成技术，出水主要指标达到《地表水环境质量标准》Ⅳ类水体水质要求。

北京排水集团清河再生水厂 14 万 m^3/d 再生水工程自 2013 年 8 月试运行 1 个月后交由再生水厂自行运转，至今正常稳定运行，年产再生水 5040 万 t 用于河道补充水。北京排水集团清河再生水厂现场运行图如图 38.5 所示。

图38.5   北京排水集团清河再生水厂现场运行图

技 术 来 源

- 天津城市污水超高标准处理与再生利用技术研究与示范（2017ZX07106005）
- 北京城市再生水水质提高关键技术研究与集成示范（2008ZX07314008）
- 城镇污水处理厂提标技术集成与设备成套化应用（2013ZX07314002）
- PVDF膜组件及成套装备产业化（2011ZX07317001）

39　城镇污水处理全过程诊断与优化运行关键技术

适用范围：城镇污水处理厂提标建设与运行管理。
关 键 词：污水处理；全过程诊断；优化运行

一、基 本 原 理

　　针对我国城镇污水处理厂高标准提标建设与运行管理面临的现状问题识别、达标难点和主要影响因素解析、处理效能提升及精细化运行等问题，基于一级 A 及以上标准稳定达标处理需求，在对影响污水处理厂效能提升、碳源高效利用、出水稳定达标等共性关键问题梳理基础上，依托基于工程实时测试和达标难点快速解析的系统精准诊断技术方法，科学构建可有效提升精细化运行水平、工艺单元融合度及碳源利用效率的全流程功能单元监控指标体系和问题诊断方案，明确不同工艺单元的工艺控制和设备评估要点，提出生物处理单元各功能区的核心控制指标及建议值，结合工艺运行效能测试，按照"看－测－调－改"的诊断模式进行城镇污水处理全过程诊断与优化运行，解决工艺单元交互影响下污水处理功能区控制指标科学选取与精细化管控的技术难题。

二、工 艺 流 程

　　城镇污水处理全过程诊断与优化运行技术工艺流程（图 39.1）如下：
　　（1）确定处理单元重点关注的功能性控制指标及建议值，建立快速检测方法；
　　（2）建立基于不同工艺技术单元的"看－测－调－改"的运行问题诊断模式，形成可提升精细化运行水平和工艺单元融合度、提高碳源利用率的功能区监控指标体系及问题诊断和效能评估方案；
　　（3）采用快速检测方法对处理单元功能区监控指标体系中重点关注功能性指标进行检测，按照问题诊断和效能评估方案对处理工艺全流程进行诊断和评估，确定需要优化调整的工艺参数并对照建议值进行调整，实现对城镇污水处理全过程诊断与优化运行。

图39.1　城镇污水处理全过程诊断与运行优化关键技术工艺流程图

三、技术创新点及主要技术经济指标

创立基于工程实时测试和达标难点快速解析的系统精准诊断技术方法，创新提出全过程诊断与运行优化技术，满足我国城镇污水处理厂一级 A 及以上标准稳定达标处理精细化运行管理的现实需求，并有力支撑化学药剂消耗量的降低和除磷脱氮效能的增强。

（1）提出影响污水处理效能提升、工艺运行和出水稳定达标的设备配套问题清单，包括：回转式格栅的栅渣返混、部分内进流超细格栅出现的连接件磨损断裂、转鼓式超细格栅出现的渠内裂缝和主轴断裂等影响后续单元稳定运行，悬浮填料堆积影响流化、缠绕物堵塞拦截网影响过水通量、常规水泵用于填料清捞容易导致填料变形，推进器配置不合理导致泥水分离与死区，MBR 根部磨损断裂和积泥等，从而为设备研制与改进提供了基础支撑。

（2）解析城镇污水处理厂优质碳源无效损耗和生物除磷功能失常问题。发现了大部分污水处理厂预处理单元进水泵出水堰、沉砂池出水渠、初沉池出水槽等跌水区域存在明显的复氧现象，跌水前后有 2 ~ 3 mg/L 甚至更高的溶解氧增量，并在后续的管网、管渠或构筑物内消耗相应当量的优质碳源，导致进水优质碳源无效损耗；内回流混合液和回流污泥溶解氧和氧化还原电位偏高，造成缺氧池和厌氧池内优质碳源无效损耗，甚至导致厌氧池不"厌氧"，缺氧池不"缺氧"，生物系统功能失效；发现了大部分化学协同除磷污水处理厂厌氧池不再出现生物释磷现象，向剩余污泥中投加大量优质碳源进行磷回收也难以达到预期的释磷量，导致厌氧池的"生物释磷"功能失效。

（3）科学总结生物处理各单元功能区应重点关注的功能性指标。通过大量工程性测试结果，系统整合脱氮除磷基础理论和国内外最新研究成果，提出了生物处理单元各功能区重点关注的功能性指标（图 39.2），明确了控制指标建议值，建立了快速检测方法，为污水处理厂运行问题诊断和性能优化提供了科学方法。

基于污泥对有机物的快速吸附规律的认识，提出不宜将 COD 作为过程监控指标，而应将溶解氧作为内回流混合液主要监控指标、氧化还原电位作为缺氧区主要监控指标，以更好表征和强化缺氧池的反硝化脱氮功效的功能性监测指标组合；化学协同除磷污水处理厂应重点关注厌氧池的磷酸盐磷变化特征，并通过模拟实验法或物料平衡法确定厌氧池是否存在释磷现象，并据此对工艺运行模式进行调整；加强对缺氧池硝

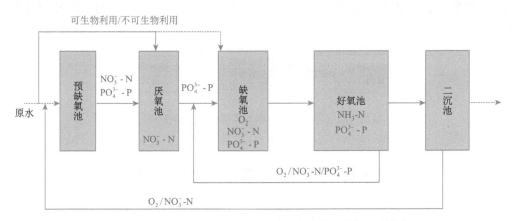

图39.2　城镇污水处理厂生物处理单元各功能区关键监测指标

酸盐氮和磷酸盐磷浓度监测分析的，有条件时应通过模拟实验法或物料平衡法确定缺氧池是否存在反硝化除磷现象，如有应采取必要的强化措施。

（4）系统构建了基于核心监控指标体系构建和功能区性能优化的污水处理全流程运行问题诊断与效能评估技术方法，提出了不同工艺技术单元"看－测－调－改"的诊断模式（图39.3），提出了不同工艺单元的工艺控制和设备配套的技术路线图（图39.4），科学构建了可提升精细化运行水平和工艺单元融合度，提高碳源利用率的功能区监控指标体系和问题诊断方案，解决了工艺单元交互影响下污水处理功能区监控指标科学选取的技术难题。

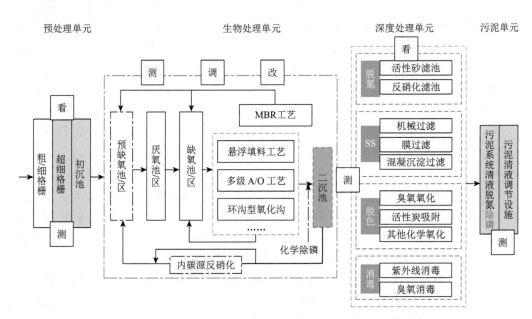

图39.3　城镇污水处理全过程诊断模式

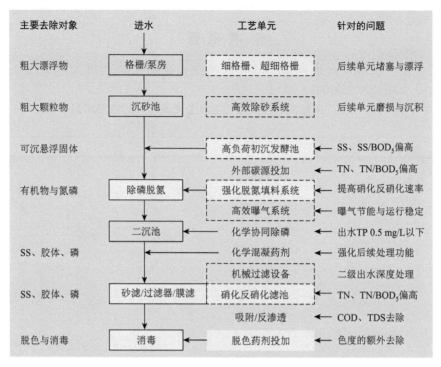

图39.4　污水处理工艺全过程诊断及优化运行技术路线图

四、实际应用案例

成果已收录于《江苏省太湖地区城镇污水处理厂提标技术指引（2018 试行版）》（DB 32/1072—2018）等地方政府发布的政策指南中并经多家设计院采纳，成功应用于 300 多座工程，强力支撑了城镇污水处理厂的稳定达标与整体效能提升。

典型案例：无锡芦村污水处理厂工程

以太湖流域首批提标建设的无锡芦村污水处理厂为研究对象，经过应用验证和更新完善，形成一套适合我国城镇污水处理工艺全过程诊断与运行优化技术。通过在无锡芦村污水处理厂的示范应用，有效识别出污水 SS 和 BOD_5 比例偏高影响污泥活性和反硝化能力、BOD_5 和 TN 比例偏低影响脱氮能力、冬季低水温影响硝化反硝化、回流污泥硝酸盐影响生物除磷、水质水量波动影响运行稳定性、TN-TP-SS 等主要污染物指标不能稳定达标、工程用地普遍受限等现状问题，并通过小试、中试模拟试验研究，确定了包括新建初沉发酵池系统、回流污泥反硝化环沟型改良 A^2/O 除磷脱氮、悬浮填料强化硝化以及化学协同除磷功能强化单元，综合解决上述难题，建成我国首座完全按一级 A 排放标准建设的芦村污水处理厂（20 万 m^3/d）。

技 术 来 源

- 污水处理系统区域优化运行及城市面源削减技术研究与示范（2011ZX07301002）
- 城镇污水处理厂提标技术集成与设备成套化应用（2013ZX07314002）

40　城市污水新兴微量污染物全过程控制关键技术

适用范围：城市污水处理厂新兴微量污染物控制。
关 键 词：城市污水；新兴微量污染物；全过程控制；检测；迁移转化

一、基 本 原 理

　　建立高灵敏分析方法体系，对城市污水处理厂污水和污泥中多类新兴微量污染物的同步识别与精确定量；通过对我国不同地域的城市污水处理厂进行持续采样监测，明确我国城市污水处理厂中新兴微量污染物的时空分布特征；基于污水处理厂全过程解析，揭示污水处理过程中新兴微量污染物的迁移转化与归趋规律，提出污水处理厂新兴微量污染物的有效去除途径。

二、工 艺 流 程

　　城市污水新兴微量污染物全过程控制关键技术工艺流程（图40.1）如下：
　　（1）建立污水、污泥中物质筛查和130种新兴微量污染物的高灵敏检测方法体系；
　　（2）对我国不同地域的城市污水处理厂进行大规模采样分析，明确污水厂进出水及剩余污泥中各类新兴微量污染物的时空分布特征，揭示我国污水处理厂中新兴微量污染物的浓度水平与关键影响因素；
　　（3）对全流程污水、污泥中的目标污染物母体及其他存在形态进行跟踪监测，通过质量平衡计算等方法，解析新兴微量污染物的迁移转化及归趋规律；
　　（4）评估污水处理厂现行生物处理工艺和三级处理工艺对目标污染物的去除效果；
　　（5）结合现场采样与工艺中试试验，探寻出水深度处理技术和污泥处理技术在提升微量污染物去除方面的潜力，提出城市污水处理厂新兴微量污染物的有效去除途径。

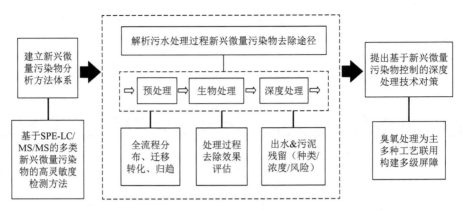

图40.1 城市污水新兴微量污染物全过程控制关键技术工艺流程图

三、技术创新点及主要技术经济指标

（一）技术创新点

通过对生物处理、深度处理等工艺过程中新兴微量污染物去除能力与潜力的全过程解析与评估，创新提出臭氧氧化技术作为污水深度处理新兴微量污染物强化去除主要候选技术的技术对策，有效提升城镇污水处理厂出水的生态安全性。

（二）主要技术经济指标

本技术所建立的分析方法体系与国内外报道的同类物质的检测方法相比，具有灵敏度高、同步检测目标物种类多等优势。其中，基于SPE-LC/MS/MS的多类新兴微量污染物的高灵敏度检测方法，可同步检测30种药物与个人护理品（PPCPs）、12种内分泌干扰物（EDCs）、17种全氟化合物（PFOs）和71种精神类药物，其在污水和污泥中的检测限低至0.02 ng/L和0.03 μg/kg。

揭示了我国城市污水处理厂中新兴微量污染物的时空分布特征，发现各类微量污染物均在城市污水和剩余污泥中普遍存在，其中酚类、氟喹诺酮类抗生素和全氟化合物等多类污染物的残留量较高；药物和雌激素类浓度呈现冷季高于暖季的差异，酚类和全氟化合物类分布与所接纳工业废水有关。

解决了目前国内外多数研究仅关注污水处理厂中的污染物母体所导致的浓度被低估、去除效率评价不准确等问题，对各类污染物的不同存在形态进行了全面解析，阐明了目标污染物在污水处理全过程中的迁移转化规律，发现磺胺类抗生素、卡马西平、雌激素和全氟化合物等污染物存在代谢形态、结合态和前体物向母体转化的现象，这也是造成污染物去除率波动的重要因素。

本技术基于大量调查和测试数据，揭示了城市污水处理厂中新兴微量污染物的去除途径，发现进入污水处理厂的微量污染物通过生物降解去除的比例不足70%，出水排放比例为4%～14%，其余部分特别是一些脂溶性较强的污染物大量残留于剩余污泥中。在国内首次系统评估了污水处理厂现行工艺对微量污染物的去除潜力，发现生物处理工艺对微量污染物的去除效果从高到低为：A/A/O-MBBR ＞ MBR ＞ A/A/O ＞ OD ＞ CAST；三级处理工艺中，UV 和混凝沉淀等工艺对微量污染物的平均去除率不足 50%，臭氧工艺对多类微量污染物的去除增效显著（平均去除率达到 70% ～ 80%），可作为污水深度处理的主要候选技术；臭氧技术对剩余污泥中多数微量污染物具有较强的氧化去除能力，可在污泥减量的同时有效去除微量污染物。

四、实际应用案例

典型案例：天津主城区5座污水处理厂的典型新兴微量污染物的分布、迁移转化及去除

运用本技术，连续 3 年对天津市主城区 5 座城市污水处理厂（津沽污水处理厂、北仓污水处理厂、张贵庄污水处理厂、咸阳路污水处理厂和东郊污水处理厂）中多类代表性新兴微量污染物（35 种药物及其代谢产物、12 种内分泌干扰物、34 种全氟化合物及其前体物）开展调查，在总结新兴微量污染物的分布、迁移转化及去除规律的基础上，提出《天津城区城市污水处理厂代表性新兴微量污染物重点关注清单》。该清单中包含 17 种全氟化合物及其前体物、9 种药物及 5 种内分泌干扰物，为推进天津市乃至我国城市污水处理厂新兴微量污染物的有效管控提供重要依据。

技　术　来　源

- 城市污水处理系统运行特性与工艺设计技术研究（2012ZX07313001）
- 天津城市污水超高标准处理与再生利用技术研究与示范（2017ZX07106005）

41 地下式污水处理厂实施关键技术

适用范围：地下式污水处理厂设计建设。
关 键 词：地下式污水处理厂；环境相融；平面组团优化；竖向功能强化；土地综合利用

一、基 本 原 理

针对现状地下污水厂在规划建设协调性、工艺设计可靠性以及运行维护安全性等方面均存在不足的问题，综合地埋式污水厂的空间布设与结构优化、技术路线与单元优化、运行安全与健康防护等研究方向，从场地与布局、建筑与结构、系统与设施、运行与管理、安全与消防和景观与环境等方面为地下式污水处理厂的设计建设、工程实施和运行管理提供指导，实现地下式污水处理厂占地空间少、环境影响低、邻避效应小及运行安全稳定的目标。

二、工 艺 流 程

地下式污水处理厂实施关键技术工艺流程如图 41.1 所示。

图41.1 地下式污水处理厂实施关键技术工艺流程图

（一）空间布设与结构优化

地下式污水处理厂是合理开发利用地下空间的一种应用模式，其空间布局应与污水处理、再生水利用、景观设计及城市开发等有机结合，各工艺处理单元的布置位置需综合考虑景观效果、运行管理难度和地下工作环境等因素。

（二）技术路线与单元优化

地下式污水处理厂多位于景观环境要求较高或周边环境敏感的区域，这决定了其对污水的高标准处理和再生回用需求，根据地下式污水厂用地受限、空间封闭等特点，采取高效、稳定的工艺技术路线和全流程功能单元强化措施对地下式污水厂的建设具有较强的实用意义。

（三）运行安全与健康防护

地下式污水处理厂应充分考虑可能面临的风险，建设应以"以人为本"为指导，采取合理有效的人员安全防护措施，并配备完善的送排风、臭气收集处理、照明和降噪等职业卫生及舒适性设施。根据不同处理单元的臭气要求，应采取多种工艺联合的方式；做到地下箱体内部与外界相对隔离，应执行密闭空间内作业时对气体进行连续监测的要求。同时地埋式污水处理厂的景观设计建议以水为核心，并充分贯彻文化策略、科技策略和生态策略的整体要求。

三、技术创新点及主要技术经济指标

地下式污水处理厂适用于环境敏感区、快速发展的城市用地稀缺区、城市公园绿地区或规划有其他市政及公共设施的区域。

（1）与地面建设的污水处理厂不同，地下式污水处理厂的空间布设综合考虑因素更复杂，包括景观效果、消防、交通、设备吊装、操作人员等要求及工程投资和运行费用等。本技术提出工艺单元、电控设备和交通设施等布置要点，其中工艺处理单元的布置位置应综合考虑景观效果、运行管理难度和地下式的工作环境要求；交通布置方面，应从运行安全、设备安装、检修等方面考虑设置单独的安装通道、参观通道、巡视通道和疏散通道，且地上部分通道与地下部分通道应整体考虑；总变电站宜设置在箱体室外地面上，便于设备安装、运行管理。

（2）针对地下污水处理厂高度集约型的特点，提出处理工艺选择和设计要点：工艺流程选择运行可靠、占地节省的处理单元，在相同工艺条件下比常规布置方式减小1/3左右，并应力求缩小处理单元之间的标高起伏，尽量避免在地下箱体中设置易燃易爆的处理单元；处理单元应集中分布于地下箱体内，在保证水流顺畅、水处理效果良好的原则下，紧凑布置，节约占地；地下式污水处理厂应尽量在各运行工段设置较大面积的、方便开启的盖板或其余灵活多样的密封板等，以便于观察各工艺段的运行情况并方便维修。

（3）针对地下式污水处理厂操作层或管廊层部分位于地下，运行安全要求大大高于传统地上污水处理厂的特点，提出从安全设计出发，防范可能出现的水淹、火灾、有毒有害气体聚集等方面的风险。

四、实际应用案例

（一）典型案例1：昆明第十二污水处理厂工程

昆明第十二污水处理厂（图41.2）位于昆明主城东南昆明经济技术开发区普照村，根据昆明市规划局、市规委办的要求，用地需要退让，导致总规模 10 万 m^3/d 的污水厂的主要生产构（建）筑物根本无法在完全退让线的狭长地形内布置。考虑到建筑物退让地是用于建生态绿地，因此可以利用地下空间，在无别的水质净化厂用地可供选择的情况下，采用地下式污水处理厂实施技术和基于上部空间释放的竖向强化技术。经实地测量，昆明第十二污水处理厂实际占地面积为 33474.18 m^3（50.21 亩），折合单位处理规模用地面积为 0.33 $m^2/(m^3 \cdot d)$，相对国家建设标准降低 65.3%。

图41.2 昆明第十二污水处理厂

（二）典型案例2：天津东郊污水处理厂迁建工程

天津东郊污水处理厂经过迁建和升级改造，已经成为亚洲在建最大半地下式污水处理厂，建成后污水日处理能力 60 万 m^3/d，再生水日处理能力 10 万 m^3/d，出水水质达到天津市《城镇污水处理厂污染物排放标准》（DB 12/599—2015）的 A 类标准。正在进行的迁建和改造工程，在吸收天津津沽污水处理厂设计和运行经验的基础上，采用了具有强化生物脱氮除磷效果的多级 AO 工艺+高效沉淀+深床滤池+臭氧氧化技术，并采取介于全地下单层加盖布置和全地下双层加盖两种建设模式之间的半地下式双层加盖的布置方式，具有景观效果良好，投资相对较小等特点。目前该工程已实现稳定运行（图 41.3）。

图41.3 天津东郊污水处理厂迁建工程

技 术 来 源

- 城镇生活综合污染控制技术集成与应用（2017ZX07401001）
- 节地型城镇污水处理工艺技术研究与工程示范（2013ZX07314003）

42　再生水景观环境利用关键技术

> **适用范围**：再生水景观环境利用工程的运维管理。
> **关 键 词**：再生水；景观环境利用；富营养化预警；安全评价

一、基 本 原 理

针对城乡人居环境改善和水生态环境质量提升需求，围绕再生水景观环境利用的水质指标、运营维护和安全性的目标要求，通过再生水景观环境利用的水质指标评价、富营养化预警、运行管理优化及安全评价等措施，有效保障再生水景观环境和生态补水利用过程的进行。

二、工 艺 流 程

再生水景观环境利用关键技术工艺流程如图 42.1 所示。

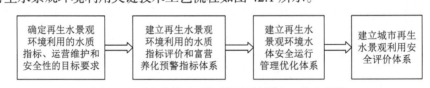

图42.1　再生水景观环境利用关键技术工艺流程图

（一）确定再生水景观环境利用的水质指标、运营维护和安全性的目标要求

综合考虑再生水为主要水源的景观环境基本功能，保障水体环境质量提升、再生水使用区域公众健康、水生生态安全，关注污染物在土壤中的迁移累积等问题，确定再生水景观环境利用的再生水水质指标值，并提出再生水作为景观环境用水的运营维护及安全性目标要求。

（二）建立再生水景观环境利用的水质指标评价和富营养化预警指标体系

在再生水景观利用水质指标间分析的基础上，寻找水体理化指标和藻类繁殖生长之间的关系，根据其密切程度、可操作性等原则选取预警指标，并结合考虑环境条件和水力条件等因素，建立再生水景观环境水体的预警指标体系。

（三）建立再生水景观环境水体安全运行管理优化体系

建立再生水景观水体安全运行管理优化体系，主要包括再生水补给景观水体的输配水调控优化管理体系、再生水景观水体水质保持优化管理体系、再生水景观环境水体水质恶化应急预案、再生水景观环境水体水质监测与反馈优化管理体系和再生水补给城市景观水体环境和人体健康影响评价数据积累优化管理体系等。

（四）建立城市再生水景观利用安全评价体系

建立由再生水水质指标体系、城市再生水景观水体水质监测与反馈体系和城市再生水景观水体突发安全问题应急预案等组成的城市再生水景观利用安全评价体系。

三、技术创新点及主要技术经济指标

（一）构建形成再生水景观环境水体预警指标体系

主要用于再生水补充景观环境水体的富营养化预测。该体系包括再生水指标和水体富营养化指标两大类，根据藻类暴发不同阶段各水质指标变化情况及相互关系，可在实际藻类预警应急监测中，对预警应急监测指标进行筛选，重点关注与藻类生物量指标相关关系较显著或阶段性峰值变化明显的指标（表42.1）。

表42.1 再生水景观水体预警指标体系

一类指标		一类指标	低预警	中预警	高预警	正常水体
一类指标	再生水指标	TP（mg/L）	0.2	0.5	1	
		TN（mg/L）	10	10～15	15～20	
		氨氮（mg/L）	0.4	2	5	
	水体表观指标	透明度（cm）	80	50	40	100
		浊度（NTU）	10	15	20	≤ 5
	水体水质指标	溶解氧（mg/L）	8	8.5	9.6	2～7
		pH	7.6	8	8.7	6.5～7.5
		水温（℃）	15～20	18～28	25～30	
	水体水力指标	流速（cm/min）	100	80	50	≥ 120
		风力	≤ 3.0 m/s	2～4 级		
二类指标	水体生境指标	叶绿素 a（mg/m³）	10	20	50	≤ 2
		藻类个数（×10⁶）	5	10	10～50	≤ 0.5
		指示种属	绿藻，硅藻，蓝藻	绿藻，蓝藻，硅藻	绿藻，蓝藻，裸藻，硅藻	硅藻，绿藻，金藻
	水体有机物指标	COD（mg/L）	< 10	10～15	15～30	30～80

（二）构建再生水景观环境利用安全运行管理优化体系

主要包括：

（1）足量供给能够满足再生水景观环境用户要求的再生水，保证再生水城市景观环境利用过程中对再生水换水周期或换水用量的要求；

（2）在再生水输送过程中，做好输送管线的防漏工作，保证从再生水生产系统输出的再生水能够尽可能多地补给到城市景观环境水体中去，提高再生水的利用效率；

（3）加强再生水对城市景观水体补给点和缓流水体的流速控制，确定合理的换水周期，以达到对城市景观水体流速的提高和控制，从而降低水体富营养化发生概率；

（4）在进行再生水城市景观水体水力控制的同时，加强植物除藻工作，防止因藻类过度生长繁殖造成的水体富营养化发生，并提高景观水体的可观赏性；

（5）编制超声除藻等物理化学除藻技术的应急预案，确保在藻类暴发时做到快速除藻；

（6）加强城市景观水体布点监测，实时掌握水质变化情况，及时预防藻类暴发和水质恶化情况；

（7）长期监测再生水补给城市景观水体对周围环境和接触人群健康状况的影响，积累再生水回用于景观水体的影响评价数据。

（三）在探明再生水景观环境利用影响基础上，构建形成城市再生水景观环境利用安全评价体系

再生水补给城市景观环境水体，未对城市景观环境水体感官造成直接不利影响，也并未造成底质中重金属的明显累积，引发慢性疾病及对公众健康造成不利影响的概率极小。再生水景观环境利用过程中目前基本不存在健康隐患，但要关注富含氮磷的再生水补给更易发生水体富营养化现象，使得城市景观水体浊度、色度以及透明度甚至嗅味等感官指标呈现恶化趋势，严重影响了水体景观功能的发挥，应采取技术措施增加再生水景观环境利用水体的流动性，提高城市景观环境水体水质和生态水平，并构建和完善再生水景观利用环境风险和安全性评价体系，并在该体系构架下严格监控和评价再生水和景观水体水质以及周围生态环境的变化。

四、实际应用案例

（一）典型案例1：再生水生态补水工程

达到一级 A 及以上标准的城镇污水处理厂出水作为高品质再生水，进行生态补水至城市河湖，已经成为北京、天津、合肥、昆明、深圳、青岛等许多城市再生水利用的重要组成部分。基于再生水景观环境利用的技术成果，各地形成了不同的生态补水模式和运行管理机制，加强了对城市河湖水体的再生水补给，增强了城市河道的生态

基流，改善了河道水质，一定程度上提升了城市的宜居程度。北京每年补给至凉水河、清河、永定河等城市河道的再生水量达 11 亿 m³，得益于这些再生水，北京的河湖恢复了生机，实现了水清岸绿，河道两岸景观区域也成为市民日常生活中不可或缺的休闲场所；天津市利用再生水向独流减河、永定新河等重点河道实施生态补水 4.14 亿 m³，进一步增加了河道水量，改善了河道水质；为增强河道生态基流，提高南淝河水体的自净能力，合肥市将主要水质指标达到准四类水标准的城市污水处理厂出水定期补给至南淝河，有效改善了河道水质。

（二）典型案例2：西安市城市水环境系统改善工程

恢复"八水绕长安"是西安市近年来城市水环境系统改善的一项重要工程。基于西安市缺水现状，将城镇污水处理厂一级 A 出水作为补水水源是实施这项工程的重要内容之一。2014 年开始对西安护城河、汉城湖、桃花潭、西安湖等多处采用一级 A 出水补水水体的水质状况进行调查，结果表明一级 A 出水受纳水体中 TN 和 TP 的均值分别为 12.3 mg/L 和 0.25 mg/L，一级 A 出水导致的受纳水体氮磷过剩是潜在的引起水体藻类等浮游植物过度增殖的主要因素。西安市水务局依据此研究成果在护城河、桃花潭、西安湖等水体采取了改善水力条件、调整补水频率、种植水生植物、提高补水水质要求等措施，水体水质得到了明显提升，水体生态状况得到了极大改善，水体景观娱乐功能得到了显著提升（图 42.2）。

图42.2　西安市水环境改善工程实景图

技 术 来 源

- 城市污水处理系统运行特性与工艺设计技术研究（2012ZX07313001）
- 中新生态城水系统构建及水质水量保障技术研究（2012ZX07308001）
- 合肥市南淝河水质提升与保障关键技术研究及工程示范（2011ZX07303002）

43 污泥脱水干化关键技术与装备

适用范围：市政污泥。

关 键 词：离心脱水；板框脱水；圆盘干化；桨叶干化

一、基 本 原 理

　　污泥脱水技术可以降低污泥的含水率，以达到污泥减容化的目的。常用的机械脱水方法主要有板框压滤、离心法。脱水效果因污泥性质和脱水设备效能的差异而不同，含水率可降低到 55% ～ 85%。卧式螺旋离心脱水机（简称卧螺离心机）是利用离心沉降原理分离悬浮液。固相颗粒当量直径 ≥ 3 μm，质量浓度比 ≤ 10% 或体积浓度比 ≤ 70% 以及液固密度差 ≥ 0.05 g/cm³ 的各种悬浮液均适合采用卧螺离心机进行液固分离或颗粒分级。卧螺离心机脱除的水分类型主要是自由水、间隙水和部分空间位阻型结合水，经卧螺离心机脱水后的泥饼含固率可达 30% 以上。板框压滤机工作过程是在密闭状态下经过高压泵注入的污泥经过板框式污泥脱水机中板框的挤压，操作压力通常为 0.3 ～ 1.6 MPa，特殊的可达 3 MPa 或更高，使污泥内的水通过滤布排出。由于板框压滤机工作压力较高，可以较好地去除污泥中空间位阻型结合水，使泥饼的含固率达到 40%。

　　污泥干化是为了进一步去除或减少污泥中的水分，根据污泥与加热介质的接触方式不同，污泥干化技术可以分为直接加热式、间接加热式、热辐射加热式以及几种干化技术的整合应用。直接加热式是指污泥与加热介质直接进行接触混合，使污泥中水分蒸发，污泥得以干燥，属于对流干化技术，直接加热方式又可分为转鼓式、传送带式、气动传输式、其他间歇式。间接加热式是指加热介质先把热量传递给第三介质——加热器壁，加热器壁再将热量传给湿污泥，使污泥中水分蒸发，污泥得以干燥，属于热传导干化技术。间接加热方式又可分为转盘式、桨叶式、薄层式、流化床式、涡轮薄层式。"直接间接"联合式即"对流传导"技术的结合，"两段式污泥干化工艺"是"直接间接"联合式的典型。干化可以脱除污泥中的化学吸附型结合水，使污泥中的含水率低于 30%。

二、工 艺 流 程

脱水、干化是实现污泥处理处置与资源化的预处理或中间过程的必要工艺段，在污泥处理处置各工艺路线均有涉及。工艺流程（图43.1）一般体现为，浓缩污泥（含水率96%～99%）、进一步浓缩或厌氧消化污泥（含水率95%～97%、90%～92%）经离心脱水或板框压滤处理后，再进入干化系统，干化到设定含水率以后依据污泥特性进行进一步处理或资源化利用。

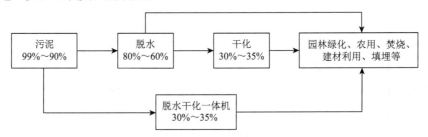

图43.1 污泥脱水干化关键技术工艺流程图

图内数据为污泥及过程产品含水率

三、技术创新点及主要技术经济指标

针对传统脱水、干化设备在污泥脱水处理过程中存在的诸如离心脱水泥饼含固率低、隔膜滤板承受压力不足及滤布易堵塞且难清洗、热交换效率低等问题，打通含水率80%污泥梯级深度脱水关键技术环节，优化提升了新型隔膜滤板、一体式可变滤室压滤机、污泥圆盘/桨叶干化等核心设备性能，提高了技术和经济指标，形成标准化、系列化、规模化生产能力；针对污泥脱水工艺复杂、能耗高、自动化程度低等问题，应用减压蒸发原理，集成化实现污泥的高效率压滤脱水与低能耗真空干化，研发具有自主知识产权的低温真空脱水干化设备等，可一步法降低剩余污泥含水率至40%以下。相关成果被推广应用至100余个项目，取得了较好的产业化效益，技术就绪度从4级提升至9级。

（一）含水率80%污泥梯级深度脱水

开发利用同步辐射X射线层析成像法和核磁共振横向弛豫时间T_2分布谱首次实现对污泥水分分型的原位观测与定量表征，发现间隙水与界面附着水的脱除是提高深度脱水效率的关键途径，建立了基于污泥水分分型的梯级脱水模型与方法，提出基于水分赋存形态的"厌氧调理–板框压滤–低温干化"高效低耗梯级脱水路线（图43.2），为深度减容装备的开发奠定技术基础。

（二）污泥脱水减量化装备性能提升以及优化

离心技术与装备：针对离心脱水泥饼含固率低的问题，开发了变螺距离心技术与装备，单机处理能力大于60 m³（污泥）/h，能耗低于1.25 kW·h/t（含固率0.5%～1%）。用

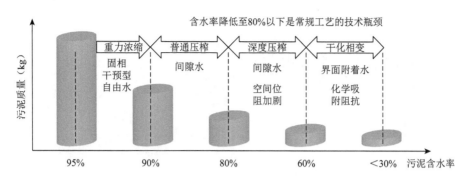

图43.2 污泥水分分型定量表征及梯级脱除方法

于离心浓缩时，含固率 0.5% ~ 1% 的污泥经离心机浓缩后含固率可达到 8% ~ 10%，污泥浓缩效率显著提高（图 43.3）。

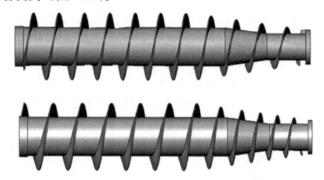

图43.3 等螺旋（上）和变螺旋（下）效果图

板框压滤技术与装备：针对脱水泥饼含固率低、隔膜滤板承受压力不足及滤布易堵塞且难清洗等问题，优化提升了新型隔膜滤板和一体式可变滤室压滤机装备性能（图 43.4 和图 43.5）。实现了装备能耗不大于 25 kW·h/t（污泥含水率 95% ~ 97%），机架寿命不小于 8 年，滤板寿命不小于 2 年。隔膜滤板的隔膜主体与隔膜膜片的材质采用新型聚丙烯高压材料，在结构上采用热黏合成整体式，隔膜滤板压榨压力可达到 4.0 MPa。板框压滤设备污泥进料浓度在 2% ~ 3%，脱水泥饼的含水率不大于 60%，吨污泥投加（按绝干量计算）聚丙烯酰胺不大于 3‰，聚合氯化铝不大于 3%，生石灰不大于 10%。

图43.4 研发的聚丙烯隔膜滤板及高性能滤布

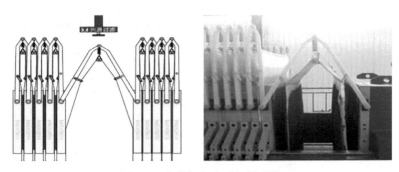

图43.5 曲张振打自动卸饼系统

（三）污泥干化装备优化及提升

脱水干化一体化技术与装备：针对污泥脱水工艺复杂、能耗高、自动化程度低等问题，基于气压降低水沸点下降，真空状态下水蒸发能耗少的原理，研发了双隔膜板框和真空加热系统，实现细污泥物料的固液分离，一次性地实现污泥含水率降低到40%以下，填补了国内低温真空脱水干化成套装备的空白。低温真空脱水干化一体化技术与装备（图43.6）进料污泥含水率在99%～90%，经脱水干化后污泥含水率不大于40%；系统机械动力能耗不大于80 kW·h/t，热耗不大于$3.2×10^5$ kcal[①]/t（污泥含水率80%）。

图43.6 低温真空脱水干化一体化技术与设备

干化技术与装备：针对原有圆盘式干化机传热盘内冷凝水排出困难，热交换效率低等问题，通过在盘片内增设导流板、增加中空轴内导流管的长度，与同类传统干化机相比传热面积增大50%以上、驱动功率减小20%，进而提升了经济技术指标；改进套管式热轴结构，蒸汽冷凝水依靠转动的热轴进入内套管中经旋转接头排出，解决了冷凝液的排出问题，避免了虹吸管排液结构的高故障率；开发了污泥干化系统的能量回收工艺，回收利用水汽和冷凝液带出的热量，提高了干化系统的热效率等。经圆盘/桨叶干化处理后含水率不大于40%，热干化设备（图43.7）能耗低于0.9 t蒸汽/t污泥（污泥含水率80%），设备使用寿命大于8年。

---

① 1 cal = 4.814 J

图43.7 污泥热干化单轴圆盘装备（左）、桨叶干化（右）

四、实际应用案例

推广应用工程超过100项，污泥总处理规模＞600万t/a，工程应用投资规模超10亿元，长期运行效果良好。设备效能与国外相同条件下，造价仅为75%，大大节省投资运行成本，为地方重大工程建设运营提供技术支撑。污泥板框脱水设备市场占有率超50%。

变螺距离心装备：变螺距离心装备（图43.8）应用于天山污水处理厂污泥浓缩改造工程，进泥含固率0.5%～1%，处理量1200t/d，浓缩后污泥含固率8%～10%。

图43.8 卧式螺旋离心主机

污泥脱水高压隔膜压滤机/一体式可变滤室压滤设备（图43.9）：在200余家污水处理厂推广应用，规模超过580万t/a（以含水率80%计），行业市场占有率＞50%，处于行业领先，产能全球第一。

图43.9 北京高碑店–污泥板框脱水车间（左）、主机（右）

SDK 系列超圆盘干化机（图 43.10）：推广应用于浙江八达金华热电有限公司年处理 6 万 t 污泥技改项目、苏州江远污泥干化焚烧综合利用项目等 10 余项工程，应用规模超 124 万 t/a（以含水率 80% 计）。

桨叶干化机：换热效率比国外产品提高 10% ～ 15%，在南京国能环保工程有限公司、浙江龙德环保热电有限公司、烟台润达垃圾处理运营有限公司（图 43.11）等实现成果转化和推广，工程总应用规模 2.2 亿元。

污泥低温真空脱水干化一体化设备：低温真空脱水干化一体化技术装备应用于广州、南京、武汉等大型城市 30 余个污泥处理重大标杆工程，设计规模超 84 万 t/a，近三年污泥减量核心装备的新增产值超 10 亿元。

图43.10 苏州江远污泥干化焚烧综合
利用项目–干化设备

图43.11 烟台润达污泥处理系统现场图

典型案例：上海泰和污水处理厂污泥脱水干化项目

上海泰和污水处理厂污泥脱水干化项目（图 43.12）建设规模为 480 t/d（以含水率 80% 计），项目采用了"污泥低温真空脱水干化一体化技术装备"的处理工艺对污泥进行脱水干化处理。污泥脱水干化平均出泥含水率为 34%，污泥处理总量为 504 t 干固体量，平均单批处理量 2.53 t 干固体量 / 批，系统运行安全、稳定、可靠，效果良好。脱水干化直接运行成本单价约 240 元 /t 污泥（以 80% 计）。

图43.12　污泥低温真空脱水干化主机及脱水车间

技 术 来 源

- 城市污水处理厂污泥处理处置技术装备产业化（2013ZX07315002）
- 城市污泥安全处理处置与资源化全链条技术能力提升与工程实证
  （2017ZX07403002）

44　污泥高级／协同厌氧消化关键技术与装备

> **适用范围**：污泥有机质挥发性固体量／总固体量＞45％的市政污泥。
> **关 键 词**：热水解预处理；城镇有机质协同；高含固厌氧消化；沼气

一、基 本 原 理

厌氧消化是利用兼性菌和厌氧菌进行厌氧生化反应，分解污泥中有机物质，实现污泥稳定化非常有效的一种污泥处理工艺。

为了实现高含固厌氧消化，可通过热水解预处理污泥，实现微生物细胞壁溶解，加速污泥水解过程，降低污泥黏滞度，改善污泥输送、搅拌、传质及脱水性能，减少后续脱水过程中的能量和药剂投入，去除病原菌，以提高污泥在厌氧过程中的降解率，提高甲烷产量。以处理单位污泥的投入能量计算，是非常经济有效的预处理方法，拥有大规模工程应用的技术优势。之后偶联高含固厌氧消化反应体系显著提高了整个厌氧消化系统的运行效益，节省了投资。

高含固情况下，污泥消化体系易受游离氨抑制，而餐厨有机质含盐量较高，单一物料运行时均易发生系统不稳定现象。污泥与餐厨联合协同厌氧消化有利于缓解游离氨抑制与盐抑制的状况，利用污泥产酸慢而形成的高pH和高游离氨环境改善餐厨有机质厌氧消化环境，并显著降低厌氧消化系统沼气中硫化氢的含量。污泥高含固消化系统中添加餐厨等有机质有助于充分利用污泥系统的缓冲性能和餐厨垃圾的易降解性能，提高系统的产气效率和运行稳定性。

二、工 艺 流 程

完整的协同／高级厌氧消化工艺流程包括：外来污泥／餐厨接收单元、污泥热水解单元、热交换单元、消化单元、脱水单元、干化单元、沼气锅炉单元、脱水滤液处理单元、除臭单元等。在仅污泥单一物料时，不需要餐厨预处理单元。根据后端处置要求决定是否需要干化单元。具体工艺流程见图44.1。

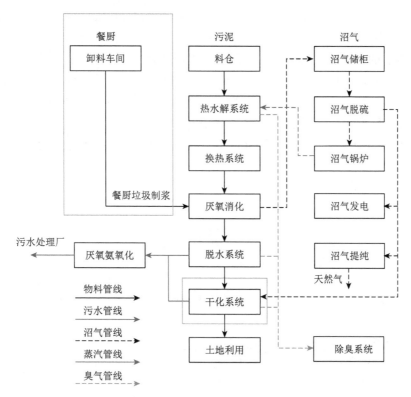

图44.1 污泥/餐厨有机质协同厌氧消化关键技术工艺流程图

餐厨有机质首先经过分选、破碎、浆化等预处理，污泥经过热水解等预处理，借助热水解的高温高压反应作用打破脱水与消化的屏障，通过高效的厌氧消化工艺进行能量回收，通过热电联产对沼气所含能量进行高效利用，通过高压板框压滤脱水实现污泥的大幅减量，利用负压汽提脱氨技术实现消化液氨氮的回收，进一步采取厌氧氨氧化技术削减氨氮的污染，通过消化产物的土地利用可实现养分充分资源化。

三、技术创新点及主要技术经济指标

针对我国低有机质污泥传统厌氧消化存在的生物转化难、消化效率低和运行效益差的瓶颈问题，突破了污泥水热活化预处理、高含固厌氧消化、污泥与餐厨等有机质协同厌氧消化等关键技术并得到了工程示范应用，并基于工程实证验证、完善并固化形成适合我国国情的工艺设计和运行评估方法，形成基于高级厌氧消化技术路线的工程范例和工艺包，并编制《城镇污水处理厂污泥厌氧消化工艺设计与运行管理指南》等文件。相关成果被推广应用于10余个项目设计、建设、运行中，取得了较好的产业化效益。技术就绪度从4级提升至9级。

（一）污泥高级厌氧消化技术及装备

首次阐明了污泥复杂系统"微细砂吸附–腐殖质交联–重金属络合"抗降解机制

（图44.2），发现破解污泥抗降解机制的关键因子，在充分研究污泥黏度变化规律的基础上，利用机械搅拌和余热升温相结合方式，使蒸汽温度能快速进入污泥，从而快速突破50℃左右的污泥黏度屏障，开发了污泥浆化降黏技术和装备，浆化处理后污泥直接进入热水解单元；利用前端污泥充分浆化的特点，研发的热水解反应罐采用蒸汽加热带流体搅拌，无机械搅拌装置；为了提高系统能量利用效率，研发无堵塞污泥专用套管换热器（图44.3）；污泥经浆化热水解预处理后进入后续高含固厌氧消化单元，进泥含固率可达到10%以上；结合具有自主知识产权的全套控制系统，提高了整个高级厌氧消化系统的调控效率和管理水平。

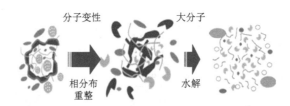

图44.2　污泥浆化降黏–水热活化预处理过程污泥絮体及大分子变化示意图

图44.3　热水解装备（左）和污泥套管换热器（右）

（二）污泥与有机质协同厌氧消化技术

明确在污泥与餐厨有机质添加 VS 比为 0.4 ∶ 1 ～ 2.4 ∶ 1 时，体系的游离氨与含盐量均进入安全水平，挥发性脂肪酸含量显著低于纯污泥与纯餐厨的高含固厌氧消化水平，pH 由高于 8.1 降低至 7.6 ～ 8，而游离氨水平也显著下降至 100 ～ 400 mg/L，系统运行稳定性显著提高；实现了协同厌氧消化体系运行含固率达到10%以上；利用污泥在高含固条件下产生的高 pH 环境和脱水污泥中富含铁、铝等金属化合物，可以大幅降低协同厌氧消化系统的沼气硫化氢含量，降低了沼气资源化利用成本；通过对不同污泥与餐厨有机质比例协同厌氧消化有机质降解与产气性能的系统研究，得到了不同混合比与停留时间条件下协同厌氧消化系统系列曲线，为构建协同厌氧消化系统设计平台提供了依据。

高级厌氧消化系统热水解单元进泥含固率为 15% 左右，厌氧消化单元进泥 8% ～

10%，在进泥有机质约 55% 的情况下，污泥有机物降解率可实现大于 50%，产气率达到 0.6 m³ 沼气/kg 挥发性固体量；污泥与餐厨等有机质协同高含固污泥厌氧消化技术有机物降解率大于 53%，最高可达到 70% 以上（与污泥和餐厨比例有关），产气率达到 0.52 m³ 沼气/kg 挥发性固体量（图 44.4）。

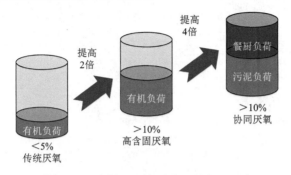

图44.4 不同类型厌氧消化系统负荷对比

四、实际应用案例

成果被成功应用于镇江、长沙、西安、佳木斯、牡丹江、东莞、泸州等 10 余个示范/推广应用工程，推广应用规模超过 2000 t/d，取得了较好的产业化效益。

（一）典型案例1：长沙市污水处理厂污泥集中处置工程

长沙市污水处理厂污泥集中处置工程建设规模为 500 t/d（含水率 80% 计），采用了"污泥热水解预处理 + 高含固厌氧消化 + 板框脱水 + 热干化 + 沼气干式脱硫"的组合处理工艺。该项目是我国在污泥高温热水解 + 高含固厌氧消化领域的首个规模化示范运行的项目。项目于 2015 年正式投产，运行结果表明，系统抗冲击能力强，运行效果良好。热水解反应罐温度控制在 165～170℃，厌氧消化池进料含固率 > 10%，气产率达到 0.88～1.04 m³/kg 挥发性固体量，且沼气中甲烷含量高（66.0%～68.1%），硫化氢浓度很低（114～282 ppm）。

示范工程成功实现了污泥的减量化、稳定化、无害化和资源化，为我国污泥处理提供了一种先进可靠的可持续发展的综合解决方案。示范工程形成的集成装备与工艺路线大大降低了投资和运行成本，提高了国产化装备水平，具有良好的经济、社会和环境效益。示范工程的示范性、可推广性和可复制性强，对我国污泥处理处置具有引领作用（图 44.5）。

（二）典型案例2：镇江市餐厨废弃物及生活污泥协同处理项目

镇江市餐厨废弃物及生活污泥协同处理项目，建设规模为餐厨废弃物 140 t/d（含废弃油脂 20 t/d），生活污泥 120 t/d，采用的工艺流程为"餐厨源头预处理 + 污泥热水解 + 高含固率厌氧消化 + 沼渣深度脱水干化利用 + 沼气净化提纯制天然气"，该项目是

图44.5 长沙市污水处理厂污泥集中处置工程全景图

国内首个采用城市污水处理厂污泥和餐厨有机质协同处理并已成功运行的项目。2016年6月投入运行，挥发性固体平均降解率可达53.5%～79%（与进料餐厨与污泥比例有关），沼气产率约0.51 m³/kg挥发性固体。产生的沼气除部分自用外，主要经净化提纯后进入市政燃气管网，每年可补充超过116万 m³ 的天然气，产生的沼渣经脱水干化后作为生物碳土用于园林绿化。

　　污泥高温热水解预处理后与餐厨等有机废弃物协同厌氧消化是实现污泥等有机质稳定化处理、能源回收、沼渣土利用的重要途径，符合未来"绿色、低碳、健康"的可续性发展方向，具有良好的应用前景（图44.6）。

图44.6 餐厨废弃物及生活污泥协同厌氧消化工程全景图

技 术 来 源

- 城市污泥及有机质的联合生物质能源回收与综合利用技术（2011ZX07303004）
- 城市污泥安全处理处置与资源化全链条技术能力提升与工程实证（2017ZX07403002）
- 城市污水高含固污泥高效厌氧消化装备开发与工程示范（2013ZX07315001）

45 污泥高效好氧发酵关键技术与装备

适用范围：适用有机质＞50％的生活污水处理厂污泥，重金属、持久性有机污染物等有毒有害物质含量超标时禁用，工业污泥禁用。

关 键 词：好氧发酵；发酵滚筒；辅料；腐熟

一、基 本 原 理

好氧发酵是利用污泥中的微生物进行发酵的过程。在污泥中加入一定比例的膨松剂和调理剂（如秸秆、稻草、木屑或生活垃圾等），利用微生物群落在潮湿环境下对多种有机物进行氧化分解并转化为稳定性较高的类腐殖质。污泥经好氧发酵处理后，一方面植物养分形态更有利于植物吸收，另一方面还消除臭味，杀死大部分病原菌和寄生虫（卵），达到无害化目的，且产品呈现疏松、分散、细颗粒状，便于储藏、运输和使用。污泥好氧发酵经历了从露天敞开式转向封闭式发酵，从半快速发酵转向快速发酵，从人工控制的机械化转向智能控制的自动化等过程，同时发展过程中逐步解决了二次污染问题。

二、工 艺 流 程

污泥好氧发酵工艺主要包括：物料接收和存储、进料系统、混料系统、发酵系统、出料系统、废气收集处理系统、污泥输送和辅助系统。具体工艺流程如图45.1所示。

脱水污泥与辅料返混料以一定比例进入混料机混合均匀，混合后的物料由装载机运输至发酵系统进行发酵，整个发酵过程经历升温期、高温期、降温期三个阶段，曝气风机根据各阶段所需曝气风量定时开启，出槽物料经筛分机筛分后，筛上物回用，筛下物作为营养土进行二次加工。除臭系统是保证正常生产的关键，负压曝气能够有效收集堆体气体，同时减少气体外溢，根据堆体气体和车间气体各自的特点，分别经喷淋系统后进入活性焦吸附系统，处理达标后排放。

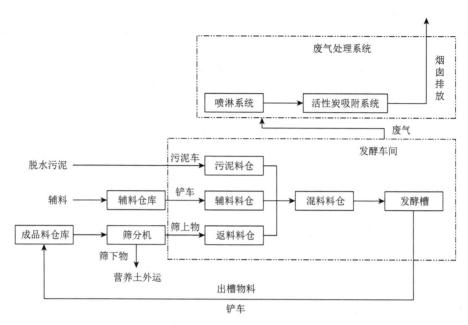

图45.1 污泥高效好氧发酵关键技术工艺流程图

三、技术创新点及主要技术经济指标

针对污泥好氧发酵在实际运行过程中发酵周期长、废气处理难、产物出路不畅的瓶颈问题，突破了高温膜覆盖好氧发酵、滚筒式污泥高温好氧发酵、高效好氧发酵及好氧发酵废气处理等关键技术，研发得到高温膜覆盖好氧发酵装备、滚筒式污泥高温好氧发酵装备。在关键技术和关键装备开发的基础上，将整体工艺与装备进行系统衔接，实现了"污泥好氧发酵 + 臭气组合处理"的系统集成。编制了《城镇污水处理厂污泥好氧发酵工艺设计与运行管理指南》，形成了基于好氧发酵技术路线的工程范例和工艺包（表 45.1）。相关成果被推广应用于双桥污水处理厂污泥处理好氧发酵工程、任丘污泥好氧发酵等多个工程的设计、建设、运行中，取得了较好的产业化效益。技术就绪度从 4 级提升至 9 级。

表45.1 污泥好氧发酵工程曝气及翻抛控制

曝气控制			
季 节	升温期	高温期	降温期
	风机开启时间 间隔时间	风机开启时间 间隔时间	风机开启时间 间隔时间
冬季	160 s 15 min	450 s 15 min	700 s 10 min
夏季	330 s 12 min	450 s 20 min	700 s 10 min

续表

曝气控制					
季 节	升温期		高温期		降温期
	风机开启时间 间隔时间		风机开启时间 间隔时间		风机开启时间 间隔时间
春秋季	330 s 12 min		330 s 12 min		700 s 15 min
翻抛控制					
布槽第 2 天翻抛一次，第 3、5、7、9 天翻抛					

（一）污泥高效好氧发酵技术与装备

通过对辅料种类、辅料配比和通风策略等的研究，根据不同季节各项参数的调控，证实污泥好氧发酵周期可以由 21 天缩短至 14 天，污泥处理量可提高 1/3，发酵产物含水率在 20% ～ 40% 之间波动。

选用兼具保温、防水、透气功能的聚四氟乙烯（PTFE）微孔功能膜，开发集成了污泥膜覆盖高温好氧发酵工艺（图 45.2），解决了传统污泥好氧堆肥技术存在的发酵不充分、局部厌氧，能耗高，臭气污染严重等问题。

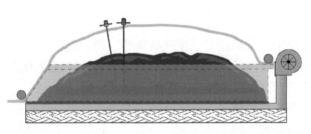

图45.2 污泥膜覆盖高温好氧发酵图

创造性地采用筒外供风与前端引风相结合的供氧装置，并通过设置物料切割导流装置提高了物料混合效果和氧气利用效率，开发了新型污泥滚筒高温连续动态好氧发酵技术（图 45.3）。

（二）污泥好氧发酵废气处理关键技术

针对好氧发酵臭气处理的技术难题，开发了前端添加菌剂 + 末端化学喷淋 – 活性焦吸附组合工艺（图 45.4 和图 45.5），实现了臭气浓度比排放标准降低 1 个数量级，有效解决污泥好氧发酵废气排放不稳定的问题，降低了环境污染的风险。一方面，在发酵前端添加微生物菌剂抑制氨气的产生；另一方面，采用多级化学喷淋 + 活性焦吸附组合工艺，处理发酵后端废气。化学喷淋系统对氨气的去除率达到 95% 以上，活性焦吸附系统能够吸附大量 VOCs，尾气排放能够持续稳定达标，各项指标均满足《恶臭污染物排放标准》（GB 14554—1998）。

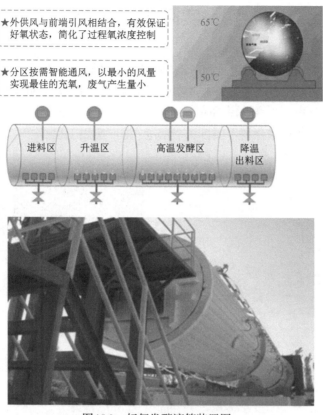

★外供风与前端引风相结合，有效保证好氧状态，简化了过程氧浓度控制

★分区按需智能通风，以最小的风量实现最佳的充氧，废气产生量小

进料区　升温区　高温发酵区　降温出料区

图45.3　好氧发酵滚筒装置图

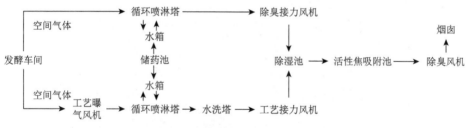

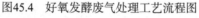

图45.4　好氧发酵废气处理工艺流程图

图45.5　臭气处理——前端添加菌剂抑制臭气产生（左）、末端组合工艺除臭（右）

四、实际应用案例

总体示范/推广应用规模近 1500 t/d，取得了较好的产业化效益。

研发的污泥好氧发酵滚筒装备被成功应用于任丘市城东污水处理厂滚筒式污泥高温好氧发酵工程（图 45.6）、鄂尔多斯市达拉特旗树林召镇污泥处理厂工程（图 45.7）、肥城市畜禽污染物治理与综合利用项目 3 个示范/推广应用工程。

图45.6　任丘好氧发酵工程-好氧发酵滚筒

图45.7　任丘好氧发酵工程全景图

通过在郑州八岗污泥好氧堆肥工程进行的工程实证，构建评估体系进行问题识别基础上，进行了高效好氧发酵技术的优化提升，在设备、工艺、运行、管理等方面进行了很多开创性的实践，成果被推广应用于郑州双桥污水处理厂污泥好氧发酵工程。

典型案例：郑州双桥污水处理厂污泥好氧发酵工程

双桥污水处理厂污泥好氧发酵工程，处理规模为 600 t/d（含水率 80%）。项目采用好氧发酵工艺处理市政污泥，物料进出模式为连续进出，发酵形式为槽式发酵＋动态翻抛，曝气形式为负压连续式曝气，设计发酵周期为 21 天。

　　双桥污泥好氧发酵工程自 2018 年 1 月投产至今，除改造升级外，基本处于满负荷运行，运行状况稳定，出槽物料含水率低于 40%，出槽物料完全满足《园林绿化用泥质酸性土壤（pH ＜ 6.5）使用标准》（GB/T 23486—2009）中污泥作为园林绿化用泥质酸性土壤（pH ＜ 6.5）的指标要求（图 45.8）。

图45.8　郑州双桥污水处理厂污泥好氧发酵工程全景图

技 术 来 源

- 城市污水处理厂污泥处理处置技术装备产业化（2013ZX07315002）
- 重点流域城市污水处理厂污泥处理处置技术优化应用研究（2013ZX07315003）
- 城市污泥安全处理处置与资源化全链条技术能力提升与工程实证（2017ZX07403002）

46 污泥干化焚烧关键技术与装备

适用范围：处理污水处理厂污泥，污泥全年挥发性固体量/总固体量平均值不宜小于50%。污泥焚烧工艺适合经济较发达、人口稠密、土地成本较高的地区，或者污泥处理产物不具备土地消纳条件的地区，可用于污水处理厂污泥的就地或集中处理。

关键词：干化焚烧；灰渣建材利用；热力计算方法；余热利用

一、基本原理

污泥焚烧是在一定温度、气相充分有氧的条件下，使污泥中的有机质发生燃烧反应，并转化成二氧化碳、水、氮气等相应的气相物质，包括蒸发、挥发、分解、烧结、熔融和氧化还原反应，以及相应的传质和传热的综合物理变化和化学反应过程。其可破坏全部有机质，杀死一切病原体，并最大限度地减少污泥体积，焚烧残渣相对含水率约为75%的污泥仅为原有体积的10%左右。

污泥在焚烧前，一般应先进行脱水处理和热干化，以减少负荷和能耗。然后送焚烧炉焚烧，焚烧炉排出的烟气携带污泥燃烧的固态产物（飞灰）经余热利用和净化处理后达标排放，余热用于加热入炉燃烧空气或补充热干化能量消耗。飞灰经分类收集后鉴定、处置。

二、工艺流程

工艺流程如图46.1所示，主要包括污泥储存与输送、污泥热干化、污泥焚烧、余热利用、烟气净化、飞灰收集和储存、电气仪表自控及辅助系统。

在上述组成单元的协同运行下，污泥经脱水或干化后进入焚烧炉，燃烧后的飞灰在焚烧烟气的携带下从焚烧炉上部排出，高温焚烧烟气中的热量经空气预热器或余热锅炉回收一部分用于预热焚烧所需的空气或用于前端的污泥预处理，经一次换热的烟气进入烟气净化系统以去除烟气中的飞灰、酸性气体、重金属等污染物，余热锅炉和烟气净化各节点收集的飞灰输送至飞灰储存设施，运输至最终处置点或进行资源化利用。

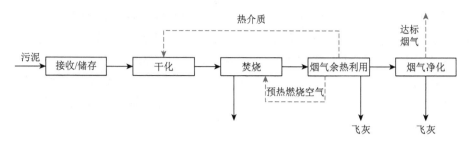

图46.1 污泥干化焚烧工艺流程图

三、技术创新点及主要技术经济指标

针对我国污泥独立焚烧、水泥窑协同处置等热处理工艺设计运行与二次污染控制不成熟、热能优化利用合理性欠缺等问题，创造性地采用鼓泡流化床技术，实现了60%含水率污泥直接自持焚烧，突破了鼓泡流化床自持焚烧与余热回收效率提升、水泥窑协同处置进料工艺优化与烟气净化等关键技术，优化了工艺设计热力计算方法，提出了基于质流－能流匹配的干化焚烧工艺优化策略。实现了污泥干化焚烧全链条技术路线——"污泥干化焚烧＋灰渣建材利用"的系统集成。基于工程实证验证、完善并固化形成适合我国国情的工艺设计和运行评估方法，编制了《城镇污水处理厂污泥干化焚烧工艺设计与运行管理指南》，形成了基于干化焚烧技术路线的工程范例和工艺包。技术就绪度从4级提升至9级。

（一）污泥焚烧设计热力计算方法改进

通过热力设计计算方法改进，对焚烧炉燃烧温度、余热利用和烟气净化各节点温度计算准确度较传统方法提高50℃；通过全流程多参数优化，可降低因设计精度、运行调控粗放导致的热能损失，提升运行的经济性。例如，在上海石洞口实证工程运行工艺及泥质情况下，按照优化的入炉含水率运行后，焚烧炉运行由原来的需要辅助燃料（43 kg 柴油 /t 干固体量）降低至正常运行基本无需辅助燃料。后续仍有优化空间，吨泥处理总体能耗降低17%。

（二）污泥干化焚烧技术与装备

污泥雾化干燥－回转式焚烧炉一体化集成技术与装备：针对污泥雾化干燥排放大量含水雾气的问题，利用板式换热器将烟气中的余热回收利用，实现了消除白雾和消减烟气中的污染物的双重目的；提高了能量利用效率，换热效果与传统的板式换热器相比大大提高30%，投资成本相对较国外设备低三分之一。单体设备处理能力为300 t/d；系统的综合利用热效率大于80%，综合能耗（电力和燃煤消耗量）不大于410 kW·h/t（污泥含水率为80%，pH 值约为7的特定工况下）；设备产品可靠性和使用寿命达到国际同类产品水平，价格不超过国际同类产品的75%，年无故障运行时间大于7500 h。

污泥干化 – 自持焚烧成套装备：针对污泥干化焚烧设备热能利用效率低、设备故障高等技术难题，提升集成装备余热利用效率：焚烧烟气热量通过导热油干燥污泥，污泥干化尾气直接送入焚烧炉焚烧除臭，实现污泥脱水干化 – 自持焚烧。单体设备处理能力不小于 100 t/d；运行单位电耗不大于 45 kW·h/t（污泥含水率 80%）；热效率不低于 70%，满足 60% 污泥含水率的直接自持焚烧要求；药物添加量不大于污泥干基 20%。

（三）干化尾气余热利用方案

基于污泥干化焚烧系统能量平衡校核计算，结合污泥流变性、污泥黏滞性等前期研究工作的基础上提出了一套切实可行的、不影响干化焚烧系统正常运行的干化尾气余热利用方案（图46.2）。余热经提取后，可用于加热污泥输送管道，增加干化机入口污泥温度，提高污泥干化速率，并且污泥干化能耗可降低 15% ～ 20%；可减少洗涤塔的循环冷却水量，从而节约水泵的功耗和废水排放量；污泥温度可提升约 30℃，使污泥在管道内流动阻力约减小一半，提高了污泥流动稳定性并降低了污泥输送能耗，系统总体能源自给率可提高 8% ～ 10%。

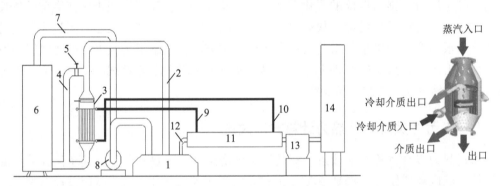

1. 桨叶式（或薄膜）污泥干化机；2. 干化尾气管道；3. 干化尾气换热器；4. 旁通管；5. 切换阀；6. 尾气喷淋装置；7. 循环载气；8. 引风机；9. 循环供水管；10. 循环回水管；11. 污泥管道加热夹套；12. 污泥输运管；13. 污泥泵；14. 储泥仓

图46.2　污泥干化焚烧工艺余热回收利用系统

（四）焚烧残渣建材利用

利用 X 射线荧光光谱仪（XRF）和 X 射线衍射（XRD）分析污泥灰渣的元素组成和化学组分，通过对酸雨条件下污泥灰渣短期和长期的淋滤研究，可知污泥灰渣重金属、磷和氯离子的淋出量均在安全范围以内，并通过中国环境科学研究院、上海市固体废物管理中心鉴定认定污泥灰渣中的重金属浸出浓度远低于危险废物相关标准，属于一般废物。

利用污泥干化焚烧残渣经预处理后与其他原辅材料按配方进行混合复配，加工成的产品为铁质校正料和复合粉煤灰，产品作为水泥生料添加剂、熟料混合料和掺合料，应用于水泥厂、粉磨站及搅拌站，相关产品符合《通用硅酸盐水泥》（GB 175—2007）、

《粉煤灰在混凝土中应用技术规程》（DB31/T 932—2015）、《用于水泥和混凝土中的粉煤灰》（GB/T 1596—2017）等技术标准。实现石洞口污泥干化焚烧灰渣全量资源化利用和污泥灰渣"零填埋"，打通焚烧残渣水泥建材利用途径。

四、实际应用案例

污泥深度脱水干化自持焚烧处理装备，单体设备处理能力大于 200 t/d，在绍兴市环兴污泥处理有限公司、诸暨天基环兴废弃物处置有限公司、绍兴上虞环兴污泥处理有限公司、郯城县水务公司等污泥处理处置项目上实现工程化应用，尾气排放达到《生活垃圾焚烧污染控制标准》（GB 18485—2001）的相关规定要求。

污泥雾化干燥 – 回转式焚烧一体化集成装置，单套设备处理能力大于 100 t/d，在梅村水处理厂污泥处理 BOT 项目、广西梧州城镇污水处理厂污泥处理处置工程项目（一期）、武进区污水处理厂污泥处置 BOO 项目、广西柳州污泥深度脱水设备采购项目、无锡惠联污泥处理项目进行了工程化应用，累计处理规模 1100 t/d。

通过在上海竹园、石洞口干化焚烧进行的工程实证，构建评估体系进行问题识别基础上，进行了高效好氧发酵技术的优化提升，在设备、工艺、运行、管理等方面进行了很多开创性的实践，之后成果被应用于该工程的优化升级。

（一）典型案例1：上海市竹园污泥干化焚烧处理厂

竹园污泥处理厂（图46.3）位于浦东新区外高桥保税区东北角，随塘公路 4915 号，北邻长江，与竹园第一污水处理厂和竹园第二污水处理厂相邻，占地面积约 5.83 万 m²，设计规模 150 t 干固体量 /d，年运行 7500 h，设计服务范围是竹园一厂、竹园二厂、曲

图46.3　竹园污泥处理厂外景图

阳厂和泗塘四座污水处理厂的脱水污泥。竹园污泥处理厂是目前国内正在运行的第一大污泥干化焚烧处理厂，也是目前亚太地区最大的污泥干化焚烧处理工程，主要由脱水污泥接收储存系统、污泥干化系统、污泥焚烧系统，余热利用系统和烟气处理系统五部分组成。

（二）典型案例2：常州市武进区污水处理厂生活污泥处理项目

常州市武进区污水处理厂生活污泥处理项目（图46.4）建设规模为 200 t/d（含水率 55%）。脱水项目位于武进城区污水处理厂内，采用"投加化学药剂＋污泥专用压滤机机械脱水"工艺。2017 年 10 月底完成竣工验收，系统运行效果良好，脱水后泥饼含水率≤ 60%；药剂耗量≤ 20% 干固体量。焚烧项目位于常州市武进区雪堰镇夹山南麓，常州市工业固体废弃物安全填埋场南侧。2019 年 12 月底完工，现正常运行中。系统干化后污泥含水率低于 40%，单位电耗≤ 45 kW·h/t（含水率 80%），热效率≥ 70%，尾气脱酸效率由 85% 提高到 95%，污泥焚烧烟气排放稳定达标。

本项目可以妥善处理污泥、显著减少污泥量、减少二次污染，实现污泥的减量化、无害化、稳定化与资源化利用，消除了污泥对环境造成的二次污染，有利于改善人们生存环境条件和生活质量，促进国家主要污泥总量控制指标的完成，解决污泥污染控制与治理面临的紧迫难题，对促进可持续发展具有很好的经济、社会和环境效益。

图46.4　污泥焚烧炉与干法脱硫+除尘设备

技 术 来 源

- 城市污水污泥减容减量、稳定化和无害化关键技术研究与工程示范
  （2009ZX07317003）
- 城市污泥水泥窑协同处置技术研究与工程示范（2010ZX07319001）
- 城市污水处理厂污泥处理处置技术装备产业化（2013ZX07315002）
- 城市污泥安全处理处置与资源化全链条技术能力提升与工程实证
  （2017ZX07403002）

47　污泥稳定化产物园林土地利用关键技术

> **适用范围**：污泥稳定化产物。
> **关 键 词**：污泥稳定化产物；重金属；风险评估；有机营养土

一、基 本 原 理

城市污泥经稳定处理后产物潜在用途很广，但进行园林利用时，存在养分含量低、施用不方便等问题。以园林等市场需求为基础，将达标的污泥处理产物根据行业实际需求进行一步加工，形成达到一定质量目标、符合行业需要的产品后进行利用，用于花卉以及园林、苗圃等的生产。

二、工 艺 流 程

污泥稳定化产物园林土地利用关键技术工艺流程（图 47.1）如下：

以土地利用行业市场需求为基础，将达标的污泥处理产物根据行业实际需求进一步加工，形成达到一定质量目标、符合行业需要的产品后进行利用。

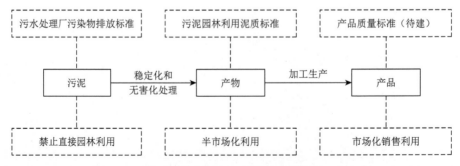

图47.1　污泥稳定化产物园林土地利用关键技术工艺流程图

三、技术创新点及主要技术经济指标

（一）沼渣微好氧后腐熟深度稳定土地利用技术

阐明厌氧消化过程产生的小分子有机酸、NH_3-N、无机盐等植物毒性因子作用规律，揭示了微好氧过程植物毒性解除及胡敏酸芳香重聚腐殖化的机制，开发了微曝气调控沼渣后腐熟深度稳定土地利用技术（图47.2），实现消化污泥快速深度稳定和产品质量改善，显著降低游离含盐量并改善植物发芽指数，种子发芽指数提高至95%以上，远高于国家行业标准《城镇污水处理厂污泥处理稳定标准》指标限值，同时耦合高级厌氧消化过程对病原菌的灭活作用和氮磷营养资源的保留作用，在国内首次打通了污泥高级厌氧消化土地利用全链条技术路线，实现污泥无害化、稳定化处理和资源化利用。

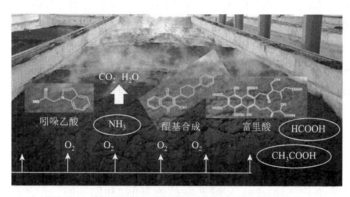

图47.2　沼渣微好氧后腐熟深度稳定土地利用技术

（二）污泥高级厌氧消化产物林地利用研究与示范

开展高级厌氧消化产物资源化利用的潜力分析和使用安全性研究，选取大兴区榆垡镇和礼贤镇的平原造林林地开展了高级厌氧消化产物土地利用的实证，主要监测地块的面积超过2000亩，通过长期的监测结果表明，高级厌氧消化产物的林地利用未造成施用区土壤重金属污染，经大气降雨淋溶和自然下渗迁移的污染物未对地下水和地表水造成重金属和细菌污染，通过施用期间翻耕和施用后自然通风稀释，施用地块场界各恶臭因子均低于北京市地方标准《大气污染物综合排放标准》（DB 11/501—2017）中的"单位周界无组织排放监控点浓度限值"，整个项目对环境影响可接受。

（三）污泥协同厌氧消化产物园林利用示范

为解决协同厌氧消化产物出路问题，以制备的有机碳土作为基质，采用通气性控根器栽植，苗木根系健壮，生长旺盛，极大地缩短育苗周期，提高移栽成活率，减少苗木移栽后的工作量，特别是在大苗移栽及反季节移栽上具有明显的优势。分批建成占地17亩（11339 m^2）的"移动森林"苗圃示范基地。

（四）污泥好氧发酵产物园林利用示范

为解决污泥好氧发酵产物出路问题，建成了1000多亩污泥好氧发酵产物资源化利用示范基地，采用移动森林等方式进行苗木和花卉栽培。同时总结运行经验，形成适用于污泥处理厂区距离市区较远且附近有营养土需求的污泥好氧发酵工程的产业模式，需污泥厂处理与下游公司合作，对发酵产物进行深加工，构建完整的产业链，创造了一定的价值，探索出了污泥好氧发酵产物的新路径。

（五）污泥处理产物园林利用技术和产业化市场化模式

针对污泥园林利用出路不畅的瓶颈问题，总结分析出污泥园林利用出路不畅的根本原因是污泥处理产物质量及其衍生的产品种类、产品配套体系不满足园林市场的需求。通过对污泥园林利用技术和应用发展的评估分析，提出污泥处理产物多样化园林产品体系，以及污泥有机无机棒肥利用、污泥屋顶绿化栽培基质利用、污泥园林土壤改良基质利用3种污泥处理产物园林利用模式。同时，进行了多种类、多规模的污泥处理产物园林利用示范，示范类型覆盖园林生产、园林建设和园林管护3种模式。编制发布了中国工程建设标准化协会标准《城镇污水处理厂污泥处理产物园林利用指南》，为打通污泥稳定化处理与园林利用的产业链条提供了技术支撑。

四、应用案例

建成高级厌氧消化产物/好氧发酵产物林地/园林利用示范，示范面积约3350亩。提出污泥处理产物园林利用的方案，积极探索污泥土地利用技术和产业化模式，为促进污泥处理产物土地利用产业提供技术支撑。

（一）典型案例1：重庆市污泥处理产物园林利用示范

分别针对园林生产–屋顶绿化栽培基质利用、园林建设/管护–园林土壤改良基质利用、园林管护/生产–棒肥利用3种污泥处理产物园林利用模式，在重庆市主城区、永川区、垫江县等地进行了利用示范（表47.1和图47.3），示范面积合计356.6亩。

表47.1　重庆市污泥处理产物园林利用示范一览表

序号	应用单位	应用时间	应用地点	应用面积/亩	应用模式
1	重庆中卉生态科技有限公司	2018.10～2020.10	重庆九龙坡区西彭镇、江北T3机场停车楼屋顶	35	园林生产–屋顶绿化栽培基质利用
2	重庆市佳禾园林科技发展有限公司	2018.12～2020.5	重庆市城建技校、九龙坡区园林科技示范园区	38	园林建设–园林工程土壤改良基质利用、园林管护–棒肥利用、屋顶绿化栽培基质利用

续表

序号	应用单位	应用时间	应用地点	应用面积/亩	应用模式
3	重庆城口县景之源苗木发展有限公司	2018.12～2020.6	重庆城口县九重花岭景区苗木基地	47	园林生产－土壤改良基质利用、棒肥利用
4	重庆两江新区市政园林水利管护中心	2018.5～2018.6	重庆两江新区庐山大道	5	园林管护－园林管护行道树棒肥利用、行道树土壤改良基质利用
5	垫江县园林绿化发展中心	2018.6～2020.5	重庆垫江县南阳公园、长安大道、文毕大道、牡丹大道	90	园林建设－园林工程土壤改良基质利用、园林管护－棒肥利用
6	重庆綦江区园林管理所	2020.3～2020.5	重庆綦江营盘山公园、九龙大道	26	园林生产－土壤改良基质利用、棒肥利用
7	重庆市永川区城市管理局	2020.7～2020.11	重庆永川区昌州大道、红河大道、汇龙大道、学府大道、人民西路、人民大道	115.6	园林管护－园林管护土壤改良基质利用、棒肥利用
合计				356.6	园林棒肥利用、土壤改良基质利用、屋顶绿化栽培基质利用3种

图47.3　重庆市污泥园林产品利用示范情况

（二）典型案例2：厌氧稳定化产物土林地利用示范

为科学评定施肥后对土壤、地下水、大气环境影响，根据土壤类型、地形地势、施肥区周边敏感区及地下水水位，在场地实施前调查阶段确定了三个典型示范地块（图47.4），总面积7800亩。项目开展过程定期对土壤、地表水、地下水和大气质量进行跟踪检测，结果显示土壤理化性质明显改善，树木长势良好，地表水地下水及大气各项指标均未超标，环境影响可接受。

图47.4　大兴示范区点位分布及施用情况

在怀来县所辖林地区域内进行资源化利用，2018年4月至2018年12月底，怀来县存瑞镇开展4392亩、孙庄子乡5540亩有机营养土林地利用工作，实际资源化利用量5万t。项目开展过程定期对土壤和植株样品进行跟踪检测，结果显示土壤中各项重金属指标均未超标，树木长势良好。

（三）典型案例3：好氧稳定化产物资源利用示范基地

郑州市污泥资源利用示范基地（图47.5）位于郑州市中牟县刁家乡，是用于专项研究污泥土地利用的农业科研基地。基地内有专人管理，每年分季节施用肥料，土地肥力来源主要是污泥好氧发酵产物。目前，该示范基地采用移动森林的模式，主要种植苗木、花卉等植物，在长期施用污泥发酵产物的情况下，植物生长旺盛，枝繁叶茂，抗病虫害能力强，目前已经与部分厂商合作，将培育的苗木进行出售，产生了经济效益。

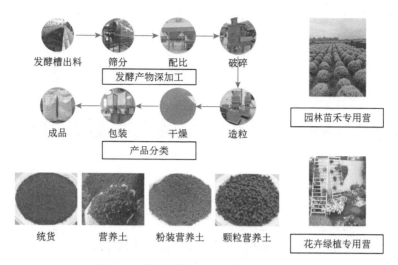

图47.5　郑州污泥稳定化产物深加工产品

技　术　来　源

- 城市污泥及有机质的联合生物质能源回收与综合利用技术
（2011ZX07303004）
- 城市污泥安全处理处置与资源化全链条技术能力提升与工程实证
（2017ZX07403002）

48　污泥沼液厌氧氨氧化脱氮关键技术

适用范围：污泥厌氧消化沼液。
关 键 词：沼液；厌氧氨氧化；高 COD；低碳氮比；脱氮

一、基 本 原 理

污泥中富含 C、N、P、K 等元素，经污泥厌氧消化后有机物被转化为 CH_4，实现了资源化利用，但过程中会产生大量的 NH_3-N，传统生物/化学脱氮法能耗、药耗都很高。厌氧氨氧化工艺作为新型高效脱氮工艺处理高氨氮废水效果非常显著，克服了传统硝化反硝化脱氮技术需要大量碱度与碳源供应，成本高、容易造成二次环境污染等缺陷。在厌氧条件下，厌氧氨氧化菌以 NH_3-N 为电子供体，NO_2^--N 为电子受体，其最终产物是 N_2。该工艺已应用于低碳氮比废水的处理中，如厌氧消化上清液、猪粪废水、垃圾渗滤液等。但由于厌氧氨氧化菌生长速率低（$0.07 \sim 0.11$ g VS/g NH_3-N），而且倍增时间长（约 11 天），导致 Anammox 反应器启动时间相对较长，小试反应器启动时间约 3 个月，而工程规模反应器的启动时间则长达数年，如此长的反应器启动时间对其工艺的进一步推广应用是一个巨大的挑战。目前已经在厌氧氨氧化菌的高效富集和厌氧氨氧化反应器的启动方面开展了许多研究。通过摸索快速启动策略，对该工艺的推广应用具有重大意义。

二、工 艺 流 程

在短程硝化池完成易降解 COD 的去除，后通过温度、pH、DO 和碱度综合调控，实现部分亚硝化，使得反应器最终的 NH_3-N/NO_2^--N 接近于理论值 1：1.32，之后再进入到厌氧氨氧化池实现氮去除（图 48.1）。

图48.1 污泥沼液厌氧氨氧化脱氮技术工艺流程图

三、技术创新点及主要技术经济指标

针对污泥高含固厌氧消化沼液 COD、NH₃-N、TN、TP、SS 等水质特性，开发沼液厌氧氨氧化关键技术，优化反应温度、基质浓度、HRT、pH 等关键工艺参数，突破了污泥厌氧消化沼液脱氮技术瓶颈。

基于高级厌氧消化沼液厌氧氨氧化的长期中试研究，克服了热水解污泥消化液对厌氧氨氧化的抑制效应，开发了反硝化–厌氧氨氧化耦合驱动的两段式沼液脱氮工艺（SPND/A），突破了厌氧氨氧化菌规模化培育瓶颈，成功解决了热水解污泥消化液处理的国际性难题。

反硝化–厌氧氨氧化耦合驱动的两段式沼液脱氮工艺（SPND/A）可以有效实现污泥厌氧消化液高效自养脱氮。与传统两段式自养脱氮工艺（PN/A）相比，SPND/A 工艺可以更好应对高含固污泥厌氧消化液进水高 NH₃-N 负荷和有机物冲击所带来的挑战，中试运行期间实现稳定厌氧氨氧工艺运行，整体 TN 去除率达到 90% 以上。目前该技术在长沙市污泥集中厌氧消化示范工程（图 48.2）中进行生产性试验验证，已稳定运行 8 个月，其中进水 TN 负荷稳定在 0.5 kg/(m³·d) 以上，沼液 NH₃-N1500 ～ 2000 mg/L，COD 1600 ～ 2400 mg/L，出水 TN 低于 50 mg/L，TN 去除率＞96%。

图48.2 污泥厌氧消化沼液反硝化–厌氧氨氧化脱氮中试及工程图

四、实际应用案例

污泥厌氧消化沼液亚硝化–厌氧氨氧化脱氮技术，已在长沙市污泥集中厌氧消化示范工程中进行生产规模验证，其中进水 TN 负荷稳定在 0.5 kg/(m³·d) 以上，沼液 NH₃-N 1500 ～ 2000 mg/L，COD 1600 ～ 2400 mg/L，出水 TN 低于 50 mg/L，TN 去除率＞96%。

典型案例：天津市津南污泥处理厂污泥厌氧消化沼液厌氧氨氧化示范工程

采用颗粒污泥法厌氧氨氧化工艺处理厌氧消化沼液，处理规模为 1000 m³/d。开展了颗粒污泥法厌氧氨氧化技术的工程化应用研究，优化工艺过程的关键控制参数及运行控制方法。为实现示范工程的快速启动，研究并建立了序批式厌氧氨氧化菌规模化发酵培养系统和驯化扩培方法，向示范工程中分批投加菌剂，并逐步提升厌氧氨氧化负荷，使运行效果逐步提升并达到稳定。

针对示范工程运行阶段沼液水质特点变化，实施工艺改造和设备设施提升，开发形成了"磁絮凝＋预曝气生物池＋厌氧氨氧化串联式 SBR"沼液处理工艺，通过磁絮凝和预曝气工艺去除 SS 和总铁，满足后续生化处理的需求。

为保证颗粒污泥法厌氧氨氧化示范工程（图 48.3）能够长期稳定运行，对工艺运行参数进行优化，寻求厌氧消化沼液高效脱氮工艺的有效控制方法。确定适用的工况条件为：进水 NH_3-N 400 ～ 1000 mg/L，pH 控制在 6.8 ～ 7.8，DO 控制在 0 ～ 0.5 mg/L，温度控制在 25℃以上。在稳定运行期间，TN 去除率平均值为 77.82%（2019 年 7 月至 2019 年 12 月），氨氮去除率平均值为 85.93%（2019 年 7 月至 2019 年 12 月）。

图48.3 沼液厌氧氨氧化示范工程全景图

技 术 来 源

- 城市污水高含固污泥高效厌氧消化装备开发与工程示范（2013ZX07315001）
- 城市污泥安全处理处置与资源化全链条技术能力提升与工程实证（2017ZX07403002）
- 城市污水能源资源开发及氮磷深度控制技术的集成研究与综合示范（2015ZX07306001）

49　污泥热解炭化关键技术与装备

> **适用范围**：若不考虑炭化产物的专项利用方向，热解炭化工艺、市政污泥、
> 　　　　　印染污泥、油性污泥及其他类似物料。
> **关 键 词**：热解炭化；废气；外热回转间接式

一、基 本 原 理

　　市政污泥热解炭化是一种新兴的污泥处理技术，由于其对市政污泥的减量率高、稳定化程度高、环境影响小，集无害化、减量化及资源化为一体，受到了越来越高的关注。

　　在缺氧或无氧的条件下加热污泥来热解污泥中的有机物，从而产生主要由碳氢化合物组成的可燃挥发性气体（CH_4、C_2H_6 以及 C_2H_4 等低分子物质，或像焦油和油类等高分子物质）。由于水分的蒸发和分解气体的逸出，在污泥表面和内部形成了众多的小孔。在进一步升温后，有机成分持续减少，炭化慢慢地进行，最终形成富含固定炭素的炭化产品。

二、工 艺 流 程

　　污泥热解炭化技术，集成模块包括污泥脱水、污泥热解炭化系统、二次污染控制系统、炭化产物资源化利用和最终处置模块，具体工艺如图 49.1 所示。

　　污泥经过高干脱水处理后，含水率达到 55% ～ 65%，然后再经螺旋输送至污泥干化炭化系统进行干化和热解炭化处理。

（一）污泥干化

　　湿污泥通过密封的运输车送至热解车间的污泥仓，采用螺旋输送机将污泥送入干化设备进行干化，干化设备可选用成熟的浆叶式干化机，浆叶式干化机内部设置锲型搅拌浆，使污泥在浆叶的搅动下，与热载体以及热表面充分接触，从而达到干化目的。干化设备的热源来自热解系统的燃烧室。

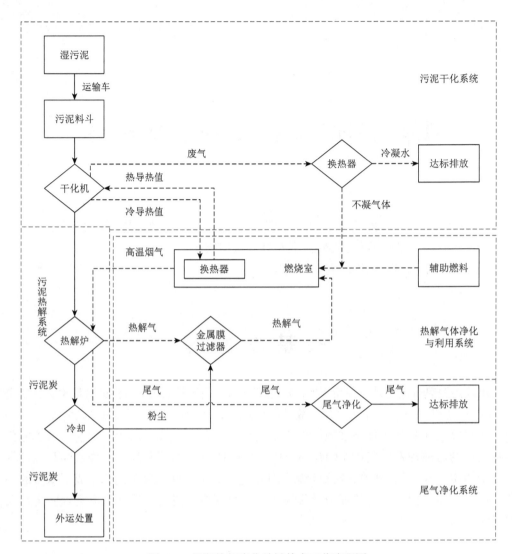

图49.1　污泥热解炭化关键技术工艺流程图

（二）污泥炭化

烘干后污泥含水率约30%，通过螺旋输送机和斗式提升机输送外加热式的回转窑内，污泥颗粒随着带有倾角的回转窑转动，从窑头缓慢移动至窑尾。在移动过程中，污泥颗粒不断与窑壁接触，而回转窑壁外的热气将回转窑内筒升温，污泥升温至400～650℃，污泥在高温缺氧的环境下，有机质完全裂解，形成污泥炭、焦油、热解气。

三、技术创新点及主要技术经济指标

污泥热解炭化技术作为一种新兴的污泥处理技术路线，在"十二五"期间完成了污泥炭化工艺集成和核心装备的国产化制造。"十三五"期间针对在实际运行过程中凸显的二次污染控制机制和方法、设计和运行的合理性不足、整体集成化水平还有待提升，炭渣的最终处置方面缺乏政策和可借鉴的产业模式等问题，突破污泥热解炭化二次污染控制关键技术及污泥炭化产物安全处置与资源化利用关键技术，实现了污泥热解炭化的系统集成。形成适合我国国情的污泥热解炭化工艺设计和运行评估方法，总结了工程的系统构成、工艺参数、设备选型等内容，形成一套污泥热解炭化工艺包。技术就绪度从 3 级提升至 6 级。

（一）外热回转间接式污泥炭化集成技术与装备

实现污泥炭化设备的国产化生产（图 49.2）。采用双层回转型炭化炉结构，炭化加热炉产生 1000℃左右高温烟气，经过多段分室结构炭化炉的外热室提高烟气流速，从而提高设备的传热系数和传热量，减少污泥等废弃物的处理时间，使日处理 100 t 脱水污泥的大规模污泥处置装置的小型化具有实现的可能性。炭化处理热量供给系统与废气高温脱臭处理系统结合，使产生的废气能高效处理，降低系统能耗。

主要技术指标和参数：处理量 ≥ 50 t 污泥；在脱水污泥热值为 2600 kcal/kg 污泥的条件下，处理每吨污泥消耗天然气 48 m³，消耗电能 45 kW·h；含水率 ≤ 85%、有机质含量 > 45% 的污泥经炭化处理后，炭化产品含水率 ≤ 10%、减重率 > 90%；污泥炭化处理过程中产生的废气、厂界恶臭气体、废水的排放以及炭化物的浸出毒性达到《城镇污水处理厂污泥处置 单独焚烧用泥质》（CJ/T 290—2008）的相关规定要求。

图49.2 外热回转间接式污泥炭化设备

（二）污泥热解炭化二次污染控制关键技术

粉尘通过高温过滤器，能在高温下被去除。内部采用金属膜过滤装置，可实现全封闭、全自动、高精度和 550℃ 以上高温炉气的回收，实现清洁生产。

尾气通过成套净化设备去除。首先尾气经过冷凝脱水分离后，含臭味的有机挥发分气体进入二燃室被高温分解；在尾气排烟管道上设有文丘里管，储罐中的 H_2O_2 以泵送的方式喷入文丘里管内，H_2O_2 在高温下与 NO_x 和 SO_2 发生氧化反应，之后被送入碱洗塔；石灰加水制浆后，将浆液喷入脱硫塔，尾气中的 NO_x 和酸性气体被碱性石灰水洗涤；碱洗塔的尾气出口设置有除雾器，能去除尾气中携带的液滴；最终达到二次污染控制的目的。

（三）污泥炭化产物园林基质利用

依托炭化试验工程，分析了炭化处理产物的理化、养分、重金属、卫生学、生物毒性特性，利用污泥炭化产物生产园林多肉植物栽培基质产品，为炭化产物的园林利用积累技术基础。经研究，育苗基质中污泥炭化物占比 50% 以上时，有利于地被植物种子萌发和常见园林植物的苗期生长。在营养成分方面，相较于对照组，加入污泥炭化物的基质有机质含量、TN 含量、有效磷含量总体上较高，随着污泥炭化物占比的增加，基质营养成分有逐渐上升的趋势。从种子发芽率和植物生长情况综合来看，确定污泥炭化产物最佳的基质配比为黄心土 30%+ 污泥炭化物 50% + 泥炭土 20%。在最佳配比下的基质的 pH 为 7.39，总孔隙度为 62.3，通气孔隙度为 41.7%。

明确在含水率 80%、挥发分 25% ～ 55%、pH 在 6.5 ～ 7.5 之间、碱度为 100 ～ 350 mg/L 泥质条件下工艺包关键参数：首先 80% 污泥经过调理和高干脱水后含水率降到 55% ～ 65%，然后进入干化系统进行干化，干化为连续运行方式，进料粒径 ≤ 50 mm，温度控制在 120 ～ 200℃，污泥在干化系统内停留 40 ～ 60 min，保持干化系统内部压力 –300 ～ –200 Pa，出料含水率 20% ～ 30%；污泥经过干化后进入炭化系统，炭化为连续运行方式，进料粒径 ≤ 3 mm，炭化温度控制在 350 ～ 650℃，炭化系统内部含氧量 ≤ 0.5%，物料停留时间 40 ～ 60 min，系统内压力 –100 ～ –20 Pa，出料生物炭含水率接近于 0。

四、实际应用案例

典型案例：鄂州污泥处理处置工程

应用项目地点位于鄂州市城区污水处理厂内，污泥处理处置车间占地面积约 700 m²。污泥处理处置工程服务对象为鄂州市城区污水处理厂和樊口污水处理厂运行期间产生的脱水污泥。该项目于 2013 年开始建设，2017 年 10 月投产运行。该项目单套炭化系统处理能力现阶段位于国内第一。工程主要组成包括主机设备、污泥储仓、控制室等。主要工艺环节包括脱水污泥储存及输送、污泥干燥部分、污泥炭化部分、除尘、热量回收、尾气处理和炭化产品冷却和包装。

通过该炭化技术的应用，根据第三方检测结果，污泥炭化处理过程中产生的废气符合《生活垃圾焚烧污染控制标准》（GB 18485—2001）标准限值，厂界恶臭气体满足《恶臭污染排放标准》（GB 14554—93）二级限值的要求，污泥炭化处理过程中产生的废气符合《生活垃圾焚烧污染控制标准》（GB 18485—2001）标准限值，厂界恶臭气体满足《恶臭污染排放标准》（GB 14554—93）二级限值的要求。炭化物的浸出毒性符合《城镇污水处理厂污泥处置单独焚烧泥质》（CJ/T 289—2008）标准限值要求。经用户证明，炭化炉等设备运行良好，出料正常，污泥经炭化处理后减重率可达91%。炭化系统配套的除尘系统、烟气处理系统等对运行过程中产生的烟气进行了净化处理，烟气达标排放。运行工程中产生的固液废物也采取措施进行了处理，不会引起二次污染。

技 术 来 源

- 城市污水处理厂污泥处理处置技术装备产业化（2013ZX07315002）
- 城市污泥安全处理处置与资源化全链条技术能力提升与工程实证
  （2017ZX07403002）

50 集镇污水生物／生态协同处理关键技术

> **适用范围**：小规模污水处理，排放标准要求较高，集镇生态处理土地有限。
> **关 键 词**：集镇污水、生物处理、人工湿地处理、生物／生态组合处理

一、基本原理

集镇污水生物和生态协同处理工艺，前端设置生物处理工艺单元（一体化氧化沟、生物接触氧化法、SBBR），通过微生物作用去除污水中 SS、BOD_5、N、P 污染物，处理效能稳定，抗冲击负荷能力强，大幅降低了后续生态处理的负荷，增强了生态处理的稳定性，减少了生态处理占地面积；后续污水深度处理采用无能耗、低成本、管理简便的人工湿地生态处理工艺单元，通过填料吸附、微生物降解及植物吸收，对 N、P、有机物等污染物进行深度去除。

二、工艺流程

（一）SBBR-序批式人工湿地协同处理技术

集镇污水 SBBR-序批式人工湿地协同处理工艺（图 50.1），进水由预处理单元（格栅、沉砂、提升泵房）处理后进入组合式生物 - 生态协同处理工艺单元，组合式生物 - 生态协同处理单元通过生物处理 SBBR 工艺段、序批式人工湿地生态处理段去除污水中 SS、BOD_5、N、P 污染物，出水进入接触消毒工艺段消毒后排放。

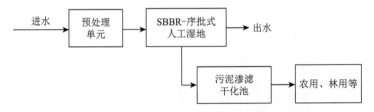

图50.1 SBBR-序批式人工湿地协同处理工艺流程图

（二）一体化氧化沟–人工湿地协同处理技术

集镇污水一体化氧化沟–人工湿地协同处理工艺（图50.2），主要通过隔油池除油、调节池调节水量，然后进入深沟型气升推流立体循环式倒置 A^2/O 一体化氧化沟去除 SS、BOD_5、N、P 污染物，出水进入后续作为深度处理单元的潜流人工湿地，进一步削减污染物。

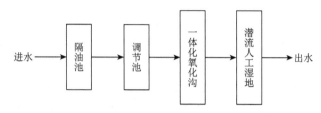

图50.2　一体化氧化沟–人工湿地协同处理技术工艺流程图

（三）生物接触氧化–温室人工湿地协同处理技术

集镇污水生物接触氧化–温室人工湿地协同处理工艺（图50.3），进水通过格栅去除漂浮物，经调节池进行水量调节后，进入初沉池去除部分 SS 和 BOD_5 后，进入生物接触氧化–温室人工湿地工艺单元，协同去除污水中 SS、BOD_5、N、P 污染物，阳光板的隔离保温使温室结构人工湿地在冬季可以维持 8℃水温，保证冬季正常运行。

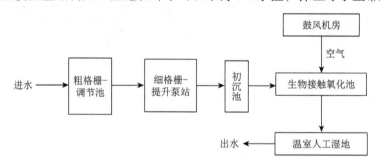

图50.3　生物接触氧化–温室人工湿地协同处理技术工艺流程图

三、技术创新点及主要技术经济指标

（一）SBBR–序批式人工湿地协同处理技术

1. 创新点

（1）SBBR 工艺运行灵活，对水质水量变化适应性强，有机物、N、P 去除效能高、剩余污泥量小。

（2）序批式人工湿地生态处理技术，通过在序批式运行模式中设置排空闲置运行时段，强化了人工湿地复氧能力，大幅提升了人工湿地处理效能。

（3）组合式 SBBR、鼓风机房、序批式人工湿地工艺单元采用一体化建设，工艺流程短、占地少、投资低、景观效果好。

2. 主要技术参数

（1）SBBR：周期运行工况为进水 – 反应 – 沉淀 – 排水 – 闲置，进水时间宜为 1.5 ～ 3.0 h，沉淀时间宜为 1.0 ～ 1.5 h；排水时间宜为 1.0 ～ 1.5 h。COD 容积负荷 0.5 ～ 1 kg COD/(m^3·d)，TN 负荷率 0.2 ～ 0.4 kg TN/(m^3·d)，挂膜密度 40% ～ 50%，DO 4 ～ 5 mg/L，污泥龄 15 ～ 20 d，每周期 HRT 4 ～ 12 h，COD、TN、TP 的去除率分别为 80% ～ 85%、60% ～ 70%、50% ～ 60%。

（2）序批式人工湿地周期运行工况为进水 – 反应 – 沉淀 – 排水 – 闲置。进水时间由生物段和生态段周期运行时间和池体个数确定。COD 负荷为 40 ～ 80 g COD/(m^2·d)，水力负荷为 1.0 ～ 2.0 m^3/(m^2·d)（图 50.4）。

图50.4 SBBR–序批式人工湿地协同处理工艺

（二）一体化氧化沟–人工湿地协同处理技术

1. 创新点

（1）一体化氧化沟、二沉淀池一体化建设，减少了占地和投资。
（2）构建出一体化氧化沟 – 潜流人工湿地协同处理系统，实现集镇污水高标准低成本处理。

前端设置一体化氧化沟工艺单元强化污染物去除，抗冲击负荷能力强，大幅减小了后续人工湿地单元承担的污染负荷，保障了人工湿地的稳定运行，并且人工湿地面积大幅减小。深度处理采用潜流人工湿地生态处理技术，降低了投资、维护简便，处理出水水质符合农田回灌及城市杂用要求。

2. 主要技术参数

（1）调节池：调节 HRT 8 h。
（2）一体化氧化沟：污泥负荷 0.15 kg BOD_5/(kg MLSS·d)，HRT 16 h，好氧区 DO 3.0 mg/L，SRT 8 ～ 12 d，流速 0.2 ～ 0.3 m/s。

（3）潜流人工湿地：设计表面水力负荷 125 cm/d，湿地砾石填料粒径 20～30 mm，填料层高度为 80 cm，湿地植物为芦苇，种植密度为 50 株 /m²（图 50.5）。

图50.5　一体化氧化沟–潜流人工湿地协同处理技术

（三）生物接触氧化–温室结构人工湿地协同处理技术

1. 创新点

（1）针对寒冷地区集镇污水处理，采用适宜低温的生物接触氧化工艺保障生物处理效能，并与温室结构人工湿地工艺进行生物 – 生态协同处理，投资运行成本低。

（2）研发出耐低温的温室结构人工湿地技术，为寒冷地区生态处理开辟了新途径。

温室结构人工湿地包括上层（陶粒、煤渣、土壤、植物）和下层（陶粒、煤渣）潜流式人工湿地，上层湿地和下层湿地间由不透水的隔层分开，夏季运行上层人工湿地，冬季运行下层人工湿地，确保在东北高寒地区冰封期全年稳定运行。

2. 主要技术参数

（1）接触氧化池：停留时间 6 h。

（2）温室结构人工湿地停留时间 30 h，填料比表面积 380 m²/m³，填料最佳投加比为 60%。

图50.6　生物接触氧化–温室结构湿地协同处理技术

四、实际应用案例

（一）典型案例1：重庆垫江县澄溪镇污水处理示范工程

垫江澄溪镇污水处理厂（图50.7）位于重庆市垫江县澄溪镇，设计规模1200 m³/d，采用 SBBR–序批式人工湿地协同处理工艺，处理出水达到《城镇污水处理厂污染物排放标准》（GB 18918—2002）一级 B 标准，占地5.6亩。单位经营成本为0.33 元 /(m³·d)，单位运行成本为0.28 元 /(m³·d)，其中电耗为0.17 kW·h/m³ 污水。经过2 年运行，实现污染物减排 COD 约290 t，BOD$_5$ 约155 t，TN 约45 t，TP 约4.2 t，取得了显著的社会、环境、经济效益，为三峡库区山地小城镇污水处理提供了新途径。

图50.7　重庆市垫江县澄溪镇示范工程

（二）典型案例2：江苏省昆山市锦溪镇污水处理厂

江苏省昆山市锦溪镇污水处理厂（图 50.8）位于江苏省苏州市昆山市锦溪镇，近期污水处理规模 1.0 万 m³/d，远期规模 3.0 万 m³/d，采用倒置 AAO–高密度沉淀池 –V型滤池 – 人工湿地处理工艺，实际出水达到地表水环境质量标准Ⅳ类标准。

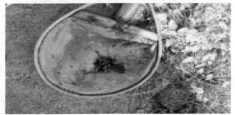

图50.8　江苏省昆山市锦溪镇污水处理厂

技 术 来 源

- 山地小城镇污水生物/生态协同处理技术（2009ZX07315005）
- 华北缺水地区小城镇水环境治理与水资源综合利用技术研究与示范（2008ZX07314006）
- 牡丹江水质综合保障技术及工程示范研究（2012ZX07201002）

51 集镇污水自然跌水曝气处理关键技术

适用范围：地形落差较大，输送距离较长、经济及管理水平低的山地小城镇污水处理工程，以及污水处理厂用地受限的工程。

关 键 词：高差跌水；自然曝气；生物填料；污水处理设施；除氮；山地区域

一、基 本 原 理

跌水曝气是指利用自然地形落差进行无能耗的跌水充氧，水流由一定的高度跌落，跌落水流与下一级水体接触时，流态发生急剧变化，此时的流态为紊流，呈剧烈的搅动状，从而使得空气卷入，达到曝气充氧的效果。同时由于跌水的持续，液面的连续搅动，使得气液接触面不断更新，使充氧过程持续。跌水曝气作为一种曝气方式也被应用在了污水处理工艺之上。跌水曝气是一种非常可行的曝气方式，运行能耗也更低。每经过一次跌水曝气，DO 值都有相应的升高，COD 的去除率也能够达到 70%以上。跌水曝气作为一种曝气方式在水处理中已经开始得到了较为广泛的应用，跌水曝气是一种低耗高效的曝气方式，尤其适合于具有地形高差的地区。

跌水曝气式污水输送处理渠道净化效能高。跌水曝气充氧效果的好坏是跌水曝气技术应用的关键，探讨跌水曝气充氧效果的影响因素也是很有必要的。跌水高度、跌水深度、跌水宽度和跌水流量是影响跌水曝气氧传递系数 K_{La} 的关键参数，其中跌水高度、跌水宽度和跌水流量对 K_{La} 的影响是正影响，跌水深度对 K_{La} 的影响是负影响。

目前，跌水曝气充氧效果与各影响因素之间的关系还不明确，跌水曝气也没有确定的运行参数。本研究将结合自身所提出的跌水曝气下水道沟渠处理系统自身的构造特点，研究其跌水曝气充氧效率的影响因素，以期进一步提高跌水曝气下水渠道处理系统的处理效能，为今后该技术的设计提供技术参考，为推广应用奠定良好基础。

二、工 艺 流 程

自然曝气下水道系统（图 51.1）由预处理池、渠道主体、填料和开孔盖板组成，渠道采用阶梯式跌水，渠道主体内设隔墙分为多级，渠道内填充悬浮填料。渠道主体作为收集和处理城镇污水的下水道，内置隔墙，将渠道主体沿水流方向分为多个处理单元，形成水流汇集的滞留区，隔墙上开有过水口连通相邻的处理单元，各污水处理单元渠底沿水流方向依次降低。渠道主体上设有开孔盖板，渠道底部设置一定的坡度。在水流汇集的滞留区沿程分别设置球形弹性立体填料、球形悬浮填料和球形组合填料，用于固定微生物，形成污水的生物降解区，并按有效容积的 20% ～ 30% 进行填装，在整个渠道空间上构成多级生物膜系统。

　　该渠道系统集污水输送与净化两种功能于一体，具有工艺简单、效率高、运行无耗能、占地少、投资低和管理方便等优点。自然跌水曝气工艺流程图如图 51.1 所示。

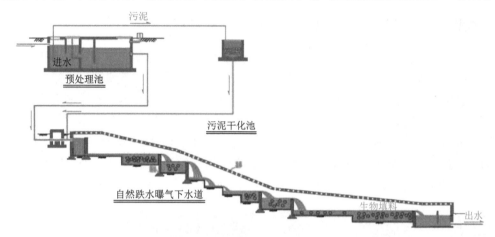

图51.1　集镇污水自然跌水曝气处理关键技术工艺流程图

三、技术创新点及主要技术经济指标

　　自然曝气下水道系统集污水输送与净化为一体，利用下水道空间，自然地形落差进行跌水充氧。在长距离输送渠道中，通过投加高效悬浮生物填料，在空间上构建成多级生物膜系统，具有处理效能高、投资省、无能耗、无需污水厂专用占地等特点。研发的集污水收集、输送和处理为一体的自然跌水曝气下水道沟渠处理系统构造合理，具有良好的跌水充氧能力和净化能力，维护管理简单，处理成本低，是适合山地小城镇的污水处理技术。

　　对研发的简易预处理、跌水自然复氧、渠道式下水道生物膜处理等技术进行集成综合示范。该集成技术集污水输送与净化为一体，充分利用山地小城镇的地形坡度及落差，强化渠道处理系统的自然复氧能力；通过投加高效生物填料，构建多级生物膜系统；实现了系统净化效能高、无能耗、工程建设投资和运行成本低、管理简便的目标。

　　跌水曝气处理系统 NH_3-N 去除率为 26% ～ 64%，呈现出较大的波动。这主要由于该系统进水 NH_3-N 为 14.5 ～ 101.4 mg/L，变化幅度大，同时受季节温度变化影响。在进水 NH_3-N 为 14.5 ～ 21.3 mg/L 时，其出水为 7.0 ～ 8.8 mg/L，能够达到《城镇污水处理厂污染物排放标准》（GB 18918—2002）中的一级 B 标准。当夏季水温度达到 22℃以上时，该系统 NH₃-N 去除率能够达到 50% 以上。该系统对 TN 的去除率为 30% ~ 45%。

运行后出水水质稳定，达到国家《城镇污水厂污染物排放标准》二级标准，COD、SS 可稳定达到一级 B 标准。经过 3 年运行，实现污染物减排 COD 440.6 t，BOD₅ 233.3 t，TN 38.9 t，TP 3.8 t。该系统管理维护简单，不需要专业人员，预处理池中的浮渣及污泥仅需定期清理，处理费用为 0.022 元 /m³，与现有传统工艺相比，节约投资 20% ~ 30%。

四、实际应用案例

典型案例：重庆市武隆仙女山大坪污水处理厂工程

2009 年 9 月，在重庆武隆县仙女山镇谭家沟建成山地小城镇污水自然跌水曝气下水道处理示范工程（图 51.2），工程规模 1200 m³/d，自然跌水曝气下水渠道 1.826 km，地形差高达 88 m。通过在跌水曝气下水渠道中设置高效悬浮生物填料，在空间上构建成多级生物膜系统，使渠道集收集输送和净化功能为一体。示范工程经 2 年多运行，出水稳定达到国家《城镇污水厂污染物排放标准》二级标准，COD 可达到一级 B 标准，TN 及 TP 保持 30% ~ 50% 去除率，出水进入仙女山镇谭家沟污水处理厂处理。由于该示范工程处理效果良好，在该地区的小城镇污水处理工程中已得到推广应用。

图51.2 示范工程现场照片

技 术 来 源

- 三峡库区山地小城镇水污染控制关键技术研究与示范（2009ZX07315005）

52　集镇污水处理一体化装备

> **适用范围**：300 m³/d 以下分散型小规模污水处理。
> **关 键 词**：集镇污水、预处理设备；生物转盘；AAO；曝气生物滤池；填
> 料氧化沟；MBR

一、基 本 原 理

集镇污水处理一体化装备主要有预处理设备、生物转盘、AAO、曝气生物滤池、填料氧化沟、MBR 等。通过对不同工艺进行设备构型与参数优化，攻克了在较小空间设置多个处理单元、安装多个机械的难题，在保证污染物高效稳定去除的同时，也可以确保设备内水力条件良好和排泥顺畅。该系列装备具有耐水质水量变化、可快速启动和工艺路线选择灵活等特点，可满足不同污水水质与排放标准的技术需求与选择。

二、工 艺 流 程

（一）污水预处理一体化设备

污水经过首先进入除渣区，随后进入斜板沉淀除磷区。当斜板沉淀除磷区中水的高度超过导流板的高度后，水即可从导流板的上部流下，然后再通过第二挡板的底部流入到水解调节区，完成预处理过程（图 52.1）。

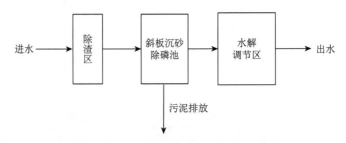

图52.1　污水预处理一体化设备工艺流程图

（二）污水处理生物转盘一体化成套设备

污水依次进入缺氧滤池、厌氧滤池、絮凝沉淀池、好氧生物转盘、二沉池、紫外消毒等工艺单元，好氧生物转盘的硝化液被回流至缺氧滤池，污水中的 SS、COD、NH_3-N、TN、TP 和大肠杆菌被去除。缺氧滤池、厌氧滤池、絮凝沉淀池、二沉池产生的污泥排至贮泥池（图 52.2）。

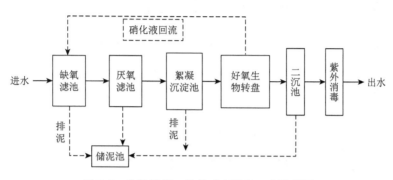

图52.2　生物转盘一体化成套设备工艺流程图

（三）污水处理AAO接触氧化一体化成套设备

污水由提升泵泵入 AAO 接触氧化一体化成套设备后，依次经历厌氧、缺氧、好氧工艺单元去除 BOD_5 和 N，在好氧工艺单元后设置了化学除磷工艺单元去除磷，最后经沉淀池沉淀后出水（图 52.3）。

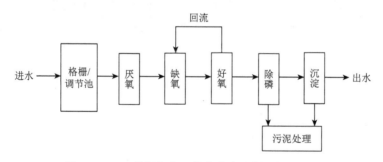

图52.3　AAO接触氧化一体化成套设备工艺流程图

（四）污水处理曝气生物滤池整装集成设备

曝气生物滤池整装集成设备包括预处理模块、脱氮除磷模块、曝气生物滤池模块以及消毒模块，用以满足不同水量、水质与排放标准要求。多层布水生物滤池整装集成模块化成套设备，由折流式可调节反射板高效沉淀池、高效增强型脱氮滤池（上向流）、曝气生物滤池（下向流）、多介质过滤器、紫外消毒器和控制系统整装集成（图 52.4）。

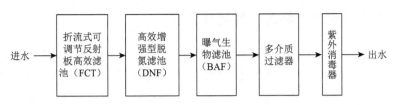

图52.4   污水处理曝气生物滤池整装集成设备工艺流程图

（五）污水处理填料氧化沟一体化成套设备

开发的污水处理填料氧化沟成套设备，主要由预缺氧区、厌氧区、填料氧化沟、组合式沉淀池组成（图52.5）。

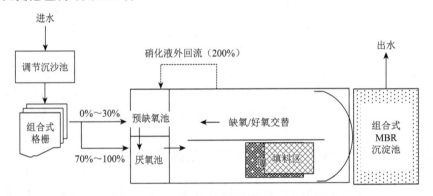

图52.5   填料氧化沟一体化成套设备工艺流程图

（六）MBR一体化成套设备

污水首先进入调节池、沉淀池等预处理单元，随后进入MBR生化处理单元实现污染物的去除，最终经泥水分离单元、物化处理及消毒单元后排出设备（图52.6）。MBR一体化成套设备可以与生态处理单元相组合设计，以满足更高的排放标准。

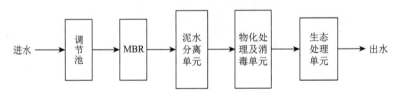

图52.6   MBR一体化成套工艺流程图

三、技术创新点及主要技术经济指标

（一）污水预处理一体化设备

1. 创新点

装备集除渣、除砂和除磷等功能于一体，设备结构简易，运行管理简便，且处理成本较低。

调节区集调节和水解发酵功能于一体,将大分子有机物水解为小分子有机物,为后续生物脱氮提供碳源。

2. 主要技术经济指标

预处理一体化装备的吨水电耗费用 0.007 元,在最优絮凝剂投加量下(聚合硫酸铁 70 mg/L),SS、COD 和 TP 的去除率分别为 69.6%、48.7% 和 49.1%。

3. 技术参数

斜板沉砂、除磷区 HRT 60 min,水解调节区调蓄时间 6 h。

(二)生物转盘一体化成套设备

1. 创新点

装备将生物转盘设备化,同时集成多个处理单元,实现预处理 – 生化处理 – 泥水分离 – 消毒的全流程处理。

转盘自转促进生物膜的更新,解决了传统缺氧 / 厌氧接触池静压脱膜困难的问题。增设液位调控系统实现不同缺氧程度的控制,从而应对不同水质的变化。

2. 主要技术经济指标

出水中 COD、SS、NH_3-N、NO_3^--N、TN 和 TP 等水质指标满足一级 B 标准。该设备的单位能耗不超过 0.15 $kW\cdot h/m^3$,一体化设备投资不超过 7000 元 $/m^3$,运行费用不超过 1.5 元 $/m^3$。

3. 技术参数

BOD_5 面积负荷 10 $g/(m^2\cdot d)$;水力负荷率 0.09 $m^3/(m^2\cdot d)$;反应槽 HRT 1.7 h;设计污泥浓度 3600 mg/L;槽体升流速度 0.034 m/min。

(三)AAO接触氧化一体化成套设备

1. 创新点

(1)解决了传统工艺中长短泥龄间矛盾,将除磷和反硝化两个独立过程耦合,实现了碳源和曝气量的节省,以及剩余污泥的减量,降低了运行成本。

(2)AAO 装置不承担硝化功能,中间沉淀池中 NO_3^--N 浓度低,污泥沉降性能好,同时,回流污泥为聚磷菌的充分释磷提供了绝对厌氧环境,强化了系统的反硝化除磷效果。

(3)生物接触氧化池生物量多、处理效率高、无需反冲洗、运行管理方便,系统可实现多种脱氮方式,处理效果稳定。

（4）整体为推流流态，具有很强的反应推动力；抗冲击负荷能力强，污泥产量低且沉降性能良好，无污泥膨胀问题。

2. 主要技术经济指标

经处理后达到一级 B 标准，对 COD、NO_3^--N、TP、TN 的去除率分别为 71.8%，97.8%，26.6% 和 68.4%。

（四）污水处理曝气生物滤池整装集成设备

1. 创新点

设置独立的环形进水配水系统与滤板滤头相结合的配水系统，让污水在进入滤料层前经过环形配水系统、滤板滤头配水系统和卵石层的三次配水布水，达到均匀布水的效果。

因优化水流条件，减少了滤池的反洗频次，缩短了滤池中氧对反硝化菌不利影响的时间，使滤池的处理效率得到提高。

2. 主要技术经济指标

TN 去除率提高约 20% ～ 30%，反洗运行能耗降低约 30%。成套设备投资为 6400 元 /t，能耗为 0.48 kW·h/m^3，运行费用 0.55 元 /m^3。

3. 技术参数

FCT 停留时间为 90 min，DNF 停留时间为 30 ～ 35 min，BAF 停留时间为 75 ～ 90 min，多介质过滤器过滤速度为 8 ～ 10 m/h。

（五）填料氧化沟一体化成套设备

1. 创新点

装备采用组合式格栅有效拦截污水中的颗粒物和缠绕物，预处理系统更加简约化。

采用调节沉砂池拦截无机颗粒，同时改善碳源结构，确保后续工艺稳定运行。根据进水水质特征选择性的设置内碳源反硝化池，保障后续生物除磷和缺氧反硝化系统的运行。生物系统采用填料氧化沟形式，有效缓冲水质水量冲击。

2. 主要技术经济指标

回流污泥泵设置于低氧区（低于 1 mg/L），降低 DO 对反硝化效果的影响。该设备的单位能耗不超过 0.15 kW·h/m^3，设备投资不超过 7000 元 /m^3，运行费用不超过 1.5 元 /m^3。

3. 技术参数

生物系统总停留时间原则上不超过 12 h。其中（预）缺氧池停留时间不超过 45 min，进水比例不超过 50%，（预）缺氧池出水混合液 NO_3^--N 浓度不超过 1.5 mg/L；厌氧池停留时间不超过 2 h，进水比例不小于 50%；曝气区（兼氧区）污泥浓度不低于 5 g/L，出水 DO 不超过 5 mg/L，同时不低于 1.5 mg/L；回流污泥 DO 不超过 1.5 mg/L。

（六）MBR一体化成套设备

1. 创新点

通过控制反应器的曝气强度及曝气系统结构，形成以兼氧为主，部分好氧的内部生化反应环境，实现了一体化脱氮除磷。

研发出以兼性菌为优势菌种的兼氧膜生物反应器工艺，取消了污泥回流工艺，运行管理更加简单。

通过共聚物包覆纳米氧化物来改性中空纤维膜的亲水性；采用高强度编织管制备方法来增强其强度；通过添加改性聚偏氟乙烯复合材料使膜材料再生。

2. 主要技术经济指标

当 HRT 从 6 h 增加到 8 h，系统对 TN 和 TP 的平均去除率分别从 55.07% 和 77.23% 提高到 73.57% 和 82.24%，当污泥回流比为 150%，增加缺氧 – 厌氧回流时，TN 和 TP 的去除效果更佳。

3. 技术参数

HRT 8 h；硝化液回流比 150%。

四、实际应用案例

（一）典型案例1：重庆市丰都县一体化生物转盘厂站

生物转盘一体化成套设备在"丰都县农村环境连片整治工艺改进"项目中应用（图 52.7），以余家坝村和多坡坝村示范工程为例，设计规模均为 100 m³/d，示范技术采用综合预处理设备——一体化生物转盘，出水执行《城镇污水处理厂污染物排放标准》（GB 18918—2002）二级标准。出水 COD、NH_3-N、TN 和 TP 去除率分别达到了 75.92%、90.95%、73.68% 和 90.00%。

示范工程采用的一体化生物转盘设备投资不超过 7000 元 /m³，而达到相同出水水质要求的原有设备投资成本在 11000 元 /m³ 以上。在运行、管理成本方面，本技术的运行费用不超过 1.50 元 /m³，而现有类似技术运行成本达到了 1.50 元 /m³ 以上，该一体化设备具有投资省，运行、管理成本低的特点，对我国集镇污水处理具有重要示范作用。

图52.7　重庆市丰都县一体化生物转盘厂站

（二）典型案例2：河北省香河县五百户镇污水处理站

本项目位于河北省香河县五百户镇（图 52.8）。设计规模为 100 m³/d，采用反硝化生物滤池 – 曝气生物滤池工艺，尾水最终排入村周边干渠内。处理出水指标执行《河北省农村生活污水排放标准》（DB 132171—2015）一级 A 标准，成套设备吨水投资为 6400 元，能耗 0.48 kW·h/m³，运行费用 0.55 元 /m³。

图52.8　河北省香河县五百户镇污水处理站

技 术 来 源

• 小城镇污水处理成套设备产业化与整装集成应用（2015ZX07319001）

53　基于远程传输与系统自诊断自反馈的低成本污水处理站管理运维关键技术

> **适用范围**：分散式污水处理设施集中运营管理及维护。
>
> **关 键 词**：生物转盘；运维管理；远程控制；自诊断系统；智慧平台

一、基 本 原 理

　　该技术是通过信息实时反馈机制整体提升集镇水务运营的效率，实现人力和技术资源集约化的有效利用，适用于分散式污水厂站远程集中管理。控制系统根据在线仪表的连续数据和日常随机数据的采集，数据全部储存在云服务器数据库，依托云服务器的数据存储能力，积累大量待分析数据。从数据库导出数据，利用 SPSS 软件处理长期连续时间序列数据和随机数据，采用多种时间序列分析方法进行比对分析，分析连续数据和随机数据之间的关系，连续数据与事件触发时间的关联分析，继而通过构建 ARMA 模型，对集镇污水处理厂的设备运行状况进行预测和干预。能够实现污水处理设施运行自诊断及故障自保护，保障整个厂站污水设施稳定运行，从而实现污水处理厂站长期稳定运行，极大降低了厂站因巡查不到位、不及时或偶发故障导致的低水平运行或停运。该技术实现了污染物自动监测，具备预警预测功能、决策支持系统，并搭载了运维成本记录分析模块。

二、工 艺 流 程

　　平台以智能化的集中生产运营管理为核心，从生产监控、生产运维、统筹调度、数据分析等多个层面，逐步形成涉及远程监视管理、生产运行管理、设备管理、安全生产管理、巡检管理、数据运行分析、数据存储管理、工单管理、出勤管理、移动智能 APP 应用等多个管理方向的子系统，最后综合多平台的数据发布模式，直接提供 PC、智能手机、平板电脑等多平台的数据访问方式，实现了跨平台的实时生产工艺监测、实时视频数据监测、生产管理以及各种丰富的数据查询分析服务，辅助各类管理人员实现运营管理、数据智能分析、综合管理决策等工作（图 53.1 和图 53.2）。

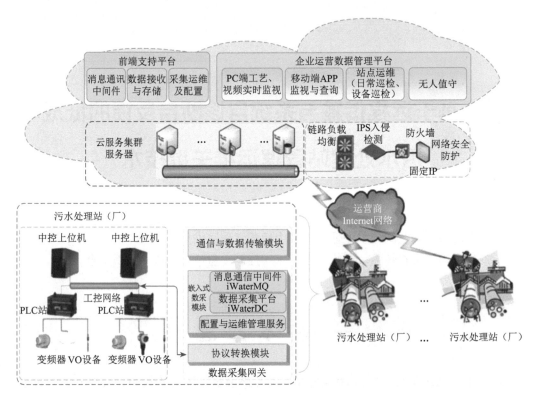

图53.1　基于远程传输与系统自诊断自反馈的生物转盘工艺设施低成本污水处理站
管理运维关键技术路线图

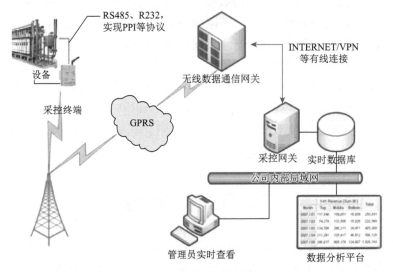

图53.2　基于远程传输与系统自诊断自反馈的AAO工艺设施低成本污水处理站管理运维关键技术路线图

三、技术创新点及主要技术经济指标

基于远程传输与低人工的运维管理平台包括前端（移动客户端）和云端（信息监

控受理中心）两部分。通过采用"各个污水处理设备→控制中心→云平台"三级信息化云端监测和控制，将项目和工艺设备进行在线控制和后台统计优化，可视化的管理方式有机整合管理技术人员与各站点设施。针对村镇污水处理厂（站）的实际特点，基于物联网技术、互联网技术和自动控制技术而定制开发的一套标准的、智能的、可远程管控的智能互联运营管理平台，可实现污水治理专业化、运营管理智能化、站区看守无人化、人员管理规范化和响应机制快速化。通过采用基于远程传输与低人工的管理运维管理平台，可对污水处理设施和设备进行智能化管理和调控，实现设施运行自诊断及故障自保护，降低设备的故障率，保证设备长期稳定运行。根据在线仪表的连续数据和日常随机数据的采集，数据全部储存在云服务器数据库，依托云服务器的数据存储能力，积累大量待分析数据。从数据库导出数据，利用 SPSS 软件处理长期连续时间序列数据和随机数据，采用多种时间序列分析方法进行比对分析，分析连续数据和随机数据之间的关系，连续数据与事件触发时间的关联分析，继而通过构建ARMA 模型，对村镇污水处理厂的设备进行状况进行预测和干预，能够实现生物转盘设施运行自诊断及故障自保护，保障整个厂站污水设施稳定运行，从而实现污水处理厂站长期稳定运行，极大降低了厂站因巡查不到位、不及时或偶发故障导致的低水平运行或停运。

　　针对集镇污水处理设施的实际特点，管理模式采用集约化管理、分片运维的模式，设立运维中心控制室，通过智能互联系统，对项目群的各（厂）站实行统一管理，并结合区域地理位置特点分片区运维，每个片区配备专门的运维人员。运维人员按运维计划对该片区的处理设施进行检查与养护，确保各站点设施长效稳定运行。

　　集约化管理：镇级项目公司管理模式分为"分厂→中心水厂→总部"三级网络管理模式。村级和户级管理模式分为无人值守的"（片区）巡检→中心→总部"模式。通过三级信息化云端监测和控制，对生产运行数据实行"分散采点、集中管理"，确保厂（站）长期稳定运行。

　　分片运维：结合村镇污水处理（厂）站的实际情况，按照厂（站）位置区域划分为 3～4 个片区，每个片区包括若干个乡镇或街道，每个片区配备 2 个巡查人员和 1 辆运维巡查车，专门负责该片区村镇污水处理设施的日常运维工作。对于每个乡镇或街道污水处理厂（站），每个厂专门配置 1 名驻厂人员，进行专职操作维护。

四、实际应用案例

（一）典型案例1：湖南省长沙县生物转盘设施运行自诊断及故障自保护控制系统示范

　　基于远程传输与低人工的管理运维管理平台在湖南省长沙县 5 个镇内实行推广应用，分别为长沙县春华镇春华污水处理厂，日处理量 800 m^3/d，服务人口 0.7 万人；长沙县黄兴镇黄兴污水处理厂，日处理量 5100 m^3/d，服务人口 3.0 万人；长沙县高桥镇高桥污水处理厂，日处理量 1500 m³/d，服务人口 0.6 万人；长沙县路口镇路口污水处理厂，日处理量 1000 m³/d，服务人口 1.0 万人；长沙县安沙镇黄兴污水处理厂，日处理量 500 m³/d，服务人口 1.5 万人。5 个污水处理厂采用远程监控管理系统对厂区内设备施行管控，并通过网络进行信息数据传输，由智慧管理平台集中运营管理。平台将数据采集、视频监管、设备运行监管、运营管理系统等功能整合，实现了设备自动化运行，操作简单方便，同时具有自诊断和故障自保护功能，自从投入使用以来大幅提高了工作效率，降低运营成本，有效保障了出水达标排放。

（二）典型案例2：江苏省宿迁市泗阳县AAO工艺设施运行自诊断及故障自保护控制系统示范

以 AAO 工艺为主体的 11 个污水处理设施在江苏省宿迁市泗阳县境内采用基于远程传输与低人工的管理运维平台进行无人值守式远程运营维护，分别是来安镇贾庄村污水处理厂，日处理量 200 m³/d，服务人口 3648 人；众兴镇杨集村污水处理厂，日处理量 100 m³/d，服务人口 1600 人；庄圩乡大楼村污水处理厂，日处理量 100 m³/d，服务人口 1700 人；八集乡前荡村污水处理厂，日处理量 100 m³/d，服务人口 1680 人；卢集镇成河村污水处理厂，日处理量 100 m³/d，服务人口 1552 人；卢集镇郝桥村污水处理厂，日处理量 100 m³/d，服务人口 1576 人；高渡镇高渡村污水处理厂，日处理量 100 m³/d，服务人口 2188 人；高渡镇高集村污水处理厂，日处理量 200 m³/d，服务人口 4056 人；众兴镇界湖村污水处理厂，日处理量 200 m³/d，服务人口 2568 人；刘集乡花井村污水处理厂，日处理量 100 m³/d，服务人口 1472 人；史集街道办花台村污水处理厂，日处理量 200 m³/d，服务人口 3300 人。累计运维日处理量 1500 m³/d，服务人口 25340 人。11 个污水处理厂通过远程管理运维平台对厂区内的污水处理设施设备施行管控，并通过网络进行信息数据传输，由平台集中运营管理。该系统实现了设备设施的自动化运行，操作简单方便，同时具有运行自诊断和故障自保护功能，自从投入使用以来运行正常，大幅降低了运营成本。

技　术　来　源

- 小城镇污水处理成套设备产业化与整装集成应用（2015ZX07319001）

54　城镇水体污染解析与源识别关键技术

适用范围：城镇水体污染源排查、识别和解析。
关 键 词：城镇水体；污染识别；细化分类；污染负荷量化；源解析

一、基 本 原 理

　　针对我国城镇水体修复过程中由于污染源调查不彻底、成因分析不科学等原因导致的修复技术缺乏针对性和持续性、治理方案缺乏系统性和适应性、资金使用效率低、效果不明显、成效难维持等问题，结合我国城镇不同类型水体特征，开展典型城镇水体污染源排查和识别研究，建立系统科学的污染源调查识别和污染源细化分类方法；建立以检测装置、方法和流程为核心的污染源负荷量化方法；统筹时空特征，开展基于污染物汇入、迁移、沉积、再悬浮过程释放规律与水质响应关系的污染源动态解析；构建污染源控制与水质响应的数值模拟模型并应用验证，为消除黑臭、长治久清、控制富营养生态恢复等各阶段目标的城镇水体治理提出具有适用性、可持续性的黑臭治理工程实施及水体长效保持技术方案提供科学依据。

二、工 艺 流 程

　　城镇水体污染解析与源识别关键技术工艺流程如图 54.1 所示。

（一）识别城镇水体污染源

　　选择典型城镇水体为研究对象，结合我国城镇不同类型水体污染源调查，突破囿于点源、面源和内源的传统污染源分类方式，开展新的污染源识别与分类方法研究，基于推进污染源解析工作与工程实践的衔接目标对城镇水体污染源重新识别和细化分类，提出适合我国国情的污染源赋存形式的，直接面向工程技术措施选择的，支撑系统、科学地选择技术路线需求的污染源识别与细化分类方法。

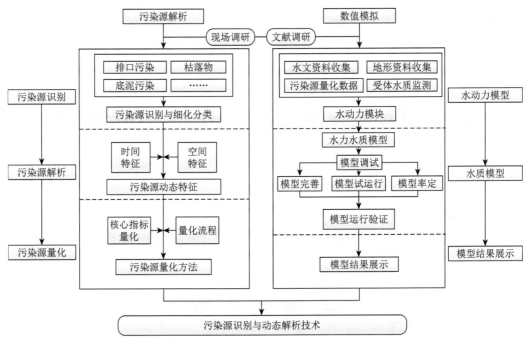

图54.1   城镇水体污染解析与源识别关键技术工艺流程图

（二）动态解析城镇水体污染源

针对城镇水体治理及治理后城镇水体长效维持目标，开展不同污染源的时空变化规律和特征研究，甄别导致水体水质恶化的主要污染源及变化特征，提出底泥内源污染夏季释放、雨季的降雨污染、干湿沉降污染的季节性变化等因素对城镇水体水质的潜在影响。

（三）城镇水体污染负荷量化及成因分析

基于城镇水体污染源识别分类法和污染源动态解析的基础上，建立包括检测装置、方法和流程的不同类型污染源量化方法，积累实测数据和资料计算不同污染源的污染贡献量，分析城镇水体污染成因及关键控制指标，用于指导精准化、系统化、可持续的治理技术路线制定和工艺技术选择。

（四）数值模拟污染源削减控制与水质响应关系

基于污染物汇入、迁移、扩散和转化规律研究成果，结合污染源识别方法、污染源量化方法，开展污染源控制与水质响应的数值模拟，预测污染源变化对水体水质影响变化的可信度分布，为污染源控制措施的优化选择提供依据。

三、技术创新点及主要技术经济指标

（一）技术创新点

（1）创新形成了适合我国城镇复杂多变特征的城镇水体污染源细化分类方法：突

破囿于外源（点源、面源）和内源的传统污染源分类方式，开展新的污染源识别与分类方法研究，以推进污染源解析与工程实践的衔接为目标，形成了以直排污水、合流制溢流、水体底泥、植物残体、干湿沉降、岸带径流、上游来水 / 补水等 7 类污染源为核心的，适合我国国情的污染源赋存形式的，直接面向工程技术措施选择的，支撑系统、科学技术路线选择需求的污染源识别与细化分类方法。

（2）创新提出了统筹时空特征的城镇水体污染源负荷量化方法：基于城镇污染源细化分类成果，重点细化了合流制溢流口、岸带径流收集、上游来水 / 补水的空间复杂多变特征，以及底泥释放、降雨径流污染、干湿沉降及枯落物污染的季节影响显著特征，建立涵盖 7 类污染源，包括检测装置、检测方法和操作流程的城镇污染源负荷量化方法，解决了主要污染源负荷数据难以准确获得的难题。

（3）创新开发了基于氧化还原电位诱导机理的城镇水体黑臭成因诊断方法：建立了污染物汇入、迁移、沉积与再悬浮规律与水质响应关系，阐明了氧化还原电位诱导水体黑臭的作用机理，构建了基于污染源强弱、排放规律特征和水体水质影响的城镇水体黑臭成因诊断排序方法，突破了黑臭成因不明晰导致治理技术选择靶向性不足的问题。

（二）主要技术经济指标

建立涵盖 7 类污染源，以检测装置、检测方法和操作流程为核心的城镇污染源负荷量化方法，并在水体治理实践中应用，实现城镇水体污染成因诊断。

四、实际应用案例

典型案例：天津市静海前进渠黑臭水体治理工程

天津市静海前进渠（图 54.2）黑臭段总长为 3.2 km，主要承担农田排水及排除合流雨污水的功能。整治前河道两岸边坡杂草丛生，北段附近村庄的生活污水未经处理直接排放、生活垃圾随意堆放在岸坡，两岸生态环境恶劣导致治理渠段水质较差；前进渠中断两侧有大型坑塘，加重了水体污染，加上多年底泥淤积，降雨径流污染严重，水质黑臭，景观质量较差，河槽受到严重污染，沿岸居民的健康生活受到严重影响。前进渠黑臭成因复杂，影响水体水质的污染源种类繁多，负荷较大，直接采用现有的工程措施进行治理耗资巨大，且无法维持效果。

通过污染源识别与动态解析技术可精确对各类污染源进行负荷定量分析，准确识别造成前进渠黑臭的主要污染源，进而确定截污治理措施、选用工程工艺要求和概算主要工程量；通过开展污染源控制与水质响应的数值模拟，预测污染源排放口上下游控制点污染物浓度区间及其相应可信度分布，评价相应河段水质风险，积极防止黑臭反复现象，维持长治久清。治理之前的前进渠水质 NH_3-N 浓度为 18 mg/L，氧化还原电位为 –250 mV；治理后水质 NH_3-N 浓度维持在 4 mg/L 以下，氧化还原电位均大于 50 mV，保持不黑不臭的状态。

图54.2 前进渠整治前后对比照片

技 术 来 源

- 海绵城市建设与黑臭水体治理技术集成与技术支撑平台
（2017ZX07403001）

55　城镇水体景观生态功能评估关键技术

适用范围：城镇水体的适应性评价指标及基准构建。
关 键 词：城镇水体；水质评价；生态评估；功能定位

一、基 本 原 理

城镇水体景观生态功能评估关键技术主要包括景观水体水质综合评估技术和生态适宜性评估技术。城镇水体景观水质的评估是基于 7 个相互独立的核心水质参数构建了景观水质综合指标 WQI_{UL} 的评估体系，以反映水体中 SS、胶体物、有机质、藻类、DO、营养盐浓度以及水体更新条件等因素对水质的综合影响。其中，WQI_{UL} 以因子质量的赋值和基于补水条件的权重确定，并以幂乘积形式表达。

城镇水体生态适宜性评估技术主要采用主观判断及具体数据表征方式对指标层定性及定量指标进行评价，利用专家打分法结合层次分析法获得各层级指标权重值。根据标准值，利用公式计算各指标层指数（隶属度值）得到相应模糊关系矩阵，通过运算得到对应准则层生态适宜性的评价值，将准则层权重与各指标分值加权运算，得到总体生态适宜性状况指数。

二、工 艺 流 程

城镇水体景观生态功能评估关键技术工艺流程如图 55.1 所示。

（一）景观水质综合评估流程

首先选择合适的监测断面或监测点进行取样分析：根据水体的规模、持水量、补水和退水条件，每个水体沿进出水方向设置 4～5 个采样点，采样点选择在水流平稳，水面宽阔、无急流、无浅滩处，在水面下 0.5 m±0.2 m 处采集水样；然后测定其 SS、COD、DO、NH_3-N、NO_3^--N、TP、HRT 等相关水质指标数据。此外，在城镇水体景观水质评价指标体系中，应重点考虑水量充沛与否以及进水 SS 浓度。通过计算评估结果，得到城镇景观水体水质，分析影响城镇水体景观水质的主控因子，从而选择相应的水质改善技术。

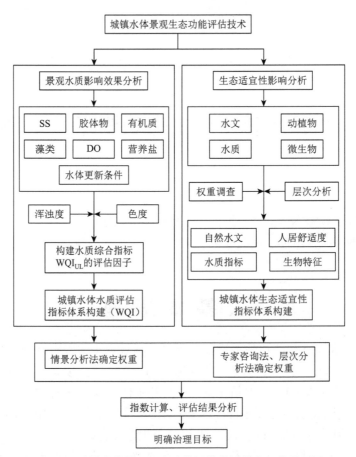

图55.1　城镇水体景观生态功能评估关键技术工艺流程图

（二）生态适宜性评估流程

首先对城镇水体生态适宜性影响因子进行筛选，结果涵盖城镇水体自然及水文状况、人居舒适度、水质指标和生物特征4个要素，并确定评价等级和相应评价标准，完成评价指标体系的初步构建；通过现场调研及监测收集数据，采取主观判断及具体数据表征方式对定性及定量指标进行评价；采用专家打分法初步确定权重值后，通过层次分析法进一步调整权重值，得到兼具科学与客观的权重结果；各指标权重系数确定后，利用评价模糊关系矩阵对指数进行计算，最终得出各个准则层及总体生态适宜性评价值，分析评价结果，明确治理目标，从而提出相应的改善措施。

三、技术创新点及主要技术经济指标

（一）技术创新点

1. 构建了城镇水体景观水质评价体系

城镇水体景观水质综合指标WQI_{UL}从景观状态出发，创新性地建立了城镇水体景观水质状态评价体系，弥补了基于《地表水环境质量标准》进行城镇水体评价的短板。明确了感官性状与反映 SS、胶体物、有机质、藻类、DO、营养盐浓度以及水体更新条件的 7 个核心独立水质参数间的响应关系，建立了景观水质综合指标体系。

2. 提出了城镇水体生态适宜性评价体系

通过对水体水文、水质、植物、动物、微生物等指标的监测及响应性分析，筛选出基于生物完整性的水体生态健康评估指示性指标，建立了包括自然及水文状况、人居舒适度、水质指标和生物特征 4 个准则层和 14 个指标层的城镇水体生态适宜性指标体系。在传统的以专家打分法确定权重的基础上，引入了层次分析法软件，运用一定的标度对人的主观判断进行客观量化，提高了评价结果的科学性和客观性。

3. 合理定位了城镇水体治理目标

在构建城镇水体景观水质评价体系及城镇水体生态适宜性评价体系的基础上，从景观、生态层面提出了基于城镇水体功能定位的适宜性评价基准，实现城镇水体治理目标的合理定位，为技术及工艺模式的选择提供依据。

（二）主要技术经济指标

（1）城镇水体景观水质评价指标体系分级：$WQI_{UL} > 65$，优；$WQI_{UL} = 45 \sim 65$，良；$WQI_{UL} = 25 \sim 45$，中；$WQI_{UL} < 25$，差；

（2）城镇水体生态适宜性指标体系包括 4 类准则层和 14 类指标层，具体指标分类见表 55.1。其中，评价等级分为非常适宜、适宜、基本适宜、不适宜、非常不适宜 5 个级别，并将评价等级标准化分为数值 4，3，2，1，0。

表55.1　城镇水体生态适宜性指标体系

目标层	准则层	指标层
城镇水体生态适宜性指标体系	自然及水文状况	岸坡植被结构完整性
		水体流动性
		水体充满度
		底泥状况
		缓冲区植被覆盖度
	人居舒适度	臭味
		漂浮物
		透明度
	水质指标	水质综合指数
		水功能区水质达标率
	生物特征	浮游植物多样性
		底栖动物多样性
		鱼类多样性
		水生植被覆盖度

四、实际应用案例

城镇水体景观水质评价关键技术已成功应用于全国 189 个城市内湖的景观水质评价，揭示了不同补水条件下城市内湖的水质特征。城镇水体生态适宜性评价技术业已成功应用于常州柴支浜、通济河、北塘河、藻港河、东支河、老藻港河、三井河的生态适宜性评估。

（一）典型案例1：北海湖景观水质评估

北海湖坐落于北京市中心偏东的北海公园内，主要以景观功能为主，在汛期起到蓄洪、排涝的作用。北海湖水面约为 583 亩，平均水深 1.5 m，蓄水量约 60 万 t，补水水源主要来自密云水库，少量来自官厅水库，进水口位于湖体北部，经湖体南部出口流出，补水水量平均为 1.2 ~ 1.5 m³/s。补水中的 TN、TP、COD 分别为 0.8 ~ 2.5 mg/L、0.05 ~ 0.12 mg/L、4.3 ~ 6.9 mg/L。

通过对北京市北海湖进行布点分析，计算得出北海湖各因子 q_i 值，并结合各参数权重，得到其景观水质综合指数 WQI$_{UL}$ 为 70.7。结果显示在水力和水质双重有利因素作用下北海湖的景观水质整体处于优。通过计算各因子对 WQI$_{UL}$ 的贡献率显示，HRT 的贡献率为 19.2%，SS 和 NO$_3^-$-N 的贡献率为 14.5% 和 9.4%（图 55.2）。表明影响北海景观水质的主导因素是 HRT，在保证水体 HRT 的前提下，降低 NO$_3^-$-N 和 SS 浓度应为北海景观水质改善的方向。

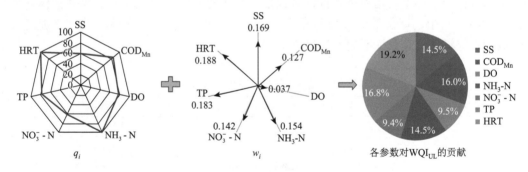

图55.2　北海湖各因子 q_i 值、权重值 w_i 及对 WQI$_{UL}$ 的贡献率

（二）典型案例2：常州柴支浜、通济河等城镇水体生态适宜性评估

通过调研问卷和水质指标分析，收集岸坡植被结构完整性、河流流动性、河流水体充满度、底泥状况、缓冲区植被覆盖度、臭味、漂浮物等各项指标的数据，然后利用模糊综合评判模型和评价等级标准值进行水体生态适宜性评价。

示范区内 17 个断面枯水期和平水期能达到基本适宜的有 8 个，丰水期能达到基本适宜的有 12 个，年均能达到基本适宜的断面有 10 个。丰水期河流的生态适宜性要好于平水期和枯水期。通过适宜性评估发现，常州市河道多数处于基本适宜状态，但通济河明显处于不适宜状态。根据计算结果可知主要是由于通济河底泥状况、水功能区水质达标率、底栖动物多样性和水生植物覆盖度不达标所致。因此，针对这类情况，可以采取清淤、种植水生植物并进行污水截污等措施提高通济河生态适宜性指数。

技 术 来 源

- 城市内湖氮磷去除及富营养化控制技术研究（2013ZX07310001）
- 城区水污染过程控制与水环境综合改善技术集成与示范（2012ZX07301001）

56　城镇水体异位强化营养盐脱除关键技术

适用范围：营养盐浓度过高的城镇水体。
关 键 词：城镇水体；生物过滤；旁路净化；人工湿地；富营养化

一、基 本 原 理

　　城镇水体异位强化营养盐脱除关键技术是一种为削减城镇水体氮磷等营养盐而研发的内源反硝化生物过滤技术及多级复合流人工湿地异位修复技术（图56.1）。其中，反硝化生物过滤技术主要利用水中DO，在前段滤层中实现有机物的好氧生物降解，同时在该区域的滤料颗粒表面形成生物膜；随着DO沿流向逐渐降低，在后段滤层中营造缺氧或厌氧环境，可实现滤池内部好氧‐厌氧的转换；通过水位调节可实现滤池双向进出水，按需倒换水流方向，使前段富集的生物膜置于滤池后段，为缺氧或厌氧条件下反硝化菌提供碳源。根据营养盐脱除效果，在运行期间可定期倒换水流方向，在不添加碳源的条件下实现有机物和营养盐的同步削减；通过内源利用实现滤层的自我再生，能有效防止生物膜老化与脱落造成的滤层堵塞，同时简化滤池的操作复杂度。

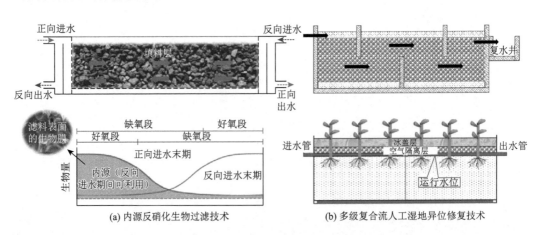

(a) 内源反硝化生物过滤技术　　　　　　(b) 多级复合流人工湿地异位修复技术

图56.1　城镇水体异位强化营养盐脱除关键技术原理图

多级复合流人工湿地异位修复技术是一种利用土壤、人工介质、植物和微生物的物理、化学和生物三重协同作用对城镇水体营养盐脱除进行异位强化处理的技术，主要包括复合流人工湿地技术、人工湿地管网曝气技术、人工湿地冰盖保温技术、新型喷泉/曝气装置等，通过吸附、滞留、过滤、氧化还原、沉淀、微生物分解转化、植物遮蔽、残留物积累、植物的蒸腾作用和养分吸收等过程，可有效改善城镇水体水质，强化营养盐的有效脱除，对城镇水体营养盐的异位脱除效能进行强化提升。其中，人工湿地冰盖保温技术、多组分填料结构、扰动型（波式流）湿地技术、多功能调节运行模式等进行集成，形成以湿地技术为核心的多层次异位生态净化技术体系，提高了湿地的水质净化效果，保证了湿地系统的长期连续稳定运行和冬季运行。

二、工 艺 流 程

城镇水体异位强化营养盐脱除关键技术主要包括内源反硝化生物过滤技术和多级复合流人工湿地技术等。其中，内源反硝化生物过滤技术的工艺流程（图56.2）如下：

（1）首先通过潜流泵从水体下游取水口处取水，经Y型管道过滤器后抽送至内源反硝化生物滤池前的配水渠，再经调节堰进入穿孔墙进行均匀配水；

（2）污水经横流式过滤廊道推流进入滤池，滤池前段污染物好氧生物降解，前段滤层中生物膜成熟后，切换进、出水方向，使启动阶段进水前段积累的生物量能够作为内源被微生物利用，同时完成切换后的进水前段的生物量积累；

（3）倒换水流方向后，生物膜位于廊道后段，在缺氧或厌氧条件下的进行内源反硝化，出水从后端调节堰溢出自流至排水渠，然后汇入集水井；

（4）由潜流泵抽回至水体上游，经多个排水点流入水体，从而实现水体的循环流动，改善水体水力条件的同时改善水体水质；定期切换进、出水方向，保证内源充足、营养盐削减效果稳定。

图56.2　内源反硝化生物过滤技术工艺流程图

多级复合流人工湿地异位修复技术的工艺流程（图56.3）如下：

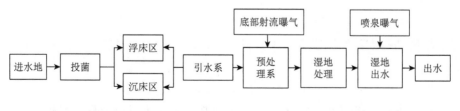

图56.3　多级复合流人工湿地异位修复技术工艺流程图

（1）进水先经前端投菌区，稳定进水水质，再经并联的沉床区和浮床区，运用植物吸附过滤水体非溶解性污染，减轻悬浮性污染物对后续湿地系统的污堵，同时利用植物根系和枝叶，为微生物附着提供载体；

（2）然后经系统末端的湿地处理单元，保障系统的出水水质，其间在湿地处理系统的进水池和出水池内辅助曝气装置以快速恢复和提高水中 DO。

三、技术创新点及主要技术经济指标

（一）技术创新点

（1）研发了以内源反硝化生物过滤为特点的城镇水体营养盐脱除技术，解决了同类城镇水体营养盐脱除技术存在的易堵塞、碳源不足等问题，运行维护简单，且无需投入额外的建设运行成本，可为城镇水体异位营养盐脱除处理提供有力的技术支撑。

（2）提出了适合于城镇水体水质改善及长期保持的多级复合流人工湿地异位修复技术，构建了城镇水体水质改善及功能恢复技术体系，为北方缺水城镇水体功能恢复与水质改善提供技术支持；同时形成了多级复合流人工湿地为核心的集成技术，解决了人工湿地运行不稳定、冬天运行效果差的问题。

（二）主要技术经济指标

内源反硝化生物过滤技术的主要技术经济指标如下：

（1）按空塔 HRT 12 ～ 15 h 确定池容；生物过滤区有效深度不小于 1.2 m 或不大于 4.0 m，滤池廊道长宽比 3 ～ 5；

（2）滤料依据孔隙率高、比表面积大、机械强度高、易于生物膜固着的原则，因地制宜选取；过滤区粒径 15 ～ 30 mm，底部承托层采用粒径为 40 ～ 60 mm 的鹅卵石以及块石支撑；

（3）根据出水氮磷营养盐控制指标或过滤阻力变化情况确定生物滤池的工作周期，一般在 180 天应切换进水和出水流向；

（4）在运行过程中进水 COD < 50 mg/L 条件下，水力负荷可控制在 3.6 ～ 6.6 m³/(m²·d)。

多级复合流人工湿地异位修复技术的主要技术经济指标如下：

（1）填料结构推荐使用粗砾石为底料支撑，页岩为主填料层，在页岩的表面填充粗砾石；

（2）推荐选用芦苇、香蒲等景观效果较好的水生植物；

（3）进水水力负荷为 800 mm/d，曝气气水比为 5∶1 时，推荐使用底部间歇曝气提高该技术对城镇水体中营养盐和有机物的脱除效果，但间歇曝气产生的富氧环境不利于氮营养盐的脱除，应根据实际进水水质确定曝气方式。

四、实际应用案例

（一）典型案例1：天津临港工业区生态公园示范工程

天津临港工业区生态公园示范工程（图 56.4）位于天津市临港经济区生态湿地公园。公园占地总面积约 63 万 m^2，其中水域面积 17 万 m^2，分为调节塘、人工湿地区和主湖区三个区域。补水水源为污水厂尾水，湖水长期或季节性面临氮磷营养盐超标问题。结合公园的生态水质改善工程，通过城镇水体异位强化营养盐脱除技术对湿地公园入水处理，即调节塘进行水质改善，处理规模为 2000 m^3/d，占地面积 1670 m^2。

图56.4　天津临港工业区生态公园示范工程

通过应用城镇水体异位强化营养盐脱除技术改善进入天津临港工业区生态湿地公园的补水水质，湖区水体中氮营养盐去除率 30.6% ~ 67.7%，平均去除率 40% 左右，磷营养盐的去除率为 23.2% ~ 25.3%，COD 去除率为 10.0% ~ 47.0%。

示范工程通过对污水处理厂尾水中残留氮磷等营养盐进行脱除，可有效减少该区域水环境污染，具有显著的环境效益、社会效益及经济效益。为天津临港生态湿地公园每年提供 1.8×10^6 t 优质的再生水补水水源，也显著提升了景区的景观功效。该技术解决了同类反硝化滤池存在的易堵塞问题，改善了城镇水体营养盐脱除过程中碳源不足的问题，为城镇水体异位强化营养盐的脱除提供了有力的技术支撑，推广应用前景广阔。

（二）典型案例2：天津市外环河水环境改善示范工程

天津市外环河水环境改善示范工程（图 56.5）位于天津市区西南部，外环河子牙河 – 海河段，有效面积 17000 m^2，植物种数达 20 余种，主要包括人工湿地处理系统、喷泉曝气系统、微生物净化系统、人工沉床及浮床四个区域。其中湿地示范区占地面积 24000 m^2，湿地处理池有效面积 9615 m^2，喷泉曝气系统采用喷泉曝气和射流曝气两种方式，与湿地系统结合布置。日处理外环河水量 4000 ~ 8000 m^3/d。

图56.5 天津市外环河水环境改善示范工程

　　示范工程运行过程中，在进水水质劣于设计指标的情况下，出水氮磷营养盐均达到Ⅳ类水质标准，在稳定运行阶段对氮磷营养盐的去除率分别为80%～90%和70%～80%。同时，河道水体透明度明显提高，浮萍及藻类生长得到有效抑制，沉水植物开始自我恢复，示范段河道内水生动物（如鱼类、底栖动物）数量也明显增多。

　　示范工程通过对多级复合流人工湿地的构建，解决了传统人工湿地的运行效果不稳定、氮磷营养盐削减效果一般、填料易堵及冬季处理效果差等诸多难题。按处理水量 4000 m^3/d 计算，该示范工程运行成本约 0.1 元 /m^3，每年净化水体 144 万 m^3，削减 COD 158.8 t，削减 TN 19.24 t，削减 TP 1.23 t，节污减排功效显著。此外，该示范工程每年可减少 CO_2 620 t，释放 O_2 459 t，具有很好的经济环境效益。

技 术 来 源

- 城市内湖氮磷去除及富营养化控制技术研究（2013ZX07310001）
- 天津中心城区景观水体功能恢复与水质改善技术开发及工程示范（2008ZX07314004）

57 非常规水源补水关键技术

适用范围：城镇水体水量平衡计算以及非常规水源补水的城镇水体水量水质保障。
关 键 词：水系统平衡；补水净化；人工湿地；生态修复

一、基 本 原 理

随着社会经济的快速发展，水生态环境恶化、水资源供需矛盾进一步加剧，充分发挥非常规水源在保障我国水资源供需平衡中的重要作用日益重要。通过对水系统蒸发量、降雨量、渗透量以及出流量等进行数据采集分析，建立城镇水体水量平衡关系，明确自然补水量不足情况下的非常规水资源补水水量需求。在此基础上，分析区域可获得的污水厂尾水、雨水、过境水及淡化海水等非常规补水水源的水量特性与水质变化变化规律，提出水量保障方案，并根据水源特性，提出了满足城镇水体补水水质需求的非常规水源处理工艺运行，形成多水源、多工艺技术体系和工艺单元运行组合模式，为天然补水不足的城镇水体提供非常规水源补水的水质水量保障。

二、工 艺 流 程

（一）城镇水系统平衡计算

城镇水系统需要供水平衡分析，在对需水量及供水量进行分析预测的基础上，遵循优水优用、低水低用的分质供水原则，结合对水质的不同需求，兼顾经济性和可操作性，进行水资源优化配置，首先需要对生态补水量进行计算，计算方法如图 57.1 所示。

$$\Delta Q = Q_{生态换水} + Q_{蒸发} + Q_{渗漏} - Q_{地表径流} - Q_{降雨}$$

式中，ΔQ 为水系统所需补水量；$Q_{降雨} = P \times A$，$Q_{降雨}$ 为直降降雨补给量（m^3/d），P 为逐日降雨量（mm/d），A 为水体面积（m^2）；$Q_{蒸发} = E \times A$，$Q_{蒸发}$ 为蒸发导致的损失量（m^3/d），E 为逐日蒸发量（mm/d）；$Q_{地表径流} = P \times A \times \phi$，$Q_{地表径流}$ 为周边流域的地表径流（m^3/d），ϕ 为径流系数；$Q_{渗漏} = L \times A$，$Q_{渗漏}$ 为水体渗漏导致的损失量（m^3/d）；L 为逐日渗透系数（mm/d）。

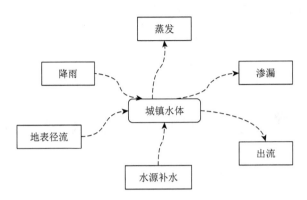

图57.1 城镇水体水量平衡计算

考虑到水系生态需求，如果长期蒸发，而不给水系进行生态换水，则将导致河道盐碱化，或者湖泊水体水质恶化，生态受损。由此，必须考虑对水系进行生态补水。表 57.1 罗列了国内外主要的湖泊项目案例研究，包括具体的补水量、水质保障、平均年换水次数等作为参考。

表57.1 国内外主要江湖联通项目的案例研究

湖泊	所在地	换水次数 （次 /a）	补水水源的水源和水质保障
西湖	杭州	6	补水水源为Ⅲ类标准水源（平均 40 万 m³/d）
滇池	昆明	—	从临近的牛栏江引入Ⅲ类标准水源，年饮水量 5.66 亿 m³（约 18 m³/s）
梅溪湖	长沙	1	湖面面积 2 km²，梅溪湖从临近的龙王港河饮水后，先流经一个小型人工湿地，出水满足Ⅲ类标准后方可入梅溪湖（补水量约为 4 万 m³/d）
慈湖	黄石	—	从长江饮水量 8 m³/s（约 69 万 m³/d），每年开启 3 个月
白云湖	广州	149	引珠江水（饮水量 79 万 m³/d），经流人工湿地，满足Ⅲ类标准后方可入白云湖
六湖连通	武汉	—	汉江水引入湖泊，水质保证为Ⅲ类
隅田川	东京	—	调水水量相对于隅田川原有流量的 3～5 倍

（二）明确非常规水源补水水质水量特性

补水水质需要达到《城市污水再生利用 景观环境用水水质》（GB/T 18921—2019）的水质标准（表 57.2）。根据计算所得的补水水量，对可获得的再生水、雨水、过境水及淡化海水为主体的非常规补水水源进行全面调研分析，对不同补水水源的水量特性与水质变化规律进行数据采集与分析，根据其水源特性，针对不同的补水需求确定不同补给水源与方式以达到水质标准。

表57.2　景观环境用水水质标准（部分）

序号	项目	观赏性景观环境用水			娱乐性景观用水			景观湿地环境用水
		河道类	湖泊类	水景类	河道类	湖泊类	水景类	
1	基本要求	无漂浮物，无令人不愉快的嗅和味						
2	pH	6.0～9.0						
3	BOD$_5$（mg/L）	≤10	≤6		≤10	≤6		≤10
4	浊度/NTU	≤10	≤5		≤10	≤5		≤10
5	TP（以P计）（mg/L）	≤0.5	≤0.3		≤0.5	≤0.3		≤0.5
6	TN（以N计）（mg/L）	≤15	≤10		≤15	≤10		≤15
7	NH$_3$-N（以N计）（mg/L）	≤5	≤3		≤5	≤3		≤5
8	粪大肠菌群（个）	≤1000			≤1000		≤3	—
9	余氯（mg/L）	—					0.05～0.1	—
10	色度	≤20						

注："—"表示对此项无要求。

（三）针对多水源交叉补水需求进行不同工艺组合处理

根据《城市污水再生利用 景观环境用水水质》（GB/T 18921—2019）标准规定的水质要求来确定不同水源的处理工艺流程。一般再生水和过境水处理工艺流程为"二级出水（或过境水）–微絮凝–气浮过滤–出水"，高品质再生水处理工艺流程为"二级出水–微絮凝–气浮过滤–浸没式超滤–反渗透"，克服盐度对再生水利用的阻碍；雨水处理工艺流程为"泵站径流雨水–（微絮凝）–纤维束快速过滤–人工湿地"（图57.2），有效保障雨水生态补水。同时，为确保工艺处理效果，在处理工艺流程末端，安装出水水质在线监测和传输设备，设置水质指标阈值（考核指标值），当水质指标超过阈值时，通过传输设备发出报警，此时需要对进水及处理工艺各个单元进行检测，排查解决设备、运行参数等问题，保证补给水质。

三、技术创新点及主要技术经济指标

（一）技术创新点

（1）明确了城镇水系统所需补水量。基于对水系统蒸发量、降雨量、渗透量以及出流量等进行数据采集分析，对城镇水系统进行平衡计算，明确了城镇水系统所需的补水水量。

（2）创新了多水源交叉补水工艺组合。针对不同水源的水质特性，以不同水源的处理对象和处理目标为基础，根据物理、生物、化学、生态等类型工艺单元的技术特征，创新性地将不同工艺单元进行优化组合与参数优化，提出了适用于多水源处理工艺优化组合方案，从而为示范工程提供技术支撑。

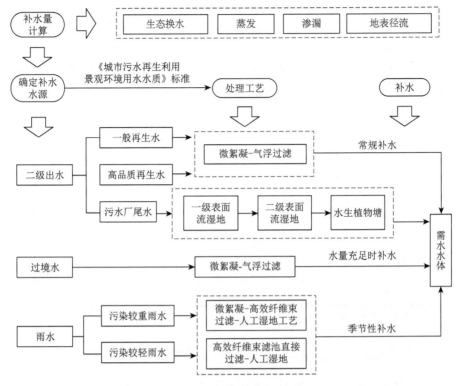

图57.2 多水源补水深度处理技术工艺流程图

（3）提升了污水处理厂再生水水质。传统的污水处理厂尾水处理湿地工艺多选取的湿地类型较为单一，由于每种湿地有其缺点，因此单一的选取一种湿地类型并不能有效地去除尾水中的有机物、氮和磷，而难以达到预期效果。通过不同类型湿地的组合利用湿地中填料、水生植物和微生物之间的相互作用，对污水处理厂的再生水进行深度处理，水生植物塘位于组合工艺的最末端，作为组合湿地工艺最后的屏障，通过植物、藻类、微生物的共同作用保障水体水质。

（二）主要技术经济指标

（1）在产出低品质再生水和生产高品质再生水为补水水源的基础上，结合海绵城市对径流量的控制要求，有效利用雨水资源量达 600 万 m^3/a 左右；过境水在秋季水质好时，适量引入再生水厂进行处理后补充景观水体，每年能够节约用水 800 万 m^3。

（2）总生态补水时间可以减少至 13.5 h，生态补水量降低至原来所需水量的 30%左右，节省了大量的水资源和电力，取得了显著的经济效益。

四、实际应用案例

多水源补水深度处理技术研究成果已成功在呈贡斗南湿地及天津生态城进行工程

应用，并已推广到昆明王官、东大河、王家堆等多个地区，在污染物削减的同时达到提升水质生态自然属性和景观美化的效果，产生了显著的环境、资源、经济、社会协同效益。

（一）典型案例1：呈贡斗南湿地湖滨带湿地示范工程

斗南湖滨湿地示范工程（图57.3）位置位于清水大沟河口，环湖路以南。项目区内河道长 630 m，宽 6 m，是洛龙河污水处理厂尾水的入滇通道。工程区土地类型为苗圃、草地，面积为 41 hm²。湿地示范工程的目标为入湖口湖滨区域改建为湿地，将洛龙河污水处理厂的尾水经过湿地处理后，出水 TP 浓度低于 0.3 mg/L，作为再生水来补给自然水体并改善自然水体污染状况。

该人工湿地的建设使洛龙河污水处理厂的尾水水质得到深度处理，河口湿地对清水大沟来水进行净化，实现了水质改善目标，降低了进入滇池污染负荷，TN 去除率高于 20%，TP 浓度控制在 0.3 mg/L 以内。同时，在拆除防浪坝之后，当滇池的湖水通过浪潮进入湖滨带后，可通过湿地的净化作用对滇池水体进行净化，进而削减部分污染物，实现了再生水补给自然水体水质的长效保持。

该示范工程项目不仅满足了生态恢复与污染物削减的要求，同时又为人们营造了美的环境，成为人与自然和谐共处的缩影。

图57.3 斗南湿地示范工程

（二）典型案例2：天津生态城多水源净化处理示范工程

针对天津生态城水资源紧缺、生态需水量大的问题，为使再生水、过境水、雨水等多种非常规水源满足生态补给用水的水质要求，以"天津滨海新区营城污水处理厂工艺提升及再生水项目"为依托，建立了天津生态城多水源净化处理示范工程。示范工程采用"中新生态城新型水环境系统构建与实施保障关键技术研究与综合示范"项目研发的清净湖多水源补水深度处理关键技术，即针对过境水和一般再生水的微絮凝 – 气浮过滤工艺单元组合、针对高品质再生水以脱盐为核心的微絮凝 – 气浮过滤 – 浸没式超滤 – 反渗透工艺单元组合。

清净湖多水源深度处理技术已应用于天津生态城多水源净化处理示范工程（图57.4），解决了生态城景观水体缺乏有效补给水源，污水厂出水、雨水、过境水中 BOD、TP、NH₃-N、SS 等指标不能满足清净湖补水水质要求的问题，提出了一般再生水和过境水的微絮凝 – 气浮过滤工艺组合，高品质再生水微絮凝 – 气浮过滤 – 浸没式超滤－反渗透工艺组合，雨水（微絮凝）－纤维束快速过滤－人工湿地工艺组合。一般再生水处理规模为 10 万 m³/d，高品质再生水处理规模为 3 万 m³/d（产水 2.1 万 m³/d）。该工程已稳定运行 6 个月以上，高品质再生水达到 NH_3-N ≤ 1.5 mg/L、NO_3^--N ≤ 10 mg/L、BOD_5 ≤ 30 mg/L、TP ≤ 0.3 mg/L；一般再生水达到 NH_3-N ≤ 5 mg/L、NO_3^--N ≤ 10 mg/L、BOD_5 ≤ 50 mg/L、TP ≤ 0.5 mg/L 要求的目标。

形成的针对多水源的深度处理工艺技术组合能够满足对相应污染物的去除效果，在保证出水水质的前提下，节约能耗、物耗等运行成本，解决了位于高盐碱地区的天津生态城景观水体缺乏补给水源、盐度累积而带来的水生态退化问题。

图57.4　天津生态城多水源净化处理示范工程

技 术 来 源

- 昆明市老运粮河水环境改善技术研究与工程示范（2012ZX07302002）
- 中新生态城水系统构建及水质水量保障技术研究（2012ZX07308001）

58　水动力调控与生态改善关键技术

适用范围：水动力不佳及水生态缺失的城镇水体。
关　键　词：多级塘链；生态沉箱；水动力调控；生态链构建；生态浮岛

一、基 本 原 理

　　水动力调控与生态改善技术是一种通过水下推进、水体强化富氧、多级廊道、生态操纵等途径进行水动力调控和水生态改善的技术，可实现城镇水体水动力调控协同生境的构建和改善。其中，水动力调控技术主要是通过在水体底部建立推进系统，采用潜水推流器强化推动水体流动，提高水区流速，改善水体的水动力条件，实现人工强化水体循环流动；同时通过人工喷泉对换水周期长的水体进行富氧曝气促进水体 DO 处于较高水平，或设置横流式过滤廊道利用 DO 增强水体自净能力，解决水体富营养化和抑制内源污染释放，实现水体的水动力调控，改善提升水体的整体功能。

　　水体生态改善技术主要是通过沉水植被、浮叶植被、挺水植被的合理分布，利用人工浮床、生态草及生态沉箱提供水体生境，提高水体生态容量，利用鱼类、螺类、蚌类等水生动物构建水体食物链，形成在垂直空间上的生态序列，改善水生物种群结构，提高生物多样性，恢复稳定和健康的水生态系统，提升水体的自净能力。通过利用浮岛和生态草的作用，为水区提供微生物生长附着的空间，并利用鱼类、螺类的投放，促进水体生态链的形成。其中，在水区建立的生态浮岛采用较为少见的椰棕作为软性浮床基底，同时在浮床基质底部挂装生态草。在水体底部设置生态沉箱，利用沉箱中填料和生态草促进水区微生物群落的形成。

二、工 艺 流 程

　　水动力调控与生态改善关键技术主要包括水动力调控技术和生态改善技术等，其工艺流程如图 58.1 所示。

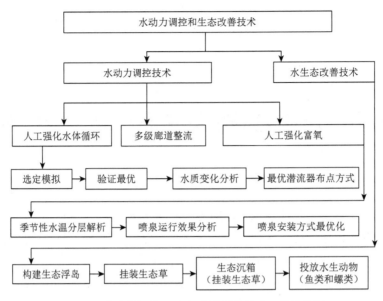

图58.1   水动力调控和生态改善关键技术工艺流程图

（一）基于人工强化水体循环流动的水动力调控技术

需首先选定多个不同模拟点；然后考虑浮游生物分布和推流器流场特点确定布点方案，再验证最优点，即基于EFDC模型构建水动力模型，对模型进行流速和水位验证模拟分析；最后通过分析水质变化，考量不同水动力条件对DO等水质指数的影响，判定最优的潜水推流器布点方式，以期最大限度地改善水区水质。

（二）基于人工强化富氧的水动力调控技术

需首先分析水体的季节性水温分层和喷泉运行效果；通过分析水体不同季节水温分层情况，判定气温对水体分层的影响；然后分析热分层结构的扰动效果，再通过试验分析喷泉的服务面积，最后优化喷泉的安装运行方式（如喷泉高度、吸水深度、喷头类型等）。

（三）基于多级廊道整流的水动力调控技术

通过折流或回流廊道的设置，将水体内漫流转换为沿廊道的推移流，从而延长水流接触时间，优化水力条件，增加水流与植物、生态浮岛等水质改善设施的接触时间。

（四）基于生态系统构建的生态改善技术

首先在水体中建立大面积的生态浮岛，同时在浮床基质底部挂装生态草，再在水体底部设置若干生态沉箱，内部悬挂生态草；利用沉箱中填料和生态草以及水体中投放的鱼类及螺类等水生动物来促进水区微生物群落和水生动物生态链的形成，增强生物多样性，改善水体生态系统。

三、技术创新点及主要技术经济指标

（一）技术创新点

（1）开发了潜流推进器水体循环改善及净化装置，解决了滞缓水体流动性差，营养物累计严重，易发藻华的问题；同时构建了水动力模拟方法，可为人工强化水体循环流动调控水动力技术的推广应用提供技术和理论依据。

（2）开发了利用多级廊道的设置优化水体水利条件，增加了水流与生态浮岛及植物载体的接触时间，减少了水体死区，为生物浮岛及植物载体的水质净化提供了先决条件。

（3）形成了适用于深水区生态功能的生态沉箱技术，有效解决了深水区生态功能单一化问题，突破了深水区由于光照衰减导致的水体分层、DO 分布不均及水体垂直空间生态系统难以构建的技术壁垒。

（二）主要技术经济指标

（1）潜水推流器转速 480 r/min，安装深度为水下 2.0 m，喷泉吸水口在水下 7 m；喷泉设计形式采用直线狭长型配管方式，喷头间距为 40 cm；夏季建议喷泉高度为 1 m；秋冬季最佳的喷水高度为 5 m（万向直流喷头）和 1.5 m（礼花喷头）。

（2）浮床基质为亲水性好、耐腐蚀的椰棕，密度为 0.78 kg/m³；浮床植物选择净化能力强、根系发达、景观品质高的当地品种，包括美人蕉、菖蒲、旱伞草，种植密度为 16 株 /m²，种植量为 2400 株；生态草设置密度为 1 根 /2 m³，设计区域总设置量为 800 根。

（3）考虑投放滤食性鱼类，以花白鲢为主，按 3000 尾 /10000 m² 投放鱼类，花鲢 /白鲢比例为 2∶8，鱼苗投放规格为 0.2～0.4 kg/ 尾，逐年回捕。利用滤食性的花鲢、白鲢控制湖体中蓝绿藻的生长；利用螺类辅助摄食藻类，同时维持底栖生态系统健康。投放螺类为铜锈环棱螺，规格为直径 2 cm 左右，每年春季按 15 kg/10000 m²。

四、实际应用案例

（一）典型案例1：重庆园博园龙景湖水质保障技术综合示范工程

龙景湖位于重庆市北部新区，面积 2.2 km²。龙景湖为深水湖泊，水体流动性差，湖湾富营养化频发，水体水质保障难度大。针对上述问题，除对入湖支流污染负荷控制外，该工程重点从水动力改善及生态改善进行了技术示范（图 58.2）。

图58.2 重庆园博园龙景湖水质保障技术综合示范工程

水动力调控协同生境构建技术中湿地－生物滤池深度处理、人工强化富氧、滞流水体人工强化水体循环流动及水体健康水生态系统构建技术分别在重庆园博园龙景湖入湖口、听雨桥湖湾及凌云桥附近封闭缓流水域开展了应用实施。技术实施以来通过对水体进行水动力调控和生态改善技术应用，水体由原先中度富营养状态转为轻度富营养状态，有力保障了龙景湖湖体的水质。

工程实施以来，通过水力调控和生态改善技术的应用，重庆园博园龙景湖的水质明显改善，主要水质指标稳定达到Ⅳ类水质量标准，DO及园区景观生态功能得到显著提升，助力重庆园博园2020年获得"两江新区无废景区"和"两江新区无废公园"的荣誉称号。同时，形成的山地城市健康水系统构建工艺模式在重庆江北、江津区、小安溪、高石水库、断桥湾水库、天鹅湖和肖家河等水环境整治项目中得到推广应用，促进了山地城市水环境质量的改善和功能提升，进而带动了地方产业的发展，产生了显著的经济环境效益。项目实施以来有效改善区域内水环境质量，美化项目所在区景观，优化居民生活环境，提高居民保护环境意识，对于全面建设小康社会发挥了良好的示范作用。

（二）典型案例2：杭州西湖龙泓涧入流氮磷削减技术示范工程

龙泓涧是西湖补给水源也是西湖氮磷污染来源。由于非点源污染的影响，龙泓涧及其支流的氮污染较高，总体水质呈现"富氧、低碳、低磷、高氮"特点。以杭州西湖上游入湖溪流龙泓涧综合治理工程为依托，结合该工程的入湖溪流前置库净化工程，进行廊道整流梯级浮床生态改善技术的工程示范（图58.3），重点解决天然补水的城市内湖水力调控和生态改善问题。

图58.3 杭州西湖龙泓涧入流氮磷削减技术示范工程

在该示范工程中廊道整流梯级浮床生态改善技术主要应用于塘体内部，通过设置多级廊道减少死水区，形成了有利于硝化反硝化交替进行反应条件；通过廊道内悬挂膜载体的设置促进了水中 SS 的拦截和生化过程的强化。同时，在多级廊道中优化了植物配置，增设了悬挂人工载体的生态浮岛；生态浮岛主要设置在龙泓涧主流塘体内部及廊道拐角处，利用生态浮岛和填料增加了生态塘内部生物量，实现了植物与人工载体耦合作用下的生物作用强化。

通过水动力调控和生态改善技术的实施应用，示范项目的 TN 去除率提高 36.6%，TP 去除率提高 35.1%，施工后 TN 和 TP 的年平均去除率均高于施工前。该技术主要依靠廊道、生态浮岛和植物的多重作用，达到了脱氮除磷的效果；同时利用现有溪流、水塘实施原位水质净化与生态修复，节约了建设成本和运行成本，具有显著的经济效益。既兼顾景观功能又可以达到氮磷富营养削减的效果，对于其他城镇水体具有一定的借鉴意义。

技 术 来 源

- 重庆两江新区城市水系统构建技术研究与示范（2012ZX07307001）
- 城市内湖氮磷去除及富营养化控制技术研究（2013ZX07310001）

59   城镇水系统设施规划建设关键技术

適用范围：高标准水环境设施的规划、设计、建设、运行与管理。
关 键 词：城镇水系统设施；规划建设；污水再生利用；雨水净化；排水
　　　　　防涝；河湖水系；蓝绿空间

一、基 本 原 理

基于我国未来城市水环境健康循环可持续的总体需求，提出以非常规水资源综合利用为目标，以排水防涝为约束条件，灰绿蓝耦合为综合措施，以厂网河湖一体化管理为机制的新型城镇水环境设施总体原则，系统构建了城市水环境系统建设理论框架，涵盖了可持续城市水环境系统构建的基本理念、城市水环境系统发展模式与评估方法、可持续城市水环境系统规划方法和设计工具等方面。统筹考虑水系统设施的环境、经济、资源、社会等各项性能，同时关注系统的脆弱性与适应性，提出综合考虑基础设施可持续性与弹性的城市水环境系统设计思想。

二、工 艺 流 程

首先，创新性地建立了可持续城市水环境系统规划方法，首次提出通过模式选择、空间布局与工程设计三个阶段逐级优化确定系统结构、布局、规模、技术选择等关键属性，既与现行规划体系协调相容。三阶段规划步骤要求依次从系统模式、空间布局及工程设计三个方面开展工作，模式选择采用基于不确定性分析的多属性决策方法筛选确定适用的水环境系统结构，可与当前城市规划体系中的总体规划相呼应融合；空间布局要对模式选择的结果做进一步深化，把筛选获得的系统结构按照空间多目标优化的要求布置在规划区域内，确定系统的关键属性，包括各子系统用户空间分布及其用水排水水质水量动态特征，各类设施的个数、位置、规模、所选用的技术及其与用户的连接关系和方式等，该阶段完成中观层次的系统规划，可与现有规划体系中的控制性详细规划相对应；工程设计是在空间布局设计的基础上完成对系统方案的进一步细化，完成微观层次的系统规划，是经由模式选择和空间布局阶段协调优化后的专项规划。

　　其次，构建了城市水系统设施系统工艺流程（图 59.1），充分考虑未来城市水系统将统筹供水、排水、水环境等多源涉水设施规划、设计、建设、运行及管理，结合海绵城市建设理念，充分考虑雨污水从源头到末端的完全独立排水系统的基础条件，系统构建新型城市排水系统组成要素及耦合模式，污水系统涵盖收集系统、再生处理系统、尾水湿地、城市河道，雨水系统涵盖源头 LID、收集系统、雨污统筹再生处理系统、城市河道（含道路）、蓝绿空间，建立旱季及雨季非常规水资源利用模式，旱季以污水高效全收集、再生利用于城市水体及城市杂用为主，雨季以小雨时，以雨水资源化利用为主，雨水在源头 LID 量质削减基础上，通过管网收集的雨水经处理后，可单独或与污水厂出水合流至尾水湿地，经生态涵养后作为城市河道补水或用于城市杂用；大雨时，以排涝为主，雨水经城市河道传输至后续蓝绿空间，蓄存于蓝绿空间的雨水可雨后用于城市河道补水或城市杂用等。

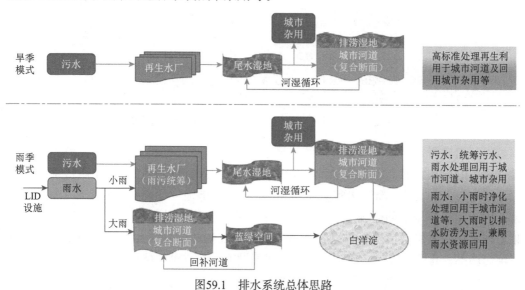

图59.1　排水系统总体思路

三、技术创新点及主要技术经济指标

　　（1）系统构建城市水环境系统建设理论框架，涵盖了可持续城市水环境系统构建的基本理念、城市水环境系统发展模式与评估方法、可持续城市水环境系统规划方法和设计工具等方面内容。

　　（2）创新建立可持续城市水环境系统规划方法，首次提出通过模式选择、空间布局与工程设计三个阶段逐级优化确定系统结构、布局、规模、技术选择等关键属性，既与现行规划体系协调相容，又保持了规划理念先进性。配套建立的系统规划方法。

　　（3）构建基于雨污统筹的污水处理厂建设模式（图 59.2），提出污水高标准处理工艺技术路线、单元组合模式、工艺分组及设备配套模式、运行控制要求，保障稳定达标的基础上兼顾节能降耗。基于雨季时的雨污统筹净化处理需求，提出预处理系统和深度处理系统作为雨污统筹的重点工艺环节，雨水以高效物化处理为主，污水为生物处理辅助深度处理的雨污统筹建设运行模式。

图59.2 "网、厂、管"一体化雨污统筹再生处理系统

（4）组建研究区域河湖湿地系统，构建"河湖水系－河湖滨岸湿地－南部蓝绿调蓄空间"的雨水集蓄、处理和循环再利用的河湖湿地系统（图 59.3）；无雨情景下，利用区域内再生水及外来新鲜水实现起步区"北部入城湿地－河湖水系－南部入淀湿地"系统内河道生态用水的循环；中小雨情景下，接受本区域及相邻区域雨水进行净化、集蓄、利用。大暴雨情景下，充分利用河道两侧及南部蓝绿调蓄空间，进行高重现期降雨的调蓄，与雨水管渠、道路、排涝泵站等设施一起应对区域涝水。

图59.3 高标准排水防涝系统构成图

（5）构建厂、网、河（湖）一体化管控体系，推行污水处理厂、排水管网和河（湖）水体联动的"厂－网－河（湖）"一体化、专业化运行维护模式，构建排水管网效能提升、雨污统筹资源化利用、排水防涝系统调控、全链条运行管理模式，实行厂－网－河（湖）管理部门运管联动机制或将厂－网－河（湖）划归一个统一部门进行综合管理，并鼓励政府购买服务的模式，将污水收集管网、泵站、污水处理厂等设施的建设运行，连同污水处理设施服务范围内的河、湖等地表水体的运维或相关的协调工作委托给一个专业化团队实施。

四、实际应用案例

成果应用于雄安新区（起步区）水环境设施系统规划建设，即雄安新区（起步区）2#水资源再生中心工程（一期）（图59.4和图59.5），处理规模7.5万 m³/d。工艺选取时充分考虑污水变化特征及污水及初期雨水的资源化利用需求，合理确定调蓄池空间容量，并在工艺选取、构筑物设计、设备选型及运行管理中充分考虑污水变化特征及降雨污染的水质特征，预处理及深度处理采用初沉池及后续磁絮凝沉淀模式强化雨污统筹物化处理能力，并选择多级AO工艺系统提升生物系统抗冲击负荷及水质波动影响应对能力，并考虑后续再生水用于生态补水需求，将O₃与加氯消毒耦合。

成果已在"河北雄安新区启动区地下设施工程设计方案预研究项目""雄安综保区1号地块首期市政道路建设工程勘察设计""起步区水系和海绵城市工程方案预研究技术报告"等工程项目中得到推广应用，为雄安新区起步区排水防涝系统构建，灰绿蓝设施的耦合提供了重要的技术支撑。

图59.4　雄安新区（起步区）2#水资源再生中心效果图

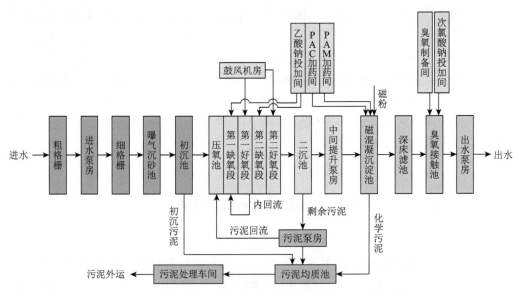

图59.5　雄安新区（起步区）2#水资源再生中心工艺流程图

技 术 来 源

● 雄安新区城市水系统构建与安全保障技术研究（2018ZX07110008）

60　村镇小排水单元合流污水处理关键技术

适用范围：入河污染负荷削减。
关　键　词：村镇点源污染控制；村镇面源污染；雨水溢流污染；污染负荷削减；磁混凝

一、基 本 原 理

针对北京城市副中心城市建设过程对水环境的高品质需求和水城共融的城市格局需求，以实现副中心水城共融为核心目标，研究开发了村镇小排水单元合流污水处理技术，包括了基于村镇面源污染控制的合流制受污染雨水快速识别、调蓄、污染负荷快速削减技术与合流制污水的末端处理技术，支撑实现了城市河道水质明显改善和持续提升的水质保障技术体系。

这一关键技术针对路面和庭院径流进入村内合流制排水管网的现象，研发了受污染雨水快速识别、调蓄、溢流污染负荷快速削减（如磁混凝）技术。首先，通过智能分流井以及快速识别雨水受污染程度的在线装置和水质控制参数，将村内雨水分片调蓄；其次，合流制管道受污染雨水进入调蓄池储存并经快速削减（如磁混凝）技术处理后排放，实现溢流污染负荷快速削减；最后，针对村内合流制管网末端的合流制污水，开发了基于村镇点源污染控制的污染负荷削减技术。通过上述技术形成的组合技术，最终形成了基于高品质水环境要求的新型的农村小流域面源污染控制技术，实现了村镇小排水单元合流污水处理。

二、工 艺 流 程

该关键技术包括以下三项技术：基于村镇点源污染控制的污染负荷削减技术，基于村镇面源污染控制的雨水分片调蓄技术，雨水溢流污染负荷快速削减技术。工艺流程具体如图 60.1 所示。

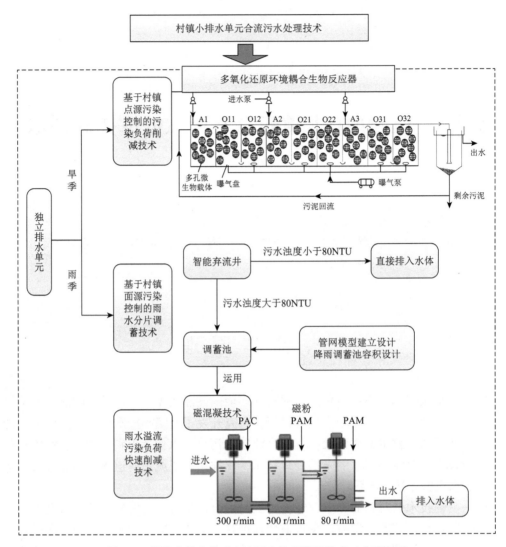

图60.1　村镇小排水单元合流污水处理关键技术工艺流程图

（一）基于村镇面源污染控制的雨水分片调蓄技术

村内雨水分片调蓄受污染雨水快速识别技术，包括快速识别雨水受污染程度的在线装置和水质控制参数；基于智能分流井的雨水分流技术、面源污染负荷及调蓄池模拟计算技术。

（二）雨水溢流污染负荷快速削减技术

针对屋面径流雨水的前端过滤技术；针对进入调蓄池储存的受污染雨水的溢流污染负荷快速削减（如磁混凝）技术。前端过滤技术处理屋面径流雨水，后端处理受污染雨水，这两项技术组合形成雨水溢流污染负荷快速削减技术，实现溢流污染负荷快速削减。

（三）基于村镇点源污染控制的污染负荷削减技术

通过多氧化还原环境耦合生物反应技术，采用分段进水多级 A/O 生物膜工艺，实现污水中的污染物高效去除和剩余污泥的减量分解。通过上述技术的有机组合，最终形成基于高品质水环境要求的新型的农村小流域面源污染控制技术，实现村镇小排水单元合流污水处理。

三、技术创新点及主要技术经济指标

（一）技术创新点

针对城中村面源污染特征，利用软件模拟计算调蓄池等设施相关参数，提出小流域独立排水单元，实现村镇污水分散处理与村镇雨水分片调控。独立的排水单元调控根据不同时期、不同流段、污染负荷不同的雨水，选择合适的处理方式，快速高效地处理溢流雨水，在满足出水标准的同时有良好的抗冲击负荷能力和低污泥产率，实现村镇污水高效快速处理。

针对城中村独立排水单元，开发形成基于村镇面源污染控制的合流制受污染雨水快速识别、调蓄、污染负荷快速削减技术与合流制污水的末端处理技术相组合的城中村独立排水单元合流制污水处理技术。针对屋面径流雨水研发前端过滤技术处理；针对路面和庭院径流进入村内合流制排水管网雨水，研发受污染雨水快速识别、调蓄、溢流污染负荷快速削减（磁混凝）技术；针对村内合流制管网末端的合流制污水，开发基于村镇点源污染控制的污染负荷削减技术，通过多氧化还原环境耦合生物反应技术，采用分段进水多级 A/O 生物膜工艺，实现污水中的污染物高效去除和剩余污泥的减量分解。通过上述技术的组合集成，最终形成基于高品质水环境要求的新型的农村小流域面源污染控制技术，实现小流域雨水分片调蓄和溢流污染负荷快速削减以及合流制污水入河污染负荷削减。

（二）主要技术经济指标

村镇点源污水出水水质达到北京市《水污染物综合排放标准》（DB 11/307—2013）B 标准或北京市《农村生活污水处理设施水污染物排放标准》二级 A 标准，污泥产率为 0.12 kg MLSS/kg COD，污泥产率为普通活性污泥法的 1/4；雨水溢流污染负荷快速削减技术，采用磁混凝工艺对雨水进行快速处理，实现削减 TP 85% 以上。

四、实际应用案例

示范工程地点位于北京市通州区宋庄镇北寺村，污水处理站的设计规模均为 300 m^3/d，工程设计进水水质为 pH = 6 ~ 9，BOD$_5$ ≤ 150 mg/L，NH$_3$-N ≤ 35 mg/L，SS ≤ 200 mg/L，TN ≤ 40 mg/L，COD ≤ 300 mg/L，TP ≤ 5 mg/L。村镇点源污水的处理采用耦合生物反应器工艺，雨水分片调蓄通过智能弃流井 + 调蓄池实现，雨水溢流污染负荷的快速削减采用前端过滤技术处理屋面径流雨水，中端调蓄，末端强化磁混凝技术处理受污染雨水；合流制管道末端污水的处理采用耦合生物反应器工艺。

本技术在通州区北寺村进行示范应用（图 60.2），通过优化调控使其出水达到北京市《水污染物综合排放标准》（DB 11/307—2013）B 标准或北京市《农村生活污水处理设施水污染物排放标准》二级 A 标准，污泥产率为 0.12 kg MLSS/kg COD，污泥产率为普通活性污泥法的 1/4，为实现副中心河道水质明显改善和持续提升的水质目标提供技术支撑，可以减少运行成本。通过示范工程的辐射作用，推广村镇小流域处理单元技术，对我国村镇点源面源相结合的村镇污水提供治理思路，加快我国水资源高效利用进程，对确保河流水质安全，减缓并逐步消除水污染对区域发展的制约，促进地区社会经济建设的健康发展、和谐发展、节约发展，具有重大的社会效益；以科技攻关为支撑，从削减入河污染负荷入手，使河流水质明显改善，可为满足流域生态环境保护和经济可持续发展提供科技支撑，具有显著的环境效益。

图60.2 北寺独立排水单元入河污染负荷削减关键技术示范工程

技 术 来 源

- 北京城市副中心高品质水生态建设综合示范（2017ZX07103）

61 城市污水脱氮除磷工艺运行优化和控制关键技术

> **适用范围**：城市污水强化生物脱氮除磷，城市污水处理厂的升级改造。
> **关 键 词**：强化生物脱氮除磷；A²/O 工艺运行优化；污泥内碳源开发；
> A²/O 工艺脱氮除磷控制系统；污水处理厂升级改造；一级 A
> 达标排放

一、基 本 原 理

　　城市污水脱氮除磷工艺运行优化和控制技术包括初沉池污泥内碳源开发与高效利用技术、A²/O 工艺稳态运行与优化控制技术、脱氮除磷稳定达标可编程逻辑控制器（PLC）控制技术。初沉池污泥内碳源开发与高效利用技术是在厌氧条件下对初沉池污泥进行水解酸化，将产酸阶段产生的大量挥发性脂肪酸用于生物脱氮除磷，通过优化水解酸化池的工艺参数，提高碳源受限型污水的脱氮除磷效率；A²/O 工艺稳态运行与优化控制技术是通过优化内外回流比、厌氧/缺氧/好氧池体积比、SRT、DO 等关键参数，增强 A²/O 工艺的脱氮除磷效率；脱氮除磷稳定达标 PLC 控制技术是通过线传感器和 PLC 系统等对污水处理的关键参数进行控制，实现污水处理系统的优化运行和稳定达标。

二、工 艺 流 程

　　工艺流程具体如图 61.1 所示。污水依次流经初沉污泥水解酸化池，A²/O 生物池和二沉池。初沉池污泥在水解酸化池中进行水解酸化，通过优化初沉污泥水解酸化池的工艺参数，产生大量的挥发性脂肪酸，将挥发性脂肪酸用于生物脱氮除磷，可以提高碳源受限型污水的脱氮除磷效率；在 A²/O 生物池中，通过优化混合液回流比、污泥回流比和 SRT 等关键参数，增强 A²/O 工艺的脱氮除磷效率。通过结合线传感器和 PLC 系统等对污水处理的关键参数进行控制，实现污水处理系统的稳定运行和达标排放。

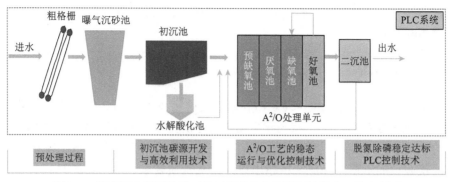

图61.1 城市污水脱氮除磷工艺运行优化和控制关键技术工艺流程图

三、技术创新点及主要技术经济指标

（一）技术创新点

针对京津冀地区城市污水碳源受限的特点，在全国首创了城市污水脱氮除磷工艺多参数控制、运行优化和稳定达标技术。确定了 A^2/O 工艺的关键参数，解决了 A^2/O 工艺可调性不强、控制手段单一的问题，率先形成了 A^2/O 工艺的稳态运行与优化控制技术；针对进水碳源不足等问题，突破了碳源开发与高效利用技术，提高了工艺的脱氮除磷效率和抗冲击负荷能力，降低了污水处理厂的运行能耗，成功解决了京津冀地区低碳氮比城市污水脱氮除磷难以稳定达标的难题。

（二）主要技术经济指标

A^2/O 工艺的稳态运行与优化控制技术：总 HRT 为 10.8 h，其中预缺氧段 0.6 h，厌氧段 1 h，缺氧段 1.5 h，好氧段 7.4 h，好氧段末端设置 0.3 h 的脱氧区；混合液悬浮固体浓度为 4000 mg/L，内回流比为 100%～300%，外回流比为 50%～100%；SRT 为 8～10 d；预缺氧段、厌氧段和缺氧段的多点进水比例分别为 15%、50% 和 35%。初沉池污泥内碳源开发与高效利用技术：将平流式初沉池改造成初沉污泥水解酸化池，增设污泥循环泵；总 HRT 为 4.5 h，澄清区 HRT 为 3 h；污泥循环比为 20%，污泥停留时间控制在 4～6 d，污泥层高度为 1 m（出水端），污泥储存时间为 6 d，专用泥位计观测泥位，泥位控制在 0.8～1 m；进水端污泥斗深度 6.5 m，出水端有效水深 3.5 m。

高碑店污水处理厂处理规模为 100 万 t/d，二级处理单位水量运行能耗约为 0.21 kW·h/m³，单位污水处理成本约为 0.23 元 /t。

四、实际应用案例

城市污水脱氮除磷工艺运行优化和控制关键技术在北京高碑店污水处理厂、北京定福庄再生水厂和北京清河污水处理厂等 100 余座污水处理厂进行了工程应用，总规模近 400 万 t/d。

（一）工程示范

北京高碑店污水处理厂位于北京市朝阳区高碑店乡（图 61.2），高碑店污水处理厂升级改造工程采用 A²/O 工艺二级强化生物脱氮除磷技术，示范工程规模为 100 万 t/d。改造后的高碑店污水处理厂对污水水质的变化适应能力明显增强，脱氮除磷效率显著提高，外碳源投加量显著降低；在超出设计出水水质要求、冬季低温时间长等不利条件下，二级出水 NH_3-N 稳定小于 1 mg/L，满足了热电厂循环冷却水水源要求。二级处理单位水量运行能耗约为 0.21 kW·h/m³，单位污水处理成本约为 0.23 元 /t。

图61.2　高碑店污水处理厂及示范工程照片

（二）推广与应用情况

1. 北京定福庄再生水厂

定福庄再生水厂北京市朝阳区黑庄户乡定辛庄东村，设计处理规模 30 万 t/d。主体污水处理工艺采用"预处理 + A²/O 生物池 + 砂滤池 + O₃ 脱色 + NaClO 消毒"处理工艺，可以有效去除污水中的有机污染物和氮磷营养物，出水水质达到《城镇污水处理厂水污染物排放标准》（DB 11/890—2012）中 B 标准。

2. 北京清河再生水厂

清河再生水厂位于北京市海淀区东升乡马房村北，设计处理能力为日处理污水 40 万 m³。污水二级处理采用 A²/O 工艺，通过进一步深度处理，出水水质满足北京市《城镇污水处理厂水污染物排放标准》（DB 11/890—2012）。清河再生水厂极大地改善了城市水环境，对治理污染，保护当地流域水质和生态平衡具有十分重要的作用。

技　术　来　源

- 北京城市再生水水质提高关键技术研究与集成示范（2008ZX07314008）

62　基于准Ⅳ类水标准的二级出水深度处理关键技术

> **适用范围**：城市污水深度处理与再生利用，使污水处理厂出水水质达到地表准Ⅳ类水标准。
>
> **关 键 词**：反硝化生物滤池；曝气生物滤池；臭氧氧化；高品质再生水；地表Ⅳ类水

一、基 本 原 理

基于准Ⅳ类水标准的二级出水深度处理技术包括碳源精准投加技术、两级生物滤池工艺运行与优化技术以及臭氧氧化技术。城市污水二级处理出水中的有机物浓度较低，NO_3^--N 浓度较高，反硝化菌难以利用原水中的有机碳源完成生物脱氮。污水处理厂二级出水和曝气生物滤池的回流液以及外加碳源依次流经反硝化滤池、曝气生物滤池、砂滤池和臭氧处理单元，在反硝化滤池完成生物脱氮，在曝气生物滤池完成硝化反应，在砂滤池中去除胶体和 SS，砂滤池出水进入臭氧接触池，进一步降低出水中的色度、嗅味及部分难降解有机物，使出水水质达到地表准Ⅳ类水标准。

二、工 艺 流 程

工艺流程具体如图 62.1 所示。城市污水厂二级出水和硝化滤池的回流液及外加碳源首先进入前置反硝化生物滤池（DNBF），利用外加碳源以及二级出水中残存的有机物进行异养反硝化脱氮，将 NO_3^--N 转化成 N_2 和 NO_2^--N；反硝化滤池的出水进

图62.1　基于准Ⅳ类水标准的二级出水深度处理关键技术工艺流程图

入曝气生物滤池（BAF），残存的有机物被进一步氧化分解，NH_3-N 化成 NO_3^--N，通过内循环将曝气生物滤池出水回流到反硝化滤池的进水处，为反硝化滤池提供硝酸盐氮；在砂滤池中去除胶体和 SS，砂滤池出水进入臭氧接触池和液氯消毒渠。

三、技术创新点及主要技术经济指标

（一）技术创新点

针对京津冀地区的污水高排放标准要求，率先在全国开发了基于准Ⅳ类水标准的二级出水深度处理技术工艺。形成了基于反硝化滤池深度脱氮、曝气生物滤池硝化和臭氧氧化组合工艺的深度处理技术；突破了反硝化滤池深度脱氮碳源精准投加技术；确定了两级生物滤池工艺的关键参数和最佳臭氧投加量；解决了水厂增容困难情况下的再生水处理技术难题，技术广泛应用于京津冀污水处理厂的深度处理，处理规模达 300 万 t/d。

（二）主要技术经济指标

反硝化滤池＋曝气生物滤池＋砂滤池＋臭氧氧化技术：前置反硝化滤池单池过滤面积为 77.8 m^2，设置 6 格，反硝化滤池水力负荷为 8.9 $m^3/(m^2 \cdot h)$，陶粒滤料粒径为 4～6 mm，厚度为 2.5 m，硝酸盐氮容积负荷为 1.8 $kg/(m^3 \cdot d)$，硝化液回流比 50%；反硝化滤池投加甲醇，最大投加浓度 53 mg/L。硝化曝气生物滤池单池过滤面积为 77.8 m^2，设置 14 格，曝气生物滤池水力负荷为 3.5 $m^3/(m^2 \cdot h)$，回流比为 50%，陶粒滤料粒径为 3～5 mm，厚度 3.0 m，NH_3-N 容积负荷 0.20 $kg/(m^3 \cdot d)$，硝化生物滤池曝气充氧气水比为 1.6：1。砂滤采用 V 型滤池，单池过滤面积 63 m^2，设置 8 格，设计滤速 8.7 m/h。投加 3 mg/L 的 O_3 能够有效降解水中致色物质和嗅味，色度去除率达 85% 以上；O_3 投加量为 6 mg/L，COD、吸光度和色度去除率分别为 33.9%，50% 和 75%。

卢沟桥再生水厂处理规模为 10 万 t/d，深度处理单位水量运行能耗为 0.14 kW·h/m^3，单位污水处理成本约为 0.32 元/t，吨水占地面积为 0.42 m^2/t。高碑店污水处理厂处理规模为 100 万 t/d，深度处理单位水量运行能耗为 0.20 kW·h/m^3，单位污水处理成本约为 0.30 元/t，吨水占地面积 0.68 m^2/t。

四、实际应用案例

基于准Ⅳ类水标准的二级出水深度处理技术在北京卢沟桥污水处理厂、天津津沽污水处理厂和天津北仓污水处理厂等多座污水处理厂进行了工程应用，总规模近 300 万 t/d。

（一）北京卢沟桥污水处理厂

北京卢沟桥污水处理厂位于北京市丰台区看丹乡杨树庄，卢沟桥污水处理厂升级改造工程采用非膜法再生水集成处理技术，在污水深度处理中应用反硝化滤池＋曝气生物滤池＋砂滤池＋臭氧氧化技术，示范工程规模为 10 万 t/d（图 62.2）。深度处理出水水质满足国家地表准Ⅳ类水标准。

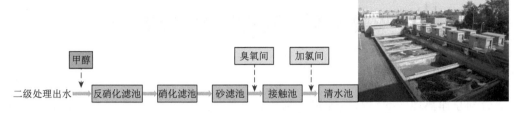

图62.2 卢沟桥污水处理厂工艺流程及示范工程照片

（二）天津津沽污水处理厂和天津北仓污水处理厂

天津津沽污水处理厂位于天津市津南区大孙庄，津沽污水处理厂扩建及提标工程采用高效沉淀池＋深床（反硝化）滤池＋O_3 氧化技术，示范工程规模为 65 万 t/d（图 62.3）。天津北仓污水处理厂位于天津市北辰区北仓镇内，北仓污水处理厂扩建及提标工程采用高效沉淀池＋深床（反硝化）滤池＋O_3 氧化技术，示范工程规模为 15 万 t/d（图 62.3）。显著提高了对 TP、SS、色度和难降解有机物的去除效果，深度处理后出水达到天津地标《城镇污水处理厂水污染物排放标准》（DB 12/599—2015）的要求。

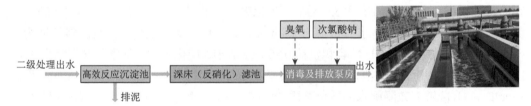

图62.3 天津津沽污水处理厂和天津北仓污水处理厂工艺流程及示范工程照片

技 术 来 源

- 北京城市再生水水质提高关键技术研究与集成示范（2008ZX07314008）
- 天津城市污水超高标准处理与再生利用技术研究与示范（2017ZX07106005）

63　基于准Ⅳ类水标准的 MBR 关键技术

适用范围：城市污水深度处理与再生，使污水处理厂出水水质达到地表Ⅳ类水标准。

关 键 词：膜组件；A^2/O–MBR；臭氧氧化；高品质再生水；地表Ⅳ类水

一、基 本 原 理

基于准Ⅳ类水标准的膜生物反应器（MBR）关键技术包括 A^2/O-MBR 工艺参数确定与节能降耗技术、高强度和高通量中空纤维聚偏氟乙烯（PVDF）微滤膜技术以及下开放式耦合高低交替曝气 MBR 膜组器技术。A^2/O-MBR 工艺参数确定与节能降耗技术以城市污水为处理对象，主要由 A^2/O 工艺单元、MBR 单元和臭氧处理单元组成。A^2/O 工艺单元可以进行有机物和氮磷的去除。采用膜组件代替传统活性污泥工艺中的二沉池，进行高效固液分离。膜分离技术可以在生物池内维持高浓度的微生物量，强化硝化作用和污染物的去除。MBR 池出水进入臭氧接触池和液氯消毒渠，进一步降低出水中的色度、嗅味、难降解有机物及病原微生物。

二、工 艺 流 程

工艺流程具体如图 63.1 所示。污水处理厂进水首先进入预处理单元（粗格栅、细格栅、沉砂池和膜格栅），通过预处理单元去除污水中的颗粒及 SS。预处理单元出水流入 A^2/O-MBR 组合生物处理池（厌氧池、缺氧池、好氧池和 MBR 池），完成有机物的降解和脱氮除磷，MBR 池出水进入臭氧接触池和液氯消毒渠，降低出水中的色度、嗅味、难降解有机物及病原微生物。研发高强度和高通量中空纤维 PVDF 微滤膜以及下开放式耦合高低交替曝气 MBR 膜组器，推动国产膜生产的规模化与应用的产业化。

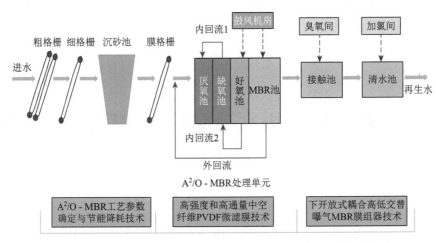

图63.1 基于准Ⅳ类水标准的MBR关键技术工艺流程图

三、技术创新点及主要技术经济指标

（一）技术创新点

突破了适合京津冀区域大尺度、超大规模城市群的基于准Ⅳ类水标准的 MBR 技术。研发了 A^2/O、MBR 和臭氧集成处理工艺，确定了 A^2/O 和 MBR 组合工艺的优化运行技术参数；研发了高强度和高通量中空纤维 PVDF 微滤膜，攻克了湿式带衬法中基衬和膜层之间难以紧密结合的技术瓶颈，解决了国产中空纤维膜材料在应用过程中易断丝的难题，单丝断裂强度 > 200 N，跻身于国际三大高强度中空纤维膜材料行列；发明了下开放式耦合高低交替曝气 MBR 膜组器，解决了传统穿孔曝气管中污泥的淤堵问题，大幅降低曝气能耗；建成了世界上规模最大、设施最先进的现代化膜产业基地及净水产品研制基地，总占地面积 55000 m^2，年产能达 1000 万 m^2。

（二）主要技术经济指标

A^2/O-MBR 组合工艺：污泥负荷为 0.04 ～ 0.1 kg BOD_5/(kg MLSS·d)，好氧池和膜池的污泥浓度为 5 ～ 10 g/L，污泥龄为 10 ～ 25 d，厌氧池、缺氧池和好氧池的水力停留时间分别为 1 ～ 2 h、2 ～ 6 h 和 3 ～ 8 h，从好氧池到缺氧池的污泥回流比为 300% ～ 400%，从缺氧池到厌氧池的污泥回流比为 50% ～ 200%，膜冲洗曝气量为 0.11 ～ 0.32 m^3/(m^2·h)；膜通量设置为 13.7 ～ 28 L/(m^2·h)；膜的抽吸时间为 7 ～ 12 min，停抽时间为 1 min；吨水处理成本为 0.8 ～ 1.3 元/t，吨水运行能耗约为 0.4 ～ 1.1 kW·h/m^3。

膜材料研发：以原有的内支撑型中空纤维膜丝为基础，选择纤维长丝规格为 150D/48F 的涤纶材料，制得轻质内支撑型中空纤维膜丝；以单根涤纶为支撑纤维，在原有增强型膜制造技术的基础上，创造性地将原来的内衬结构变成中衬结构，减少支撑材料用量，减轻膜丝重量，膜丝外径由原来的 2.45 mm 减小为 1.9 mm，使膜组器装填密度由原来 27.6 m²/ 片增大为 35 m²/ 片，制膜成本降低 38%；轻质内支撑型膜材料纯水通量 ≥ 2300 L/(m²·h)（25℃，0.1 MPa），单丝断裂拉伸力 > 200 N，膜丝使用寿命可达 5 年以上。

膜组件研发：MBR 稳定运行通量大于 20 L/(m²·h)，MBR 系统吨水运行能耗 0.41 kW·h/m³；膜过滤技术稳定运行通量 40.8 L/(m²·h)，膜过滤单元吨水运行能耗约为 0.12 kW·h/m³。

北京槐房再生水厂污水处理规模 60 万 t/d，吨水运行能耗约为 0.80 ～ 0.90 kW·h/m³，单位污水处理成本约为 0.90 ～ 1.00 元 /t，吨水占地面积为 0.52 m²/t。

四、实际应用案例

基于准Ⅳ类水标准的 MBR 技术在北京马坡再生水厂、北京清河污水处理厂、北京北小河污水处理厂和北京槐房再生水厂等多座污水处理厂进行了工程应用，总规模近 300 万 t/d。

（一）工程示范

1. 北京马坡再生水厂

北京马坡再生水厂位于北京市顺义区南法信镇南卷村，主体污水处理工艺为 A²/O-MBR- 臭氧集成处理技术，示范工程规模为 4 万 t/d（图 63.2）。COD 削减量为 14.8 t/d，NH₃-N 削减量 1.4 t/d。出水水质满足国家地表准Ⅳ类水标准，单位污水处理成本低于 1.1 元 /t。

图63.2　北京马坡再生水厂示范工程照片

（二）推广与应用情况

1. 北京清河污水处理厂

清河污水处理厂位于北京市海淀区东升乡马房村北，三期工程采用 A²/O-MBR- 臭氧集成处理技术，处理规模为 15 万 t/d。出水水质满足北京市《城镇污水处理厂水污染物排放标准》（DB 11/890—2012）中 A 级排放标准，单位水量运行能耗约为 0.30 ～

0.40 kW·h/m^3，单位污水处理成本约为 $0.60 \sim 0.80$ 元 /t。

2. 北小河污水处理厂

北小河污水处理厂位于北京市朝阳区大屯乡辛店村，采用 A^2/O-MBR-UV 紫外消毒集成处理技术，处理规模为 10 万 t/d。出水水质满足北京市《城镇污水处理厂水污染物排放标准》（DB 11/890—2012）中 A 级排放标准。

3. 北京槐房再生水厂

北京槐房再生水厂位于北京市公益西桥南侧，主体污水处理工艺为 A^2/O-MBR- 臭氧集成处理技术，污水处理规模 60 万 t/d。出水水质满足北京市《城镇污水处理厂水污染物排放标准》（DB 11/890—2012）中 A 级排放标准。单位水量运行能耗约为 $0.80 \sim 0.90 \text{ kW·h/m}^3$，单位污水处理成本约为 $0.90 \sim 1.00$ 元 /t。

技 术 来 源

- 海河北系（北京段）河流水质改善集成技术研究与综合示范（2012ZX07203001）
- MBR污水处理膜材料和膜分离成套装备开发及产业化（2011ZX07317002）
- 北京城市再生水水质提高关键技术研究与集成示范（2008ZX07314008）

64 适应城市河网循环条件的河道净化关键技术

适用范围：城市缓滞河网。
关 键 词：城市河道；高效气浮－快速过滤；固定化缓释微生物；生物填料床；沉床－浮床；立体生态植物床；微曝气

一、基 本 原 理

在不同水动力条件下，采用高效气浮－快速过滤－在线柔性立体组合生态床净化－固定化微生物缓释等多种净化技术单元组合模式，针对自净能力较差的城市缓滞流和补水调控后水动力条件改善的河道，应用微生物－植物作用实现河道水质净化和长效维持，生物填料、水生植物等组合提高净化效果和景观功能；固定化缓释微生物通过土著功能菌的富集筛选提高了单位生物量中功能菌的比例；微曝气系统为植物和微生物净化提供 DO，并抑制河底沉积物的污染源释放；高效气浮采用混凝强化溶气气浮，快速过滤采用新型软性过滤材料纤维束，快速削减污染负荷。

二、工 艺 流 程

技术适用于不同水质和水动力特点的城市河道，工艺流程可根据污染程度、水动力条件灵活调整（图 64.1）。对于受到排水系统高冲击负荷，或者重污染和富营养化河水可利用高效气浮－快速过滤强化净化效果，然后通过生态浮床和沉床进行长效保持；对于自净能力较差的城市缓滞流型河道和补水调控后水动力条件改善的河道，以及通过物化法解决重污染问题的河道，可根据河道水质特点选择固定化缓释微生物、立体生态植物床、生物填料床、沉床－浮床，并与微曝气生物膜耦合，不仅净化河道水质，还具有水质长效保持作用和景观功能。微曝气系统为植物和微生物净化提供 DO，并抑制河底沉积物的污染源释放，可根据水质情况和水中溶解氧浓度动态调整运行模式。

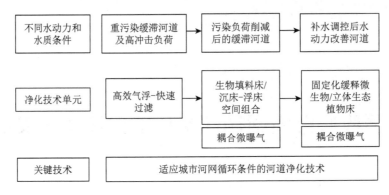

图64.1 适应城市河网循环条件的河道净化关键技术工艺流程图

三、技术创新点及主要技术经济指标

针对河道水质和水动力特点，将物化和生物处理有机结合，通过采用新型材料和技术手段，提高净化效率，解决城市河道自净能力差的难题，实现经济、稳定、高效净化水质。高效气浮－快速过滤针对重污染河道和富营养化水体，可快速削减污染物；固定化缓释微生物、立体生态植物床、生物填料床、沉床－浮床空间组合等生物净化技术适用于缓滞流以及河网循环流动等多种水动力条件，可根据河道水质和水动力特点灵活设计净化方案，微生物和植物生物量可根据水质调节。

（1）高效气浮－快速过滤突破了重污染河水快速、高效净化难题，可实现快速削减排水系统高冲击负荷和净化高藻河水。高效气浮分离时间少于 15 min，对 TP、叶绿素 a 和浊度的去除率分别可达 60% ～ 70%、70% 和 80%，滤速高达 60 m/h，对藻类过滤能力大于 99%，运行成本 0.08 元 /m³。

（2）生物填料床采用新型立体柔性填料，生物膜挂膜量可达 4.10 g/g 纤维。沉床－浮床空间组合净化装置充分利用了水体垂向空间，比单一生态浮床技术的生物量提高 2 倍以上。立体生态植物床采用高挂膜量螺旋形柔性载体结构，比传统的细绳状柔性载体挂膜量提高了 2.1 倍。

（3）固定化缓释微生物净化采用富集的河道土著菌群，具有高效去除有机物和脱氮的功能。固定化和缓释技术使菌群具有长效净化效果，并能够适应多种水动力条件，解决了传统微生物修复技术中菌群难以在河道中长期保持的问题，还可以在一定程度上提高微生物对环境变化的适应性。与其他包埋法制备的固定化微生物颗粒相比，本技术中采用了载体结合法固定，制备的固定化微生物颗粒机械强度高于 500 N，可以在河道中长期保持固定化形态。同时，缓释技术可以控制微生物释放速率，保持固定化颗粒中的载菌量相对稳定。

四、实际应用案例

（一）典型案例1：河道强化物化与生态复合净化示范工程

示范工程建设包括河道清淤、混凝 - 气浮快速净化技术与一体化设备、河水弹性 / 可压缩纤维高效循环过滤净化技术与设备、在线柔性生物填料、生态浮床和沉床及曝气系统。示范河段长 2 km，处理规模 2000 万 m^3/a 以上，从紫金山路纪庄子河闸进水，先经过附着生物膜法进行净化处理，然后通过生态浮床和沉床进行长效保持。曝气系统贯穿整个示范河段，为植物和微生物净化提供 DO，并抑制河底沉积物的污染源释放。示范工程建设时间为 2015 年 5 月至 8 月，运行时间为 2015 年 9 月至 2017 年 9 月。示范工程实施后，河道水质由原来的劣 V 类，提升到了 IV 类，吨水净化成本低于 0.07 元 /m^3。示范工程实施效果如图 64.2 所示。

图64.2　适应城市河网循环条件的河道净化技术示范工程实施效果

（二）典型案例2：海河干流-新开河-月牙河联动水循环净化示范工程

示范工程选取月牙河中上游段，自卫昆桥上游 500 m 处至满江桥间布置净化装置，涉及河道长度 2 km。示范工程建设包括固定化缓释微生物净化装置、立体生态植物床及微曝气系统。示范工程通过泵站调控和水质净化装置的布置和应用，实现河网在非雨季的水循环净化，改善非雨季河网水质条件。2019 年 10 月至 2020

年 6 月示范稳定运行期间，示范河道主要水质指标达到 KMnO$_4$ 指数 ≤ 10 mg/L，NH$_3$-N ≤ 2.0 mg/L，DO ≥ 3 mg/L，月报数据达标率 100%，且净化装置下游断面 KMnO$_4$ 指数和 NH$_3$-N 相对于上游断面降低了约 10% ~ 36%，实施效果如图 64.3 所示。

图64.3 适应城市河网循环条件的河道净化技术示范工程实施效果

技 术 来 源

- 海河干支流河网联动水循环净化综合调控技术研究与示范（2017ZX07106004）
- 海河干流水环境质量改善关键技术与综合示范（2014ZX07203009）

65 城市排水分区多层级雨水径流污染控制

集成关键技术

适用范围：京津冀地区的海绵城市建设。

关 键 词：海绵城市；多层级调控；串联；径流污染控制；设施空间优化；源头增渗减排；过程调控减污；末端控流提质；雨水排放标准；清水活源

一、基 本 原 理

基于城市水文循环理论，以城市径流管控为途径，以面源污染消减为目标，按照系统分层截留、净化与利用的总体思路，通过雨水径流控制设施的多目标筛选与空间优化技术，确定海绵设施配置方式，基于北京海绵城市建设特征和差异性需求，研发雨养型屋顶绿化、屋顶滞蓄控排、结构透水地面下渗集用、道路雨水生物滞留、环保型道路雨水口、倒置生物滞留、调蓄池智能调控等多项强化雨水径流污染源头与过程减控的单项措施，量化城市产流地表的径流污染特征和典型源头减排设施的径流污染减控特征，提出雨水径流资源化利用的污染物排放控制标准和基于受纳水体环境容量的合流制溢流量与调蓄容积确定方法，以海绵城市建设区的完整排水分区为管控单元，按照源头减排、过程调控、末端调蓄的多级串联思路进行雨水径流的全过程调控，实现雨水径流污染系统削减，构建"清水活源"，将雨水径流变为可利用的水资源，适度恢复受纳水体的基流和水环境容量，支撑排水分区水环境质量达标。

二、工 艺 流 程

关键技术的工艺流程具体如图 65.1 所示。

降落在城市排水分区的降雨，在场地源头被屋顶、庭院、道路、绿地上的一系列以串联为主的海绵设施增渗减排和滞蓄净化，产流排入管网后又经旋流沉沙、滞蓄调节、截污缓排、透管下渗等措施调控减污，利用沿途的绿地和调蓄池进行植物缓冲和

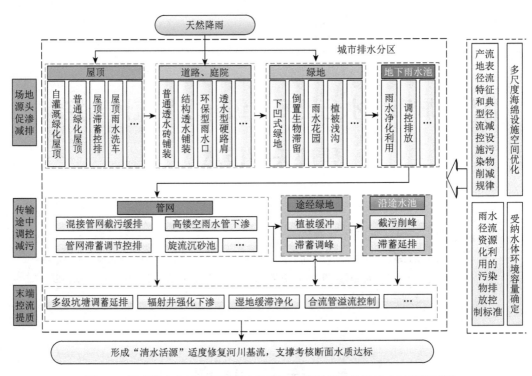

图65.1 城市排水分区多层级雨水径流污染控制集成关键技术工艺流程图

滞蓄、减污、削峰、延排，到末端排水前再经多级坑塘调节、湿地缓滞净化、合流制溢流控制和辐射井强化下渗等技术，最终变成污染物达标、峰值被坦化了的"清水活源"补给河道，适度修复河川基流。基于典型海绵设施地表产流特征和污染物削减规律、以雨水资源化利用为约束的污染物排放控制标准、受纳水体环境容量，对源头、过程和末端的海绵设施进行空间优化，以实现径流污染减控与雨水资源化利用的耦合协同，支撑区域受纳水体考核断面的水质达标。

三、技术创新点及主要技术经济指标

（一）突破了具有增渗缓排、减污削峰功能的10项海绵城市建设新技术，提升了雨水源头污染减排、管网削峰截污、末端调蓄净化能力

研发自灌溉绿化屋顶、结构透水铺装、旋流沉砂池、辐射井强化入渗、调蓄池智能控制等10项技术。自灌溉绿化屋顶年径流总量控制率可达90%以上，径流污染削减率80%以上。结构透水铺装较普通透水砖铺装的径流总量控制率由89.4%提高至93.7%，平均峰值削减率提高8.6%。旋流沉砂池SS去除率在50%以上。单个辐射井可增加调蓄能力140 m³，增加下渗能力450 m³/d。调蓄池智能调控装置，可实现汇水区20年一遇降雨不内涝。

（二）突破了适宜性海绵设施筛选与空间优化技术，建立了海绵城市建设径流减排与污染削减多目标、海绵设施多尺度的空间优化组合技术及其定量表达方法

量化不同源头减排、过程调节、末端控排海绵设施的径流污染调控效果。构建了全国海绵设施成本效益数据库。在宏观尺度上，基于地表特征参数与年径流总量控制率定量关系，经降雨产流模拟，实现径流控制指标分区合理分解。在微观和中观尺度上，采用模型与多目标优化算法实现成本–效益最优，耦合视域整合度分析进行海绵设施空间优化。

（三）突破了合流制溢流污染控制的调蓄池容积确定方法，实现了基于受纳水体环境容量的合流制溢流污染科学管控

基于一级衰减、稀释和自净作用确定了排污口断面与控制断面之间水域的水环境容量。采用支持向量机算法识别合流制管网溢流特征，将允许年溢流次数确定为4次，依此确定合流制调蓄池的容积。基于数值模拟建立合流制溢流（CSO）污染物控制率与合流制调蓄池容积的关系曲线，以调蓄池削减合流制溢流污染50%以上为标准，提出了调蓄池容积的确定方法。

（四）突破城市排水分区多层级雨水径流污染控制技术，实现了径流污染减控与资源化利用的耦合

提出了雨水径流资源化利用的污染物排放控制标准。以减污为目标，以控量为手段，以海绵城市建设区完整排水分区为管控单元，按照场地源头设施串联促渗减排、传输途中调控减污、末端排前控流提质的思路进行雨水径流全过程多层级管控，从而形成"清水活源"补给河道，适度修复河川基流，支撑受纳水体考核断面的水质达标。

四、实际应用案例

典型案例：北京城市副中心海绵城市建设试点示范工程

该技术已在北京城市副中心海绵城市建设试点示范工程中进行了工程示范，取得了良好的效果（图65.2）。示范工程位于北京城市副中心"两河片区"，西南起北运河，北至运潮减河，东至规划春宜路，可分为已建区、行政办公区和其它新建区三部分。海绵城市示范区共完成海绵型小区、学校、道路等各类示范建设项目70余项，主要涉及的工程措施包括新型雨水花园、下凹式绿地、透水铺装等源头减排设施，以及多级调蓄坑塘、辐射井、调蓄池智能进水调控装置等末端调蓄净化新技术，和海绵设施多目标筛选与空间优化技术、基于多层级雨水径流综合调控的面源污染减控技

术、基于综合模拟的合流制溢流污染控制技术等。基本覆盖现状建设用地。示范区多年平均年径流总量控制率为 86.54%，多年平均雨水径流污染物（以 SS 计）总量去除率为 74.29%，雨水资源化利用率为 13.3%，其中雨水回用量为 5.2%，生态流量利用量 8.1%。

技 术 来 源

- 北京市海绵城市建设关键技术与管理机制研究和示范（2017ZX07103002）
- 城市地表径流减控与面源污染削减技术研究（2013ZX07304001）

图65.2　城市排水分区多层级雨水径流污染控制集成关键技术示范工程主要项目分布图

66　高地下水位弱透水区海绵城市建设关键技术

适用范围：高地下水位弱透水区及滨海盐碱区海绵城市建设。
关 键 词：海绵城市建设；高地下水位；弱透水区；滨海盐碱地区；下凹式绿地；生物滞留池；隔盐

一、基 本 原 理

针对土壤弱透水问题，通过优选掺拌改良材料提高海绵设施基质入渗能力，结合地下水位季节变化规律，通过设置反硝化层提高设施对 N、P 等重点污染物去除功能；同时筛选耐淹植物，提高海绵设施雨季植物存活率以保障设施基质通透性和去污能力方面的功效发挥。针对盐碱化程度高、地下水位高等问题，本技术通过大孔隙物料如难以分解的园林枝干废弃物粉碎料放置在种植土壤之下阻断高盐地下毛细水上升，再结合暗管与市政排水系统连通将高盐水地下水排出至市政排水系统，有效控制地下水位，同时土壤采用有机物料掺拌改良降盐，地表栽植耐盐植物，构建耐盐植物景观群落，结合海绵城市建设设施要求，最终形成基于滨海盐碱区域海绵设施构建技术。在此基础上，在地块层面进行改进型海绵设施空间布局优化技术方法构建，并以"中尺度"片区为核心，提出适宜试点片区建设的海绵城市建设管控体系。

二、工 艺 流 程

针对土壤弱透水性问题，按照海绵设施结构从上到下，依次重点突破耐涝植物适宜性优选、无机材料掺拌强化入渗增渗、海绵设施填料优选配置、隔离排水等一系列措施解决；针对高盐碱等海绵城市建设难点，按照海绵设施结构从上到下，依次重点突破耐盐碱植物优选、有机废料调和改良、填料优化、难降解园林枝干粉碎料隔盐、暗管排水排盐等一系列技术措施解决；针对高地下水位问题，重点突破大孔隙材料隔盐断毛细导明水或采用膨润土防水毯隔离地下水，隔离层下结合暗管排水至市政排水系统，从而控制地下水位。工艺流程具体如图 66.1 所示。

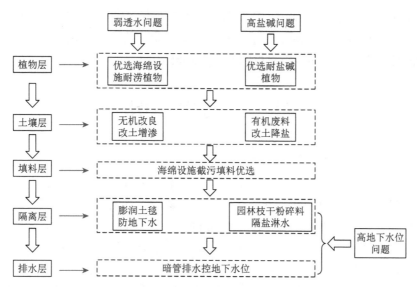

图66.1　高地下水位弱透水区海绵城市建设关键技术工艺流程图

三、技术创新点及主要技术经济指标

（一）首次确定了海绵设施强化入渗基质改良措施和强化去污能力的结构组合参数，实现了高地下水位弱透水区海绵设施结构形式和参数优化

结合天津市自然本底条件，对海绵城市建设中使用面广、使用频率高的下凹式绿地和生物滞留设施重点开展强化入渗和强化脱氮除磷的低影响开发关键技术研发。确定了适宜天津市高地下水位和弱透水土壤条件的下凹式绿地和生物滞留设施的结构形式和主要设计参数；筛选了基质构成和配比，并显著提高去污能力。

（二）探明了海绵设施植物的耐淹能力，完成基于海绵设施的耐淹植物筛选，促进滞蓄类海绵设施在高地下水位弱透水区的应用

确定适于海绵城市建设的本土植物，对天津市常用多种景观植物等进行水淹胁迫试验。通过测定其在水淹胁迫下叶片受害指数、叶绿素含量、光合气体参数、荧光参数以及其它生理生化指标的变化情况，确定了6种适宜天津海绵城市建设的草本植物和7种乔木植物作为海绵设施耐淹植物优选。明确了在海绵城市设施控制的雨后72 h排空的条件下，不会引起植物死亡。

（三）创新突破了基于园林废弃物利用隔盐，有机物料掺拌改良、雨水等非常规水洗盐，暗管排盐，耐盐植物筛选配置，形成盐碱地改良与海绵城市融合的景观生态改善技术

创新提出具有大孔隙难降解的园林枝干废物粉碎料做隔淋层隔盐阻盐、采用雨水、再生水等非常规水淋盐洗盐、暗管排盐，结合园林废弃物等有机废料掺拌改良增

渗降盐，地表栽植耐盐植物利用生物降盐及减少蒸发防止返盐等技术综合改良盐渍土降盐抑碱，同时优选耐盐景观植物结合景观群落构建，使盐碱区域海绵城市功能与耐盐景观相融合，提升了海绵城市建设的景观生态效果。

四、实际应用案例

（一）典型案例1：海绵型透水道路

针对天津市土壤渗透性差和地下水位高的问题，改进海绵设施的设置方式。项目采用的海绵设施包括透水铺装、下凹式绿地、植草沟、雨水渗井等。项目通过优化透水铺装结构组织形式，在人行道下沿纵向铺设 $\Phi8$ 软式透水管，置于人行道的透水级配碎石层中，保证大雨时候超标雨水可以及时排走；路面结构下铺设防渗土工布，防止地下水反渗影响透水路面结构的耐久性。项目采用浅层雨水渗井，既避免污染水位较高的地下水，又可将中小降雨暂时蓄存在渗井中用于非雨天的植物补水，部分路段将多个渗流井联通，末端通过初期雨水弃流装置，将初期雨水弃流至污水系统，解决污染物的消减和富集问题。另外，下凹绿地和生物滞留设施等海绵设施也通过改变基质层填料，强化了雨水的下渗和净化能力。实施效果如图 66.2 所示。

图66.2　海绵型透水道路工程图

项目改造完成后，预计基本实现"大雨不内涝，小雨不积水"的海绵道路建设目标。通过海绵道路净化的雨水水质得到很大改善，降低了道路雨水排河的污染负荷，改善周边主要水体的水环境状况。

本项目对改进型透水砖、雨水渗井以及强化脱氮功能下凹式绿地等海绵设施进行了适宜性改造应用，对解决高地下水位，弱透水土壤条件下可能存在的问题进行了探索，其经验可为其他项目提供直接参考和支持。

（二）典型案例2：甘露溪景观工程

甘露溪位于生态城中部片区，是生态城的重要生态廊道，也是重要的居民休闲场所。项目东西长 750 m，南北宽 120 m，占地面积 8.9 hm²，其中景观水系面积 1.06 hm²，分为东西两个地块，地块中间是景观水系，水系周边以绿地为主，穿插部分人行园路。项目年径流总量控制率达 85%，年 SS 总量去除率达 60%。

该项目的海绵城市建设方案以景观水系为中心，通过地形塑造，使绿地、园路、广场的雨水汇入场地中间。项目采用透水铺装、下凹式绿地、植被缓冲带、雨水湿地、卵石沟、控污型雨水口等海绵设施对雨水进行净化，雨水径流最终汇入景观水系，实施效果如图 66.3 所示，体现了"源头减排、过程控制、末端治理"相结合的系统控制思路。

图66.3　甘露溪景观工程图

技 术 来 源

- 天津中心城区海绵城市建设运行管理技术体系构建与示范
  （2017ZX07106001）
- 天津生态城海绵城市建设与水生态改善技术研究与示范
  （2017ZX07106002）

67 集镇多源污染适宜性截污处理关键技术

适用范围：集镇区多源污染截污及面源污染处理。
关 键 词：多源污染；分散式截污；物化/生化一体化处理；管道沉积物控制

一、基 本 原 理

针对集镇区用地类型混杂，多种污染源共存的特点，提出将其分为集镇中心区、企业区、分散住宅、村庄区以及农业区，并分别构建适宜性的排水系统。核心是适宜于集镇区的"大分流，小截流"式的截污网络组构，包括：分散住宅、村庄区首先进行污水接管工程；企业区在污水接管的基础上注重雨污分流整治；集镇中心区以原有分流制管网为骨架，在管网关键节点加载截流井、调蓄设施建立截流系统。由于上下游汇水时间不同，目前普遍采用的末端截污设施无法有效截流上游初期雨水。针对此，提出初期雨水有效截流率概念，即截流的初期雨水占总截流量的比例，并以初雨有效截流率最大为原则，分配各子汇水区截流初期雨水的量，构建分散式截流系统。此外，在管网关键节点布设快速处理及管道沉积物冲洗设施，以及"绿灰结合"的地表径流控制模块，实现初雨溢流负荷的有效削减。快速处理研发多种功能性轻型填料，雨天快速过滤，晴天通过曝气，使填料挂膜进行生化处理。管道沉积物冲洗，通过在溢流口上游管道内部预埋冲洗管，形成"管中管"，晴天清洗，防止雨天负荷流出。"绿灰"结合模块通过耦合初雨分离装置，雨水花园，及渗蓄设施净化回用雨水径流。

二、工 艺 流 程

针对集镇区管网不完善，排水管网不设截污系统的状况，进行"大分流，小截流"截污网络组构，之后在管网各关键节点对初雨、溢流进行控制和处理。具体工艺流程如下图。首先，对多种污染源分类，在已有分流制管网基础上，设置截污系统；之后针对工业点源全部截污纳管；接着对合流制溢流进行管道沉积物控制和溢流快速处理；同时，对初雨地表径流通过"绿灰结合"模块削减负荷，雨水回用。工艺流程具体如图 67.1 所示。

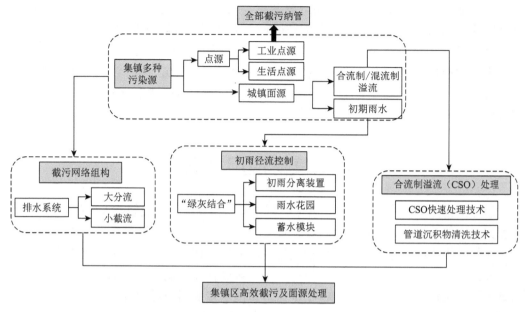

图67.1 集镇多源污染适宜性截污处理关键技术工艺流程图

三、技术创新点及主要技术经济指标

示范区实行"大分流、小截流"的截污网络组构，通过完善雨污水收集系统，实现大部分区域污水和雨水分流处理，同时允许部分区域合流制、混流制排水体系存在。通过村庄污水接管工程，生活污水接管率由 42.8% 提高到 87.1%。截流系统组构时，针对大部分地区截流井下游截流倍数高、上游截流倍数低，无法有效截流污染物浓度较高的初期雨水的情况，定义初雨有效截流率，在上下游各子汇水区定量截流。开发多功能智能截流井，具备晴天防河水倒灌和截流污水，雨天截流初期雨水以及排涝泄洪等多重功能，支持截流系统组构。采用的一体化截流和污水提升装置，截流率由 32.3% 提高到 82.9%。同样截污效果下，相比管网新建改建节约投资 30% 以上。

合流制溢流快速处理技术，制备了 EVA 等多种功能性滤料。EVA 密度轻，约为 55 kg/m³，装填厚度 80 cm，雨天滤速 30 m/h，上向流设计，根据 6 次第三方监测结果，SS 负荷削减率均达 50% 以上，最高达 85%，达到国外同类技术水平。此外，为避免处理设施晴天闲置，首次开发了物化／生化一体化处理工艺，即雨天快速过滤，晴天通过曝气（曝气量 1.5 L/min），使填料挂膜进行生化处理，水力停留时间 3 h，达到快速处理段 SS 去除率 30% 以上，生化功能段 NH_3-N 去除率 40% 以上。管道沉积物冲洗，通过在溢流口上游管道内部预埋冲洗管，形成"管中管"，晴天清洗，防止雨天负荷流出。对于通常两个检查井之间 40 m 的间距，冲洗流量达 38 m³/h，冲洗压力达 33 kPa，冲洗后沉积物厚度不超过 3 cm，负荷削减 25% 以上。

针对地表径流控制，耦合初雨分离装置、雨水花园和蓄水设施，形成"绿灰"结合模块。初雨分离利用延时调节工艺原理，无动力分离降雨初期 4～8 mm 雨水，能够有效降低径流雨水的污染物含量。分离装置缓释出水后序进入到雨水花园，最后渗入蓄水模块中。雨水花园与道路汇流面积比为 1：10，同时形成绿化景观。蓄水模块附着生物膜，总体 SS 削减达 96.6%，COD 削减 94.4%，水质保持 15 天达杂用水标准。

四、实际应用案例

示范工程位于常州市武进高新区南夏墅街道庙桥片区，周边服务人口约 6500 人，面积为 3.12 km²。针对滨河集镇区域具有工业、生活点源及面源等多种污染源问题，以及现有排水系统不完善、上下游截流倍数不一致、初期雨水负荷有效截流率低的问题，进行集镇管网适宜性截污与多源污染精准调度智能控制集成技术工程示范，有效削减入河污染负荷。工程示范构建了滨河集镇区域多源污染适宜性截污技术体系，建成了雨污分流管网、面源污染控制设施。示范工程实施后，入河负荷 SS 削减 53.9%，COD 削减 47.8%；面源及点源等主要污染物 SS 入河负荷削减 60.6%，COD 入河负荷削减 50.5%。

示范工程涉及技术具有广阔的应用前景，目前在深圳市小沙河示范工程、常州市武进国家高新区、福州市晋安区、汕头市等均得到推广应用。

（一）典型案例 1：管道沉积物控制技术成功应用于深圳市小沙河水体治理工程

深圳市小沙河流域面积约为 22.3 km²，主要收集来自塘朗山梅林水库集雨区，小沙河周边区域的雨水，最终汇入深圳湾。清洗管道长 500 m 左右，同样降雨条件下，清洗后的管道溢流 SS 削减 88.9%，COD 削减 60.5%。

（二）典型案例 2

福州市晋安区琴亭河净化站位于琴亭河南岸规划绿地范围内，北侧为东浦路原状为沿河违建菜市场，占地规模约 900 m²，设计处理规模 10000 m³/d。该净化站主要工艺包括一级强化处理和二级生化处理，其中一级强化处理工艺为超磁分离过滤，二级生化处理为聚氨酯海绵固定床生物膜法。聚氨酯海绵固定床生物膜技术 CSO 控制及污染负荷削减技术，利用该技术生化处理功能中的聚氨酯海绵生物膜滤料，高效去除水体中的 COD、NH_3-N 等污染物。经工程验证，聚氨酯海绵固定床生物膜工艺对 NH_3-N 去除率可达 96% 以上，COD 去除率可达 80% 以上。

技 术 来 源

- 重污染河流负荷削减与污染控制技术集成与示范（2017ZX07202002）

68 排水管网精准调度智能控制关键技术

适用范围：基于排水管网精准调度和控制削减污染负荷。
关 键 词：集镇多源污染；在线监测；精准调度；智能管控平台

一、基 本 原 理

在城镇排水系统硬件设施完善基础上，布设在线监测仪表及可控单元，构建排水系统模型，以厂、站、网联合调度为原则分析模型的边界条件，对模型进行分块设计并构建多目标非线性约束方程，逐级求解得到基于负荷削减的最优流量分配方案，而后根据负荷削减最大化原则，提出基于城镇排水系统精准控制的模型预测控制（Model Predictive Control，MPC）方案。将研究区农业退水渠纳入排水管控系统，结合不同生长期作物的生长习性，提出生态塘回灌方案，基于生态塘液位等监测控制仪表，设置回灌及溢流等响应模式，有效利用农业退水或雨水进行回灌，减少农业面源入河负荷。

二、工 艺 流 程

工艺流程如图 68.1 所示。

三、技术创新点及主要技术经济指标

通过构建雨污水收集系统精准调度技术和智能化管网，结合雨污水收集管网节点水质水量在线监测技术，将研究区初期雨水面源污染、合流制溢流、直排污水等高强度污染源，通过输运管网中的清洗单元、泵站节点、蓄存单元等适宜性截污设施，进行有效地耦合和精准调度，研发雨污水收集管网敏感节点水质水量在线监测系统，构建具有智能化管理功能的排水管网系统，提高管网的收集效能和维护管理的长效性。管网运行控制模式有效耦合了各类污染源特征及对应截污设施的工况，控制方式从传统基于规则的控制（Rule-Based Control，RBC）L 级为 MPC 方式，实现了精准控制。

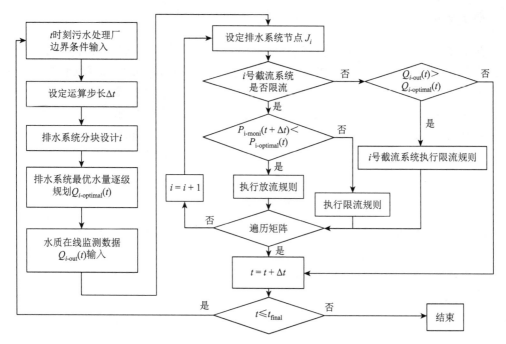

图68.1 排水管网精准调度智能控制关键技术路线图

通过在系统的关键控制节点，如易淹易涝点、河道等，安装液位计、流量计等监测设备，使控制平台实时掌握在线监测设备的主要工况及数据。在整个控制系统中，核心节点的监测设备16套。在一系列管网监测物联网设备的支撑下，精准调度和智能化管网控制平台可以依据监测信息进行精准控制，达到最优化的调控效果。

智能化管网控制控制分为晴天模式和雨天模式。晴天时，各截流井将污水截污送入污水管网，低于一定液位时停泵。雨天时，根据截流井上下游管网情况并综合考虑污染物削减量最大化，经过模型计算，获得各个截流井最优化的控制方案。四个截流井根据"一井一策"设定的液位自动控制。当雨量继续增大，超过截流系统输送能力时，调蓄池开始蓄水，如果各设施内水位超过各自设定的溢流液位，则发生溢流。随着雨量减小，系统则会恢复晴天模式。整套控制系统通过优化的策略，物联及自动控制，实现了无需人为干预，同时获得最大的环境效益。技术示范实施后，通过调度进一步提高截污效能10.4%。

四、实际应用案例

示范工程位于常州武进高新区南夏墅街道庙桥片区，周边服务人口约6500人，面积为3.12 km²。针对滨河集镇区域具有工业、生活点源及面源等多种污染源问题，以及现有排水系统不完善、上下游截流倍数不一致、初期雨水负荷有效截流率低的问题，进行集镇管网适宜性截污与多源污染精准调度智能控制集成技术工程示范，有效削减入河污染负荷。示范工程通过构建管网精准调度智能控制软件平台，提高了管网的收集效能和维护管理的长效性，进一步提高截污效能10.4%。

典型案例

新型多功能智能截流井具有截流、泄洪排涝、防河水倒灌以及远程自动控制等功能，常州武进高新区共建设智能截流井 153 座，并已将截流井纳入智慧管网管控平台。平台实时掌握设施运行工况及数据，实现了工业废水排放监测预警收集管网敏感节点在线监测和截污设施的最优化调控，达到了污水收集管网智能化运行和精准调控的技术要求。平台操作简单，管理方便，智能化强，维护工作量少，运行稳定。

技 术 来 源

- 重污染河流负荷削减与污染控制技术集成与示范（2017ZX07202002）

69　污水处理厂二级生化出水两相耦合深度净化关键技术

适用范围：尾水深度脱氮除磷。

关 键 词：酚油协同萃取；资源回收；复配萃取剂；高浓度含酚废水；焦化废水；煤化工废水

一、基 本 原 理

针对二级出水进一步脱氮除磷，通过创新深床反硝化技术和纳米复合材料吸附过滤技术的器件和材料，强化氮磷去除效果。通过设置中间水池、系统回路和检测装置等，优化硫自养 – 异养混合营养型反硝化深床滤池单元和新型纳米复合材料吸附过滤单元的集成和反馈调节，利用数据自控系统，完成了脱氮除磷工艺的耦合和自洽，达到深度去除二级出水氮磷的目的，最终形成二级生化尾水氮磷深度净化技术术及装备。

二、工 艺 流 程

污水处理厂二级生化尾水流经反硝化深床滤池时，滤料层中的反硝化菌大量利用污水中的 NO_3^--N 进行反硝化作用，生成 N_2 等还原性气体从而实现对污水中氮的深度脱除。滤池处理后出水排入中间水池，之后流经纳米复合材料吸附床，依托优化配置的新型纳米复合材料，实现对污水中磷的大幅去除。通过对滤池进水及中间水池 NO_3^--N 的在线检测，以及滤床反冲洗、吸附床脱附的自动控制，实现反硝化碳源精准投加和除磷工艺精准控制的反馈机制及系统的节能降耗，进一步降低集成工艺运行成本。其工艺流程具体如图 69.1 所示。

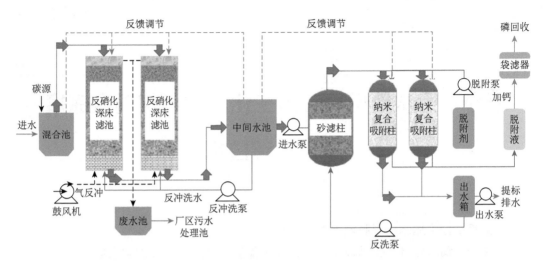

图69.1   污水处理厂二级生化出水两相耦合深度净化关键技术工艺流程图

三、技术创新点及主要技术经济指标

（一）技术创新点

（1）硫自养－异养混合营养型反硝化滤池新技术。
（2）新型布水布气组件及其模块化关键技术。
（3）新型纳米复合材料吨级量产工艺。
（4）基于混合型神经网络模拟优化的双向反馈技术。

（二）主要技术经济指标

实现了氮、磷的协同去除，突破了深度脱氮效率低、不稳定、成本偏高及 TP 去除容量低、深度不足等瓶颈，最终处理出水 TN < 6 mg/L，TP < 0.1 mg/L，直接运行费低于 0.3 元 / 吨。

四、实际应用案例

应用单位：无锡市高新水务有限公司新城水处理二厂。

尾水深度脱氮除磷成套装备位于无锡市高新水务有限公司新城水处理二厂，设计处理规模 500 m³/d，采用二厂 17 万吨提标工程进水（即以一级 A 为进水），第三方检测评估结果显示，装备处理出水 TN < 6 mg/L，TP < 0.1 mg/L，运行费用约 0.28 元 / 吨。装备现场实物如图 69.2 所示。

图69.2　尾水深度脱氮除磷成套装备现场实物图

低污染尾水强化脱氮除磷技术在张贵庄污水处理厂提标改造工程、长春市绿园区合心镇污水处理工程、香港河道水深度除磷净化等项目示范应用（图 69.3），总处理水量 12.5 万 t/d，工艺具有启动快、脱氮除磷效率高、运行稳定、处理成本低等特点，取得显著成效。出水 TP 最优可达 0.02 mg/L 以下。

（1）应用单位：张贵庄污水处理厂提标改造工程（主要为市政污水），应用时间为 2018 年至今，处理水量 10 万 m³/d，进水 SS ≤ 20 mg/L、TN ≤ 18 mg/L，出水 SS ≤ 5 mg/L、TN ≤ 10 mg/L，去除 1 mg/L TN 的吨水运行费 < 0.012 元；

（2）应用单位：长春市绿园区合心镇污水处理厂（市政污水），应用时间为 2018 年至今，处理水量 2.5 万 m³/d，进水 SS ≤ 20 mg/L、TN ≤ 20 mg/L、TP ≤ 1.0 mg/L，出水 SS ≤ 10 mg/L、TN ≤ 15 mg/L、TP ≤ 0.5 mg/L，去除 1 mg/L TN 的吨水运行费 < 0.015 元；

（3）应用单位：香港水务署、香港科技大学。

进水采用香港境内河道水，TP 浓度进水平均浓度 0.15 mg/L，设计处理规模 30 m³/d。河道水经过处理后，出水平均浓度达到富营养化限值（< 0.02 mg/L）以下。该应用至今已运行 12 个月，期间曾暂停 6 个月，预计还将运行 12 月以考察其长期运行的稳定性和经济性。

图69.3　脱氮除磷技术成果推广应用

技 术 来 源

- 重污染河流负荷削减与污染控制技术集成与示范（2017ZX07202002）

70 基于水质动态预测仿真的污水处理深度减排关键技术

适用范围：污水生物法处理过程。
关 键 词：机器学习；卷积神经网络；出水预测；过程拟合

一、基 本 原 理

利用在线仪表设备、网络、计算机等实时感知污水处理可工艺单元的运行状态，并采用可视化技术对污水处理过程进行管理，利用大数据分析手段对海量数据信息进行分析与处理，利用长短时记忆神经网络处理来水历史数据，形成能够准确预测来水水质的模型，再根据卷积神经网络处理进出水水质数据和工艺参数，建立精确预测出水水质的污水处理过程拟合模型。将建立的模型嵌入系统，对反硝化加药等关键消耗环节进行调控，达到保障水质的同时减耗降本的目的。

二、工 艺 流 程

工艺流程具体如图 70.1 所示。

（1）污水处理厂工艺、来水特征的运行监控方案制定。收集污水处理厂相关资料，通过 Accord.NET 工具对样本数据进行特征分析，识别关键指标，在此基础上制定污水处理厂的运行监控方案。

（2）在线监控仪表采购、安装与调试。按照设计方案要求，采购相应的在线监控设施并进行改造以满足示范工程的需要，同时在现场相应点位安装在线仪表，并测试数据传输的稳定性和准确率。

（3）污水处理厂智慧管控平台应用实施。在现场在线监控设施和数据采集模块部署完成的基础上，研发污水处理厂智慧管控平台，建立基于全生命周期的设备管控技术、污水处理运营及任务管控技术、能源管控技术等，并在平台建成后进行试运行。

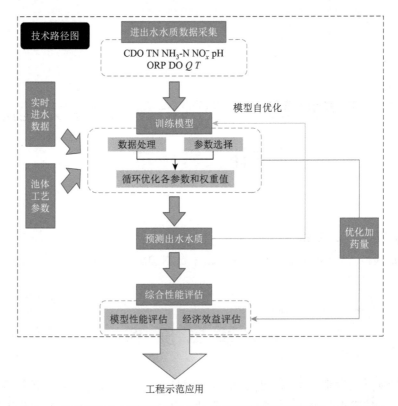

图70.1 基于水质动态预测仿真的污水处理深度减排关键技术工艺流程图

（4）动态预测仿真模型应用。利用污水处理厂 COD、NH$_3$-N、TP、TN 等水质监控数据、设备运行监控数据、工艺运行参数等构建基于深度学习的污水处理大数据分析算法和模型，动态预测污水处理厂的出水水质。

（5）形成一套完整的智慧管控系统。将动态预测仿真模型嵌入智慧管控平台，系统收集现在在线监测仪器采集的数据传输给模型，模型计算出水水质和最佳投药量再返还系统进行控制。

三、技术创新点及主要技术经济指标

（一）技术创新点

（1）分析水厂进水历史数据的时间序列特征，具有周期性和规律性，结合长短时记忆神经网络会保留历史数据权重的特点，完成对进水水质的预测。

（2）污水处理厂工艺处理废水是一个周期过程，将水力停留时间这一重要参数考虑到建模过程中，用一段进水对应一个点的出水，利用卷积神经网络处理图片的能力分析进水数据，完成对出水水质的预测。

（3）利用可解释性机器学习深度分析进水水质的时间序列，完善对输入的处理，增强模型的鲁棒性。

（二）主要技术经济指标

（1）出水 COD：10～50 mg/L；

（2）出水 TN：5～15 mg/L；

（3）出水 NH_3-N：1～5 mg/L。

四、实际应用案例

（一）典型案例1

应用单位：无锡市高新水务有限公司新城水处理二厂。

基于水质动态预测仿真的污水处理深度减排技术应用于污水处理厂节能减排智慧化管控系统工程示范（图 70.2），以污水处理厂氮磷减排和节能降耗为目标，利用在线监测仪表、互联网技术、计算机技术等，实时感知污水处理各工艺单元和工艺设备的运行状态。建设全过程化的污水处理智慧管控系统，通过可视化技术对污水处理过程进行动态管理，同时利用大数据分析手段对海量数据进行分析与处理，从而为污水运营管理和氮磷减排提供辅助决策建议，提高污水处理厂运营管理的精细化水平，实现由结果型管理向过程型管理的转变，通过动态预测仿真技术，实现了污水处理稳定达标、氮磷减排、节能降耗的目的。

无锡高新水务节能减排智慧化管控系统工程示范覆盖处理规模 17 万 t/d，实际运行规模 11 万 t/d，自稳定运行以来，出水 COD、BOD_5、TN 指标优于一级 A 排放标准，NH_3-N 和 TP 分别小于 1 mg/L 和 0.2 mg/L。管控系统根据运行数据每月给水厂开出运行报表，对水厂的运行管理和节能减排给予技术和管理建议。水质动态仿真预测平台对反硝化段出水预测准确率达到 90% 以上，药耗减量达 40% 以上，关键技术的应用支撑污水处理整体成本降低 20% 以上。

（二）典型案例2

技术推广应用在无锡市高新水务新城水处理厂扩建工艺线，现运行规模 5 万 t/d，扩建工程于 2020 年 11 月完成现场施工和调试工作，于 2020 年 12 月 1 日稳定运行至今，共处理水量 1080.95 万 t，出水 NH_3-N ≤ 1 mg/L，TN ≤ 6 mg/L，COD ≤ 20 mg/L，推广应用工程将继续运行至 2021 年 12 月。

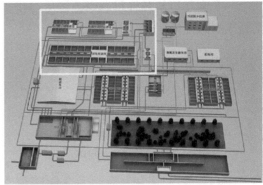

图70.2 示范地位置图及示范工程现场图

技 术 来 源

- 重污染河流负荷削减与污染控制技术集成与示范（2017ZX07202002）

71　海绵设施技术优化与运行管理关键技术

适用范围：平原河网城市海绵设施的截留净化与运行管护。
关 键 词：源头分离；分质排放；面源拦截净化；道路雨水；屋面雨水；
　　　　　　运行管护

一、基 本 原 理

平原河网城市屋面雨水与路面雨水存在水质差异，经调查，屋面雨水水质明显好于污染较高的路面雨水。然而，现有的海绵设施对于屋面雨水与路面雨水的处理流程一致，不仅增加了海绵设施的拦截、蓄滞、净化压力，同时为了保证暴雨期对源头污染物的快速拦截，还需大幅增加下凹式绿地，导致占地面积增大，造价上升。

基于此，构建屋面/路面雨水分质排放系统，对海绵设施技术进行优化。较为干净的屋面雨水直接进入雨水管道，经末端净化后排入河道，减轻海绵设施净化压力。污染较高的路面雨水则做源头和末端两级处理，道路径流雨水首先集中进入雨水分流箱，随后根据雨量大小进行分流拦截净化，并以高于河道常水位 20 cm 以上的散式排出口进入河道，实现排水安全。源头分离可提升雨污水快排和净化能力，从而大幅降低下凹式绿地的比例，减少占地和降低造价。

此外，由于国内海绵设施建设时间较短，缺乏运行管护的实践经验，导致现有海绵设施对雨水径流中氮磷污染物的削减效果十分不稳定。因此，在深入调查现有海绵设施运行效果的基础上，从日常养护、定期养护、问题诊断、恢复性修复等方面，研究了海绵设施的运行管理方法和养护频率，建立海绵城市设施运行管理技术体系，从而提升海绵设施的运行效率。

二、工 艺 流 程

工艺流程为"源头分离 – 屋面雨水/路面雨水分质处理 – 排入河道"，如图 71.1 所示。

（1）从城市径流污染源头对屋面及路面雨水进行分离。

（2）屋面雨水直接进入雨水管，经生物滞留池和雨水湿地等 LID 设施做末端处理后，排入河道。

（3）道路径流雨水集中进入雨水分流箱。小雨时：径流雨水通过分流箱进入隔油沉砂井对大颗粒悬浮物（＞ 25 mm）和油污进行拦截，经沉砂隔油处理后的雨水进入过滤净化装置，对细颗粒及溶解性污染物进行拦截及净化处理；大雨时：径流雨水通过分流箱上设置的溢流通道进入下沉式绿地、雨水花园、植草浅沟等 LID 设施。经过滤净化装置或 LID 设施处理后的雨水通过雨水管道进入生物滞留设施、雨水湿地等 LID 设施，处理后排入河道。

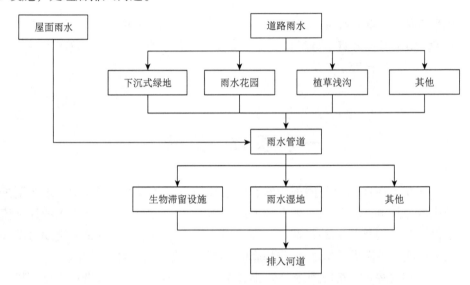

图71.1 海绵设施技术优化与运行管理关键技术工艺流程图

三、技术创新点及主要技术经济指标

（一）技术创新点

（1）综合考虑建筑与小区内路面与屋面雨水水质不同的特点，实施源头分质化处理。水质较好的屋面雨水直入雨水管，仅末端处理。道路径流雨水实行源头和末端两级处理，雨水集中进入雨水分流箱后，根据雨量大小进行后续拦截净化处理。

（2）道路雨水分流收集处理。与现有技术相比，本技术采用分离箱的设计，对不同水质分流收集处理，可在提高效率的同时减少占地，解决道路（低绿地率）雨水径流量和径流污染物的控制问题，同时可为景观设计提供更多的选择空间。具体为：雨水集中进入雨水分流箱（380 mm×680 mm×1400 mm）后，小雨时通过分流箱进入隔油沉砂井，大雨时通过分流箱上设置的溢流通道进入 LID 设施，处理后进入市政雨水管网排放系统；隔油沉砂井内设置的挡板对大颗粒悬浮物（＞ 25 mm）和油污进行拦截，经沉砂隔油处理后的雨水进入过滤净化装置（1.5 m×4 m×1.0 m），对细颗粒及溶解性污染物进行拦截及净化处理，处理后的雨水进入雨水管道。整个系统可以服务约 400 m² 的径流路面。

（3）下凹式绿地比例降至 10% 左右，分散式排出口高于河道常水位 20 cm 以上。通过减少下凹式比例、提高管底标高，有效减少占地，降低造价，同时减少河水顶托，实现排水安全。

（4）建立海绵城市设施运行管理技术体系。基于对海绵设施运行现状的制定科学合理的运行管理方法，填补了海绵设施养护管理的空白，可保障海绵设施的长效运行，提高海绵设施的运行效益。

（二）主要技术经济指标

技术指标：TN、TP 的削减率基本稳定在 50% 以上。
经济指标：优化后海绵设施单位面积造价降低 57.2%。

四、实际应用案例

典型案例：平原河网区面源拦截与净化运行管护示范工程

技术应用于嘉兴市绿城柳岸禾风（一期）住宅项目内（图 71.2）。柳岸禾风一期项目位于嘉兴市经济技术开发区塘汇街道，塘汇路南、永政路东、规划长纤塘北路北、规划养正路西，地块总占地面积约 42834.9 m²。通过关键技术在示范区的实施，经第三方监测，与不实施海绵城市项目相比，柳岸禾风项目 TN、TP 年均削减率分别达 86.7% 和 67.8%。同时，与试点期间相似项目相比，柳岸禾风海绵城市单位面积造价降低 57.2%，不仅实现了对城市径流污染的高效拦截与净化，同时也显著降低了建设成本。

应用流域：杭嘉湖流域。
应用区域：浙江省嘉兴市。
应用水体：长纤塘。

图71.2　平原河网区面源拦截与净化运行管护示范工程图

技 术 来 源

- 嘉兴市水污染协调控制与水源地质量改善（2017ZX07206）

72 城镇尾水及城镇径流湿地净化关键技术

适用范围：污水厂尾水的深度净化。

关 键 词：折流式水平潜流湿地；序批式进水；难降解污染物；干湿交替；复合分子筛；植物适配

一、基 本 原 理

城镇污水经处理后达到排放标准后，出水中仍含有悬浮颗粒物、部分难降解有机污染物、植物性营养盐等，且含量远高于地表水的水质标准，排入水体会造成水环境容量减小和水体污染。借助人工湿地对尾水进行深度处理，使之达到相应的水质标准，可以减轻水体污染，且有利于周边水体的水质改善，有助于构建清水廊道。目前，人工湿地类型主要有垂直流人工湿地、水平潜流人工湿地、表面流人工湿地，已有研究对比发现，垂直流人工湿地对污染物的拦截效果相对较好，但施工过程复杂、建设费用高，且相较于水平潜流人工湿地更容易产生填料堵塞等问题，导致拦截净化效果不佳。

城镇尾水及城镇径流湿地净化技术采用"折流式水平潜流型人工湿地＋表面流人工湿地＋稳定塘"组合工艺，通过多种湿地类型及后置稳定塘的优化组合，利用基质、植物、微生物的物理、化学、生物化学三重协同作用，提升尾水净化效果。同时，在潜流型人工湿地中，通过设计折流方式使水流态从水平流动变成水平和垂直混合流态，提升载体与污染物接触概率和接触时间，强化地表径流中的污染物去除程度，减轻径流输入末端的环境压力。

二、工 艺 流 程

工艺流程为"折流式水平潜流人工湿地 - 表面流人工湿地 - 后置稳定塘"，如图 72.1所示。

（1）污水厂尾水经提升泵站进入管网。

（2）通过核心工艺 - 折流式水平潜流人工湿地，采用干湿交替运行的方式，在去除大部分 COD、TP 和 NH_3-N 的基础上实现提高微生物生化活性和缓解填料堵塞的作用。

（3）进入表面流人工湿地，通过与大气充分的氧气交换强化 COD 的净化效果。

（4）经溢流堰从表面流人工湿地进入后置稳定塘，营造自然景观的同时，还可涵养水源、加强城市抗击洪涝能力。

图72.1　城镇尾水及城镇径流湿地净化关键技术工艺流程图

三、技术创新点及主要技术经济指标

（一）技术创新点

湿地分区分类净化：以折流式水平潜流型人工湿地 + 表面流人工湿地 + 后置稳定塘组合工艺为主，面积比为 10 : 2.5 : 1，对污水厂尾水中浓度较高的 N、P 和有机物等进行高效去除净化。潜流区强化对难降解有机物和 TP 的去除，表流区强化对 TN 的去除，稳定塘提升溶解氧含量和提供亲水功能，提高水体透明度。

人工湿地植物适配：组合式湿地根据功能和去除污染物负荷的大小，优选组合配置不同类型的植物，实现不同季节污染物去除率稳定化和人水和谐。

低碳氮比尾水生化脱氮复合分子筛制备：粉煤灰分子筛、秸秆碳、杭锦土及水玻璃复合，各组分比 3 : 1 : 1 : 1 制备而成的高生物相容性分子筛复合材料可提高微生物活性，增加人工湿地生化处理效率。

结构优化和干湿交替联合防堵塞：折流式水平潜流湿地使用间歇进水干湿交替运行方式，序批式人工湿地淹没 / 排空时间比 36 : 12，有效提高系统内 DO 含量，增强微生物生化活性，提高污染物的去除率，同时缓解人工湿地堵塞情况。

（二）主要技术经济指标

技术指标：TN 削减比例月均值为 22.60%，TP 削减比例月均值为 30.05%，水质稳定在地表河流Ⅲ类标准。

经济指标：吨水处理成本约为 0.16 元。

四、实际应用案例

典型案例：污水处理厂尾水生态净化示范工程

嘉兴市城东再生水厂尾水湿地生态净化工程由城东再生水厂 + 湿地活水公园组成（图 72.2），工程面积约 240 亩，处理规模 4 万 m³/d，工程实施后，尾水工程出水达到

Ⅲ类标准，比较进出口水质数据，得到水体 TN 消减比例为 22.60%，NH_3-N 消减比例为 38.83%，TP 消减比例为 30.05%。同时，尾水排出后对周边水体水质改善效果显著，平湖塘 2015～2016 年水质不稳定，特别是 TP、NH_3-N 在个别月份超过 Ⅴ 类标准，活水湿地公园建设以来，特别是湿地稳定运行后，平湖塘水质向好发展，并逐渐保持稳定，2020 年，全年各指标平均已经达到了Ⅲ类标准。

应用流域：杭嘉湖流域；

应用区域：浙江省嘉兴市；

应用水体：平湖塘。

图72.2 污水处理厂尾水生态净化示范工程图

技 术 来 源

• 嘉兴市水污染协调控制与水源地质量改善（2017ZX07206）

73 城市河湖生态分区修复关键技术

适用范围：平原河网区湖荡的水生态自然恢复。
关 键 词：空间格局划分；模块化草坪；螺 – 草共生体；快速定植；透明度；悬浮物

一、基 本 原 理

太湖流域平原河网城市因地势低、河流水动力条件差，加之面源污染强度高，清水来源少，导致受纳水体生态系统严重受损、水体自净能力低下。沉水植物恢复是改善和稳定水质、恢复水生态系统完整性的关键。但沉水植物恢复机制复杂、影响因素众多，并不是所有区域都适合和不适合沉水植物恢复，只有在适宜区域初步恢复沉水植物，形成先锋植物群落斑块，才能进一步改善水质和提高水体透明度，促进水生植物群落的恢复和重建。现有的沉水植物恢复手段对于适宜恢复区域缺乏科学的综合判断，导致恢复手段盲目性大、成活率低、成本高。

城市河湖生态分区修复技术根据生态学原理聚焦最简化的指标，构建科学、精准的沉水植物修复空间格局划分策略，通过分区分期实施规模化沉水植物恢复。同时，构建以螺 – 密齿苦草共生体的水下模块化草坪，有效解决传统恢复工艺中点状先锋沉水植物群落稳定性差、极端基底环境成活率低、沉水植物在高有机质和 NH_3-N 的半流体状态底泥中不能过夏的难题，逐步形成沉水植物稳定健康的维持机制，促进水生态系统的自然恢复。

二、工 艺 流 程

工艺流程为"沉水植物恢复空间格局划分 – 水下草坪一体化定植 – 长效管护"，如图 73.1 所示。

（1）以光补偿深度与水深的比值（Q_i）和底泥有机质含量（LOI）为依据，将水域空间初步划分为"适宜区""过渡区""暂不适宜区"。

（2）依据空间格局划分，根据不同水深、底质的生境恢复条件，采用水下草坪一体化定植技术，分区分期完成区块化沉水植物的快速定植恢复。

（3）完成沉水植物快速定植恢复后，通过控制不同区域水草盖度、定期监测水质等，对技术实施的水域空间开展长效管护，以近自然的方式使水生态系统逐渐恢复其完整性。

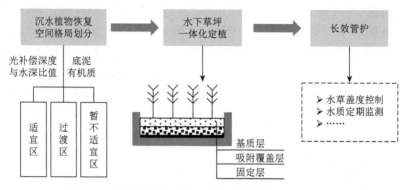

图73.1　城市河湖生态分区修复关键技术工艺流程图

三、技术创新点及主要技术经济指标

（一）技术创新点

沉水植物修复分区方法。针对沉水植物恢复机制复杂、影响因素众多等问题，在调查基础上，根据生态学原理，提出最简化的指标，提出沉水植物分区、分期修复策略。以光补偿深度与水深的比值（Q_i）和底泥有机质含量（LOI）为依据，将水域初步划分为"适宜区"（$Q_i \geq 1$ 且 LOI $\leq 5\%$）、"过渡区"（$Q_i \geq 1$ 且 $5\% <$ LOI $< 8\%$ 或者 LOI $\leq 5\%$ 且 $0.75 < Q_i < 1$）和"暂不适宜区"，分别作为优先恢复区、过渡区和暂不适宜区，开展分区、分期修复。该技术科学原理清晰、可操作性强、恢复效率高，利于行业推广。

沉水植物一体化定植恢复技术。创新发展了螺－密齿苦草共生体的水下草坪的培育技术，育苗盘沿竖直方向叠放，第一育苗盘距离水体表面 50 cm，两个间隔 30～50 cm，有效解决了传统恢复工艺中点状先锋沉水植物群落稳定性差、极端基底环境成活率低的难题。根据不同水深、底质的生境恢复条件，完成区块化沉水植物的快速定植恢复，利用水下草坪基质覆盖和吸附作用，设置两株密齿苦草的距离 6 cm，固定层厚度为 3 cm；基质层为黄土，厚度 4 cm；NH_3-N 吸附层为沸石粉层，厚度 3 cm。解决了沉水植物在高有机质和 NH_3-N 的半流体状态底泥中不能过夏的问题，逐步形成沉水植物稳定健康的维持机制，促进水生态系统的良性发展。

（二）主要技术经济指标

技术指标：TP 基本稳定在湖泊地表水 Ⅱ～Ⅲ 类。

经济指标：单位面积直接造价基本稳定在 40 元 /m² 左右。

四、实际应用案例

典型案例：底泥处理处置与湖荡生境改善工程示范

技术在南湖水生态恢复工程中得到应用，示范水域面积 6000 m²。通过在技术示范区进行空间格局划分—关键水质因子判别—水下草坪一体化定植—长效管护的应用，实现了示范区水体的水质改善。实施技术之前，示范区水体透明度处于较低水平，TN、TP 及 NH₃-N 均处于劣 V 类水平，高锰酸盐指数处于 Ⅳ 类水平。通过为期半年的技术应用，水体透明度由 0.3 m 提高至 1 m，TN 由 3 mg/L 下降到 1.8 mg/L，总磷由 0.18 mg/L 下降到 0.05 mg/L。南湖实现秀水泱泱，水质稳定在湖泊 Ⅲ 类（图 73.2）。

应用流域：太湖流域。

应用区域：浙江省嘉兴市。

应用水体：南湖。

技 术 来 源

• 嘉兴市水污染协调控制与水源地质量改善（2017ZX07206）

图73.2　底泥处理处置与湖荡生境改善工程示范

74 厂网联合调度初期雨水污染控制关键技术

适用范围：城市面源污染控制、排水系统厂网一体优化运行。
关 键 词：排水系统；厂网联合调度；智能控制

一、基 本 原 理

动态降雨过程排水系统存在运行调控能力不足、运行效能低等问题，排水系统现有调控能力、动态降雨过程水量波动、动态控制方法为解决问题的关键，难点是如何实现系统快速评估、精准实时诊断与动态智能控制，围绕排水管网的系统结构评估、运行状态诊断、智能调控方法三个要点，基于管网系统结构与健康状况的系统评估，获得排水管网系统的调控能力，开发水量水质信息耦合的管网入流入渗动态过程诊断评估方法，预测管网系统精准的入流入渗与溢流信息，提出针对管网泵站、污水厂关键节点的智能控制方法，实现厂网一体的动态联动控制，基于降雨前后排水系统初雨雨水快速消纳应急调控策略，实现针对初雨降雨过程的系统调控与快速处理，降低初雨过程的溢流污染，提高排水系统稳定运行水平，建立排水管网与污水厂的综合调控平台。

二、工 艺 流 程

工艺流程具体如图74.1所示。

（1）开发排水管网智能评估管理系统，提出基于机器学习的管道健康状况智能评估方法，建立厂网一体模型，评估排水管网与污水处理厂联合调度调控能力。识别管网中重要的关键节点、污水泵站，污水处理厂等管网单元，对污水厂进行优化控制改造，通过提升调蓄沟涵、管网系统的调蓄能力，以及初期雨水的强化处理能力，提出降雨条件下排水系统的负荷削减策略。

（2）开发水量水质（流量、液位、电导）耦合简易管网在线监测设备，建立管网水质水量在线监测系统，运用基于污染物过程线模型，诊断管网降雨过程导致的多源入流入渗与溢流过程，获取管网动态水量水质波动过程的系统运行状态。

（3）开发基于动态水量变化的管网系统泵站控制方法以及沟涵控制方法，同时开发基于动态进水水量条件的污水处理厂全流程动态控制技术，实现基于管网动态水量变化、冲击负荷等强干扰的前馈与反馈相结合控制方法，提高厂网一体的降雨条件下的调蓄和负荷削减能力。

（4）基于不同动态运行情景，建立厂网一体联合调度控制方法，构建包括监测控制、预警预报、信息处理、协同调度功能的厂网联合调度平台，平台覆盖污水处理厂及其上游管网系统，实现厂网联合调度管理。

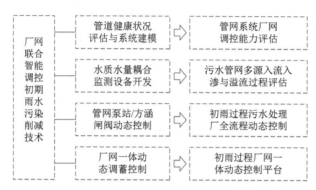

图74.1　厂网联合调度初期雨水污染控制关键技术工艺流程图

三、技术创新点及主要技术经济指标

（一）主要创新点

（1）构建了一种污水系统的调度控制系统和方法，提出了基于液位驱动单泵站与基于流量驱动的多级泵站群组的一体化离散动态控制模型与方法，解决了实际工程中受设备调控能力制约难以实现复杂厂网一体实时联动调控的难题，实现动态污水管网液位条件下的污水管网与污水厂的智能自动联动控制，系统便于安装、调试和维护，可实现长时间稳定无人值守智能动态运行控制。

（2）提出了基于水量水质双指标同步监测实现污水管网区域入流入渗诊断的评估方法，开发了适用于我国管网运行状态，"监测－模型－诊断"集成一体化的入流入渗动态过程评估方法与模型，解决了仅基于流量单指标评估方法在污水管网高水位灌水运行状态下难以应用的难题。相关方法可以更加精准实现降雨过程入流入渗量诊断，以及潜在溢流量诊断，为区域管网问题诊断、排水管网运行调控提供预测支持。

（3）初雨期间污水厂全流程动态强化调控，提出了基于多工艺单元联动的离散控制方法，开发了一种基于 NH_3-N 和 DO 反馈的多级 A/O 工艺曝气控制系统，可以实现污水处理厂曝气量的自动控制，以及二沉池药剂投加、除磷药剂投加动态控制方法，保证了生化系统的出水稳定达标，节省运行电耗。

（二）主要技术经济指标

开发的管网监测设备使用简单、方便维护且价格低廉，每套成本仅 2 万～3 万元，为常规管网水量监测设备的 1/3，排水管网水质水量在线监测系统能够对管道入流入渗和溢流进行诊断，解决高水位管网入流入渗难以诊断难题。旱季泵站单点运行可节能 5% 以上，雨季提高污水系统处理能力并减少管网溢流 30%～50%，强化了污水系统抗工业废水冲击能力，提高了污水厂稳定达标运行水平。排水管网智能评估管理系统能够监测和修复管道点状缺陷，提高诊断效率 20% 以上，污水处理厂的自动控制系统可基于进水水量、冲击负荷等强干扰的智能控制，形成了包括监测控制、预警预报、信息处理、协同调度功能的厂网联合调度平台，显著提高智能水平和维养效率。

四、实际应用案例

应用单位：北京市城市副中心通州给排水事物中心、北控水务（中国）投资有限公司、国投信开水环境投资有限公司。

在河西片区排水管网区域，利用水量水质多指标监测设备、管道机器人等技术对管网的关键区域进行了监控和检测，构建了水质水量在线监测系统，通过对管网系统的在线监控、入流入渗和溢流的区域综合诊断，建立了污水管网的可视化和智能化管理平台（图 74.2），构建了不低于 40 km² 的管网、泵站、处理站、处理厂示范网络，实现了厂网联动联调管理，保障维护及时、减少渗漏、优化厂站的业务化运行。

技 术 来 源

- 北京城市副中心高品质水生态与水环境技术综合集成研究（2017ZX07103005）

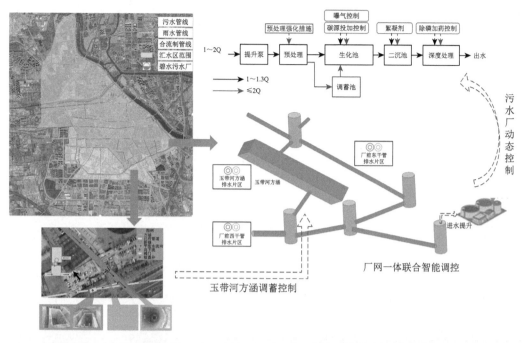

图74.2　管网可视化与智能化管理平台界面图

第三篇

流域农业面源污染治理

75　水稻专用缓控释掺混肥深施与插秧一体的稻田氮磷减量减排关键技术

> **适用范围**：稻田面源污染的源头减控。
> **关 键 词**：水稻专用缓控释掺混肥；插秧侧深施肥一体化；稻田；化肥减量增效；氮磷减排

一、基本原理

基于水稻高产养分需求和土壤养分供应，通过对不同释放速率的缓控释氮肥进行合理配比来优化控制氮素的释放速度和释放量，同时综合考虑磷肥施用的"水轻旱重"原则，适当降低缓控释掺混肥中磷的比例，研制水稻专用低磷缓控释掺混肥，使其一次性施肥就能满足水稻全生育期所有养分的需求，实现供－需匹配平衡，达到氮磷的同步减量增效。在此基础上，集成应用水稻插秧施肥一体化机械，实现专用缓混肥的精确定位深施，不仅提高了作业效率，又进一步提高了肥料利用率，减少了径流和氨挥发损失风险，省工节本，高产高效低污染。

二、工艺流程

根据土壤基础地力和氮磷养分含量丰缺状况、水稻品种和产量目标合理确定其适宜的氮磷钾用量及配比，在此基础上结合水稻高产养分需求曲线，科学配置氮磷钾缓控释掺混肥配方；利用水稻插秧施肥一体化机械进行缓混肥的精准定位深施，施肥位置根侧 2～3 cm，施肥深度 5 cm。优化水分管理，缓苗期湿润灌溉，分蘖前期间歇灌溉，分蘖中后期及早晒田，孕穗抽穗期灌寸水，壮籽期干湿灌溉。水稻穗肥施用关键期（倒三叶期）进行水稻长势诊断，判断是否需要补施穗肥。

工艺流程具体如图 75.1 所示。

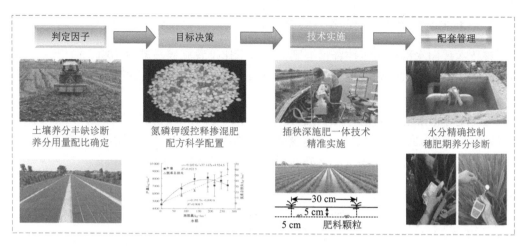

图75.1   水稻专用缓控释掺混肥深施与插秧一体的稻田氮磷减量减排关键技术工艺流程图

三、技术创新点及主要技术经济指标

（一）技术创新点

1. 因土定制水稻专用低磷缓控释掺混肥，实现养分供需平衡

当前单一缓控释肥养分释放速率一致，难以满足水稻不同生育阶段对养分需求的差异，针对性地研发了缓控释掺混肥，由不同释放速率的缓控释氮肥根据一定比例科学掺混而成，氮释放曲线与水稻高产养分需求曲线相匹配，能够实现一次性基施就能满足水稻全生育期各个阶段的养分需求。同时考虑了当前稻田磷含量普遍较高的现状，遵循磷肥施用的"水轻旱重"原则，融合课题组前期提出的稻季磷肥减免施技术，在测土配方的基础上，对掺混肥中氮磷的比例进行了优化调整，形成了因土定制的水稻专用低磷缓控释掺混配方肥，从而实现了水稻的高产高效与氮磷的同步减量减排。

2. 肥料精准定位深施，实现了农艺农机融合和机械化标准作业

针对传统化肥撒施造成氨挥发和径流损失大、氮肥利用率低且耗时费工的问题，采用水稻插秧施肥一体化机械，在水稻移栽时同步进行专用缓控释掺混肥的精准定位深施，在氮磷同步减量的条件下，肥料利用率大幅提高，并减少后期追肥 1 ~ 2 次，省工节本，也更利于推广应用。

3. 根据作物长势进行诊断确定是否追肥，保证水稻高产

为了防止由于天气等原因造成的后期脱肥现象，在穗肥关键追肥期利用叶色或冠层光谱对水稻长势进行营养快速实时诊断，精确确定是否追肥及追肥量，保证高产的同时又避免了肥料过量施入。

（二）主要技术参数与技术经济指标

该技术采用水稻专用缓控释掺混肥，施氮量比推荐施氮量减少 10% ～ 15%，利用插秧施肥一体化机械将肥料全部深施，施肥深度 5 cm，并在倒三叶期进行田间诊断，如缺氮，则每亩追施氮肥不超过 2 ～ 3 kg。

与传统施肥相比，可减少氮肥用量 10% ～ 15%、磷肥用量 50%，减少施肥 1 ～ 2 次，氨挥发损失降低 42% ～ 64%，径流氮流失降低 26% ～ 33%，氮肥利用率提高 5 ～ 8 个百分点，水稻产量增加 80 ～ 200 kg/hm²，农民亩增收 60 ～ 300 元。

四、实际应用案例

我国稻田化肥用量普遍偏高，且基本以普通化肥为主，施肥方式落后，多为人工分次撒施。不合理的施肥方式和为保证产量的过量施肥不仅造成资源浪费，肥料利用率低下，还会引发水体富营养化等系列环境问题。随着土地的逐渐流转，土地规模化程度日益提高，劳动力日益紧张，对省工节本便于机械化作业的施肥管理技术需求呼声也越来越高。而水稻专用缓控释掺混肥深施与插秧一体的稻田氮磷减量减排关键技术，通过肥料的创新和施肥方式的改进，通过插秧侧深施肥一体化机械的应用，有效解决了以上问题，机械化作业、省工节本、高产高效且氮磷减排效果突出。

依托国家水专项等课题以及省地方政府的主推下，近年来"水稻专用缓控释掺混肥深施与插秧一体的稻田氮磷减量减排关键技术"在江苏省南京市、镇江市、苏州市、无锡市、常州市等所辖部分县区均进行了较好的示范。据统计 2019 年江苏省示范面积 7.88 万亩。现选取部分案例对示范推广效果进行阐述。

（一）典型案例1：常州武进

技术于 2018 ～ 2020 年在常州市武进区进行了示范（图 75.2），3 年累计示范 3000 余亩。示范区紧邻太镉运河，稻田施肥量居高不下，氮磷流失严重，对水质影响较大。通过水稻缓控释肥插秧施肥一体化技术的应用，在 N、P₂O₅、K₂O 投入分别减少

图75.2　常州武进示范相关图

26.3%、42.2%和31.1%的背景下不会造成水稻减产，能够保证水稻高产甚至略有增产，径流氮磷损失降低30%以上，亩均经济效益增加35.4元。综合成本、产出、产值的综合分析，该技术在省工节本的前提下，能够保证水稻产量和种稻效益，并降低养分流失风险，是一项值得在太湖地区推广的稻田源头减量技术。

（二）典型案例2：南京汤山

技术于2017～2020年在南京汤山的太和水稻种植合作社进行了多年示范（图75.3），累计示范面积1000余亩。以2018年为例，示范区水稻品种为苏香粳100和南粳5055，采用宽窄行和等行距栽插两种插秧施肥一体化机器进行插秧施肥一体化作业，水分管理采用干湿交替水分管理措施。所有田块均采用课题研发的低磷掺混控释肥（N：P_2O_5：K_2O = 23：11：17），利用插秧施肥一体化机器进行一次性基施，后期不追肥。宽窄行插秧施肥一体化机器亩掺混肥实测用量为38 kg/hm²，等行距插秧施肥一体化机器亩掺混肥实测用量为50 kg/hm²，折合氮肥用量分别为131 kg/hm²和173 kg/hm²。示范田实产平均产量达到606 kg/hm²。经济效益核算表明，与周围传统施肥农户相比，示范区氮肥用量下降58～62 kg/hm²，减少2次追肥，亩节本80多元，

图75.3　南京汤山示范相关图

亩平均增产 22 kg，按正常稻谷售价计算，亩节本增收近 150 元。由于该种植合作社有自己的品牌大米，售价 10 元/斤，实际上采用该技术亩节本增收 300 多元。技术简单实用，推广应用前景良好，尤其适用于规模农场及专业合作社。

技 术 来 源

- 竺山湾农田种植业面源污染综合治理技术集成研究与工程示范（2012ZX07101004）
- 太滆运河农业复合污染控制与清洁流域技术集成与应用（2017ZX07202004）

76 茶叶、柑橘等特色生态作物肥药减量化和氮磷流失负荷削减关键技术

适用范围：坡耕地果茶种植区。

关 键 词：坡耕地；生态种植；氮磷流失阻控；化肥农药科学减量；特色作物养分高效利用

一、基 本 原 理

以丹江口库区坡耕地柑橘园为研究对象，以间作套种技术为基础，开发秸秆覆盖、绿肥间作及植物篱等技术并将各项技术集成，最终形成特色作物生态种植技术，以源头控制–末端阻控的理念，为研究区域水质改善提供重要的方法支持。工艺中通过施用生物菌剂–生物肥，大大提高了柑橘抗病虫害与养分吸收能力，通过绿肥间作、植物篱阻控，增加地面覆盖度、改良土壤物理性质，从而大大减少了土壤侵蚀与养分流失。

二、工 艺 流 程

工艺流程为"选取品质好、附加值高、抗病虫害强的柑橘和茶叶优势品种→采用农田间种、复合植物篱→生物菌剂、保肥剂施用等生物措施，进行特色作物种植结构优化→实现坡地土壤氮磷及有机污染削减"。

（1）筛选品质好、附加值高、抗性强并适合当地物候条件的柑橘和茶叶优势品种；

（2）结合种植结构优化，开发适合丹江口库区茶叶和柑橘生长的保肥剂、缓释肥及微生物菌剂，并进行应用示范；

（3）围绕坡耕地柑橘和有机茶生态种植与氮磷流失的控制需求，开发高效间种工艺、秸秆覆盖、植物篱阻控技术，减少水土流失；

（4）建立基于低排放种植结构的流域农田面源污染控制技术集成。

工艺流程如图 76.1 所示。

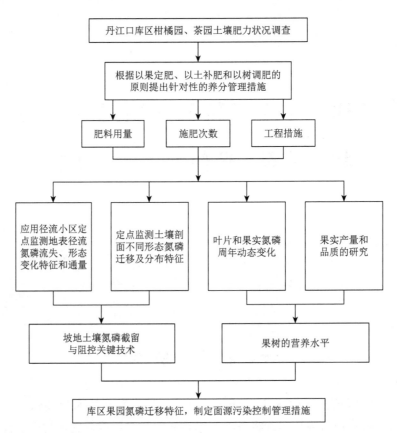

图76.1　茶叶、柑橘等特色生态作物肥药减量化和氮磷流失负荷削减关键技术工艺流程

三、技术创新点及主要技术经济指标

　　从水源区水质改善和特色种植产业氮磷污染控制和可持续发展的实际需求出发，开展特色作物生态种植与氮磷污染负荷削减技术研究与示范，开发水源区特色作物柑橘、茶叶的肥药开发及施用技术、种植技术等氮磷污染负荷削减技术，有效控制特色种植带来的氮磷面源污染问题。

　　对坡耕地柑橘园化学肥料施用技术进行了优化，通过田间径流小区试验明确了丹江口坡耕地柑橘园氮磷流失规律与主控因素，提出了防止柑橘园氮磷流失的主要施肥措施。

　　丹江口坡耕地柑橘园 N、P 流失量中，总氮中的 35% 左右、总磷中的 60% 以上为水土流失，其中通过施肥流失的氮占地表径流氮的比例非常低，说明柑橘园土壤本底流失是影响氮磷流失量的决定性因素，施用化学肥料并不是造成库区氮磷流失的主要因素。坡耕地柑橘园地表径流量主要受降雨量大小、降雨强度、地面湿度、地表覆盖度等因素的影响，其中受降雨强度的影响最大。

　　秸秆覆盖、间作三叶草通过在表层截流部分降水以提升土壤水分，能明显增加土壤不同层次的水分含量；覆盖和间作三叶草降低了土壤温度的变化幅度，在气温较高时，降低了土壤温度，在气温较低时，能使土壤保持相对较高的土壤温度。覆盖和间作明显减少地表径流水量和泥沙的流失，土壤保水固土能力效果明显加强。秸秆覆盖、间作三叶草能使总氮流失分别减少 59.28%、62.31%，总磷流失分别减少 51.82%、63.25%，秸秆覆盖和间作三叶草是一种切实有效和值得在丹江口库区大力推广的种植模式。

种植柑橘能够提高地面覆盖度，减少雨滴对地面的击溅，但是水土保持作用有限。2013 ～ 2016 年在南阳市淅川县毛堂乡和上集镇进行了柑橘园微地形改造（树盘）和植物篱（黑麦草、紫花苜蓿、三叶草）保土截流效应的研究。结果表明，采用树盘的小区能够减少 31% 的泥沙、20% 的全氮和 15% 的全磷流失；采用植物篱的小区能减少 38% ～ 43% 的泥沙、44% ～ 49% 的全氮、41% ～ 66% 的全磷流失，紫花苜蓿效果最佳。

四、实际应用案例

该项技术在柑橘生态种植与氮磷污染负荷削减技术示范工程、有机茶生态种植与氮磷污染负荷削减技术示范工程中得到了广泛的应用，主要应用于茶叶品种筛选与种植技术示范、茶叶生态施肥技术示范、茶叶种植坡改梯种植技术和植物篱控制氮磷消减技术等多项技术的示范及推广，从 2014 年开始技术示范，茶叶示范面积 150 亩以上，示范推广面积 2500 亩，柑橘示范面积 200 亩，示范推广面积 3000 亩。

在南阳淅川县金戈利茶园进行茶叶特色种植业生态施肥与氮磷截流集成技术科研示范工程（图 76.2），丹江湖农业科技开发有限公司进行柑橘特色种植业生态施肥与氮磷截流集成技术科研示范工程（图 76.3），开展了柑橘品种筛选与种植技术示范、柑橘生态施肥技术示范、柑橘绿肥间种工艺消减氮磷技术等多项技术的示范及推广。通过技术示范，茶叶亩产量平均提高 0.4 kg，增幅 3.2% 以上，亩平均增加收益 240 元，累计增收 72 万元，经济效益明显。柑橘农艺性状显著改善，叶片氮、磷、钾养分含量提高 5.4% ～ 40.0%，肥料农学利用率相对提高 29.4% ～ 30.3%，柑橘芽枝霉斑病发病率平均下降 45%，单果增重 4.2 g，柑橘产量平均提高了 3.9%，纯收益增加 4362 元 /hm²。通过该项技术的示范推广，化肥施用量减少了 25%，不使用农药，肥料农学利用率相对提高 37.5% ～ 37.7%，氮磷流失减少 40% 以上，环境效益明显。

图76.2　茶叶植物篱种植　　　　　　　图76.3　柑橘园套种绿肥

　　该项技术符合当前丹江口库区农业生产发展需求，增加了农民收入，解决了丹江口库区茶叶和柑橘种植面源污染问题。通过该项技术的应用，培训农民茶叶和柑橘的生态施肥技术、绿肥间种工艺及应用植物篱技术控制氮磷污染，为保障库区水质安全提供了技术支撑，社会效益显著。

技 术 来 源

- 河南丹库汇水流域水质安全保障关键技术研究与示范（2012ZX07205001）

77　轮作农田（地）、柑橘园面源污染防控关键技术

适用范围：三峡库区水稻－榨菜轮作水田、玉米－榨菜轮作旱坡地和优
　　　　　质柑橘园面源污染防控；库区上游流域水稻－油菜轮作水田
　　　　　和玉米－油菜轮作旱坡地面源污染防控。
关 键 词：三峡库区；轮作农田；污染防治；系统控制

一、基 本 原 理

　　基于农业面源污染发生机制、控制途径，以"源头减量、径流调控与氮磷流失阻控"为核心，通过"源头扩库增容减负－过程拦蓄多级阻控－氮磷农田就地消纳"的工艺流程，构建立体、综合的三峡库区水旱轮作农田（地）、柑橘园面源污染控制技术体系。在削减氮肥、磷肥投入的基础上保证稳产，同时消纳种植业秸秆和养殖业畜禽粪便，减少径流养分及泥沙流失量，有效地节本增效，改善了农业生态环境，引导传统的资源消耗型农业向资源循环利用型农业转变。

二、工 艺 流 程

　　工艺流程具体如图 77.1 所示。

　　工艺流程"源头扩库增容减负－过程拦蓄多级阻控－氮磷农田就地消纳"。通过缓控释复合肥施用、生物炭与高分子聚合物土壤结构调理剂、等高种植、秸秆/地膜覆盖、有机肥配施与生物碳替代氮素投入等水田与旱坡地氮磷养分阻控集成技术，从源头扩增氮磷库容减少流失负荷；通过稻田垄作、水田埂坎优化配置、榨菜叶还田、旱坡地－桑树系统构建、全桑树生产有机食用菌、菌渣还田、肥料减施等稻油轮作水田与粮菜轮作旱坡地面源污染防控技术，以及丘陵山地耕作田块修筑技术陡坡改缓坡地，实现氮磷过程拦蓄与多级阻控；通过秸秆还园、大球盖菇套种栽培、P 指数施肥技术等水稻－榨菜轮作与玉米－榨菜轮作推荐施肥技术，实现氮磷农田的就地消纳。通过多项技术的综合语集成，构建三峡库区水旱轮作农田（地）、柑橘园面源污染控制技术体系。

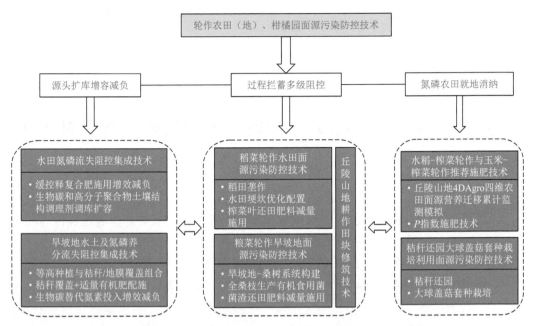

图77.1　轮作农田（地）、柑橘园面源污染防控关键技术工艺流程

三、技术创新点及主要技术经济指标

（一）技术创新点

（1）在建立旱坡地 – 桑树系统的基础上，结合全桑枝生产有机食用菌、桑渣还田肥料减量技术，构建立体、全过程、具有区域特色的粮菜轮作旱地面源污染防控技术。

（2）开创性地实现在作物秸秆还田柑橘园并套种区域特色大球盖菇食用菌，在有效提升柑橘园土壤肥力、减少氮磷施用、实现秸秆农业废弃物资源化的同时，发掘区域特色农业新产业。

（3）通过稻田垄作、水田埂坎优化措施与榨菜叶还田肥料减量施用技术，构建稻菜轮作水田面源污染防控技术。

（二）主要技术经济指标

（1）三峡库区粮菜轮作旱坡地面源污染防控技术：增加土壤蓄水量20%～35%，提高土壤养分含量9%～13%；拦截泥沙60%～80%，降低氮磷流失30%～70%和50%～90%；增加玉米产量300～500 kg/hm²，榨菜产量1000～2000 kg/hm²，桑叶产量500～700 kg/hm²。

（2）三峡库区稻菜轮作水田面源污染防控技术：径流损失减少30%以上；拦截泥沙70%～90%，降低氮磷流失30%～60%和70%～90%；榨菜肥料施用量减少30%以上，水稻肥料施用量减少60%以上。

（3）三峡库区优质柑橘园秸秆还园大球盖菇套种栽培利用面源污染防控技术：亩

均消纳秸秆 3 ～ 5 t；土壤有机质提升 15% 以上；柑橘肥料施用量减少 30% 以上；亩均经济效益提高 1000 元以上。

（4）丘陵山地 4DAgro 四维农田面源营养迁移累计监测模拟技术和三峡库区农田面源污染控制的 P 指数施肥技术：将两项技术结合，通过参数滤定，形成三峡库区农田面源污染控制的 P 指数施肥技术，构建了三峡库区水稻 – 榨菜轮作、玉米 – 榨菜轮作推荐施肥方案，施用量减少 30% 以上。

（5）库区上游旱坡地水土及氮磷养分流失阻控集成技术：横坡等高种植 + 秸秆 / 地膜覆盖，径流量较顺坡不覆盖减少 15% ～ 35%、泥沙侵蚀减少 12% ～ 75%。秸秆覆盖 + 有机肥 200 kg/hm²，减少氮肥 40%，小麦 / 玉米增产 15.69%，玉米氮肥利用率提高 6.95% ～ 20.05%，径流流失减少 48.18%，泥沙侵蚀降低 57.27%；生物碳替代氮素投入 20% ～ 30%，能实现小麦 / 玉米稳产，且玉米氮肥利用率提高 5.59% ～ 9.96%。

（6）库区上游水田氮磷流失阻控集成技术：油菜 – 水稻模式下，施用等养分量缓控释肥，油菜和水稻产量分别增产 26.59% 和 8.84%，氮肥利用率提高 14.63% 和 11.06%；缓控释复合肥组合炭基肥配施技术示范应用下，油菜和水稻产量分别增产 27.89% 和 11.78%，氮肥利用率分别提高 9.18% 和 15.35%，实现稻田油菜 – 水稻系统粮食增产 10%，氮肥利用率提高 5.2%。

（7）丘陵山地耕作田块修筑技术：耕作田块修筑工程打破了原有田坎，将原本分散、细小及不规整的田块进行合并与再规划，最终组合形成面积较大的、形状规整的、分布相对集中且田面坡度相对较小的耕作田块。田块平均规模提升了 1.79 倍；田块形状指数 43%；田块密度降低了 53%，田面坡度平均降低 40%。

四、实际应用案例

轮作农田（地）、柑橘园面源污染防控技术通过"库周丘陵农业区农村面源污染综合防治示范工程"在重庆市涪陵区进行了示范应用，其核心示范区、技术示范区与技术辐射区累计达 99.8 万亩，并在三峡库区中部涪陵 – 丰都段实现了大范围的应用与推广；通过中江县"全国新增 1000 亿斤粮食生产能力项目"累计推广应用 32.9 万亩。该技术在保持稳产的基础上能够有效地削减氮肥、磷肥投入、消纳种植业秸秆和养殖业畜禽粪便，减少径流养分及泥沙流失量，有效地节本增效，改善了农业生态环境，引导传统的资源消耗型农业向资源循环利用型农业转变，农业面源污染防控效果显著，推广与应用前景广阔。

典型案例："库周丘陵农业区农村面源污染综合防治示范工程"重庆市涪陵区南沱镇实际应用案例

在重庆市涪陵区南沱镇共 6 个村设置综合示范区，面积 21.42 km²。其中睦和村和连丰村为农业产业结构调整示范区（种植水果和蔬菜），焦岩、石佛、南沱和治坪 4 个村为传统农业种植区（玉米和榨菜轮作，水稻和榨菜轮作）。

在该区域实施水田氮磷流失阻控集成技术、旱坡地水土及氮磷养分流失阻控集成技术、稻菜轮作水田面源污染防控技术与粮菜轮作旱地坡面污染防控技术、丘陵山地耕作田块修筑技术、水稻－榨菜轮作与玉米－榨菜轮作推荐施肥技术与秸秆还园大球盖菇套种栽培利用面源防控技术的集成、示范与应用（图 77.2 和图 77.3）。

图77.2 重庆市涪陵区镇溪镇王家沟农业面源污染综合防控体系现场图

图77.3 秸秆还园大球盖菇套种栽培利用面源防控技术现场图

示范工程完成后，区域消除了黑臭水体，睦和和连丰2个村完成了产业结构调整，形成了以龙眼、枇杷、荔枝、柚子、柑橘等优质水果为主导产业，以赏花品果和休闲观光为主体的特色农业，地表水环境质量明显改善。紫色土坡耕地 – 桑树系统优化配置模式实现了大规模的应用与推广。玉米 – 榨菜轮作、水稻 – 榨菜轮作化肥减施增效技术显著减少化肥施用量40%，实现亩均节本增效120元以上。

4年累计减少化学氮肥（纯氮）使用10373 t，化学磷肥（五氧化二磷）使用4121 t，节约肥料投入6003万元，化肥利用率提高了5.6%。消纳作物秸秆33705 t，畜禽养殖废弃物资源化利用达到84%，示范区氮磷减排分别为3074 t和83 t。

技 术 来 源

- 三峡库区及上游流域农村面源污染控制技术与示范工程
  （2012ZX07104003）

78 基于麦玉耕层土壤库扩蓄增容的农田增效减负关键技术

适用范围：北方集约化农田小麦、玉米氮磷污染防控。

关 键 词：氮磷盈余基准；肥料运筹技术；以碳调氮；增效减负技术；土壤库容扩增

一、基 本 原 理

根据土壤氮磷平衡和碳氮关系，构建氮磷盈余基准，以肥料运筹和以碳调氮为核心，在保障作物产量的情况下，维持土壤养分库可持续生产并减少养分向环境排放，通过精准按需施肥实现肥料有效率最大化，通过有机物料投入改善土壤结构，调节土壤碳氮比（C/N），扩大土壤库容，提升土壤扩蓄增容能力，实现减污增效。

二、工 艺 流 程

围绕整个种植过程从"产前－产中－产后"进行全过程管理。

（1）产前：绿色减量化投入。分析典型农田土壤基本理化性状，小麦、玉米需肥规律的基础上，在保障目标产量和土壤可持续生产的前提下，确定合理减量额度；在此基础上，丰富肥料类型，优化肥料结构，增施有机物料，实现产前源头减量绿色投入。

（2）产中：水肥协同高效管理。根据小麦、玉米水肥需求规律，实时灌水追肥，加强追肥后水分管理；关注氮磷流失的主要时期，尤其是生育期内暴雨，积极防止无序排水；加强农田生态排水沟建设，利用排水沟挺水植物降解排水沟中的养分，降低农业面源污染负荷。

（3）产后：废弃物资源化利用。秸秆配合腐熟剂腐熟还田，一方面避免焚烧和随意丢弃对环境的影响，另一方面将秸秆携带碳、氮等营养元素重新投入土壤，形成种植闭环，减少下茬作物氮磷用量，增加有机碳投入。

工艺流程具体如图 78.1 所示。

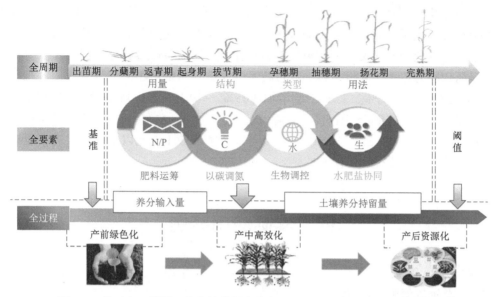

图78.1　基于麦玉耕层土壤库扩蓄增容的农田增效减负关键技术工艺流程图

三、技术创新点及主要技术经济指标

北方小麦、玉米种植中普遍存在化肥用量高、结构不合理、施肥时间和作物需肥规律不匹配、有机物料投入不足以及养分流失严重的问题。本技术在确定氮磷盈余基准的基础上，通过肥料运筹、碳氮调控、水肥协同，提高肥料利用效率，增加土壤活性，扩增土壤库容，降低氮磷流失。

（一）技术创新点

（1）提出了示范区基于目标产量的氮磷盈余基准：在综合考虑产量、品质、土壤养分库及环境效益的基础上，提出示范区化肥合理减量额度，解决了示范区化肥减多少、何时减和怎么减的问题。

（2）促进了麦玉耕层土壤库扩蓄增容：依据土壤碳氮关系，通过有机物料投入，调节 C/N，改善土壤结构，提升土壤性质，扩大土壤库容，增加土壤对水分和养分的持留能力，提高利用效率，减少污染排放。

（3）实现了作物生长"全过程"调控：综合碳、氮、水、盐等关键因子进行"全要素"整合和优化，就作物整个生育期维持健康生理生化指标进行"全周期"监控，从产前绿色减量投入、产中系统管理及产后资源化处理进行"全过程"调控，实现了技术的逐步升级。

（二）主要技术经济指标

本技术确定了示范区化肥减量合理额度，在保障作物高产优质的基础上实现了土壤可持续生产和环境风险最小化，从最初的简单"减肥"到"合理施肥"，综合考虑产量指标、土壤肥力、环境影响等多要素，确定肥料投入数量、结构和方法，在此基础上，充分利用碳素投入，调节土壤碳氮比，土壤氮磷库容扩增，提高氮磷持留能力，提高化肥有效率，减投控排。通过技术的实施，示范区小麦 – 玉米农田氮肥利用率提高 9.53% ～ 26.50%，玉米产量增加 4.05% ～ 19.35%；土壤氮含量增加 2.5% ～ 13.3%，磷含量增加 3.8% ～ 41.5%，土壤水分含量增加 4% 左右，氮素流失减少 44.3% ～ 64.2%，磷素流失减少 39% ～ 50%。每亩可以节本增效 160 元以上，对促进农业绿色发展及防控农业面源污染具有重要意义。

四、实际应用案例

截至 2020 年 12 月，该技术在山东滨州市、山东平原县、山东德州市等地进行推广应用，总示范面积 20 余万亩。

（一）典型案例1："农田增效减负与清洁生产技术示范工程"山东省滨州市中裕高效生态农牧循环经济产业园应用案例

2017 年开始在山东滨州中裕农牧产业园依托配套工程开始示范，示范面积达到 1 万余亩，示范区化肥可以合理减量 20% ～ 25%，在保产稳产的情况下，氮肥利用率提高 23% ～ 28%，优化施肥总氮流失量比常规施肥低 50% 左右，氮肥投入降低 23%；投入降低 14%，磷肥投入降低 50%，产量增加 16.9%，氮素流失减少 63%。截至目前，该技术应用面积达到 15 万余亩，有效推动了流域内小麦和玉米生产的清洁化，提升了流域内农业生产者环境保护意识。

（二）典型案例2："农田增效减负与清洁生产技术示范工程"山东平原县应用案例

2018 年开始至今，山东平原峰瑞高慄农业发展集团累计应用面积 6000 余亩，通过增施微生物菌肥、有机肥及土壤调理剂等，改善土壤质量，提高作物产量，与示范前相比，小麦玉米整个轮作周期化肥减量 20% ～ 25%，肥料利用率提高 15%，亩产平均增加 15 kg，每亩增效 150 余元。

（三）典型案例3："农田增效减负与清洁生产技术示范工程"山东德州市应用案例

2019 ～ 2021 年与山东德州农业保护与技术推广中心合作，在黄河涯沙杨村、哨马营村进行技术示范，累计示范面积 35000 余亩，氮磷用量平均减少 20%，肥料利用率提高 13.7%，亩产平均增加 160 kg，亩收益增加 360 元，氮磷总损失减少 34.5%，取得很好的环境与经济效益。

技 术 来 源

- 海河下游多水源灌排交互条件下农业排水污染控制技术集成与流域示范（2015ZX07203007）

79 基于种养耦合和生物强化处理的水产养殖污染物减排和资源化利用关键技术

> **适用范围**：规模化水产养殖，包括养殖水质原位净化、种养耦合模式、养殖废水生态化处理与废弃物资源化利用等。
>
> **关键词**：原位生物净化；生物浮床；微生态制剂；种养耦合；生态沟；生态塘；生物滤池

一、基本原理

水生植物及微生物的联合应用对养殖水体进行原位氮磷削减，控制废水及污染物减排；利用水稻、莲藕、蔬菜等农作物及水生动植物吸收水产养殖动物的排泄物、残饵及废水有机物，实现养殖废弃物的资源化利用，废水再经生态沟、生态塘及生物滤池的末端生物强化处理，实现养殖水质的达标排放或回用。

二、工艺流程

养殖水体原位净化环节：将水产养殖分为苗种阳光温室培育和商品鱼池塘或稻田养殖两个阶段。构建苗种阳光温室培育模式，在阳光温室培育池水面设置植物浮床或立体植物栽培架，栽培空心菜、水葫芦、美人蕉等水生植物，并同时使用微生态制剂；苗种培育一定时间（中华鳖幼鳖培育 8 ～ 10 个月）后转入池塘或稻田进行商品鱼养殖。苗种培育池或池塘养殖池的排放废水经沉淀池固液分离后，上清废水通过溢流管进入鱼 – 蚌 – 菜种养耦合池塘，固体废弃物进入稻田、藕塘或菜地作为肥料使用。

不同生态位种养耦合净化环节：经固液分离后的废水通过溢流管进入鱼 – 蚌 – 菜种养耦合池塘，水面利用竹排浮床种植空心菜、水芹菜等水生蔬菜，池塘放养草鱼、鲢、鳙等草食或滤食性鱼类及河蚌、青虾等，实现对水体氮磷营养物的资源化利用。

末端生物强化处理环节：废水经鱼 – 蚌 – 菜种养耦合池塘实现资源化利用后，依次排入生态沟、生态塘和生物滤池，通过水生动植物、填料生物膜等对氮磷的吸收或降解，对废水进行生物强化处理，达到回用或排放标准。

工艺流程具体如图 79.1 所示。

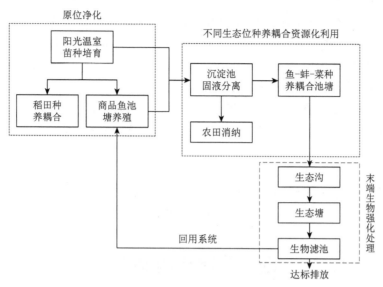

图79.1　基于种养耦合和生物强化处理的水产养殖污染物减排和资源化利用关键技术工艺流程图

三、技术创新点及主要技术经济指标

（一）技术创新点

技术研发方面，针对水产养殖废水特性及排放规律，研发了一种新型柱状生物滤池，内装活性炭聚氨酯复合填料，在实现养殖废水常年净化和跌水增氧的同时，兼具生态景观效应，占地面积少，施工简单，操作方便，易于管理，受气温变化影响小，普遍适用于我国广大农村地区。

资源化利用方面，技术将水产养殖业与水稻、莲藕、蔬菜等种植业有机结合起来，水产养殖动物的排泄物、残饵及养殖废水有机物作为有机肥料供农作物生长需要，利用农作物吸收水体或废水氮磷营养物，在有效削减废水污染物的同时实现了氮磷营养物的资源化利用。

技术体系方面，技术围绕原位净化 – 种养耦合 – 生物强化处理核心技术环节，形成菜单式的可选技术组合，养殖业主可根据自身养殖种类及排放废水的污染负荷、产业特征、占地面积、经济状况，利用其现有沟、渠、塘等，因地制宜自行选择单个技术环节或任意技术环节组合，技术符合我国水产养殖量大面广、废水集中排放的特点。

（二）主要技术经济指标

原位处理环节：在养殖水面设置植物浮床或立体植物栽培架，定期收获水生植物，浮床面积约占养殖水总表面积的 10% ～ 15%。养殖过程中定期使用 1 次微生物制剂，每立方米水体施用 20 mL。对稻田实施工程化改造，构建稻田鱼鳖虾共生轮作系统，在稻田中养殖鱼、鳖、虾等水产动物。

不同生态位种养耦合净化环节：养殖排放的废水经初级沉淀后，上清液通过溢流管进入鱼－蚌－菜种养耦合池塘，池塘水面利用竹排浮床种植水生植物，覆盖面积20%～25%，鱼类以草鱼、鲢、鳙为主，每亩放养200～300尾，河蚌每亩放养100 kg。

末端生物强化处理环节：生态沟上口宽度不小于3 m，深度不小于1.5 m，沿岸可选择配植菖蒲、美人蕉、鸢尾等水生植物，深水区利用生物浮床种植美人蕉、鸢尾、水芹等水生植物。生态塘由浅水区和深水区组成，植物种类分类搭配，保证四季均有植物生长，浅水区可选择美人蕉、鸢尾、再力花等，塘底搭配种植苦草、轮叶黑藻、伊乐藻等沉水植物；深水区水面搭置生物浮床，覆盖面积宜为30%～50%。生物滤池内有活性炭聚氨酯复合填料。

经济指标：养殖废水经净化后，化学需氧量削减率为60%，氨氮削减率为90%，总磷的削减率为85%，总氮的削减率为90%，悬浮物削减率为75%。

四、实际应用案例

甲鱼清洁生产与废水生态净化处理成套技术示范工程

1. 项目概况

示范工程位于杭州市余杭区径山镇前溪村杭州唯康农业开发有限公司。公司现有基地700余亩，其中甲鱼养殖区占地面积约200亩，新型育苗大棚16000 m² 以上，年培育龟鳖苗种80万只，年产商品龟鳖50万 kg 以上、鱼类25万 kg，日均养殖废水产生量46吨，通过采用原位生物处理、不同生态位种养耦合净化及末端生物强化处理等技术集成，日均可处理50吨废水。甲鱼养殖所产生的废水，先通过养殖水体原位生物处理技术（图79.2），是指在甲鱼养殖池水面上，设置浮床等栽培架，栽培空心菜、水葫芦等水生植物，用来吸收水中的氮磷等营养物质，再配合使用微生态制剂，削减氮磷在水中的含量。然后废水经初级沉淀后，上清液通过溢流管进入鱼－蚌－菜种养耦合池塘，池塘水面利用竹排浮床种植水生植物，通过池塘中鱼－蚌－菜种养耦合，实现对废水中的氮磷废弃营养物的再利用（图79.3）；最后，经过末端生物强化处理技

图79.2 甲鱼养殖废水原位水生植物处理　　　　图79.3 甲鱼养殖废水生态塘强化处理

术，通过生物膜和水生植物以及生物滤池过滤（图 79.4），净化养殖废水，过滤后的沉淀物，通过导流管流入莲藕种植塘，作为莲藕生长的肥料。

图79.4　甲鱼养殖废水生物滤池强化处理

2. 工程效果

在使用生态净化处理集成技术后，经过 6 个月的连续稳定运行，其间对基地养殖场进、出水水质指标，进行连续性检测分析，结果显示最终出水，总氮浓度小于 2.5 mg/L，氨氮、总磷和化学需氧量均达到《地表水环境质量标准》（GB 3838—2002）Ⅲ类水标准。

技 术 来 源

- 苕溪流域农村污染治理技术集成与规模化工程示范（2014ZX07101012）

80 农业废弃物清洁制备活性炭关键技术

适用范围：适用于农业废弃物秸秆清洁制备活性炭，包括禽畜粪便（鸡粪）、煤炭（煤基）、竹木（木基）。

关 键 词：秸秆高值化开发；活性炭清洁生产；一体化连续生产；自供能；自清洁；熔融盐

一、基 本 原 理

利用热解气供能和活化的工艺原理，自主研发了Ⅰ代装置（新型清洁高效活化炉），并完成中试基地建设和工艺验证。在此之上，中合高新研究院研发了本项目自动化高端装备，Ⅱ代装置（一体式内燃炉）。

Ⅰ代装置（新型清洁高效活化炉），完成炭化与活化一体化设计，整套设备自上而下主要包括双封闭进料区、干燥热解区、承压隔断、气化活化区及固体产物出料区。承压隔断将干燥热解区和气化活化区分隔，成型原料经双封闭进料区送入干燥热解区，干燥热解区下部发生热解反应，产生热解气、焦油及半焦，半焦经承压隔断落入气化活化区，热解气及焦油以气态形式向上流动，流动过程中焦油被多次重整后完全去除并裂解成热解气及半焦，大大提高了热解产物品质。活化介质采用高温热解气，高温热解气对气化活化区内剩余半焦进行活化，不断丰富半焦微孔结构，最终生成比表面积较大的活性炭。

Ⅱ代装置（一体式内燃炉），延续了Ⅰ代装置的优点，采用新型物理活化法（热解气活化法）、系统自供能模式及连续法清洁制备活性炭方式。内燃炉由送料装置、抽真空装置、反应装置、燃烧装置及出料装置等构成。物料从送料、反应、到出料过程连续进行，生产不间断，自动化程度高。反应过程中物料产生的热解气一部分用作活化介质，一部分进入燃烧装置燃烧加热内燃炉，系统不需要外部燃料，自产自用，实现资源的最大化利用。

二、工 艺 流 程

（一）破碎和干燥

秸秆由提升机送至料仓，再经过给料机将秸秆均匀、定量、连续地送入粉碎机进行破碎，破碎后的秸秆颗粒应在 3 ～ 30 mm 之间，一般含水率 40%。秸秆颗粒再经过气流烘干机干燥，在 120 ～ 200℃的条件下干燥 30 min，使含水率达到 10% ～ 20%，初步设定秸秆颗粒的容积重为 100 kg/m³，干燥所需热量可以从一体式内燃炉内燃烧产生的烟气获得，节省燃料。

（二）炭化和活化一体

采用新型物理活化法可以生产中比表面积活性炭，采用新型化学物理活化法可以生产高比表面积活性炭。方法不同，生产工艺也不同。

1. 中比表面积活性炭的生产过程

输送机将干燥后的秸秆颗粒送入一体式内燃炉，秸秆颗粒从低温区域输送到高温区域，与高温可燃气逆向直接接触发生反应。反应过程中高温热解气与秸秆颗粒换热，温度逐渐降低。在低温区，排出热解气，其中一部分热解气重新回到炉内循环，另一部分热解气进入冷凝器冷凝，分离出水蒸气后进入燃烧器燃烧为炉内供能。秸秆颗粒经过高温热解气活化后，形成中比表面积活性炭。

2. 高比表面积活性炭的生产过程

输送机将干燥后的秸秆颗粒送入一体式内燃炉，秸秆颗粒从低温区域输送到高温区域，与高温可燃气逆向直接接触发生反应，在炉内中温区加入熔融盐。反应过程中，高温热解气与秸秆颗粒换热，温度逐渐降低。在低温区，排出热解气，其中一部分热解气重新回到炉内循环，另一部分热解气进入冷凝器冷凝，分离出水蒸气后进入燃烧器燃烧为炉内供能。秸秆颗粒经过高温热解气和熔融盐活化后，形成高比表面积活性炭。

（三）筛分

将活性炭粗品于一体式内燃炉取出之前，要向可拆卸成品仓内通入水蒸气，通过水蒸气将可拆卸成品仓内残余的有毒 / 可燃气体携带排出，可拆卸成品仓内气体未排净或温度高于 50℃时禁止取炭，禁明火。

活化料经冷却后送往气流筛分机，经旋转风轮的作用，使物料呈旋风状喷射过网，通过筛网的活性炭进入沉降室，不能通过筛网的杂质，落入筛盘内由排渣口排出机外。

（四）漂洗

漂洗的目的就是除去炭中的杂质，提高炭的纯度。由于原料炭中都有一定的灰分，在活化过程中灰分都转入活性炭中，如不处理，活性炭作为液相吸附操作的吸附剂，其灰分中的某些成分会转入液相，严重影响产品的纯度。

1. 中比表面积活性炭的漂洗

使用蒸馏水将活性炭洗至中性。

2. 高比表面积活性炭的漂洗

活性炭中加入 30% 工业盐酸，通过蒸汽煮沸，除去活性炭中的杂质，再使用蒸馏水将活性炭洗至中性。

（五）烘干和包装

漂洗过的活性炭含水率较高，应进行干燥，干炭冷却后即为成品。为保证产品质量的均匀性，一定批量的干炭进入混合器中混合均匀后再进行包装。

工艺流程具体如图 80.1 所示。

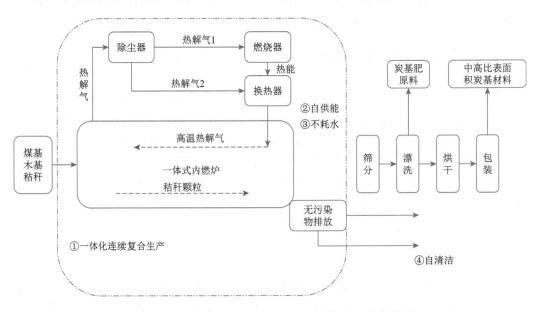

图80.1 农业废弃物清洁制备活性炭关键技术工艺流程图

技术参数

物料配比：3 吨秸秆清洁制备 1 吨中比表活性炭；5 吨秸秆 + 0.4 吨熔融盐清洁制备 1 吨高比表活性炭；

生产周期：首次开炉制取中比表面积活性炭，从原料进料到活性炭出料生产周期 3 小时，随后连续出料；首次开炉制取高比表面积活性炭，从原料进料到活性炭出料生产周期 6 小时，随后连续出料；

控制温度：炉内温度 100 ～ 800℃（分区），熔融盐控制温度 400 ～ 500℃。

三、技术创新点及主要技术经济指标

（一）技术创新点

农业废弃物清洁制备活性炭技术能有效减少农业废弃物处理不当（秸秆焚烧严重污染、秸秆还田秸秆腐烂降解周期长、秸秆加工厂回收秸秆利用率低、鸡粪药物、重金属残留）所产生的面源污染问题。针对目前普遍存在的活性炭生产环境问题，进行污染控制、高值化利用研究，并进行推广示范，研究并实现了以下内容：

创新了活性炭一体式连续化生产模式。传统活性炭制备大多数为分体式（炭化到活化分开进行）以及间歇式（每一炉需停炉取炭），由此导致生产效率大幅度下降。本技术将炭化、活化反应在一个装置内进行，省去开炉、冷却、取炭过程，实现炭化、活化一体化；通过自动输送装置进料出料，无需停炉，实现连续化生产。

创新了活性炭制备实现自供能（无需外部能源）生产模式。全球活性炭生产需要消耗大量的外部能源，以年产500吨超级电容活性炭为例，年需要消耗能源费用占总成本的30%。国家"十三五"规划中提出应树立节约集约循环利用的资源观，推动资源利用方式根本改变，加强全过程节约管理，大幅度提高资源利用综合效益，全面推动能源节约、节水型社会建设，大力发展循环经济，提高建筑节能标准，实现重点行业、设备节能标准大覆盖。本技术利用高温下生物质反应产生的热解气，一部分热解气回到炉内作为活化剂，另一部分进入燃烧器作为燃气，活性炭制备过程无需外部能源。

创新了活性炭制备实现自清洁（无焦油、无任何污染物排放）生产模式。传统活性炭制备过程中易产生大量焦油，导致设备堵塞，生产效率大幅度下降，同时，管网设备清理需要消耗大量化学品导致环境污染。《中国制造2025》提出全面推行绿色制造，"加强节能环保技术、工艺、装备推广应用""加快制造业绿色改造升级""推进资源高效循环利用""努力构建高效、清洁、低碳、循环的绿色制造体系"等核心内容。本技术高度贯彻执行绿色发展的战略方针，实现绿色工艺与高端装备的深度融合，全面实施清洁生产，加快传统活性炭制造业的绿色改造升级。

创新了活性炭无水耗生产模式。目前，活性炭生产企业，每生产1吨中高比活性炭，需要消耗25吨水，大量的废水排放导致环境污染，需要二次治理。本技术利用熔融盐高温条件下良好的渗透性，在还原性气氛下对原料进行开槽扩孔，不需要水/水蒸气，实现无水耗生产。

创新了农业废弃物资源化利用新模式，实现农业废弃物高值化利用。随着人口的增长和人民生活水平的提高，能源需求不断增长，煤基（煤、石油）、木基（木材、果壳）的资源日趋紧张，农业废弃物资源化开发利用引起了广泛关注。目前，没有企业可以提供以农业秸秆为原料，实现一体化连续生产中高比表面积活性炭的先进装备。本项目以秸秆为原料，制备成本低，原料来源取之不尽，开启了全球活性炭清洁生产、廉价制备和廉价应用（包括大规模应用）新时代。

（二）主要技术经济指标

本技术高端装备基地建设，不包括土地和厂房，土地和厂房由地方政府平台公司免费提供，实施产业化与推广分两个阶段进行，主要产业化推广经济技术指标如下：

第一阶段，完成高端装备集成制造。即"活性炭清洁制备自动化高端装备生产线"两条。按照年产 4000 t 活性炭（两条线计算）清洁制备示范基地规划，项目装备建设投资为 3000 万元（高端装备线 1500 万元 / 条），流动资金 692 万元，生产活性炭单位成本 5169 元 /t。其中，单位能耗 247 元 /t（传动器等耗电），单位物耗 2500 元 /t（每吨活性炭消耗 5 t 秸秆）。年产 4000 t 活性炭可实现年销售收入 4200 万元（不含税销售价格 10500 元 /t），年净利润 1786.59 万元，综合毛利率 50.77%，项目内部收益率 59.41%，税后投资回收期 2.3 年（含建设期 6 个月）。

上述测算数据未考虑秸秆回收补贴，若考虑秸秆平均每吨补贴 70 元，综合毛利率可达 53.83%，项目内部收益率 62.67%，税后投资回收期 2.2 年（含建设期 6 个月）。

未来年产 5 万 t 活性炭清洁制备建设项目顺利完成，可年去化秸秆 25 万 t，实现年销售收入 5.25 亿元，年应交税费 1.31 亿元，年净利润 2.6 亿元。项目经济效益、社会效应与生态效益极为显著。

四、实际应用案例

项目应用于定远中德先进制造产业园，初步规划占地面积 50 亩，厂房及综合楼建筑面积 1.8 万 m^2，该项目已于 2019 年下半年开工建设，完成五通一平。为确保本项目产业转化进程，前期利用盐化产业园四栋标准化厂房进行自动化测试线建设，待中德先进制造产业园建设完成后，整体回迁，盐化产业园四栋标准化厂房作为年产 4000 t 生物质活性炭清洁生产示范基地。

中德先进制造产业园各建构筑物的规划示意图详见总平面规划示意图（图 80.2）。

产业园的规划示意图详见中德先进制造产业园规划示意图（图 80.3）。

本项目产业化与推广完成后，规划建设年产 5 万 t 中高比表面积活性炭产业化示范工程，该示范工程的经济效益、社会效益与生态效益极为显著。

本示范工程可大幅度减少秸秆的面源污染问题，据农业农村部信息披露，我国可利用秸秆总量大约为 8.24 亿 t，如果把秸秆全部工业原料化，开发高值化产业，不仅改善了环境，而且提高了农民的收入。

本示范工程实施有望使我国在未来 3～5 年时间内，成为全球最具影响力的活性炭清洁制备、廉价生产、大规模应用的成套高端装备输出国家，彻底改变引进落后的生产装备现象，彻底改变我国战略性新兴产业活性炭需要全部依赖进口的局面。

本示范工程落地后，所在地区将成为全球最大的生物质秸秆清洁制备活性炭绿色技术与成套装备制造中心，大幅度提高所在地区的全球影响力，形成以活性炭先进技术研发与产业要素集聚地、炭制品及技术贸易交易中心、标准化促进中心，形成以"炭"为中心的产业集群。

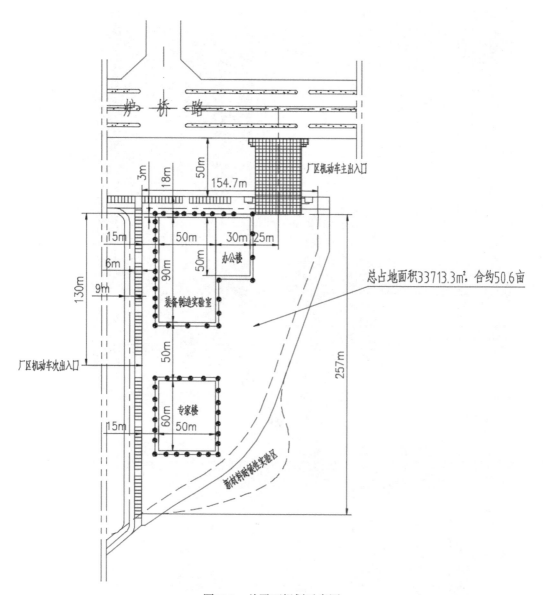

图80.2 总平面规划示意图

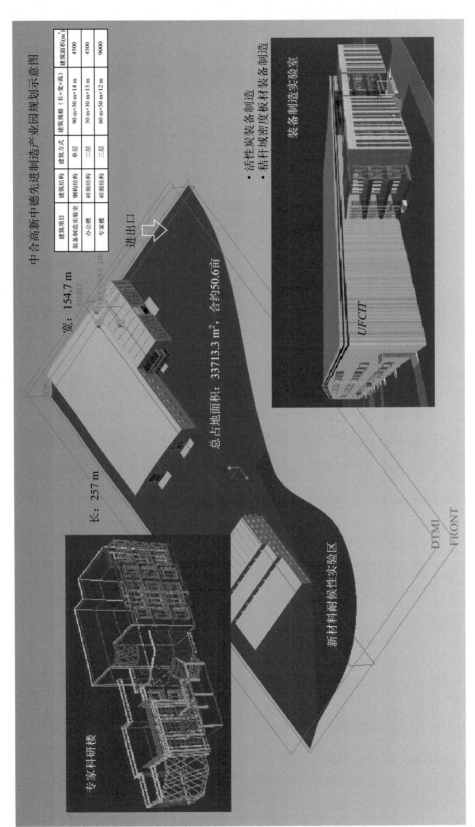

图80.3 中德先进制造产业园规划示意图

技 术 来 源

- 辽河上游水污染控制及水环境综合治理技术集成与示范（2012ZX07202003）

81 寒地种养区"科、企、用"废弃物循环一体化关键技术

适用范围：适用于寒地典型种养区畜禽粪便无害化处理和肥料化利用。

关 键 词：寒地；典型种养区；"科、企、用"；联合体；废弃物；循环；
一体化；二段式；好氧堆肥；无害化；肥料化

一、基 本 原 理

收集寒地典型种养区农业废弃物（畜禽粪便和作物秸秆），混合起堆并调整物料水分和碳氮比，根据需要添加微生物菌剂，启动好养发酵。实时监控堆体温度、水分，高温期翻堆操作和水分调控，创造适宜好养微生物菌群活动条件。堆体温度稳定后进入后熟陈化阶段，按照无害化处理和肥料化利用的不同要求，配伍菌剂和养分，倒堆处理，生产加工系列有机肥料。二段式好氧堆肥发酵全程由寒地堆肥环境因子监控，实现农业废弃物资源化规范操作。构建"科、企、用"废弃物资源化利用事业发展联合体平台，推进农业废弃物收集、处理和利用一体化循环技术落地应用。

二、工 艺 流 程

（1）废弃物收集：畜禽粪便、作物秸秆、其他辅料。

（2）废弃物处理：二段式好氧堆肥。

第一段（好养发酵）：废弃物按比例混合起堆，调整水分和碳氮比，根据需要添加激活菌剂，高温期翻堆，低温期不翻堆。

第二段（堆肥熟化）：静态陈化，倒堆无害化；倒堆添加菌剂、有益养分肥料化。

（3）废弃物监控：堆肥环境因子全程实时监控，规范操作。

（4）废弃物利用：堆肥、有机系列肥农田施用。堆肥环境因子全程实时监管理好养堆肥操作。

工艺流程具体如图81.1所示。

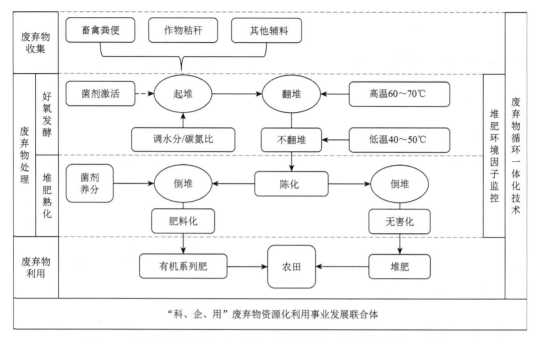

图81.1 寒地种养区"科、企、用"废弃物循环一体化关键技术工艺流程

三、技术创新点及主要技术经济指标

（一）技术创新点

技术创新：研发了好氧堆肥环境因子监控技术，规范了寒地二段式好氧堆肥操作流程，实现了好氧堆肥质量控制；

理念创新：提出了寒地种养区"种养结合、清洁生产、因地制宜、循环发展"农业面源污染防治理念；

模式创新：构建了"科、企、用"废弃物资源化利用事业发展联合体平台，推动了废弃物循环一体化技术落地应用。

（二）主要技术经济指标

堆肥混合物料起始水分60%～65%，C/N 比为（20～25）：1，按混合物料1‰～2‰添加菌剂。堆体温度60～70℃持续3～5日，翻堆控温。第一段好氧发酵14～21天，第二段堆肥熟化30～45天。堆肥成本160～220元/t。

四、实际应用案例

2016～2020年，依托关键技术，收集处理畜禽粪便42.4万t，作物秸秆13.22万t，生产有机系列肥6.731万t，制定粪污资源化利用实施方案，推动115万头猪当量粪污实施资源化利用，减排粪污 125 万 t。由关键技术集成的废弃物肥料化成套技术和清洁生产技术在黑龙江省阿城、巴彦、林甸等种养区累计推广应用 816.13 万亩，增效 6.04 亿元，为流域水环境质量改善、黑土地保护和化肥减施提供科技支撑。

（一）典型案例1：哈尔滨三安环农肥料有限公司

指导该公司申请 2014 年度农村环境连片整治项目。建立畜禽粪便处理规模 18000 t/a、生产有机肥 6000 t/a 的示范工程 1 个。重点建设有机肥造粒车间、成品库、阳光棚和化验室。设计"万宇"商标 1 个，办理肥料登记证 2 个。依托示范工程，该公司在哈尔滨市阿城区环保局和农业局支持下，解决阿城区双丰街道三阳村环境问题（牛粪围村），清理露天堆放牛粪 1.95 万 t 以上，阻止露天堆放牛粪雨季直排进入河道。2017 年，该公司中标黑土地保护利用试点项目，施用关键技术生产的有机初肥 29825 m³。2019年中标阿城高标准农田建设项目，有机初肥抛洒 6 万 t，施用农田 4 万亩。

应用流域：阿什河流域。

（二）典型案例2：黑龙江省达丰科技开发有限责任公司

该公司为示范工程配套资金，用于堆肥场、车间和库房改造、设备购置以及原料采购与成品销售。该公司应用二段式好氧堆肥关键技术为核心集成的废弃物肥料化成套技术和清洁生产技术，可减少堆肥翻堆次数，缩短发酵周期，控制成品质量，应用效果良好。2018～2020 年累计收集畜禽粪便 19000 t，作物秸秆 15700 t。登记有机肥料、生物有机肥 3 个以上，累计生产系列肥料 39310 t，新增利润 1572 万元。推广应用面积 117.93 万亩，作物增效 6486.15 万元。

技 术 来 源

• 松花江哈尔滨市市辖区控制单元水环境质量改善技术集成与综合示范（2013ZX07201007）

82 规模化猪场废水高效低耗脱氮除磷纳管

排放处理关键技术

适用范围：适用于经济发达、土地资源缺乏、环境敏感区的规模化养殖区域。

关 键 词：猪场养殖废水脱氮除碳除磷；短程硝化反硝化；同步硝化反硝化；微氧曝气；自养脱氮耦合反硝化除磷；均相氧化絮凝

一、基 本 原 理

基于同步硝化反硝化脱氮的碳源碱度平衡原理，研发了分步进水微氧曝气脱氮除碳技术（Step-feeding Anoxic-Oxic-Oxic-Oxic-Oxic，SFAO⁴）。通过低溶解氧（＜ 0.5 mg/L）和污泥龄（SRT）控制，降低污泥微生物内源消化速率，显著提升生化系统氨氧化细菌的数量和活性；通过分布进水控制构建短程硝化和反硝化过程的碳源、碱度自平衡体系，实现 SFAO⁴ 工艺的同步硝化反硝化高效低耗脱氮除碳。经 SFAO⁴ 处理后，借助均相氧化絮凝进一步去除生化尾水中的难降解性化学需氧量和可溶性磷，最终实现规模化猪场废水的高效低耗脱氮除磷，出水水质达城镇下水道纳管标准。

二、工 艺 流 程

工艺流程具体如图 82.1 所示。

（1）粪液经过固液分离，分离后的粪液进入上流式厌氧污泥床（UASB）进行厌氧消化。

（2）根据厌氧出水和猪场废水原水碳氮比确定生化段进水配水比例以保证进水碳氮比大于 4。

（3）首先进入前置反硝化池，利用原水中易降解碳源进行反硝化脱氮。

（4）缺氧池出水依次进入 1#、2#、3#、4# 四个微氧曝气池，通过在线溶氧控制仪使各单元溶解氧皆控制在小于 0.50 mg/L 的范围内，主要进行短程硝化反应。

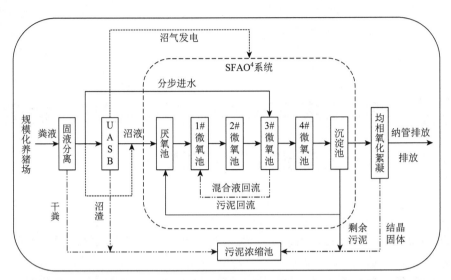

图82.1　规模化猪场废水高效低耗脱氮除磷纳管排放处理关键技术工艺流程图

（5）1# 溶解氧较低，主要是进行反硝化与厌氧氨氧化，2# 和 3# 溶解氧相对较高，主要将氨氮氧化成亚硝氮，经过回流到 A 池和 1# 进行同步硝化反硝化与厌氧氨氧化。3# 经过分步进水提供碳源，在进行短程硝化反应的同时进行同步反硝化。

（6）沉淀池出水进入均相氧化絮凝池，通过投加自主研发的高锰酸钾复合药剂（PPC 药剂）进行高效脱碳除磷，将上清液排出，剩余污泥连同干粪和沼渣进行高值化生产与利用。

三、技术创新点及主要技术经济指标

（一）技术创新点

目前，我国规模化猪场废水处理后多是以农田回用为主，而以纳管排放为目的的处理工艺极少。针对我国经济发达、土地资源缺乏、环境敏感区的畜禽养殖废水排放的需求，创新性研发了以进水水质调控为基础的微氧曝气 SFAO⁴ 工艺，使得养殖场废水出水能够达到城镇下水道纳管排放标准。相对于传统 A/O 和 A²O 处理工艺，SFAO⁴工艺可大幅度降低能耗，减少剩余污泥量，提升脱氮除碳效率，缩短水力停留时间，缩小占地面积，降低处理成本。

（二）主要技术经济指标

SFAO⁴ 生化段各单元溶解氧控制在 0.5 mg/L 以下，污泥回流比 300% ~ 500%，水力停留时间小于 5 天，化学需氧量、氨氮、总氮和总磷的污染负荷削减均达到 95% 以上，运行费用 7.5 元 /t（不计沼气收益），能够较好满足经济发达、土地资源缺乏、环境敏感区的规模化猪场废水纳管排放要求。

四、实际应用案例

畜禽养殖废水氮磷资源回收利用与深度处理技术在浙江省杭州市余杭区瓶窑镇规模化猪场得到工程示范（图82.2），工程处理规模 240 吨 / 日，运行成本 7.5 元 / 吨（未计沼气利用收益）。出水水质：化学需氧量 ≤ 150 mg/L，氨氮 ≤ 40 mg/L，总氮 ≤ 70 mg/L，总磷 ≤ 3 mg/L，各项指标优于《畜禽养殖业污染物排放标准》（2014 年征求意见稿）和《污水排入城镇下水道水质标准》（GB/T 31962—2015）B 级标准。工程年削减化学需氧量排放量 300 吨，氨氮排放量 50 吨，总氮排放量 51 吨，总磷排放量 2.5 吨，明显改善了畜禽养殖区域的环境质量，取得了显著的社会、经济和环境效益。

图82.2　浙江省杭州市余杭区瓶窑镇规模化猪场示范图

技 术 来 源

- 苕溪流域农村污染治理技术集成与规模化工程示范（2014ZX07101012）

83 尾水污染净化型农业长效消纳与利用技术

适用范围：作为生物生态组合技术的生态单元，一般用于规模 200 t/d 以下的农村生活污水处理。

关 键 词：生物处理尾水；污染净化型农业；氮磷资源化利用；水生蔬菜滤床；浸润度可控潜流人工湿地

一、基 本 原 理

针对生物处理后尾水，本技术首次提出污染净化型农业的理念，通过优化湿地构型并以经济作物替代传统湿地植物，实现环境效益和经济效益的双赢。开创性地融合了人工湿地技术和蔬菜无土栽培技术，提出在空床内培植空心菜、水芹、豆瓣菜、番茄、生菜等根系发达、生长速率快的常见无土栽培蔬菜，以富含氮磷的尾水作为滤床内水生蔬菜的"营养液"，加以氮磷利用和净化。不仅保留了湿地原有的氮、磷营养盐净化功能，同时具备了蔬菜无土栽培的生产功能，产生经济效益。开发了水生蔬菜滤床和浸润度可控潜流人工湿地联用技术。水生蔬菜滤床可高效拦截颗粒性污染物，具有微生物、植物吸收和植物根系过滤多重净化效应，同时起到有效保护后续潜流湿地并延长其使用寿命的作用。浸润度可控潜流人工湿地通过水位的灵活控制解决了传统潜流人工湿地复氧能力不足、不同植物生长阶段对浸润要求不同的问题。

二、工 艺 流 程

工艺流程通常为"水生蔬菜滤床 – 浸润度可控潜流人工湿地"（图 83.1）。

图83.1 尾水污染净化型农业长效消纳与利用技术工艺流程图

用于接纳生物处理的尾水，本项关键技术的应用，对于前序生物单元结构可尽量简化，仅需要去除有机物。水生蔬菜滤床发挥沉淀、微生物、植物吸收和植物根系过滤多重净化效应，浸润度可控潜流人工湿地按照湿地种植的经济植物生长需要，简便灵活地调整湿地水位浸润度，使湿地植物生长始终处于优势状态，引导湿地植物根系纵向的生长，获得氮磷高吸收率和植物高产。

三、技术创新点及主要技术经济指标

本技术首次识别了农村生活污水的特性与农业种植业资源化利用的条件和价值，充分考虑"农村、农业、农民"的特点和需求，响应九部委对农村污水治理的指导方针，充分利用农业农村强大的消纳能力，提出污染净化型农业并研发了相应的多功能组合湿地技术。筛选了氮磷吸收能力强、生物量大的空心菜、莴苣、水芹等经济性作物替代芦苇、香蒲等传统湿地植物，在尾水氮磷的资源化利用的同时，产生可观的经济效益，将污水处理融入"三农"体系，服务于"三农"。

首创水生蔬菜滤床与浸润度可控潜流人工湿地技术的组合型生态单元。利用水生蔬菜滤床的高植株密度和高拦截性，显著改善水质，大幅度延长后续潜流人工湿地的运行寿命。浸润度可控潜流人工湿地技术通过湿地出口水位控制，可以按照湿地种植的经济植物生长需要，简便灵活地调整湿地水位浸润度，使湿地植物生长始终处于优势状态，引导湿地植物根系纵向的生长，获得高产；同时强化大气复氧能力，改善湿地内部的氧环境，优化潜流湿地内微生物环境，保证处理效果和出水水质。实践证实，组合湿地可有效提高氮磷去除率，缩短湿地启动期，增加植物产量15%以上。

技术在北方寒冷地区应用时，既可以建设薄膜暖棚，也可在冬季将水位线控制在冰冻线以下，保证湿地的正常运行。

四、实际应用案例

截至 2020 年 12 月，已在常州武进区建成典型示范工程 2 座，总规模 30 t/d；在高淳、宜兴建成农村生活污水处理设施 239 处，总规模 4278 t/d。技术已推广至北京、山东、湖南等地，建成处理单元 12 座，总规模约 76 t/d。

典型案例：常州市武进区雪堰镇王家塘村生活污水处理工程

污水来源于王家塘自然村，共计约 65 户，人口约 195 人，设计村落生活污水处理工程处理规模 20 t/d。工程以实现污水处理的节能、高效和稳定的出水水质为目标，针对生活污水时空不均的特点（污水主要产生于一日三餐时间，且晚间用水量较大），结合处理实施可用土地空间，采用了"MBR 生物处理 – 水生植物滤床 – 浸润度可控型人工湿地"的生物生态组合污水处理工艺。

工程前端一体化 MBR 生物处理设备，污泥浓度高，污水有机物去除效果好，占地小。组合生态单元均匀种植美人蕉、翠芦莉等经济型花卉，综合水力负荷 0.1 m³/m²。示范工程出水水质稳定优于《城镇污水处理厂污染物排放标准》（GB 18918—2002）一级 B 标准，可实现进入地表水体污染物 COD、NH$_4^+$-N、TN 和 TP 分别削减 7906 kg/a、254 kg/a、227 kg/a 和 61 kg/a。生态单元提供了优渥水肥条件供花卉生长，显著改善了村落水环境质量。工程直接建设成本不到 7500 元/t，吨水直接运营成本低于 0.10 元（图 83.2）。

工程建设前　　　　　　　　　　　　　　工程建设后

图83.2　常州市武进区雪堰镇王家塘村生活污水处理工程图

技 术 来 源

- 竺山湾农村分散式生活污水处理技术集成研究与工程示范（2012ZX07101005）
- 太滆运河高适应性村落生活污水处理技术集成与应用示范（2017ZX07202004）

84 高适应性农村生活污水低能耗易管理好氧 生物处理技术

> **适用范围**：为生物生态组合技术的好氧生物处理单元，适用于水量不大于 200 t 的农村生活污水处理。
>
> **关 键 词**：高适应性；低能耗；阶梯式及往复式跌水；水车驱动生物转盘；脉冲多层复合滤料生物滤池

一、基 本 原 理

高适应性农村生活污水处理低能耗好氧生物处理技术采用并联可选型：水车驱动生物转盘、阶式跌水、脉冲滤池拔风等自然充氧形式，利用污水跌落充氧、溅水分散充氧和暴露富氧的三重充氧作用实现节能脱氮，包含阶梯式及往复式跌水充氧装置、水车驱动生物转盘、脉冲多层复合滤料生物滤池等技术。工艺仅需一个水泵无人值守运行，吨水能耗平均为 0.13 ～ 0.20 kWh/t 左右，实现工艺能耗的显著降低，较传统 A/O 工艺的吨水能耗降低 50% 以上。

跌水充氧装置利用污水提升获得势能，分级跌落，将势能转化为动能，形成水幕、水滴自然充氧，无需曝气装置。水车驱动生物转盘采用跌水自驱动方式，有污水跌落充氧、溅水分散充氧和暴露富氧的三重充氧作用，具有节能和充氧双重效果，充氧效果较好。脉冲多层复合滤料生物滤池无需曝气，自然通风供氧，采用虹吸脉冲布水的方式，既可以维持滤池以低平均负荷运行，保证滤池中硝化反应顺利完成；又保证在布水时瞬间冲刷掉部分老化的生物膜，从而维持较薄、活性更好的生物膜，解决了传统的生物滤池易于堵塞和生长池蝇、产生臭味的问题。

二、工 艺 流 程

技术工艺流程通常为"格栅 – 预处理 – 低能耗好氧处理单元 – 生态单元"（图 84.1）。

预处理部分可为厌氧池或三格式化粪池，主要作用为均衡水质水量和初步降解有机物。

低能耗好氧处理单元根据当地地形、经济条件和进出水水质选取。阶梯式跌水充氧生物接触氧化池建设极简，适合于山地地区，可依山而建，利用地势高差，实现零能耗。往复式跌水充氧生物接触氧化池多级垂直交错分布，利用挡板使污水往复跌落，占地较梯式跌水充氧可节省 30% 以上。水车驱动生物转盘效率较高，适用于较高污染物浓度的生活污水或具有景观要求的村落，可免除前置厌氧设施。脉冲多层复合滤料生物滤池水力负荷高，占地面积小，耐冲击负荷，适用于水量较大的农村生活污水处理。以上技术除阶梯式跌水外，均为纵向布置，因外部可建房屋保温，保证冬季污染物降解效率，也可在寒冷地区使用。

后续生态单元可选各类湿地，以氮磷的就地消纳为主要目的。

图84.1　高适应性农村生活污水低能耗易管理好氧处理关键技术工艺流程图

三、技术创新点及主要技术经济指标

常规小型污水生物脱氮工艺中，曝气动力消耗一般占日常运行成本的 80%，是传统生物处理的主要耗能单元。传统机械、鼓风曝气技术高能耗带来了高昂的运行费用和管理负担，非常不适于农村生活污水处理。本技术用自然充氧形式替代传统曝气方式，通过构型优化，优化污水流态，提升充氧效率，在低能耗的前提下实现较高的污染物净化效率。全程仅需一个水泵，可无人值守运行，吨水能耗平均为 0.13 ～ 0.20 kWh/t 左右，较常规 A^2/O 工艺能耗可降低 50% 以上。

（1）首创水车驱动生物转盘技术。兼有污水跌落充氧、溅水分散充氧和盘片旋转接触充氧的三重充氧作用，具有节能和强化充氧双重效果；采用驱动盘和生物转盘的功能分区，水车驱动区位于中间，生物转盘区置于两侧，传动效率高，有效降低了转盘偏轴造成的摩擦，保证转盘均匀转动，进一步强化了氨氮的硝化效率。因其高效的充氧效率，预处理单元取消了厌氧池，既简化流程，又大幅度降低了成本。

（2）开发了模块化架构形式，各好氧设备可根据地形、水质条件灵活组合，采用单级、多级阶梯式或多级垂直交错式布置，节省占地，便于保温。

四、实际应用案例

截至 2020 年 12 月，已在宜兴、常州、南京高淳等地建成农村生活污水处理工程 612 座，总规模 550 万 t/a。技术已推广至江苏淮安、云南、湖南等地，建成生活污水处理单元 10 座，总规模近 400 t/d。

（一）典型案例1：宜兴市周铁镇沙塘港村小型分散式生活污水处理工程

在周铁镇沙塘港村建成小型分散式生活污水处理装置一套，采用"大深径比厌氧反应器 – 阶梯式跌水充氧反应器 – 水生蔬菜型 + 潜流人工湿地"工艺。污水来源于沙塘港村港口大桥以南，共计约 87 户，人口约 310 人，设计污水流量 30 t/d。污水处理设施投资每吨水在 8000 元左右。出水优于《城镇污水处理厂污染物排放标准》（GB 18918—2002）的一级 B 标准，每年至少 8 个月达到一级 A 标准。工程动力消耗仅为一个小型水泵。较其他正在使用的农村生活污水处理设施能耗降低 70.0%，节地 50% 以上。水生蔬菜型人工湿地每年以空心菜和水芹菜轮种，每年空心菜产量约 8000 斤 / 亩，水芹菜 1000 斤 / 亩，产生了可观的经济效益。本设施具备沼气收集的条件（图 84.2）。

工程建设前

工程建设后

跌水接触氧化池

组合人工湿地

图84.2 宜兴市周铁镇沙塘港村小型分散式生活污水处理工程图

（二）典型案例2：常州市武进区雪堰镇新康村鱼池上自然村生活污水处理工程

该工程污水来源于鱼池上自然村，共计约 44 户，服务人口 132 人，设计村落生活污水处理工程处理规模 10 t/d。采用了"缺氧调节池 – 水车驱动生物转盘 – 水生蔬菜滤床 – 浸润度可控型人工湿地"的生物生态组合污水处理工艺。

工程对农村生活污水 COD、氨氮、总磷的去除率分别达到 85%、80% 和 65% 以上，示范工程进水污染物平均浓度：COD 57 mg/L，氨氮 15 mg/L，总氮 23 mg/L，总磷 2.1 mg/L；生活污水经处理后 COD 去除率大于 85%，TN 去除率大于 75%，TP 去除率大于 65%。示范工程出水水质优于《城镇污水处理厂污染物排放标准》（GB 18918—2002）一级 B 标准，大大减轻了分散式生活污水对周边环境的影响。进水流量和水质随季节变化较大，出水水质比较稳定。生态单元通过空心菜和水芹菜的换茬种植，全年可收获空心菜 6000 斤 / 亩、水芹 1500 斤 / 亩的产量，获得可观的经济效益，同时实现了村落水环境质量的显著改善。全流程仅涉及一台水泵的电耗。工作人员定期巡检，直接运行成本 0.09 元 /t，示范工程投资成本 0.8 万元 /t，吨水处理占地面积 10 m^2（图 84.3）。

图84.3 高适应性农村生活污水处理低能耗好氧处理关键技术工艺流程图

技 术 来 源

- 竺山湾农村分散式生活污水处理技术集成研究与工程示范（2012ZX07101005）
- 太滆运河高适应性村落生活污水处理技术集成与应用示范（2017ZX07202004）

85　农村生活污水自充氧层叠生态滤床 ＋人工湿地处理技术

适用范围：农村生活污水。
关 键 词：自充氧；层叠；生态滤池；农村污水；组合型人工湿地

一、基 本 原 理

采用"自充氧生物滤床＋潜流人工湿地"集成技术，农村生活污水自充氧层叠生态滤床＋人工湿地处理技术是一种组合型人工湿地。经过格栅井过滤和集水调节池厌氧处理过的污水，通过安装在生物滤床上部的布水管网系统均匀送至生物滤床单元。

自充氧生物滤床特殊的滤床结构和隧道型空气扩散装置设计，使滤床内外的空气形成一定的温度和密度差，从而在竖向拔风管内形成拔风效应，形成一定的负压，空气由进风管进入后，经竖向拔风管流出。隧道型空气扩散装置采用多孔型特殊结构设计，使其可以与滤料间隙内的空气形成无阻式的对流交换，从而使滤料内部的空气一直处于好氧状态。同时外部的，任意方向的风力可经滤床四周的进风管进出滤床内部，对生物滤床进行充氧。潜流式人工湿地内呈兼氧与厌氧状态，在基质、微生物和植物的物理、化学和生物协同作用下，去除水中的污染物质。系统稳定运行后，在填料表面以及植物根系间因微生物生长繁殖逐渐形成生物膜，废水在经过填料和植物根系时，残余的固体悬浮物在基质和植物根系的吸附截留作用下进一步消减，而污水中的有机污染物质则通过依附在生物膜表面生长的微生物的同化、异化作用下而被去除。

二、工 艺 流 程

污水在经集水调节池初步预处理后，依次流入好氧生物滤床和潜流人工湿地内。好氧生物滤床内部设有无动力充氧装置，由于充氧装置的特殊设计，使得其可以依靠滤床内外密度差和自然风力进行通风充氧，以实现在不消耗外部动力的情况下，实现污水溶解氧的提升。潜流人工湿地内设置级配填料，通过物理、化学和生物的协同作用，来有效地去除污水中有机污染物以及氮、磷等富营养物质（图 85.1）。

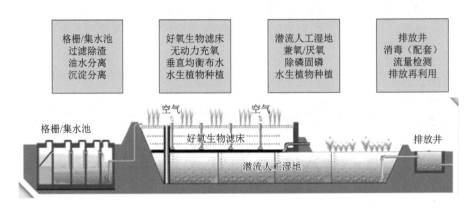

图85.1　自充氧层叠生态滤床+人工湿地技术工艺流程图

三、技术创新点及主要技术经济指标

"自充氧生物滤床 + 潜流人工湿地"集成技术，在充分结合了生物滤床与人工湿地的基础上，加入自充氧系统进行技术升级，大大提升了传统的"滤床 + 湿地"式污水处理方式，在高效处理污水的同时保持生物滤床的无动力运行并在不同区域形成好氧、兼氧的微环境，有效地解决了当前农村生活污水治理的技术难题，真正意义上做到高效、低碳、经济、生态。

（一）技术创新点

具有自通风管网系统的生物滤床和潜流式人工湿地的耦合系统实现了污染物高效低耗的降解去除，建设投资和运行维护成本较低。潜流式人工湿地使得污水维持在湿地填料床表面下流动，在保持良好湿性的同时，具有较强的抗逆性，受外界气候条件影响较小；在温度较高时，不容易滋生蚊蝇，保持了环境卫生的良好性。在表层种植覆土和填料基质的截留作用下，水力停留时间延长，提高了对污染物质的降解去除效率。

本耦合工艺系统基建投资及运行费用较低，适合经济欠发达的农村地区推广使用。填料的优化配置对耦合系统污染物去除效率具有显著的提升。主要出水水质指标及相应的污染物去除率在处理高浓度生活污水时比处理低浓度生活污水时提升较为明显，说明本技术具有较高的污染负荷承载力。

本耦合工艺对 COD、NH_4^+-N、TN、TP 等污染指标有较好的整体去除效果。潜流式人工湿地对 COD_{Cr}、TN 和 TP 的去除占主要作用；温度与 COD_{Cr} 的去除率呈负相关关系，对 NH_4^+-N 的去除效率影响显著，呈线性正相关。人工湿地中基质的吸附截留作用是磷去除的主要途径，在温度降低时，一般湿地中溶解氧浓度会降低，影响氧化还原反应的进行，TP 去除率下降，本耦合系统自通风功能保证了湿地中溶解氧量，从而使得磷的去除受外界温度影响较小。

系统日常维护管理简单便捷，不需要配置专业从业人员进行管理维护。自充氧特殊结构系统可以实现无动力运行。无需专人维护，运行维护管理简单，适用于广大农村地区的生活污水处理。

该工艺可根据不同的地形和地势选择不同的布水方式及不同流态，具有较强的适用性，如果因地形地势不能采用重力流，只需设置提升泵进行提升处理。

（二）主要技术经济指标

该技术占地面积较常规人工湿地小，处理生活污水时吨水占地面积 2 ~ 4 m² （传统常规人工湿地吨水占地面积约高于 6 m²，且表流式湿地占地面积更大），且运行成本极低，在污水可自流情况下不产生能耗，仅在进水液位需提升时产生水泵的耗电费用。在处理微污染地表水体时该技术占地面积远低于 2 m²，吨水投资约 600 ~ 2000 元 （传统人工湿地吨水投资为 5000 ~ 8000 元）。采用该技术出水可长期稳定达到或优于《农村生活污水处理设施污染物排放标准》（DB 33/973—2015）一级标准（传统人工湿地出水水质波动性相对较大）。该技术建设成本和运维投入均低于传统的人工湿地技术，且运行效果稳定优良，具有较高的水力负荷和污染物负荷，以及良好的抗冲击性。

四、实际应用案例

本技术已在余杭、桐庐、建德、开化等区（县、市）完成 164 个站点的建设投入运行并移交运维，在浙江省"五水共治"中得到广泛应用。其中依托国家"十二五"水专项苕溪课题（2014ZX07101-012），应用本技术在苕溪中游杭州市余杭区径山镇建设完成两处示范工程应用案例，其中径山镇求是村中村处理规模 50 m³/d，求是村下村处理规模 20 m³/d，目前两处工程点位运行状况良好。其中桐庐、建德、开化等区（县、市）点位众多，其处理规模介于 10 m³/d 至 100 m³/d 之间，目前运行状况良好。

典型案例：浙江省杭州市余杭区径山镇农村生活污水处理项目

工程内容主要包括地基开挖、池体浇筑、填料装填、设备安装及植物种植。工程废水处理规模 50 m³/d（求是村中村）及 20 m³/d（求是村下村），工程处理出水的 COD、氨氮、总氮、总磷达到《农村生活污水处理设施水污染物排放标准》（DB33/973—2015）一级标准。

进水 COD_{Cr} 在 24.00 ~ 442.00 mg/L，出水 COD_{Cr} 均值为 21.93 mg/L，COD_{Cr} 平均去除率为 85.65%；进水氨氮在 11.10 ~ 58.00 mg/L，出水氨氮均值为 4.31 mg/L，氨氮平均去除率为 88.28%；进水 TN 在 16.70 ~ 73.60 mg/L，出水 TN 均值为 5.83 mg/L，TN 平均去除率为 87.23%；进水 TP 在 1.82 ~ 6.98 mg/L 之间，出水 TP 均值为 1.37 mg/L，TP 平均去除率为 70.41%（图 85.2）。

图85.2　技术中试工程现场图

技　术　来　源

· 苕溪流域农村污染治理技术集成与规模化工程示范（2014ZX07101012）

86 农村污水改良型复合介质生物滤器处理技术

适用范围：小于 200 t/d 的非寒冷地区水质水量波动大的农村污水和农家
乐污水。

关 键 词：多介质；脱氮除磷；填料；生物滤器；吸附除磷

一、基 本 原 理

生活污水经厌氧消化后通过布水管均匀布入多介质高效生物脱氮除磷反应器进行
处理。反应器内填有多层经科学配方混合而成的多介质专用填料，该填料利用脱磷材
料、脱氮材料、微生物菌种以及碳源缓释材料等。反应器内可形成大量厌氧 – 好氧微
区，生活污水在反应器内经连续的厌氧 – 好氧过程，有机物分解、氮经硝化反硝化得
到去除，磷与铁、钙共沉淀存于介质内。长期运行后（5 ～ 10 年），更换的介质可作
土壤改良剂，不存在二次污染。处理后出水水质可达到 GB 18918—2002 一级 B 以上
标准。

二、工 艺 流 程

农村生活和农家乐污水经村民家中化粪池、隔油池处理后，经污水管网收集，自
流进入污水处理系统。污水首先进入沉渣井、隔油生化池去除粗大杂物、浮油后，再
流入新型生物填料厌氧池，经厌氧处理除去部分 COD 和 BOD 后，均匀布入复合介质
池。与 A/O 工艺联用时，厌氧池污水经提升泵提升至微动力生化池进行生化处理，再
自流进入好氧生化池，进行好氧处理，进一步去除有机物。经好氧处理后的污水在沉
淀池中进行固液分离，污水进入多介质系统。污水通过硝化反硝化去除氮，介质吸附
去除磷等污染物，最后可稳定达标排放附近水域（图 86.1）。

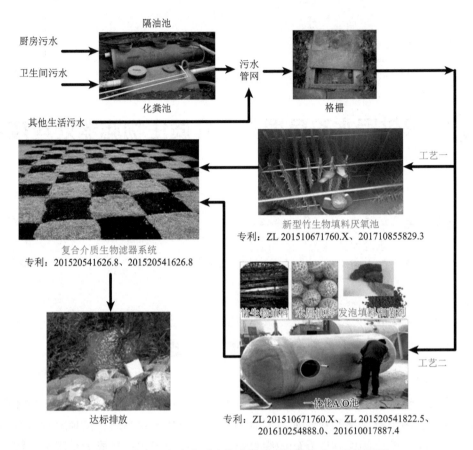

图86.1 改良型复合介质生物滤器处理关键技术工艺流程图

三、技术创新点及主要技术经济指标

（一）技术创新点

成功制备了以土壤基质为主要原料的复合介质生物功能填料，显著提高了复合介质功能材料的吸附性能和生物亲和性，强化了脱氮除磷效率。

研制了高表面积发泡填料的配方与制作工艺，填料对氮磷具有一定的吸附效果，存在物理吸附、化学吸附、离子交换吸附等多种吸附方式共同存在的吸附过程，与聚乙烯球型填料挂膜相比，缩短了50%的时间，运行过程中更耐 NH_4^+-N 冲击负荷，除磷效率提高约30%。

筛选获得的降解菌剂为45.38%嗜麦芽窄食单胞菌、18.29%金黄杆菌、15.82%无色杆菌、14.43%肠杆菌的混合菌群，对含有不同氮素和碳源的模拟污水中的油污的降解率可以达到80%以上。

利用滤池填料交替排布方式，攻克了生态处理易于堵塞和氮磷效率低的技术瓶颈，形成多个厌氧和好氧区域，实现污染物高效去除。

（二）主要技术经济指标

厌氧+复合介质生物滤器面积负荷不大于 0.5 m³/(m²·d)，与人工湿地相比，占地面积小，只有人工湿地的 1/5 左右。与 A/O 工艺组合联用，面积负荷可以达到 1.0 m³/(m²·d)，只有人工湿地的 1/10 左右。在保证出水水质不下降的情况下，专用填料层厚 0.8 m（适用于农村生活和农家乐污水）。

从经济、工程施工、运行管理方面考虑，当运行水量在 10～100 m³/d 时是最优的，且适用处理规模为 1～300 户，吨水投资额随水量增加而减少。土建工程生活污水和农家乐污水户均投资 4000～6000 元，运行费用 0.1～0.3 元/t，与 A/O 工艺联用时生活污水和农家乐污水户均投资 3000～5000 元，运行费用 0.3～0.5 元/t，可使出水水质稳定优于现有农村生活污水处理设施水污染物排放一级标准（DB 33/973 2015）。

四、实际应用案例

本技术在安吉县域范围建设了农村生活污水处理示范推广工程 937 个，设计水量 3497.5 t/d，农家乐污水处理示范推广工程 7 个，设计水量 258 t/d，示范推广工程年可削减总氮约为 149.02 t，总磷约为 6.63 t。并在浙江省湖州市、嘉兴市、诸暨市、衢州市、台州市等地，安徽省黄山市，江西省芦溪县，江苏省溧阳市和盐城市以及河南省中牟县，海南省陵水县等地推广应用，累计处理生活污水 300 余万 t/a，销售收入 1.02 亿元，具有良好的环境、经济和社会效益。

典型案例：安吉县石岭村农家乐污水处理工程

童家厂农家乐污水处理设施是位于安吉县石岭村的典型农家乐污水处理工程（图 86.2），设计处理水量 80 t/d，服务农家乐 31 家。采用的工艺为厌氧+复合介质生物滤器技术，工程于 2015 年建成投入运行，目前已移交第三方运维单位正常运行。该工程厌氧池有效容积 200 m³，复合介质池有效面积 150 m²，总投资 45 万元。厌氧水力停留时间不小

多介质填料安装

童家厂污水处理终端

图86.2　安吉县石岭村农家乐污水处理工程图

于 2.5 d，复合介质生物滤器面积负荷不大于 0.5 m³/(m²·d)，专用填料层厚 80 cm。水质监测结果显示出水水质稳定优于现有浙江省农村生活污水处理设施水污染物排放一级标准《农村生活污水处理设施水污染物排放标准》（DB33/973—2015）。工程的吨水投资约 5600 元（不含管网及附属设施），吨水运行成本 0.3 元，吨水能耗 0.2 元。该工程的建设为石岭村上游 31 家农家乐的正常运营提供了保障，为石岭村水环境的保护提供了支撑。

技 术 来 源

- 茗溪流域农村污染治理技术集成与规模化工程示范（2014ZX07101012）

87 阶式多功能强化生物生态氧化塘水质深度净化技术

> **适用范围**：生物生态组合技术的生态单元，可用于土地资源紧缺、有水塘、河浜可利用的地区农村生活污水生物处理尾水的后续深度净化。
>
> **关 键 词**：阶式生物生态氧化塘；多塘系统；尾水深度处理；生态护坡；软隔墙技术

一、基 本 原 理

技术可就近利用平原水网地区的池塘或河浜改造，主体是经过人工适当修整：设置软围隔、生态化岸线、浮岛并种植水生植物的多级生态塘系统；尾水在塘内较长时间的贮留并推流式流动，在微生物及植物的作用下有效削减氮、磷等污染物的一种尾水深度净化技术。进水为经简单生物处理去除有机物及部分氮磷后的尾水。技术基于软围隔导流、生态岸坡、人工介质富集微生物、水生植物种植等技术优化组合，构建兼氧塘、好氧塘、不同类型水生植物塘等功能明确的阶式强化型生物生态氧化塘，通过各级功能互补，实现较高负荷下氮磷的深度去除。软围隔墙导流技术起到隔水和导流作用，使塘内形成连续流搅拌池反应器（CFSTR）的整体推流、局部循环的水动力条件，并尽量避免塘内出现短流区；生态岸坡技术采用具有一定力学强度和连续贯通孔隙的多孔混凝土预制球铺装护砌，利用多孔混凝土的连续孔隙及其铺装时自然产生的较大型空隙，作为绿色植物生长和微生物富集的良好载体，从而构建了生态塘的岸坡特定的生态系统，强化水中污染物的去除效果；人工介质富集技术以塘内置立体型生态浮床为主，床上部种植水生植物，下部根据所置塘微生物特点悬挂不同填料，形成立体型生物链持续去除水中的氮磷营养盐和有机物。全系统突破了传统氧化塘占地大、运行效果不稳定等限制，无需回流，充分利用塘体空间，强化各单元功能，保证出水优质排放。

二、工 艺 流 程

本技术主要工艺流程为"普通生物处理 – 阶式多功能强化生物生态氧化塘"中的后续单元。

前序普通生物处理单元可相对简化，主要完成有机物和部分氮磷的去除，其尾水进入本技术单元。

阶式多功能强化生物生态氧化塘经流态优化和岸坡强化，通过生物降解、植物吸收等途径进一步对生化尾水进行深度处理，依次设兼氧塘、好氧塘和水生植物塘。兼氧塘主要功能是实现反硝化作用，脱除部分氮，同时提高水中有机物的可生化性；好氧塘进一步去除水中有机物和氮；水生植物塘内设立体组合型生态浮床，去除水中的氮磷营养盐。建议兼氧塘、好氧塘和水生植物塘的容积比为 2∶2∶5（图 87.1）。

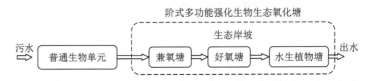

图87.1　阶式多功能强化生物生态氧化塘水质深度净化技术工艺流程图

三、技术创新点及主要技术经济指标

阶式多功能强化生物生态氧化塘创新采用了软围隔技术进行氧化塘分隔并优化流态，可充分利用废弃小河、沼泽、池塘等，通过功能设计，大幅度提升其水质净化效率；自主研发多构型生态混凝土预制砌块，在护坡的同时提升孔隙率，保留微生物和植物的生长空隙，显著提高水土界面的生态效应。本项关键技术维护简单、建设周期短，不产生二次污染，能够较好地实现尾水净化及节能降耗的目标。

当水力停留时间为 2 d 时，出水平均 COD、TN、TP 去除率分别为 30%、40%、37% 左右，工艺出水可达到《城镇污水处理厂污染物排放标准》（GB 18918—2002）一级 B 标准。阶式多功能强化生物生态氧化塘水力负荷建议值为 0.3 $m^3/(m^2 \cdot d)$，可比传统生态氧化塘水力负荷提高 2 倍以上，实现相同净化效率条件下停留时间大幅度降低，或相同水力停留时间条件下污染物去除效率大幅度提高；与微絮凝/过滤、深床反硝化滤池等深度处理工艺相比，运行管理简便、节能效果更好。

四、实际应用案例

截至 2018 年 6 月，已在太湖流域建成示范工程 28 座，总规模 3086 m^3/d，其中典型示范工程 2 座，分别建于常州市武进区横山桥镇（480 m^3/d）和宜兴市芳桥镇（30 m^3/d）。在示范区外山西省泽州县下村镇污水处理工程（2000 m^3/d），山西省泽州县大东沟镇长河河滩人工湿地水质净化工程（3000 m^3/d），山西省泽州县巴公河薛庄生态湿地水质净化工程（6.5 万 m^3/d），泗洪县城北污水处理厂尾水净化生态湿地（6 万 m^3/d），南京扬子石化污水处理厂尾水多阶式生物生态氧化塘（2000 m^3/d）、南通市经济开发区第二污水处理厂尾水湿地水质净化系统工程（14.8 万 m³/d）中实现了技术推广。

典型案例：常州市武进区横山桥镇新安社区生活污水处理工程

在常州武进区横山桥镇新安社区建成污水处理示范工程。新安社区为原新安镇镇区，撤镇后转为社区。社区已建成雨污合流管网，收集社区及周边村庄 1300 多户居民的生活污水，项目建设前污水未经处理直接排入周边水体。本课题建设生活污水处理站 1 座，规模 480 m³/d。采用氧化沟式改良型 A^2/O+ 阶式功能强化生物生态塘工艺。组合工艺 COD、TN、TP 去除率分别为 86%、72%、90%，其中阶式功能强化生物生态塘 COD、TN、TP 去除率分别为 30%、40%、37%，出水至少 8 个月可达到《城镇污水处理厂污染物排放标准》（GB 18918—2002）一级 A 标准，其余时间达到一级 B 标准。投资成本为 0.21 万元 /t，吨水运行成本为 0.48 元。工程正常运行时，工艺无需外加碳源，生物单元能耗在 0.27～0.34 kW·h/m³，与传统 A^2/O 工艺的能耗相比降低了 11.71% 左右。生态单元所用植物以空心菜和水芹为主，空心菜产量约 3400 斤 / 亩，水芹菜 800 斤 / 亩，产生经济效益约 10000 元 / 亩（图 87.2）。

功能强化型生化处理　　　　　　　　　　　　　阶式生物生态氧化塘

图87.2　常州市武进区横山桥镇新安社区生活污水处理工程图

技 术 来 源

- 竺山湾农村分散式生活污水处理技术集成研究与工程示范（2012ZX07101005）

88 人工快渗一体化净化关键技术

适用范围：农村生活污水、河道污染水体。

关 键 词：人工快渗；前处理系统；快渗池；农村污水；一体化

一、基本原理

人工快渗一体化净化技术主要由前处理系统和人工快渗池两部分组成。前处理系统主要去除污水中的悬浮物和 TP；人工快渗是设备的核心去污单元，主要依靠人工快渗池的过滤截留、吸附和生物降解作用实现污染物的去除。其中，填料表面比表面积巨大的生物膜和两级自然复氧带入的充足溶解氧是人工快渗池优秀去污能力的重要保证；运行阶段后期利用微生物的内源呼吸作用可有效防止生物膜过量增长和脱落造成堵塞。

二、工艺流程

污染水经过调节池和高效前处理分离系统后，经提升通过旋转布水管均匀撒入核心工艺——人工快渗池，污水自上而下流经填料层，通过物理、化学、生物作用去除污水中的污染物后，由池底的集水管收集进入出水槽外排。沉淀池污泥由潜污泵抽入污泥干化池干化，干化后的干泥定期清理。

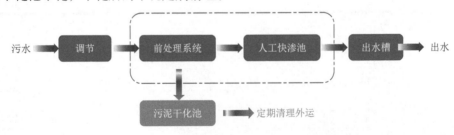

图88.1 人工快渗一体化净化关键技术工艺流程图

三、技术创新点及主要技术经济指标

（一）技术创新点

人工快渗技术具有投资运行成本低、建设周期短、出水效果好、操作维护简便、不产生活性污泥等特点，主要应用于城镇污水处理厂。自 2015 年"水十条"的发布以来，农村污水处理成为水污染防治重点攻坚的任务之一，考虑农村污水水量小、分散、水质波动较大等特点，本技术在我司已有人工快渗技术的基础上，将除磷单元、沉淀单元、快渗单元及污泥储存单元集成设计，通过技术优化改进，形成具有占地小、净化效率高、建设运行费用省、适应于北方的人工快渗一体化净化技术。主要创新点有：

（1）全自动控制液位计控制自动运行，布水同时实现复氧，能耗低。后期维护保养工作量小，可实现无人值守，运营成本极低，吨水运行成本不超过 0.3 元。

（2）装机功率小，可加装太阳能电池系统实现零能耗。

（3）可实现自动化操作。配合人工快渗处理技术，设备出厂前可提前进行菌种驯化，实现直接到场安装，无需运营调试。

（4）设备结构紧凑，可进行模块化运输，现场安装简单。

（5）可采用"互联网+"技术和手机 APP 对设备进行远程监控管理，提高管理效率。

（6）针对北方寒冷天气，已开发具有自主知识产权人工快渗保温系统，保证正常运行。

（二）主要技术经济指标

与常规农村生活污水处理技术（如 MBBR、人工湿地）相比，在满足出水水质达到地表水 IV 类或一级 A 标准时，人工快渗一体化净化技术形成的设备运行费用较低，运行成本约为 0.28 元 /t；设备结构紧凑，占地面积相对较小，为 2 ～ 6 m^2/t 水（含附属设施），节省占地。

四、实际应用案例

人工快渗一体化污水处理设备目前已在湖北、河北、天津、北京、吉林、内蒙古、云南、贵州、海南等地的 900 多个污水处理工程得到广泛应用，处理规模超 20 万 t/a。该设备凭借工艺简单、建设和运营成本低、运行维护简便、出水效果好、无剩余活性污泥处置问题等优势，尤其适用于我国农村地区污水处理领域。其中在湖北十堰市郧阳区 14 个乡镇 215 个村庄投入运行，服务人口约 39 万，工程总规模为 4500 t/d，共安装人工快渗一体化污水处理设备 403 套；在天津宝坻区 16 个乡镇、765 个村庄投入运行，服务人口约 45.76 万，工程总规模为 27750 t/d，共安装人工快渗一体化污水处理设备 427 套。

典型案例：湖北十堰市郧阳区农村环境综合整治项目

十堰市郧阳区是国家南水北调中线工程核心水源区、国家重要战略水源基地，承担着确保"一库清水永续北送"的政治使命。其农村生活污水直接排入,将严重影响南水北调中线工程源头水质,为保障"南水北调"水质安全,推进南水北调中线工程十堰地区农村环境连片整治工作,本子课题研发的人工快渗一体化设备作为十堰农村地区主要污水处理设施,已在郧阳区14个乡镇215个村庄投入运行,服务人口约39万,工程总规模为4500 t/d,共安装人工快渗一体化污水处理设备403套,设备出水主要指标稳定达到《城镇污水处理厂污染物排放标准》(GB 18918—2002)一级排放A标准(COD ≤ 50 mg/L,氨氮 ≤ 5 mg/L,TP ≤ 0.5 mg/L、SS ≤ 10 mg/L)。

卧龙岗污水处理站

柳陂镇高速公路收费站污水处理

山跟前村污水处理站

纸坊沟污水处理站

十堰市郧阳区柳陂镇王家坡

十堰市郧阳区茶点镇樱桃沟

图88.2   湖北十堰市郧阳区农村环境综合整治项目图

技 术 来 源

- 海河下游多水源灌排交互条件下农业排水污染控制技术集成与流域示范（2015ZX07203007）

89 FMBR 兼氧膜生物反应器技术

> **适用范围**：该技术不受规模和地域限制，广泛适用于村镇污水、黑臭水体、市政污水以及高速公路服务区、宾馆等不便于接入管网的分散式污水处理，要求污水可生化性 B/C > 0.3。
>
> **关 键 词**：FMBR 兼氧膜生物反应器技术；污水处理装备；模块化设施；"远程监控 + 流动 4S 站" 高效运维管理系统

一、基 本 原 理

FMBR 技术工艺是对传统活性污泥法的全面提升，基于具有自主知识产权的碳氮磷同步深度去除技术、污泥源头减量技术、高效复合曝气技术、高效膜系统再生技术等关键核心技术，开发出 FMBR 一体化装备和设施，成功构建了微生物平衡共生、内源循环的生态系统，并保证了系统内部持续处于低污泥负荷、高污泥浓度，兼氧环境下，不同菌种在同一空间形成完整食物链，提高了生化降解效率。该工艺一方面实现了同一单元、同一时段进行短程硝化反硝化、厌氧氨氧化、生化除磷等，同步深度降解污水中的碳、氮、磷等污染物，大幅提升出水水质；另一方面促使微生物接近于内源呼吸阶段，增殖缓慢，最大限度减少了系统内有机污泥的增殖，源头削减污泥产量，无需日常排泥。

二、工 艺 流 程

污水经预处理去除较大悬浮或漂浮状态的固体物质后，由提升泵提升至 FMBR 系统内，依靠系统内兼性复合菌群的新陈代谢作用，将污水中污染物进行逐步降解，再通过膜分离后出水，实现污水处理及资源化。

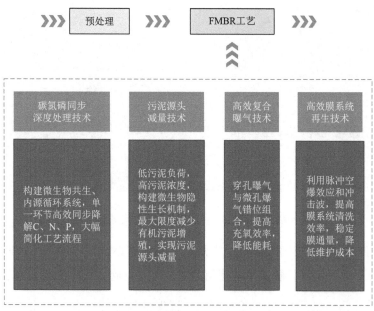

图89.1　FMBR兼氧膜生物反应器技术

三、技术创新点及主要技术经济指标

（一）技术创新点

传统生活污水处理技术（A²/O、MBR等）（下称"传统技术"）是在不同环境条件下多环节多步骤处理各类污染物并外排有机污泥，存在控制环节多管理复杂、排泥量多"邻避现象"严重两大缺陷，尤以污泥问题最为突出。

为克服传统技术带来的问题，课题自主研发了FMBR兼氧膜生物反应器技术，从源头解决了污泥问题，并通过对系列发明与智控、互联网技术高度集成，开发出智能化的FMBR集成装备、模块化设施及"远程监控＋流动4S站"运管体系，实现了污水就近收集、就近处理、就近资源化及大规模推广应用。

1. 开发了污泥源头减量和碳氮磷同步深度去除技术，解决了剩余污泥处置难，环境不友好，出水难达标的问题

针对生活污水处理技术需排泥、出水难稳定达标的特点，通过利用微生物共生原理，培养和富集大量兼性复合菌群，实现日常运行外排污泥量极少条件下，单一环节同步高效去除污水中的C、N、P等污染物，污水处理效果好、效率高、环境友好。

2. 开发了高度集成的FMBR智能装备、模块化设施，实现标准化工厂化生产，解决了难标准化、规模化应用的问题

针对传统农村生活污水处理设备由多个处理单元简单拼凑、需专人值守、难规模化生产，且占地大等问题，研发出了智能化FMBR集成装备、模块化设施，实现生产标准化工厂化、使用大众化智能化，真正实现了污水处理由工程化向装备化的转型。

标准化装备 模块化设施

图89.2 FMBR智能装备、模块化设施

3. 开发了"远程监控+流动4S站"高效运维管理系统，实现了污水处理装备设施无人值守条件下稳定运行，解决了"建得了、用不好、晒太阳"的难管理问题

针对分散式污水处理设施管理效率低、管理难到位等特点，利用"互联网+"模式，首创了分散式污水处理"远程监控+流动4S站"的运维管理模式，实现了分散式污水处理科学化、信息化、高效化的管理，有效保障分散式污水处理设备的长效稳定运行，减少人力资源成本90%以上。

图89.3 FMBR水环境智慧系统（远程监控）

图89.4 流动4S站服务模式

（二）主要技术经济指标

FMBR 技术控制环节少、管理简单，排泥量少（较传统技术减排 90% 以上）、出水稳定，有效破解了农村污水处理效率低，运管难等多方面问题。该技术建设成本约4000～7000 元/t，直接运行成本约 1.0 元/t，设备占地约 0.2 m²/t，节省占地 50% 以上，根据治污需求，出水可达到《城市污水再生利用 城市杂用水水质》标准、《城镇污水处理厂污染物排放标准》（GB 18918—2002）一级 A 标准甚至《地表水环境质量标准》（GB 3838—2002）Ⅲ/Ⅳ类。

四、实际应用案例

FMBR 技术已经形成了系列标准化装备及万吨级以上的模块化土建设施，并成功推广至全国 30 个省（自治区、直辖市）以及美国、意大利、澳大利亚等国外 10 余个国家，累计应用逾 3000 台（套），累计污水处理规模超 130 万 t/d，可年削减化学需氧量（COD）约 12 万 t/a、总氮（TN）约 1.7 万 t/a、总磷（TP）约 1200 t/a、有机污泥约 480 万 t/a，社会环境效益显著。

典型案例：江西省百强中心镇污水处理项目

江西省大力发展百强中心镇以来，全面启动全省百强中心镇镇区生活污水处理设施及配套管网建设。江西省环境保护厅组织的专家评价组认为 FMBR 技术应用于江西省百强中心镇具有独特的技术经济及管理优势，对于村镇水污染控制工程技术和管理模式的创新具有战略意义。截至目前，江西百强中心镇污水处理项目中大量采用FMBR 一体化技术装备，并通过"远程监控 + 流动 4S 站"管理模式进行管理，取得了良好的村镇污水处理效果。

图89.5　罗家集镇赵坊村污水处理站实景图

　　江西省南昌市罗家集镇赵坊村生活污水处理项目（200 t/d），建于 2017 年 5 月，同年 6 月建成运行至今，工程主体流程为：格栅、进水调节池、FMBR 设备、出水池。系统混合液浓度（MLSS）高达 8000 ~ 20000 mg/L，日常运行过程中污泥外排量极少，无需专人值守。设备占地仅 28 m²，就近选址埋地建于边角空地。污水站设有水景、花木与凉亭景观，打造成生态绿地景观公园，与居民小区融为一体。出水优于《城镇污水处理厂污染物排放标准》（GB 18918—2002）一级 A 标准，就近回用于农田灌溉或补充地表水体。

技 术 来 源

- 流域面源污染处理设备研发及产业化基地建设（2010ZX07105007）

90　基于林水田三要素耦合调控的"三生"空间综合治理与景观功能提升关键技术

适用范围：流域农村面源污染防治。
关 键 词：流域；农村面源污染；林水田三要素耦合；防治技术；精准配置

一、基 本 原 理

在流域面源污染诊断基础上，基于"面源污染控制、生态效益提升、美丽乡村建设"多个目标，构建多目标条件约束的空间格局优化模型，从宏观尺度上确定小流域林水田三要素的空间面积和空间布局。针对生产、生活、生态不同空间，分别进行不同层次面源污染防治技术精准布设和集成，实现基于林水田三要素耦合调控的"生产、生活和生态"空间综合治理技术集成与精准配置。结合生产、生态和生活三大空间，着力打造集面源污染控制、水土保持生态修复、雨洪管理等多功能于一体的"冬奥小镇"，在满足冬奥会及世园会水质要求的同时，大力提升示范区村容村貌，促进冬奥会及世园会周边乡村旅游的发展。

二、工 艺 流 程

本关键技术工艺流程基于"面源污染控制、生态效益提升、美丽乡村建设"多个目标，从宏观尺度上确定小流域林水田三要素的空间布局。针对生产、生活、生态不同空间，分别进行不同层次面源污染防治技术精准布设和集成，以满足冬奥会及世园会水质要求。

工艺流程具体如图 90.1 所示。

具体工艺流程如下：

（1）在面源污染诊断基础上，构建多目标约束的空间格局优化模型。

（2）基于"面源污染控制、经济发展、生态效益提升"多个目标，从宏观尺度上确定小流域林水田三要素空间布局。

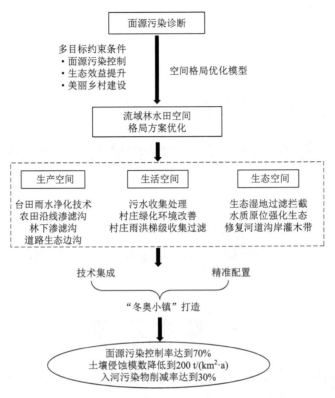

图90.1　基于林水田三要素耦合调控的"三生"空间综合治理与景观功能提升关键
技术工艺流程示意图

（3）针对生产、生活、生态不同空间，分别进行不同层次面源污染防治技术布设
和集成，具体为：

生产空间：在农田及附近沟道布设台田雨水净化技术、林下渗滤沟、农田沿线渗
滤沟、道路生态边沟等农田集成防控技术，实现面源污染控制率达到70%，土壤侵蚀
模数降低到 200 t/(km²·a)；

生活空间：在村庄污水得到合理收集处理的同时，集成村庄绿化环境改善、村庄
雨洪水梯级收集过滤等技术，实现面源污染控制率达到70%；

生态空间：生态湿地过滤拦截、水质原位强化生态修复、河道沟岸灌木带等技术
集成，实现入河污染物削减率达到30%。

三、技术创新点及主要技术指标

**基于林水田三要素耦合调控的"三生"空间综合治理与景观功能提升关
键技术集成**

针对北方浅山区水质改善与生态景观功能提升等需求，突破了面源污染防治生态
景观格局优化与布设措施精配置协同调控的技术瓶颈，创新性构建了多目标约束的空

间格局优化模型，提出了基于林水田三要素耦合调控的"生产、生活和生态"空间综合治理与景观功能提升技术。基于面源污染控制、生态效益提升和美丽乡村建设等多目标约束条件，构建了小流域景观单元的空间格局优化模型，实现了小流域"林水田"耦合要素空间格局优化；基于最佳管理措施（BMPs）模型，结合小流域面源污染关键源区和面源污染负荷，提出了位置精准、面积精准和与目标匹配的"生产、生活和生态"空间农村面源污染综合防治措施精准配置技术；实现了宏观尺度"林水田"耦合要素空间格局优化和微观尺度"生产、生活和生态"空间措施精准配置的协同调控。针对冬奥会与世园会的景观要求，着力打造集面源污染控制、水土保持生态修复、雨洪管理等多功能于一体的"冬奥小镇"。实现水质和景观功能双提升，达到了面源污染控制率达到70%、入河污染物削减率达到30%的目标。

四、实际应用案例

应用单位：北京市延庆区水务局。

在妫水河流域冬奥会、世园会影响区域进行妫水河流域农村面源污染综合控制与措施精准配置技术的综合示范。结合妫水河流域的本底条件，选取妫水河支流蔡家河流经的张山营小流域作为示范区开展 10 km² 的工程示范（图90.2）。

图90.2　基于林水田三要素耦合调控的"三生"空间综合治理与景观功能提升关键技术示范工程建设后现场图

根据张山营小流域现状情况以及水专项目标要求，依托小流域范围内的农、林、牧、环保等相关行业内容归口治理安排，以及小流域范围内相关的延庆冰雪产业园产业发展规划、张山营镇域规划以及奥森公园设计等相关规划设计的同步安排实施，以面源污染防控为主要目标，兼顾水源涵养、河道水质原位修复等内容，对小流域面源污染重点发生区域内分布的生产、生活、生态空间依照"源头控制－过程拦截－末端治理"的治理思路进行分类治理。对生态空间内存在问题的蔡家河上游段进行以生态治理为主的水质原位修复措施，并对河道两岸沿线的农田以及道路采取面源污染拦截过滤设施，修复和保护河道生态环境，净化河道水质；对生产空间—小河屯村果园，以农业面源污染的源头管控及局部精准措施拦截过滤治理为主；生活空间—小河屯人居聚居区，则结合地区"三年治污行动计划"和"新三年治污行动计划"的逐步实施，在村庄污水得到合理收集治理，畜禽养殖进行禁养和归口处置的同时，对村庄人居环境进行治理改善，从源头上减少面源污染源。通过治理，实现示范区面源污染控制率达到 70%、入河污染物削减 30% 以上、土壤侵蚀模数降至 200 t/(km²·a)。

技 术 来 源

- 妫河世园会及冬奥会水质保障与流域生态修复技术和示范（2017ZX07101004）

91 分散式生活污水处理设施运行状态的分析判别与智慧控制关键技术

适用范围：农村分散式生活污水处理设施运行状态的分析判别与智慧控制。
关 键 词：农村生活污水；运行状态；分析判别；智慧控制；负荷调节；
电导率；低价耐用；机器学习算法

一、基 本 原 理

农村分散生活污水处理设施运行状态的分析判别与智慧控制技术针对农村生活污水处理设施数量多、分布散、工艺杂的实际情况，采取了分区分级分类识别监控的策略，能够对包括水量异常、水质异常、设备异常、效果异常在内的总计 4 大类 23 小类常见异常问题进行准确识别，覆盖目前主流工艺、规模农村生活污水处理设施问题的处理处置。其中，针对设施有效运行情况和出水达标情况的判别，采用基于农污大数据＋低价硬件＋机器学习算法架构的识别方法，识别准确率达到 80% 以上，而硬件成本较基于常规国标法在线水质监测方案降低 90% 以上。在设施运行状态分析判别的基础上，开发了基于低价在线水质监测硬件和处理负荷趋势预测模型的控制算法，实现对主流工艺农污设施的前馈 – 反馈智慧控制。

二、工 艺 流 程

村分散生活污水处理设施运行状态的分析判别与智慧控制技术流程为"构建农污大数据库—机器学习算法建模—利用低价耐用设备获得在线监测数据—实时判断设施运行状态及运行负荷—前馈 – 反馈智慧控制"具体如下：

（1）首先构建某地区农村生活污水处理设施大数据库，包括处理水量、进出水水质、设备运行情况、处理效果等信息；

（2）根据不同的异常判别目标（输出），在数据库中优选不同的监测指标（输入），基于机器学习算法建模，并进行模型参数优化；

（3）将模型内嵌分散生活污水处理设施运行管理平台，优选低价耐用的在线监测设备实时上传监测数据，在线判断设施运行状态；

（4）基于在线监测数据，构建处理负荷趋势预测模型，开发设施前馈–反馈控制算法，实现对主流工艺农污设施的智慧控制。

工艺流程具体如图 91.1 所示。

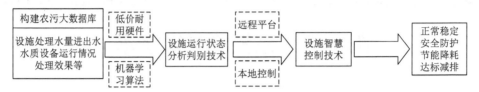

图91.1　分散式生活污水处理设施运行状态的分析判别与智慧控制关键技术工艺流程图

三、技术创新点及主要技术经济指标

（1）采用基于农污大数据＋低价硬件＋机器学习算法架构的识别方法，针对设施有效运行情况和出水达标情况进行识别，识别准确率达到 80% 以上，而硬件成本较基于常规国标法在线水质监测方案降低 90% 以上。

（2）开发了基于低价耐用在线水质监测硬件和处理负荷趋势预测模型的控制算法，使污水处理设施正常运行率从当前的 70% 以下提升至 80%。

四、实际应用案例

典型案例：浙江爱迪曼环保科技股份有限公司和浙江威奇电气有限公司

海宁市和秀洲区建立农村生活污水处理设施智慧监控运行管理工程示范如图 91.2，配套建设智慧监控运行管理平台，对嘉兴市 2 个区、县 20 m³/d 以上的 80% 分散式生活污水处理设施（预计约 150 座）运行进行分区分类分级监管，本关键技术应用示范各不少于 30 座设施。实际应用过程中，运维监管平台不仅可以实现对示范点设施运行状态的实时监控，通过将设施运行有效性识别等模型内嵌平台，还可预测包括设施运行有效性和出水达标情况在内的设施运行状态，随机检测验证表明，有效性模型判断正确 156 次，判断错误 38 次，判断准确率为 80.4%；达标情况模型判断正确 158 次，判断错误 36 次，判断准确率为 81.4%，两个模型均具有较高的准确率，且适用于实际场景。此外，在设施智慧控制方面，课题组开发了基于低价耐用在线水质监测硬件和处理负荷趋势预测模型的控制算法，使污水处理设施正常运行率从当前的 70% 以下提升至 80%。示范工程中，终端设施运维成本效益比原来的人工运维管理模式提高 30%，平均吨水终端设施运维成本控制在 0.7 元及以下（以 2017 年为基准年，扣除物价与人工费涨价因素及硬件设备与配件更换费用）。本关键技术根据农村实际情况研发，在适用性、有效性、可靠性等方面均具有明显优势，具备广阔应用前景。

图91.2　农村生活污水处理设施智慧监控运行管理工程示范图

技 术 来 源

- 嘉兴市水污染协调控制与水源地质量改善（2017ZX07206）

92 基于控流失产品应用的农田氮磷流失控制关键技术

> **适用范围**：适用于江淮流域水稻－小麦、水稻－油菜等的水旱轮作区，边界是淮北平原以南，江南丘陵以北的东部季风气候区。
>
> **关 键 词**：农田；氮磷；控流失产品；生物腐殖酸；土壤质量

一、基 本 原 理

以生物腐殖酸（控流失产品）应用技术为主体，融合了有机肥、秸秆还田、缓释肥、控失肥的组合技术体系，通过提高土壤养分容量和作物肥料利用率，减少农田化肥投入和氮磷流失。

二、工 艺 流 程

工艺流程包括三个单元：针对水旱轮作作物体系，实施控流失产品，提高土壤养分库容和肥料利用率，实现化肥减量和氮磷流失的减少。工艺流程具体如图 92.1 所示。

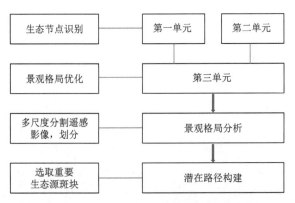

图92.1　基于控流失产品应用的农田氮磷流失控制关键技术工艺流程图

三、技术创新点及主要技术经济指标

（一）技术创新点

研发了控流失产品（生物腐殖酸肥），提高了土壤养分库容量，配合秸秆还田、有机肥施用等措施，实现作物高产、化肥减量和氮磷减排的目标。

（二）主要技术经济指标

秸秆全部粉碎旋耕还田，每亩施用生物腐殖酸 20 kg、有机肥 200 kg，缓控释肥 10 kg，常规化肥减量 30%，基肥与穗肥比为 7 ∶ 3。技术应用后，农田作物增产 10%以上，氮磷流失减少 20% 以上，每亩纯收入增加 30 元以上。

四、实际应用案例

该技术在安徽肥东、巢湖等地推广应用 8 万余亩，辐射面积达到 300 余万亩，减施化肥氮磷 20% ～ 30%，减少农田氮磷流失 25% ～ 35%。总计污染负荷削减氮 870 t，削减磷 120 t，增产 10% ～ 15%，每亩增收 20 ～ 80 元。

（一）典型案例1：肥东县农业技术综合服务中心

2012 ～ 2020 年期间，控流失产品应用技术在肥东县水稻、小麦和油菜等作物上应用推广面积 2.8 万亩（图 92.2），减施化肥氮磷 20% ～ 30%，减少农田氮磷流失 25% ～ 35%，水稻每亩提高 50 kg/ 亩，小麦每亩提高 30 kg，油菜提高 20 kg，扣除投入成本，亩均增收节支约 30 元，示范区累计增收节支 65 万元。对地方具有良好的经济、社会和生态意义。

图92.2　肥东县农业技术综合服务中心效果图

（二）典型案例2：巢湖市农业环保工作站

2010～2020年期间，控流失产品应用技术在安徽巢湖市（沿湖典型圩区）的水稻、小麦和油菜等作物上应用推广面积2.1万亩（图92.3），应用效果明显：减施化肥氮磷20%～30%，减少农田氮磷流失25%以上，土壤有机质能提高2.1 g/kg，耕地土壤质量提高，土壤氮磷含量也有一定的提升，水稻每亩提高70 kg/亩，小麦每亩提高40 kg，油菜提高20 kg，亩均增收节支约20元，累计增收节支42万元。

图92.3 巢湖市农业环保工作站效果图

技 术 来 源

- 南肥河流域农村有机废弃物及农田养分流失污染控制技术研究与示范（2013ZX07103006）

第四篇

河流水体生态修复

93 水源涵养区植被优化与改造关键技术

适用范围：北方以森林为主要植被类型的河流上游源头区，而对于南方地区，应据树种类型，调整相关指标。

关 键 词：源头区；水源涵养；功能提升；林分结构；植被优化；效应带；林窗；近自然化

一、基 本 原 理

森林生态系统具有复杂的结构和多种生态服务功能，森林的结构影响功能发挥（结构决定功能）。水源涵养林通过森林的4个作用层，即林冠层、灌草层、地被层、土壤层对降水逐层阻挡与过滤，降低了降水对地面的冲击，防止了水土流失，发挥清水产流功能；同时，进行水分再分配与水文过程再调节，延缓水分流失，储存水分，具有蓄水与调水作用。不同林分配置具有不同的蓄水、净水、调水等能力；当森林植被发生动态变化，整体功能输出也发生相应的变化。通过强化树种组成、林冠结构，林下灌草的保护和生境改善，优化与改造水源涵养林空间、树种、龄组三大结构，可调控林分水平、垂直结构，提高水源涵养林蓄水、净水、调水能力，实现现有植被的水源涵养功能提升。

二、工 艺 流 程

本技术主要包括水源涵养林结构优化与调控技术、低效水源涵养林改造技术两部分，其中水源涵养林结构优化与调控技术包括林窗调控、针叶树与阔叶树配置、生态疏伐（图93.1），低效水源涵养林技术改造包括近自然化改造、效应带改造、抚育与补植（图93.2），其具体工艺流程为：首先甄别水源涵养林类型，据其空间结构与水源涵养能力，明确开展结构优化或低效改造，然后组织实施不同类型的具体经营措施，并对林分进行正常管护，最后逐步将现有林分诱导为高效水源涵养林。具体工艺流程如图93.1和图93.2所示。

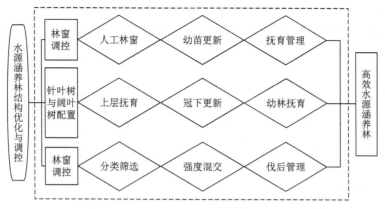

图93.1　水源涵养林结构优化与调控关键技术工艺流程图

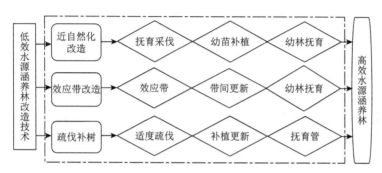

图93.2　低效水源涵养林改造关键技术工艺流程图

三、技术创新点及主要技术经济指标

关键技术就绪度与"十一五"前相比从4级提升到8级。部分成果获国家科学技术进步奖二等奖。

（一）技术创新点

为了阐明影响源头区水源涵养与清水产流的关键因子，研发了水源涵养林结构优化与调控技术、低效水源涵养林改造技术，在源头区通过不同技术的组合，可显著提高源头区森林的水源涵养功能、提升清水产流的能力。取得如下技术突破：

1. 创新点一：水源涵养林结构优化与调控技术

浑河上游水源地保护区内60%为天然次生林，针对天然次生林破坏严重，建群种更新能力差，部分林型的水源涵养能力下降（仅为原始林70%～80%）等问题，研发水源涵养林结构优化与调控技术体系。主要研发了具有自主知识产权的林窗调控技术，界定了林窗大小、面积、上下限等（林窗面积占总面积＜10%）；突破现有的林业行业技术规程，增加抚育间伐的强度（在现标准基础上增加10%～

20%），构建针叶树与阔叶树配置技术；打破传统的 5 级分类法，从结构与功能关系出发，重构水源涵养林自然空间结构（木材功能→水源涵养功能），集成生态疏伐技术。

2. 创新点二：低效水源涵养林改造技术

针对浑河上游源头区人工林（占比 40%）树种组成单一，垂直结构简单，水源涵养能力低下，易导致水体酸化（落叶松人工林地表径流 pH ＜ 5.3）的现状与问题，研发集成低效水源涵养林改造关键技术体系。主要采用"伐小留大，伐密留稀"的方法调整林分树种组成，合理配置保留木或目标树的分布格局，突破现有的林业行业技术规程，增加抚育间伐的强度（增加 10% ～ 20%），形成近自然化改造模式；将常用的等距离带状间伐拓展为效应带改造，增大保留带与效应带比例，实现逐步改造（1 : 1→2 : 1 等），实现了效应带改造的技术创新。打破 5 级分类法，在林下人工更新乡土树种，重构水源涵养林空间结构，集成疏伐与补植调控技术。

（二）主要技术经济指标

（1）林窗调控：明确林窗直径为 $D = (2 \sim 3) \times L$（L 为林窗边缘木高度），同时兼顾林窗总面积不超过天然水源涵养林总面积的 10%。林窗更新后第 3 ～ 5 年适当地割除杂草与灌木（每年 1 次）。

（2）针叶树与阔叶树配置：林分保留郁闭度控制在 0.5 ～ 0.6，保留木密度 300 ～ 500 株 /hm²；抚育间伐后，在采伐空地补造 3 年生针叶树幼苗，株数密度 1000 ～ 1200 株 /hm²。之后逐渐伐除影响红松生长的阔叶树种，人工诱导形成针阔混交林。

（3）生态疏伐：通过不同强度的生态疏伐和抚育择伐试验，明确采伐木的确定标准，确定针阔比（5 : 5），控制林分的郁闭度在 0.5 ～ 0.8，灌木层盖度达到 45% ～ 50%，呈现出强度混交（混交度接近 1.0），林木空间分布格局趋向随机分布。

（4）近自然化改造：增加抚育间伐的强度（增加 10% ～ 20%），改造时保留密度 300 ～ 500 株 /hm²，林分郁闭度保持在 0.6 ～ 0.7。

（5）效应带改造：对郁闭度小于 0.4 的林分，采用带状改造，保留带以 10 m 为宜，采伐带宽为 5 ～ 10 m，在伐除带内保留有价值的幼苗、幼树或补植其他阔叶树。

（6）疏伐与补植调控：对于郁闭度大于 0.8 的林分，一次抚育强度为总株数的 15% ～ 20%，抚育后郁闭度不低于 0.7；对于郁闭度 0.5 以下的林分，补植阔叶树（达到合理造林密度的 60% 以上）。

四、实际应用案例

该技术已经在辽宁省清原满族自治县推广应用，在全县的"水源涵养林建设""流域生态综合治理""水土保持治理"等重大工程中进行了推广应用（图 93.3

和图 93.4）。在浑河上游的典型流域开展水源涵养林结构优化技术（林窗调控、针叶树与阔叶树配置、生态疏伐）、低效水源涵养林抚育改造技术（近自然化诱导、效应带改造、抚育与补植调控）研发和工程示范，植被覆盖浑河上游源头区的 50% 以上，提高示范区水源涵养能力（有效蓄水量）5% ～ 10%。

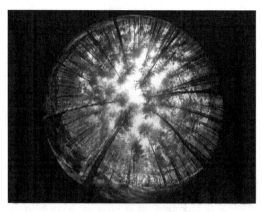

图93.3　林窗更新技术示范

图93.4　落叶松人工林效应带改造技术示范

典型案例：辽宁省清原县大苏河示范工程

示范区流域长度 12 km，面积 10 km²，包括浑河源头区水源涵养林封育 6.2 km²、高效水源涵养林结构优化与调控示范区 0.5 km²、低效人工针叶纯林改造示范区 1.7 km²（图 93.5）、退化水源涵养林改造示范区 1.6 km²。2015 年工程示范完成后，示范区水源涵养能力（有效蓄水量）提高 5% ～ 10%，水质得到了明显改善，DO、COD、NH_3-N、TN、TP 等指标均达到地表水国家Ⅱ类水质标准，且均比建设前改善 20% 以上。

林窗调控
近自然化诱导
生态疏伐
冠下更新红松
封山育林
效应带改造
抚育与补植

图93.5　落叶松人工林效应带改造技术示范

技 术 来 源

- 浑河上游水环境生态修复与生态水系维持关键技术及示范研究
　（2012ZX07202008）

94　内电解基质强化潜流湿地净化关键技术

> **适用范围**：污水处理厂尾水、可生化性差的污染水体。
> **关 键 词**：污染河流；内电解；可生化性；潜流湿地；强化净化

一、基 本 原 理

内电解法基于电化学原理，以电位低的活性电极为阳极，电位高的惰性电极为阴极，废水为电解质溶液，形成原电池，通过电化学方法分解物质，常见有铁铜、铁碳等元素组合。内电解过程中产生的 Fe^{2+} 和 Fe^{3+} 可使微生物细胞电子传递速率加快，提高微生物活性。

铁铜内电解循环利用了铁电极腐蚀溶解电化学的原理，电极反应产物如活性 [H] 和 Fe^{2+} 具有很高的化学活性，能与难降解污染物发生氧化还原作用，断链变成微生物可利用的有机分子，提高水体可生化性、缓解碳氮比（C/N）比失衡现象。将内电解法与基质结合，一是可分解难降解物，调节水体碳氮平衡，改善尾水碳源缺乏的问题；二是可促进基质吸附及表面微生物活性，提高污染物去除效率；三是 Fe^{3+} 可与水体中的 PO_4^{3-} 等反应生成沉淀，促进 TP 及部分有毒有害物去除。利用电化学附聚 – 氧化还原综合效应，实现废水中COD及难降解有机污染物的深度处理，高效快速地净化水质。

二、工 艺 流 程

内电解基质强化潜流湿地净化技术主要包括以下流程：

（1）内电解强化净化反应器构建：金属铜为阴极，金属铁为阳极，增加电极电位差，添加曝气工艺，形成好氧厌氧环境，有利于难降解物质分解。

（2）内电解 – 基质组合强化净化结构构建：在两电极之间填入基质，两电极反应的电子流经基质，促进基质吸附作用；基质表面培养附着微生物，与两电极之间形成的电子传递发生交流，提高微生物活性，微生物利用产生的可利用有机分子作为碳源，提高污染物去除效果。污染物进入结构，铁铜电极开始工作，反应器、基质以及微生物各部分协调运作实现污染物的高效去除。

工艺流程具体如图94.1所示。

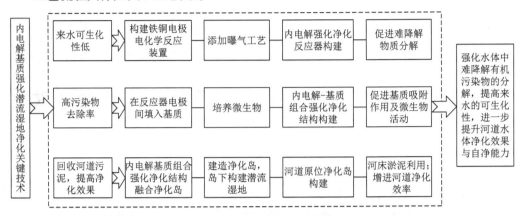

图94.1 内电解基质强化潜流湿地净化关键技术工艺流程图

（3）河道原位净化岛构建：将内电解–基质组合强化净化结构融合于净化岛（图94.2），作为核心部分促进污染物去除。河道清淤污泥回收利用，辅以煤渣、砾石、砂石等常见基质，形成净化岛，岛下平水位高程上下50 cm构建潜流湿地，实现对水体中污染物的有效拦截、过滤与净化作用。

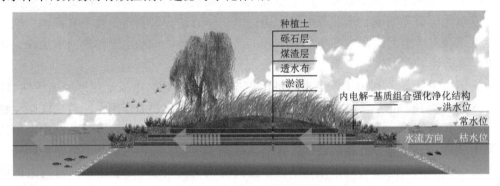

图94.2 原位净化岛效果图

三、技术创新点及主要技术经济指标

关键技术就绪度与"十一五"前相比从3级提升到8级。部分成果支撑了国家科学技术进步奖二等奖。

（一）技术创新点

为了解决污染河流来水主要为污水处理厂尾水，可生化性差及C/N比失衡的现实问题，研发出"内电解强化净化反应器构建""内电解–基质强化净化结构构建""河道原位净化岛构建"技术，强化水体中难降解有机污染物的分解，提高来水的可生化性，解决了河道淤泥难以外运或外运成本高易造成异地污染的问题，进一步提升河道水体净化效果与自净能力。取得如下技术突破：

1. 创新点一：内电解强化净化反应器构建技术

内电解强化净化反应器采用电位差更大的铁铜电极作为阴阳极构建电化学反应装置，将河道来水中的难降解物质分解为可微生物利用的有机分子，解决以污水处理厂尾水为主要来源的污染河流可生化性低、C/N 失衡现象严重的问题。同时将曝气工艺结合于内电解技术，形成好氧和厌氧交替环境，曝气可提高水体 DO 含量，增加曝气强度，加速 Fe^{2+} 氧化成 Fe^{3+}。实际应用中可利用石笼使水流形成跌水和壅水，提高水中 DO。

2. 创新点二：内电解–基质强化净化结构构建技术

将内电解强化净化反应器与湿地常见基质如煤渣、砾石、砂石等进行创新结合，形成新型强化净化反应装置，两电极间交换的电子流经基质可以促进基质的吸附作用。并且在基质表面进行微生物培养，一方面铁铜填料在内电解过程中产生的 Fe^{2+} 和 Fe^{3+} 可参与到电子传递中，使微生物细胞电子传递速率加快，提高微生物活性；另一方面内电解技术可分解难降解物质，提供微生物可利用的碳源，调节碳氮平衡，改善碳源缺乏问题，进而提高微生物净化效率，带动 TN 的去除。

3. 创新点三：河道原位净化岛构建技术

河道原位净化岛技术将内电解结构镶嵌于原位净化岛结构核心部分，净化岛水位高程上下 50 cm 构建潜流人工湿地，充分利用内电解结构产生的碳源，进一步提高水质净化效果。且净化岛设计的第一、二基础回填层，第一、二基础回填层峰均为河道清淤淤泥，将河底淤泥原位应用于河道生态净化，解决了河道淤泥难以外运或外运成本高、易造成异地污染的问题，施工简单，节省构建成本，能将河床淤泥利用而节约资源，且能保障原位净化岛结构技术效果的全面体现。河道原位净化岛有助于河道水系的污染物拦截，持久免维护且节约使用成本，可适应不同类型的河道湖泊且有益于提高处理水量，增大处理效率。

（二）主要技术经济指标

推荐铁铜质量比 1：0.2 与气水比 9：1 作为人工湿地污水处理的最优组合，在净化岛平水位高程上下 50 cm 构建内电解潜流湿地。本关键技术应用后，可使河道污水可生化性提高 30%～40%，COD 去除率提高 40% 以上，NH_3-N 去除率提高 50% 以上，TP 去除率提升 40% 以上。

四、实际应用案例

本关键技术已在淮河流域污染净化及生态治理工程中示范应用，在上海大莲湖生态修复工程推广应用，工程实施后水质改善效果明显，本土生物物种丰富度显著提高，食物链得到稳定恢复。

（一）典型案例1：贾鲁河尾水生态强化净化综合示范工程

示范工程位于河南省郑州市（图94.3），淮河流域贾鲁河支流索须河河段，自师家河坝（N34°52′13.5″，E113°34′2.1″）至索须河入贾鲁河河口（N34°52′9.1″，E113°43′30.3″），全长18.48 km，河道宽度120～170 m；其中，河道内电解强化潜流湿地净化技术示范段7.68 km。自2011年起，工程稳定运行。

图94.3　微生物强化净化反应器施工图

内电解强化潜流湿地净化技术示范段在枯水时期（6月），透明度增加20.00%，分别削减了COD 25.00%、NH₃-N 42.93%、TP 29.27%；丰水时期（9月），透明度增加24.00%，分别削减了COD 23.81%、NH₃-N 44.72%、TP 35.95%；总体对削减贡献率分别为透明度20%以上，COD 20%、NH₃-N 40%、TP 30%以上，修复了河流活力和自净能力，改善河流水质，也为动植物提供了多种栖息环境，恢复水体生态系统功能。

（二）典型案例2：上海大莲湖生态修复工程

大莲湖修复工程（图94.4）位于上海市青浦区（N29°8′，E112°28′），工程面积625亩。大莲湖位于淀山湖下游，是淀山湖水由拦路港（河流）注入黄浦江的"枢纽通道处"。通过集成运用湖泊湿地水系布置、植物配置种植、底栖生物增殖、生态系统构建等生态工程措施，实现湿地生态修复、保护和合理利用。

图94.4　大莲湖湿地恢复工程实施后

2010 年 4 月至 2011 年 2 月对工程前后大莲湖水环境理化指标进行分析比较，生态修复区内 TP、TN、NO_3^--N 和 NH_3-N 比工程区外对照点分别降低了 62.5%、72.2%、92.9% 和 63.3%，浮游植物丰度和浮游植物生物量分别比工程区外降低了 15.3% 和 48.0%；生态修复工程区综合水质标识指数达到国家Ⅲ类水标准，而工程区外为Ⅳ类水；出水水质明显优于进水水质。修复工程区动物植物区系得到良好改善，水生态系统具备了一定的自净能力。

技 术 来 源

- 工业及城市生活尾水生态净化关键技术研究与示范（2009ZX07210001004）

95　河岸功能提升与自然生境恢复关键技术

适用范围：河流 / 湖泊河岸带生态修复。
关 键 词：河岸带；自然生境；稳定功能；缓冲功能；植物多样性

一、基 本 原 理

根据最小生境空间需求理论，河岸带两岸各保护 500 m 范围，可保护丹顶鹤、黑鹳、红脚隼、灰鹤、雪鸮、白腹鹞、鹊鹞、长耳鸮、短耳鸮、貉、豹猫、艾虎等保护动物，并能够通过自然和人工促进恢复原有大多数动植物种类，使河岸带生物多样性基本得到恢复和保护。根据河岸带空间优化原理，针对河岸带上下游不同区域功能，开展自然生境评价、土地现状评价、水生态健康评价，据此提出河岸带内不同空间的功能提升措施。根据人工诱导植被配置原理，针对影响河岸带生境恢复中的关键因子，如河岸边坡失稳、水土流失、面源污染、外来植物入侵等问题，通过人工强化、围栏封育手段，构建不同植被群落带（灌木紫穗槐、杞柳、草本植物小冠花、草地早熟禾搭配种植），通过植被的恢复有效控制外来入侵植物豚草生长并逐步完成植被替代，最终实现河岸稳定－缓冲－生物多样性功能提升及河岸自然生境的正向恢复。实现河岸带自然生境恢复，促进自然生境正向良性可持续发展目标。

二、工 艺 流 程

河岸功能提升与自然生境恢复技术的工艺流程主要由河岸带自然生境评估、河岸稳定－缓冲－生物多样性功能提升、河岸自然封育与土地空间优化三部分组成。

（一）河岸带生境恢复现状评估与关键生境因子甄别

构建实用可行的评价指标体系，制定适宜的干流河岸带自然生境恢复的评价标准，运用模糊综合评价、遗传算法等评价方法开展评估，明确河岸带自然生境恢复现状及需要恢复的重点区域。

（二）河岸带稳定–缓冲–生物多样性功能提升技术

基于对河岸现有稳定技术在土壤抗蚀性、土体结构、岸坡植被盖度、多样性指数、土壤抗剪性能的对比分析，筛选适宜的河岸稳定的土壤－植物生物稳定技术，有效提升河岸稳定功能；通过生物炭添加及替代植物茎叶浸提液喷施改善河岸局域土壤微环境，结合人工诱导植被配置技术，在土著植被快速恢复过程中实现外来入侵植被的替代控制及入河污染物的阻控，提升河岸缓冲与生物多样性功能。

（三）河岸带自然封育与土地空间优化

加强河岸自然封育的维护管理工作，降低人类活动对自然生境干扰，结合草地、林地、湿地及坑塘土地利用增加，保障河岸自然生境的良性自我恢复及水生态健康持续发展。

工艺流程具体如图 95.1 所示。

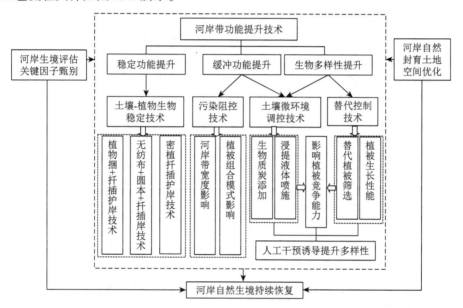

图95.1　河岸功能提升与自然生境恢复关键技术工艺流程图

三、技术创新点及主要技术经济指标

关键技术就绪度与"十一五"前相比从 2 级提升到 9 级。部分成果获辽宁省科学技术进步奖二等奖和环境保护科学技术奖二等奖。

（一）技术创新点

本关键技术在考虑河岸带污染阻控效果的同时，更注重河岸带生物多样性的保护与恢复，目标是逐步实现河岸自然生境的自然恢复，维持河流生态修复成果。本技术从自然生境恢复角度出发，重点在河岸生境恢复评估、河岸功能提升、河岸封育与土地空间优化等多个方面开展系统研究，取得如下创新性技术突破：

1. 创新点一：河岸带土壤−植物生物稳定技术

以恢复"近自然型河流"为目标，通过人工稳固与生物强化为手段，依据河岸特征采用土壤−植物生物稳定技术提升河岸边坡土壤抗侵蚀性能。该技术克服了现有河岸稳定技术对岸坡扰动大、初期植被易冲刷、人力和费用耗费大的弊端，在快速恢复河岸边坡植被并形成多级自然植被防护层的同时，有效降低河岸边坡水土侵蚀和阻控入河污染物，最终实现河岸自然生境的持续恢复。

2. 创新点二：河岸带自然封育与生物多样性恢复技术

根据最小生境空间需求理论及河岸带空间优化原理提出了不同目标的河岸带保护距离和生物多样性保护措施，克服了传统河岸带宽度仅考虑污染阻控效果的缺陷，为河流水生态恢复提供条件。通过替代控制技术研究筛选出防治豚草的替代植物紫穗槐、草地早熟禾、小冠花、菊芋，结合土壤微环境调控技术将生物炭和替代植物根茎浸提液添加或喷施在豚草入侵土壤中，1% 质量生物炭的添加可较好改善河岸局域土壤微环境，促进草地早熟禾和菊芋在三裂叶豚草入侵土壤中的生长，提升替代植物竞争力，实现河岸带外来入侵植物豚草的控制并逐步完成植被替代，克服了传统自然恢复为主的技术较少考虑生物入侵的问题，有效提升了河岸植被多样性。

（二）主要技术经济指标

植物捆＋扦插护岸技术、密植护岸技术、无纺布−圆木−扦插护岸技术实施后，河岸土壤黏粒与自然河岸带相比增加 53.71% ～ 74.21%，团聚状况及土体结构得到改善；河岸植被覆盖率增加 50% 以上，河岸土壤抗剪强度增加 19.37% ～ 83.85%，河岸稳定功能显著提升。

10 m 宽河岸植被缓冲带可去除 84% 的 SS，截留 91.17% 氮污染；30 m 宽河岸带可截留 88% 农田流失土壤，有效控制面源污染；50 m 宽植被缓冲带可截留 99% 以上径流氮磷污染及固体 SS。1% 质量生物炭添加后，15 m 宽紫穗槐／杞柳与草本植被带可有效阻控 90% 以上氮磷污染。

200 m 宽河岸带可有效保护哺乳、爬行、两栖动物及鸟类种群，500 m 封育范围可使大型河流河岸带生物多样性基本得到恢复和保护。灌木紫穗槐、杞柳、草本植物小冠花、草地早熟禾搭配种植，可有效控制水土流失、阻控入河污染及抑制外来入侵植物生长，提升河岸稳定−缓冲−生物多样性功能，促进自然生境恢复。技术成本低（围栏和管理路建设成本 195 元/m，人员巡护管理成本为 8 元/m²）、生态效果好、可操作性强。

四、实际应用案例

人工诱导自然封育技术、河岸边坡生物稳定技术、河岸缓冲带污染阻控技术在铁岭县银州区至汎河口段、沈阳市石佛寺至七星山段和沈阳市柳河口–秀水河口段进行了工程示范，规模 111 km。其中，人工诱导自然封育技术在辽河保护区全流域得到推广应用，支撑了干流河岸带退耕（退林）还河工程，封育河岸带 75 万亩以上，修复河岸带 353 km。

典型案例：辽河保护区河岸带自然生境恢复示范工程

开展辽河保护区干流（福德店至红海滩入海口）河岸带自然生境恢复现状评估研究（图 95.2 至图 95.4），明确了辽河保护区干流河岸带自然生境现状及主要影响因子。集成河岸边坡生物稳定技术、河岸缓冲带污染阻控技术、人工诱导自然封育技术及土地空间优化技术，提升河岸生态功能，恢复河岸自然生境。技术在辽河保护区的推广应用，实现 538 km 辽河干流生态廊道全线贯通；保护区河滨带植被覆盖率由59.3% 升至 95.6%，湿地面积达 140 余万亩，植物、鱼类和鸟类种类数 5 年内分别增加 25%、127%、89%，遗鸥、东方白鹳、大天鹅等 10 余种国家级保护鸟类和辽河刀鲚、

图95.2　辽河保护区河岸带自然生境现状评估技术及恢复效果

怀头鲇等多种珍稀鱼类在保护区内再现；罗布麻、华黄耆、花蔺等多年生土著物种重现且分布范围增大，辽河自然景观逐步形成，为开展辽河国家公园建设创造了条件。

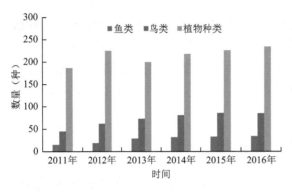

图95.3　辽河保护区河岸带2011～2016年生物多样性变化

图95.4　辽河保护区河岸带功能提升及自然生境恢复效果

技 术 来 源

- 辽河保护区水生态建设综合示范（2012ZX07202）
- 辽河保护区河流健康修复与管理技术集成（2018ZX07601003）

96　河口多级人工湿地运行保障关键技术

适用范围：轻度污染河水、城市污水处理厂尾水、农业面源污染径流等。
关 键 词：人工湿地；运行保障；堵塞探测；植物配置；生物协同；脱氮除磷

一、基 本 原 理

以人工湿地污染物净化效果保障为主要目标，针对人工湿地水力流场分布不均导致的容积利用率下降问题，基于水体蒸发导致重同位素 D 和 ^{18}O 在滞留区富集累积以及堵塞基质排空状态视电阻率降低的原理，通过天然稳定同位素示踪技术和高密度电阻率原位探测技术，实现了湿地水力流态的精细化探测，为湿地水力调控提供指导；针对人工湿地冬季运行污染物去除效率低下的问题，基于生态系统物种协同增效，通过植物 – 动物 – 微生物协同强化，实现了冬季人工湿地生物多样性和净化效果的大幅度提升。为保障人工湿地常年稳定运行、实现出水水质全年稳定达标提供了经济有效的技术手段。

二、工 艺 流 程

河口多级人工湿地工艺流程，由一级表面流湿地，二级潜流湿地，三级跌水充氧构造和四级表面流湿地串联构成，具体流程如图 96.1 所示：一级表面流人工湿地系统的物理截留和微生物净化作用，去除进水中的 SS 和部分有机污染物；二级潜流人工湿地系统的物理截留、植物吸收和微生物净化等作用，去除有机物、NH_3-N 和磷等污染物；三级充氧跌水提高水中的 DO，去除有机物和 NH_3-N；四级表面流人工湿地系统的植物吸收和微生物净化作用，去除 TN 和 TP。入湖河口湿地生态系统和水文条件变化剧烈，特别是经过较长时期的运行后，普遍存在水力短流和基质堵塞等现象，定期使用天然稳定同位素示踪技术和高密度电阻率原位堵塞探测技术探测湿地水力分布，为水力流态优化提供支撑；冬季低温存在湿地运行效率低下问题，植物多级配置和物种协同增效提升了冬季人工湿地的生物多样性和生态系统稳定性，保障了人工湿地全年稳定运行。

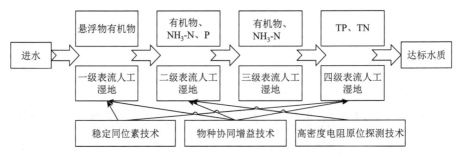

图96.1   河口多级人工湿地运行保障关键技术工艺流程图

三、技术创新点及主要技术经济指标

关键技术就绪度与"十一五"前相比从 2 级提升到 8 级。部分成果获教育部科技进步奖一等奖、国家环保科技进步奖二等奖、山东省技术发明奖二等奖。

（一）技术创新点

为了保障人工湿地功能的可持续发挥，突破人工湿地稳定运行技术瓶颈，从人工湿地水力分布快速探测和生态系统物种协同增效等方面开展系统研究并进行工程示范，取得如下创新性技术突破：

（1）针对人工湿地水力流场分布不均导致的容积利用率下降问题，研发了人工湿地水力分布快速探测技术。构建了表流人工湿地流态模拟方法，解析了人工湿地植物种植密度、拉力系数、水力半径等对糙率值的影响，在 WASP 模型中耦合湿地植物水力学公式，实现了对大型表流湿地内部流场的准确预测；创新提出了天然稳定同位素示踪技术，明晰了湿地水力流态与 D 和 ^{18}O 稳定同位素丰度间的响应关系，减少了示踪物质投加所造成的操作复杂和二次污染等问题；建立了湿地基质堵塞程度与其视电阻率间的量化关系，开发了视电阻率–体积堵塞比反演模型；创新研发了高密度电阻率原位堵塞探测技术，实现了潜流人工湿地基质堵塞问题的三维精准探测，为大型潜流人工湿地原位堵塞探测提供了一套无损、简便、低成本的方法；创新提出了脉冲运行基质堵塞防治技术，为潜流人工湿地的长期稳定运行提供了可靠的技术保障。

（2）针对人工湿地冬季运行污染物去除效率低下的问题，创新了生物调控的运行保障技术。应用抗氧化防御机制、膜修饰机制及特异性蛋白表达等方法，建立了具有生态位互补效应的季节性湿地植物和动物数据库，掌握了不同生态位植物、动物在人工湿地中的时空位置、功能机制以及污染物转运规律；基于人工湿地生态系统物种协同增效，以筛选配置的菹草、水蚯蚓和摇蚊幼虫等抗寒耐污植物/动物为先锋物种，创新构建了耐寒植物–底栖动物–微生物多级协同强化技术，利用底栖动物与微生物、植物间的相互作用原理促进氮磷污染物的去除。显著提升了冬季人工湿地的生物多样性和生态系统稳定性，实现了人工湿地不同季节均有优势植物种群旺盛生长。底栖动物的生物扰动作用和呼吸作用有效改善了湿地内部碳氧微环境、提高基质局部环境温度，从而提高微生物的活性。

（二）主要技术经济指标

人工湿地水力分布快速探测技术，准确度达到 0.1 m；测量误差由常规示踪法的 40% 以上降低至小于 10%；探测耗时由常规示踪法的 72 h/ 组件以上降低至 2 h/ 组件以下；经核算，每平米测定成本低于 0.1 元。

基于生物调控的低温运行保障技术，使得低温下氨氧化细菌数量比常规湿地提高 24%，反硝化菌数量跃升 3 倍，冬季低温下 COD 和 NH_3-N 的平均去除率较常规湿地提升 30%，氮磷去除效果常年稳定在 40% 以上。

四、实际应用案例

研究成果在山东省薛城小沙河、微山新薛河等南四湖流域人工湿地水质净化工程进行示范，实现了南四湖水质改善和生态恢复，有效保障了南水北调东线工程 30 亿 m^3 长江调水的水质，为淮河、海河等流域的水质改善和生态恢复作出了重要贡献，社会与生态环境效益显著。

典型案例：薛城小沙河人工湿地水质净化工程

薛城小沙河人工湿地水质净化工程（图 96.2）建设规模为 5000 余亩，采用潜流表流多级串联人工湿地工艺，处理规模为 6 万 t/d，污水主要处理对象为枣庄市薛城区污水处理厂的尾水。采用基于生物调控的运行保障技术，搭配种植菹草、苦草等耐寒植物和水蚯蚓、摇蚊幼虫等底栖动物，生物多样性比常规人工湿地提升 20%。突破北方地区人工湿地冬季稳定运行的技术瓶颈，保障全年出水稳定达标（图 96.3）。采用人工湿地水力分布快速探测技术，定期监测湿地内部水力流态，根据监测结果及时采取水生植物种植及优化配置、原位修复措施等，保障湿地正常运行。该工程于 2011 年建成，目前运行良好，出水主要污染物指标可达到《地表水环境质量标准》（GB 3838—2002）Ⅲ类标准要求，有效改善小沙河的地表水污染状况，减轻了淮河流域水体污染。

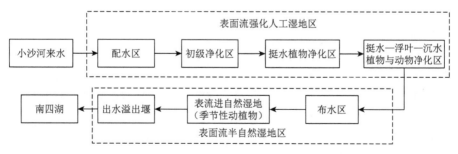

图96.2 小沙河人工湿地工程工艺流程图及平面布置图

图96.3 小沙河人工湿地水质净化现场效果图

技 术 来 源

- 河口多级串联人工湿地水质改善技术与示范（2009ZX0721000904）
- 河流生态反应器水质净化系统构建与示范（2012ZX0720304）

97 基于阈值辨识的受损河流水生态修复关键技术

适用范围：基流匮乏型河流、轻中度污染河流、生态退化河流。

关 键 词：退化河流；诊断指标；修复阈值；约束因子；修复等级；修复范式；生物工具种；种间关系

一、基本原理

生态系统退化是系统中某些生态因子超出其正常波动或者干扰范围，造成生态系统功能或结构的受损与丧失，生态系统在演变与演化过程中具有多个稳定态，或具有良好功能和结构的正常态，或功能和结构受损与丧失的退化态。生态系统稳定态之间存在"阈值和断点"，在阈值点前后，生态系统的结构与功能、过程与格局发生迅速的改变，依据阈值和断点可以界定不同的退化等级、退化类型、修复需求与修复等级。

针对退化的河流生态系统，依据其自然属性、功能需求、区域需求性及社会经济发展等约束因素，判别其生态修复迫切程度，划定修复等级的临界值，河流生态系统退化阈值超过这个阈值时河流生态系统的恢复力明显下降，需要进行适度人工干预，进行河流生态修复。

二、工艺流程

基于阈值辨识的受损河流水生态修复关键技术包括4个技术链。①"退化程度诊断－修复等级界定－修复模式构建"技术链，通过调查评估、阈值辨识、等级界定、程度类型划定等，确定受损河流生态修复阈值及对应的5个退化程度、4个修复等级、22个退化类型、27个修复模式；②"生物工具种筛选－生物工具种扩繁－工程化应用"技术链，通过全区域的野外调查，筛选出适宜的乡土生物工具种，开展单节扩繁、组织培养等手段选育乡土工具种，开展工程化应用；③"环境流自然调控－生境多样性构建－水生态系统构建"技术链，针对基流匮乏型河流，通过深潭－浅滩－台地、宽窄河道等环境流调控手段，营建多样的生境，修复水生态系统；④"原位生物修复－

水生生物群构建–食物链构建"技术链，开展以生物多样性恢复为目标的原位生物修复，配置水生植物、浮游动物、底栖动物、鱼类等生物功能群，形成具有食物链结构的河流水生态系统。工艺流程具体如图97.1所示。

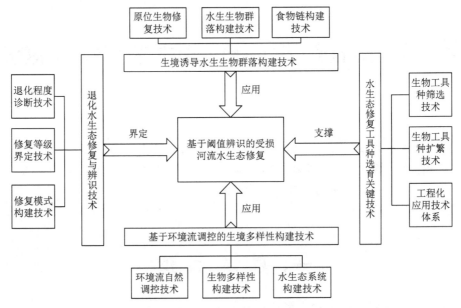

图97.1 基于阈值辨识的受损河流水生态修复关键技术工艺流程图

三、技术创新点及主要技术经济指标

本关键技术就绪度与"十一五"前相比从2级提升到8级。部分成果获国家科学技术进步奖二等奖。

（一）技术创新点

为了科学认识流域水生态系统特征，掌握水生态系统结构和功能特点以及科学制定水生态修复方案等，研发了基于阈值辨识的受损河流水生态修复技术，可以精准把控各类型水生态系统的受损等级与修复阈值，在重新构建健康水生态系统中，乡土生物工具种大量快速选育，生物多样性以及健康水生态系统得以科学重建，取得如下技术突破：

1. 受损河流退化的阈值辨识与修复等级界定技术

从地貌状况、水文水质状况、生物状况以及河流功能四个方面出发，基于生态需水保证率、洪枯比和断流频率，构建了涵盖纵向连通性、断流频率、底栖动物种类数等19项因子的退化程度诊断指标体系，判定5级退化程度诊断标［极度退化（0～0.5）、重度退化（0.5～1.5）、中度退化（1.5～2.5）、轻度退化（2.5～3.5）、未退化（3.5～4）］；划分4级修复等级（强度干预修复、中度干预修复、轻度干预修复、减轻干扰自然恢复）。

2. 受损河流退化类型划定与修复模式认定技术

通过对约束因子的定量评估，基于受损因子的平均评价指数和河流的综合受损指数，同时对河流的社会需求和水环境功能要求、水功能要求等确定河流形态、水文水质、水生生物、河流功能等准则，分类分级构建修复目标的指标体系，界定出 22 个退化类型（水质污染型、栖息地破坏型、生物受损型、生态基流型及其组合），形成 27 个水生态修复模式，包括正常流态 15 个与极端流态 12 个。

3. 受损河流种间关系与食物链稳定修复技术

细菌的作用可以使小球藻的氮磷含量提高，特别是磷氮比，以这种小球藻为食喂养隆线溞可以明显提高其生长与繁殖能力（隆线溞总产幼数为 39～68 个，产幼天数 4 天左右，滤水率为 515.9～675.7 μL/(cell·h)，摄食率约为 2.25×10^8 cell/h），有助于稳定小球藻–隆线溞食物链，浮游植物与浮游动物都会受环境中的营养盐的波及影响，表现为上行效应。正颤蚓增加了沉积物中溶解氧的渗透性（DO 浓度为 6.52～7.75 mg/L），提高了沉积物中好氧区的比例（从 5.12 增加到 7.53），并通过扰动和摄食作用影响沉积物和肠道中细菌和真菌的多样性和群落结构，正颤蚓促进了沉积物中氮转化过程，推动了有机氮向无机氮的转化，加速了沉积物中氮元素的耗损（有机氮分解率达 91.9%），形成食物链稳定的河流水生态系统。

（二）主要技术经济指标

从野外调查到工具种选育扩繁到成熟应用的平均研发成本为 5.7 万元 / 工具种；生态需水保证率 ≥ 48.15%，年平均断流频率 ≤ 40%，年平均洪 / 枯比 ≤ 5 的河流，可应用生境诱导的水生生物群落构建技术，工程投入 72.50 万元 /km；生态需水保证率 ≤ 48.15%，年平均断流频率 ≥ 40%，年平均洪 / 枯比 ≥ 5 的河流，应用生境诱导的水生生物群落构建工程技术，工程投入 193.56 万元 /km²。

四、实际应用案例

本关键技术已在淮河流域进行示范与推广，根据淮河流域（河南段）水生态类型划分正常流态与极端流态河流，诊断水生态系统退化程度，构建退化指标体系与方法体系，采用因子分析法，确定退化关键约束因子，并进一步划分退化类型，提出了相应的修复模式。在鲁河流域、"四库一河"等区域进行了生物、栖息地以及水生态系统修复，显著提升了当地的水质、水生态环境，恢复了五类生物功能群，本土植物与动物物种数增加了 40% 以上。

（一）典型案例1：淮河流域（河南段）示范工程

通过开展淮河流域（河南段）研究区域水生态系统退化程度研究，对淮河流域（河南段）河流水系水生态系统退化状态、修复状况及相对应的修复模式有了详细的认识及了解，将河流生态系统退化程度诊断、退化水生态系统修复阈值等级划分及修复范式及效果评估技术方法成果应用于河南省碧水工程行动计划淮河流域生态系统状况分析中，同时提出的修复技术等也在河南省碧水工程行动计划中得以体现。同时，在研究区域取得示范经验的基础上，可在整个淮河流域乃至全国范围内进行推广。可将河流生态系统退化程度诊断、退化水生态系统修复阈值判别技术及修复范式及效果评估技术方法在淮河流域（河南段）河流修复中得以应用，以期为解决现阶段河流生态系统中生物多样性低、生态流量缺乏、水体自净能力低下等问题提供技术支撑，使得河流生态系统的结构得以改善，水生态系统功能得到恢复，生物多样性得到提高，区域河流水环境改善将会对区域社会经济发展带来较大效益。

（二）典型案例2：贾鲁河城区段生态治理工程

生境诱导的水生生物群构建技术用于贾鲁河城区段生态治理工程示范河段（图97.2）累计长31.95 km，本土生物物种丰富度提高了66%，沉水植物、挺水植物、底栖动物、浮游动物、鱼类、鸟类六大生物功能群结构完整，食物链得到恢复。DO由不足2 mg/L提升到8 mg/L以上，示范区河段由劣Ⅴ类水改善到Ⅴ类水，部分指标甚至达到了Ⅱ类水标准，水体COD、NH_3-N浓度分别下降了80%、66%，贾鲁河水质、水生态质量显著好转。

图97.2 贾鲁河城区段生态治理工程实施后

（三）典型案例3：极端流态沟渠河流型水生态修复示范工程

基于环境流调控的生境多样性构建技术应用于极端流态下沟渠河流的水生态修复示范工程（图97.3），示范工程以河南省荥阳市"四库一河"水污染综合整治工程为依托，示范工程长20 km。示范段COD、NH_3-N、TN与TP分别减少了80.05%、65.45%、42.22%和23.89%，水质改善效果明显；先后恢复了挺水植物、鱼类、底栖动物，浮游动物、鸟类等五类生物功能群，本土植物物种数增加了45.7%，动物物种数增加了41.3%。

图97.3   极端流态沟渠河流型水生态修复示范工程实施后

技 术 来 源

- 淮河流域（河南段）水生态修复关键技术研究与示范（2012ZX07204004）
- 沙颍河多闸坝重污染河流生态治理与水质改善关键技术集成验证及推广应用课题（2017ZX07602002）

98　防堵塞人工湿地构建关键技术

适用范围：污染水体处理、尾水处理、农村生活污水处理。
关 键 词：双向流；人工湿地；防堵塞；生态修复；水质净化

一、基 本 原 理

防堵塞人工湿地技术主要基于吸附 – 饱和 – 解吸的基本原理。由于基质与水体中的物质存在静电作用，当基质对水体中 SS 的吸附达到吸附饱和时。人工湿地的堵塞就是由于基质表面对水体中 SS、TP 等物质附着和积累后的结果，进而影响湿地的净化功能。当逆向水流对基质进行反向冲洗时，吸附在基质上的颗粒物与污染物会产生解吸，在微生物及水流的作用下污染物被分解或降解，可达到污染物去除的效果。除逆向反冲洗工艺外，在人工湿地中构建内电解基质强化潜流湿地，也可达到湿地堵塞解除的目的。内电解工艺是利用阳极与阴极之间的电位差在电解质溶液中形成微原电池，以氧化还原反应为基础，结合吸附、混凝沉淀、微电场富集、共沉淀等多种交互作用。负极材料可加速正极铁的氧化，使难降解物质易被还原与分解。

人工湿地中基质性质和孔隙率都会影响颗粒污染物的附着。解决潜流人工湿地易堵塞的方法通常是增加填料的孔隙率、更换基质和冲洗。增加填料的孔隙率可以延人工湿地寿命，但会降低湿地低污染的处理效果，而基质冲洗操作困难且耗资较大。反冲洗技术通过湿地不同阀门和降雨量的大小来调节潜流湿地处理区的流向，在逆向水流的冲击下，使过滤填料表面附着物发生了解吸，减少了颗粒物的附着，在保证污水处理效果的基础上，延长人工湿地的使用寿命，也使湿地维护更加容易。

二、工 艺 流 程

此技术工艺流程（图 98.1）包括双向流调控、缓冲区基质配置、防渗和铁铜内电解三部分：

（1）在进出水池分别设置在潜流湿地处理区的两侧，装置左侧进出水池和右侧进出水池分别设置有数根进出水管与潜流湿地处理区相连接。第一阀门和第四阀门保持开通，第二阀门和第三阀门保持关闭的时候，污水从左向右通过潜流湿地处理区进行过滤；而第一阀门和第四阀门保持关闭，第二阀门和第三阀门保持开通的时候，污水从右向左通过潜流湿地处理区，污水在过滤的同时对潜流湿地处理区内的部分堵塞具有一定的反向冲洗作用。

（2）潜流湿地处理区的两端分别设置有缓冲区，缓冲区内设置有粒径为 20 ～ 30 cm 的砾石。砾石缓冲区之间设置有过滤填料，过滤填料是粒径为 10 ～ 15 cm 的砾石，厚 75 cm，对污水进行过滤净化。过滤填料上方设置有砾石覆盖层，覆盖层上方覆盖有植被，可种植芦苇、香蒲、香蒲等挺水植物，密度设定在 10 ～ 15 株 /m^2。

（3）潜流湿地处理区的底部设置有防渗膜，防渗膜可以采用高密度聚乙烯膜防止污水影响地下水。防渗膜的表面设置有黏土，10 cm 厚的黏土对防渗膜具有一定的固定和保护作用，防止防渗膜被杂物扎破。

（4）内电解表流人工湿地床，其外径长 30 cm，宽 18 cm，高 24 cm（可等比扩大或缩小）。湿地床由厚 0.5 cm 的聚氯乙烯板制成，湿地床内部距其前后端 5 cm 处有与人工湿地床底部紧密连接的隔板，隔板正中间有 3 个出水孔，孔距离湿地床底部 7.5 cm。人工湿地床上方有与床体长度方向平行的进水管，其下壁分布着若干个间隔为 1 cm 的小孔，孔径为 0.4 cm。污水经小孔可以进入人工湿地床。

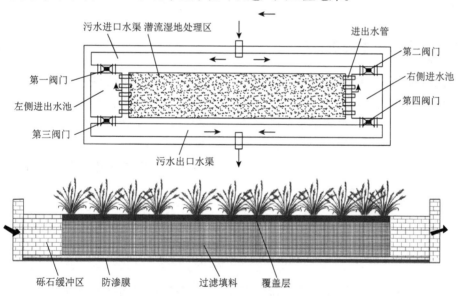

图98.1　防堵塞人工湿地构建关键技术示意图

三、技术创新点及主要技术经济指标

关键技术就绪度与"十一五"前相比从 4 级提升到 8 级。部分技术获国家科学技术进步奖二等奖。

（一）技术创新点

本技术的创新在于通过提出双向流人工湿地内电解技术有效地解决了人工湿地堵塞和净化能力低的问题。

（1）双向流与内电解技术相结合，解决了人工湿地易堵塞的难题。基于人工湿地不同进出水口的流向，提出了水流双向调节的人工湿地技术，污水在基质内进行过滤的同时，水的流向会对系统内的基质进行反向流动，达到去除吸附颗粒物的目的。利用大中型降水中雨（10～49.9 mm/d）进行反冲洗，促进湿地水的逆向流动，解吸吸附在基质表面的颗粒物与污染物，在微生物和水流的作用下分解污染物，解决了人工湿地易堵塞的问题。

（2）内电解技术应用于人工湿地，提升了湿地水质净化能力。内电解法是利用铁屑作为滤料组成滤池，废水经滤池发生的一系列电化学及物理化学反应使污染物得到处理的一项新型废水处理技术。系统内基质起到透水、吸附、稳定及过滤的作用；微生物部分是有机物降解的主要承担者，包括基质中存在的大量好氧微生物、厌氧微生物以及兼性厌氧微生物。系统内阴阳极存在的氧化还原梯度，当基质表面吸附污染物，可将吸附物质进行解吸、降解，有效地防止污染物的大量富集，减少了人工湿地系统的堵塞。此外，通过设置滤池中不同滤料的组分和比例，可提高系统对污水成分去除率。在污水处理中，推荐使用的滤料有粉末活性炭、碳纤维毡和泡沫镍。

（二）主要技术经济指标

双向流技术通过调节潜流湿地处理区的水流方向，有效减少基质阻塞，在保证污水处理效果的基础上，延长了人工湿地的使用寿命（2015年至今仍正常运行）。双向流人工湿地能有效去除水体中负荷的氮磷，可将水质提升一个等级。内电解技术采用的材料为10%的粉末活性炭，可使COD的去除率达80%以上、活性磷去除率接近90%。总体而言，内电解技术的应用，可将污水COD去除率提升到60%，TN去除率最大为62%，TP去除率可达52%。

四、实际应用案例

防堵塞人工湿地关键技术在河南省新密市双洎河、长葛市小洪河等地开展了实际应用，取得了良好的水质净化效果。

（一）典型案例1：河南新密市双洎河污染治理示范工程

针对新密市双洎河污染主要来源为造纸群污水处理厂尾水，污水污染物浓度较低、水量较大等问题。2015年6月开始通过构建人工湿地生态系统，利用人工湿地强化净化功能对双洎河河流水体进行净化处理，建成规模达14 hm²的应用工程（图98.2

和图 98.3），植物经过 3 个月的生长后，基本达到设计要求，于 2015 年 8 月工程竣工验收，进入养护期。

此工程日处理水量 12 万 t/d，运行后监测数据表明，当进水水质为Ⅳ类水时，出水可提升至Ⅲ类水，其中，COD 平均削减 30%，NH₃-N 削减 40%。每年为双洎河提供约 4380 万 t 清洁水源，有效降低双洎河（新密段）水体的污染负荷，促进双洎河（新密段）马鞍洞出境断面水质稳定达到地表水环境质量标准Ⅳ类，为达到Ⅲ类水体功能区划目标奠定基础。每年为双洎河提供清洁水源，吨水处理成本仅为 0.01 元，同时也产生较大的环境效益。

图98.2　河南新密市双洎河人工湿地鸟瞰图　　图98.3　河南新密市双洎河人工湿地建设后照片

（二）典型案例2：河南长葛市小洪河水质净化工程

为净化长葛市小洪河水质，2018 年初开始对小洪河上游的白寨污水处理厂进行改造升级，构建了人工湿地生态系统，利用人工湿地强化净化功能对污水厂排水进行深度净化处理。2018 年年底人工湿地（图 98.4）建成并开始运行，人工湿地占地约 3.3 hm²，包括垂直流人工湿地 1 hm² 及表面流人工湿地 2.3 hm²，日污水处理量为 3000 m³，项目总投资约 2600 万元，综合考虑人工、运营和维护成本，人工湿地吨水成本约为 0.07 元 /d。湿地进水 COD ≤ 100 mg/L、NH₃-N ≤ 20 mg/L。出水 COD ≤ 40 mg/L、NH₃-N ≤ 1.5 mg/L，COD 平均削减 60%，NH₃-N 削减 90%。

图98.4　河南长葛市白寨人工湿地

技 术 来 源

- 工业及城市生活尾水生态净化关键技术研究与示范（2009ZX07210001004）

99　人工湿地低温运行关键技术

适用范围：寒冷地区轻污染河水、城镇污水处理厂尾水、分散式生活污水。
关 键 词：寒冷地区；人工湿地；低温运行；生物协同；液位调节；生态
　　　　　修复；脱氮除磷

一、基 本 原 理

　　针对北方寒冷地区冬季人工湿地运行困难、处理效率下降的问题，在人工湿地系统表层冰冻条件下，通过自主研发的人工湿地液位调节设备，使湿地系统运行液位高度降低约 0.3 m 或更多，在湿地内部形成约 0.15 m 冰层与 0.15 m 空气夹层。空气导热系数仅次于真空，静态空气的热传导能力极低，在表面冰封的人工湿地内，土壤及填料颗粒间形成大量被生物膜封闭的微型密闭，无空气对流空间（孔隙尺度小于 180 μm），形成了"基质＋空气层＋冰层"的保温层，具有较强的保温效果，使湿地下层水体能够保持在 6 ～ 10℃。利用合理配比投加适合寒冷地区人工湿地冬季高效运行的耐低温脱氮菌、除磷菌、有机物降解菌等功能生物菌剂，补充、维持湿地微生物活性，保障了北方寒冷条件下人工湿地的污染物净化能力。

二、工 艺 流 程

　　基质－植物－菌剂－水力四重协同的耐低温人工湿地系统由三部分组成：①进水布水系统：基于渠堰式均匀配水技术研制，能够保障人工湿地均匀配水；②复合流人工湿地＋生物强化协同净化系统：进水由水平流人工湿地和垂直流人工湿地连续处理，湿地植物由乡土种组成并优化配置，采用专门研发的耐低温菌剂；③液位调节系统：通过旋转设备的螺旋操作杆，实现对湿地水位的精准调控。
　　工艺运行方式如下（图 99.1）：
　　（1）正常温度运行状态：人工湿地系统按鸢尾－香蒲－菖蒲三种土著植物以 1∶1∶1 的植株比例配置栽种。非低温条件下，水体经导流槽的布水系统均匀流入复合流态人工湿地，复合人工湿地系统处理的出水经过集水管收集至集水井的内腔，再经液位调节管的上溢流口进入湿地排水管后，达标排入受纳水体。
　　（2）低温运行状态：湿地表层冰冻前，在各湿地单元前端进水口按体积比

10 ： 0.5 ： 0.5 投加耐低温有机物功能菌、脱氮功能菌和除磷功能菌，提高人工湿地微生物的数量和活性；湿地表层冰冻后，通过无极螺旋液位调节设备，使湿地系统液位高度由 1.2 m 降低至 0.9 m 或以下，湿地表面形成"约 0.15 m 冰层 + 0.15 m 空气层"的保温层，湿地下层水体能够保持在 6 ～ 10℃。

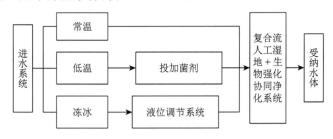

图99.1　人工湿地低温运行关键技术工艺流程图

三、技术创新点及主要技术经济指标

关键技术就绪度与"十一五"前相比从 4 级提升到 8 级。部分成果获省部级科学技术进步奖二等奖两项。

（一）技术创新点

集成创新开发了"均匀配水设备 + 复合水平流 - 垂直流人工湿地 + 功能菌剂 + 液位调节设备"寒冷地区人工湿地关键技术，提出了低温条件下功能菌剂提效和"基质 - 空气层 - 冰层"保温的人工湿地运行措施，保障了人工湿地系统在寒冷地区稳定高效运行。

（1）人工湿地"基质 + 空气层 + 冰层"保温关键技术。人工湿地表层冰冻后，通过自主研发的无极螺旋液位调节设备（图 99.2），实现对湿地运行水位的精准调控，确保在气温降到冰点以下以及在 -40℃极端低温环境下，使湿地形成"基质 + 空气层 + 冰层"的保温层，保持湿地下层水体温度在 6 ～ 10℃，比常规的植物覆盖、地膜覆盖以及冰雪混合覆盖等保温措施（一般 3 ～ 4℃）具有更好的保温效果。

（2）耐低温人工湿地高效净化功能菌剂技术。研发了耐低温有机物功能菌、脱氮功能菌和除磷功能菌，菌种在 15℃时，污染物去除率为 60% 以上，在 5℃时，污染物去除率也可达到 35% ～ 40%。确定了低温环境下湿地植物多样性配置方案和菌剂投加比例，强化了菌剂在基质中的附着力，提高了人工湿地中微生物数量与活性。

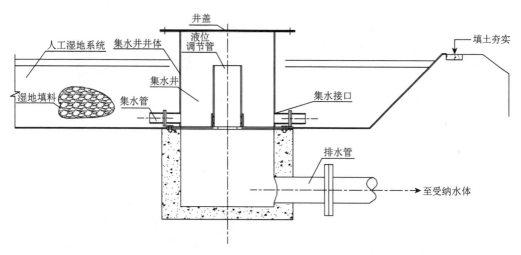

图99.2　人工湿地液位精准调节设备

（二）主要技术经济指标

技术指标：在冬季低温条件下（气温 –20～40℃），水力停留时间16 h，水力负荷0.2～0.6 m/d，复合人工湿地对水体COD去除率为31.58%，NH_3-N的去除率为31.38%，TN去除率为25.02%，TP去除率为26.19%。

经济指标：人工湿地工程的吨水投资费用800元，吨水运行成本0.1元。

四、实际应用案例

该技术在辽宁省沈阳、抚顺、铁岭等地区进行了产业化推广，已形成产业化项目20余项，共实现产值1.6亿余元，年减排COD 3109.8 t，NH_3-N 341.19 t，经济、环境、社会效益显著。在辽河流域污染防治规划实施过程中发挥了重要作用，为辽河流域的污染防治攻坚战提供了全面技术支撑。

（一）典型案例1：铁岭市西丰县污水处理厂尾水人工湿地

西丰县污水处理厂尾水人工湿地（图99.3）设计处理规模为5000 m^3/d，采用"复合水平流–垂直流人工湿地组合＋生物强化"协同净化关键技术及人工湿地均匀配水、液位调节等专利设备，使辽宁最为寒冷的大片河涂滩地改造成人工湿地污水处理工程。该工程于2013年建成，经调试后稳定运行，冬季低温条件下（水温4～10℃、气温 –20～40℃），COD去除率为31.58%，NH_3-N去除率为31.38%，TN去除率为25.02%，TP去除率为26.19%。工程建设后改变了污水直排入辽河重要支流——寇河现状，有效削减污水中污染物质的排放量，可削减COD 529.25 t/a，NH_3-N 56.58 t/a，大大改善了支流河的河流水质和西丰县居民生活环境。西丰县人民政府依托该湿地处理工程，结合当地的自然条件，建立了寇河湿地公园，为居民及游人提供了良好的休闲娱乐场所。

图99.3　西丰县污水处理厂尾水人工湿地工程

（二）典型案例2：铁岭市昌图县尾水人工湿地处理工程

　　昌图县尾水人工湿地处理工程（图99.4）于2010年年底正式运行，工程建设规模20000 m³/d，人工湿地投资成本约800元/t水，运行成本约0.1元/t水。城市生活污水A/O处理后的尾水经导流槽的布水系统均匀流入人工湿地处理系统，通过湿地植物与低温生物功能菌剂对城市尾水进行协同生态净化。该工程污水生态景观利用率达100%，COD去除率达80%以上，NH₃-N、TN和TP的去除率达到80%、60%以及65%左右，出水排入八一水库，汇入马仲河，最终汇入辽河。

图99.4　昌图县尾水人工湿地工程

技 术 来 源

- 辽河上游水污染控制与水质改善技术及示范研究（2008ZX07208005）
- 辽河流域水污染治理与水环境管理技术集成与应用（2018ZX07601001）

100　河流水生态完整性评价关键技术

适用范围：我国七大流域及其一级支流水生态完整性评价。
关 键 词：河流；评价指标；评价标准；物理完整性；化学完整性；生物
完整性；水生态完整性

一、基 本 原 理

　　人类活动干扰使原本处于缓慢动态变化过程中的水生态系统平衡被显著打破并加速失衡，其具体表现为水质的恶化、生境的破坏和进一步的水生生物种类数量和种群结构的变化。因此，涵盖以上三类要素的水生态完整性评价是开展水生态环境保护工作的重要手段和工具。河流水生态完整性评价技术基于河流生态系统的整体性及各要素间的关联性，在系统分析河流水生态退化特征基础上，依据胁迫－状态－响应模型原理，对流域陆（社会经济、陆域景观格局）－岸（滨岸带景观格局）－水（水化学指标）－生物（水生生物）等要素进行联动分析，揭示不同生态指标对人类活动的响应关系及特征，从物理、化学、生物等维度筛选构建河流水生态完整性评价指标体系，确定评价标准，构建评估模型，在物理完整性、化学完整性、生物完整性评价的基础上，最终提出河流水生态完整性评估值。

二、工 艺 流 程

　　基于物理、化学、生物三类要素的胁迫－响应关系，运用主观－客观赋权法确定各要素、各指标评估权重，形成完整性指数计算模型，并进行分级标准划定，构建流域水生态完整性评价模型（图 100.1）。

（一）陆–水响应关系分析，完成指标筛选

　　通过现场调查、历史资料调研等方式掌握流域生境、水质、水生生物区系特征，建立候选指标体系。建立陆域人类活动指标（土地利用、人口分布等）与候选指标间

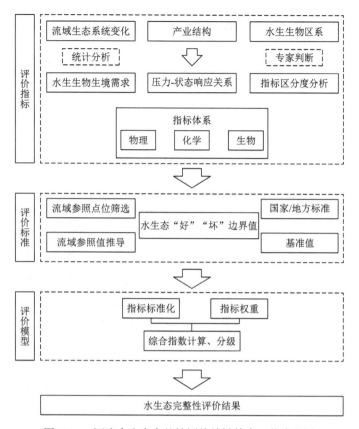

图100.1 河流水生态完整性评价关键技术工艺流程图

的相关关系，筛选与之有较强响应关系的指标，完成集物理生境、水体化学、水生生物等在内的河流水生态完整性评价指标体系构建。

（二）参照状态判别与筛选，完成评价标准构建

基于人类活动对水质、生境、水生生物的胁迫分析，筛选近自然河段或受人类活动影响较轻的参照点位，建立流域水生态完整性评价参照值，从而建立水生态"好"与"坏"的边界值。当无参照点位可选时，可综合集成地表水环境质量标准、水生态基准等。

（三）各要素指标权重确定，完成三要素多指标评价结果融合

根据河流物理生境、水体化学、水生生物等不同类型要素的胁迫－响应关系，确定各指标的权重。采用加权求和整合物理、化学和生物完整性指数，计算获得水生态完整性评价指数（index of hydroecological integrity，IHI）。

$$IHI = \sum_{i=1}^{n} W_i S_i \tag{1}$$

式中，W_i 为表示评价指标在综合评价指标中的权重值；S_i 为评价指标的标准化值。

三、技术创新点及主要技术经济指标

本关键技术就绪度与"十一五"前相比从 3 级提升到 8 级。

（一）技术创新点

针对我国河流水生态完整性评价理论与技术薄弱的问题，研发了河流水生态完整性评价技术，结合各流域生态环境特征，可因地制宜制定不同河流的水生态完整性评价标准与评价方法，推动水环境管理向水生态环境管理转变。取得如下技术突破：

（1）提出了水生态完整性评价指标筛选时"科学性、代表性"原则的量化方法，破解评价指标选择主要依赖经验判断的问题。基于"胁迫－状态－响应"模型原理，对流域水生态变化的主要驱动因素（陆域景观格局、社会经济活动等）进行量化，使其具备量化分析的基本条件，进而运用偏最小二乘回归（PLSR）、广义可加模型（GAM）等方法建立陆－水耦合关系，在陆－水响应关系的基础上，识别能够反映流域特征的化学、生境和水生生物评价指标，完成评价指标筛选，从而解决了以往指标选择缺乏量化方法，主要依赖经验判断的问题。

（2）提出了基于流域特征的水生态完整性评价标准构建方法，解决了以往水环境质量评价对生境、水生生物等要素考虑不足且缺乏评价标准的问题。基于流域水生态系统变化驱动分析，以流域水生态变化的主要驱动因素为重点，建立了甄别近自然河段或受人为活动影响较少的典型区域（断面）的依据，并以此实现水生态完整性评价参照状态（断面）的判别与选择，进一步建立以参照区域（断面）的状态为核心的评价标准，从而解决了水环境问题诊断主要依赖水质监测评价，对生境、水生生物等要素考虑不足且缺乏标准的问题，同时也实现了反映水生态完整性的三类要素多个指标的异构数据融合。

（二）主要技术经济指标

进行了 24 项水质、12 项生境、59 项水生生物候选指标的筛选与分析，研究构建了涵盖物理、化学、生物三类要素多项指标的流域水生态完整性评价技术体系，采用加权求和整合物理、化学和生物完整性指数，计算获得水生态完整性评价指数，根据指数大小将水生态完整性状况等级分为优、良、中、差、劣五个等级。

四、实际应用案例

已在松花江流域主要干支流、长江流域一级支流陆水等河流推广应用，该方法较为全面、科学、客观地反映了河流水生态系统健康状况，可精准识别水生态环境问题及成因，提高行政管理与工程治理的科学性与精准性，为流域水生态环境保护提供有力科技支撑。

（一）典型案例1：对松花江水生态完整性状态开展了评价示范

对松花江水生态完整性状态开展了评价，评价结果表明，松花江物理完整性整体处于Ⅲ级状态，其中上游源头人类活动少，物理生境较好；河流中下游，流经城镇或处于交通要道，人类活动干扰较大，物理生境受损；松花江化学完整性整体处于Ⅱ级状态，丘陵山区河流化学完整性较好，嫩江左岸以及嫩江源头地区，第二松花江源头地区以及牡丹江源头地区处于Ⅰ级状态，而平原区城市河段化学完整性相对较差，主要集中于伊通河、饮马河、阿什河、倭肯河以及乌裕尔河；松花江生物完整性整体处于Ⅲ级状态，整体上呈支流优于干流，上游优于中下游的格局。综合物理生境、水体化学、水生生物3个要素，松花江水生态完整性整体为Ⅲ级状态，个别区域为嫩江上游支流甘河区域、呼兰河上游区域为Ⅱ级，水生态完整性较好；松花江干流哈尔滨段、伊通河水生态完整性为Ⅳ级，相对较差。

（二）典型案例2：典型入江河流水生态完整性评价

选择长江中游陆水、金水2条典型入江河流开展了2期水生态完整性评价工作，系统掌握了陆水、金水流域系统鱼类、底栖生物、浮游生物等不同生物类群健康状况，结合污染排放特征、栖息地破坏强度、污染物分布特征等，精准识别了水生态环境问题及成因。结果显示，陆水河各点位IHI平均分高于金水河，陆水河水生态完整性状况优于金水河。28%点位评价结果为优，评价结果为优的点位均位于陆水河中上游以及金水河源头区；22%点位评价结果为极差，主要位于陆水河下游和金水河下游区域。值得注意的是，陆水河上游S12点位水生态完整性状态较差，可能是受到点位上游畜禽养殖废水排放，汛期降雨径流冲刷携带大量面源污染负荷入河的原因。

技 术 来 源

- 松花江水生态完整性评价与生态恢复关键技术研究及示范（2015ZX07201008）

---

101 河流生态廊道景观格局构建关键技术

适用范围：中型流域河流生态廊道构建。
关 键 词：生态廊道；景观阻力；生态节点；连通度；生态修复；景观格局优化

一、基 本 原 理

河流生态廊道景观格局构建关键技术基于"斑块 – 廊道 – 基底"理论，综合分析景观功能、生态节点、生态网络连通等要素，以河流中心性为原则，优化河流廊道景观单元格局，提出中型流域绿色河流廊道构建方法。

通过考察河流沿线景观格局现状，分析景观生态过程与景观功能、人类活动与景观变化特征的关系，以景观生态功能发挥为导向，划分流域景观单元；分析景观基质、斑块与廊道的空间形态、分布特征及其变化，确定反映生态流运行阻力和趋势的综合景观阻力面，采用最小阻力模型，构建潜在生态廊道路径；基于生态网络的拓扑空间，分析生态廊道网络连接度，提取生态节点与生态断裂点，确定生态廊道的最佳宽度，优化生态廊道景观格局；构建上游水源涵养、中游农业观光和下游都市亲水等景观群，连接流域破碎化的生态节点，并在生态节点上开展生态修复，实现河流生态廊道的生态流贯通，恢复流域生态系统的多样性、稳定性和完整性，提升流域景观生态功能。

二、工 艺 流 程

工艺流程具体如下（图 101.1）：

（1）景观格局分析：基于多尺度分割 GF-1 遥感影像进行土地利用分类，选取种类和景观两个层次的景观格局指数分析流域景观生态格局，以景观生态功能划分流域景观单元。

（2）潜在路径构建：选取重要生态源斑块，根据景观类型与人类活动影响计算景观阻力面，利用最小累积阻力模型构建潜在生态廊道路径。

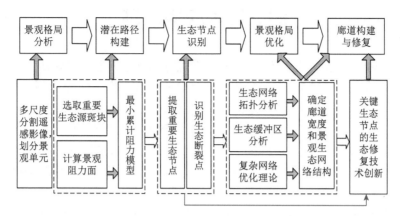

图101.1　河流生态廊道景观格局构建关键技术工艺流程图

（3）生态节点识别：借助网络连接度评价指标量化潜在生态廊道的空间连接度，根据重要生态用地提取生态节点，并结合建设用地和重要交通网识别廊道生态断裂点。

（4）景观格局优化：以河流中心性为原则，利用生态网络拓扑分析、缓冲区分析和复杂网络优化理论，以流域景观功能提升为主要目标，确定最佳生态廊道宽度，优化流域景观生态格局。

（5）廊道构建与修复：按照确定的生态廊道宽度和景观结构参数，连接流域破碎化的生态节点，构建基于景观群的生态廊道网络，并在关键生态节点开展生态修复，贯通流域景观单元的生态流。

三、技术创新点及主要技术经济指标

针对自然河流流域在城镇化进程中受到严重的干扰，生态单元被严重割裂，河道、湿地、湖库和河口等重要生态节点之间缺乏有机自然连接通道等问题，优化河流廊道景观单元格局，识别重要生态节点与生态断裂点，突破以河流为主轴的"点－线-网－面"结构的生态廊道景观格局构建技术，支撑河流生态廊道构建，保障流域景观生态功能提升和流域生态系统稳定维持。

（1）首次提出中尺度流域河流生态廊道构建方法，综合考虑流域自然环境和社会经济等因素，构建连接流域破碎化生态节点和贯通流域景观单元生态流的生态廊道网络，同时识别出廊道网络中重要的生态节点与生态断裂点，并在关键生态节点上创新生态修复技术、河流近自然修复、断流河段修复和湿地水质净化等技术，为加强生态节点上的生态修复和水生态环境保护，长期维护生态廊道和流域生态系统稳定提供基础。

（2）研发中尺度流域景观生态格局网络优化方法，在永定河流域4.7万 km² 范围内，首次提出流域上游水源涵养、中游农业观光和下游都市亲水等景观群的生态廊道构建方法。在重要节点上开展上游水源涵养区山地适应性修复、中游农业观光区湿地水质净化和下游沙质断流区河流绿色生态廊道重建等工程示范，重建、连接永定河和大清河关键生态节点，贯通流域景观单元的物质、信息、能量流。

四、实际应用案例

　　该技术应用于天津市"独流减河河岸生态带示范区"建设（图 101.2）中，示范区位于天津市独流减河河岸带，依托"美丽天津·一号工程"天津市清水河道行动方案——独流减河绿化工程，通过分析河道、湿地、湖库、河口的生态现状、人类活动影响及各景观节点连接度，确定"河道 – 湿地 – 湖库 – 河口"生态廊道基本结构、纵向分区、廊道连接度及优化配置模式，构建示范区域生态廊道长度超过 23 km，恢复乔灌草立体植被面积 369 hm²，示范区植被覆盖度从 2015 年的 34.54% 增加到 2017 年的 69.09%。

　　在天津市生态红线划定方面，使用该技术构建了天津市独流减河南部生态廊道，以"团泊洼 – 独流减河 – 北大港 – 宽河槽"为主轴构建的独流减河流域生态廊道区域被相关技术单位作为划分天津市生态保护红线的重要依据，最终该技术构建的流域生态廊道被划为天津市生态保护空间基本格局"三区一带多点"中的主要组成部分，即生态红线"三区"中的南部区域团泊洼 – 北大港湿地区。

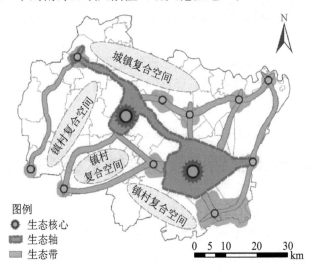

图101.2　河流生态廊道景观格局构建独流减河生态廊道格局

　　河流生态廊道景观格局构建关键技术在永定河流域进行生态廊道构建应用（图 101.3）。沿永定河上下游建设生态修复和湿地景观 12 个示范工程，4 个综合示范区共约 300 km²，初步构建山地森林水源涵养景观、丘陵盆地农业观光景观、平原都市亲水景观三大景观群。山地森林水源涵养景观包括黑山湾湿地、太子城河流域山地森林适应性修复与水源涵养、山地灌草丛荒溪生态重建与坡面蓄流、山区河流近自然生态修复与水质改善、山区水源涵养与和谐景观构建等示范工程。丘陵盆地农业景观包括妫水河 – 三里河湿地群水循环修复、洋河水库一号桥上游和八号桥的低温河道仿自然梯级湿地氮磷削减等示范工程。平原都市亲水景观包括龙河 – 老龙河湿地，莲石湖湿地，永定河（北京段）人工景观水体水质改善、沙质断流区河流绿色生态廊道构建等示范工程。

　　永定河生态廊道构建围绕重点生态节点，开展山地适应性修复、低温湿地水质净化、断流河段绿色生境重建等工程示范。在永定河上游山地节点，适应性修复森林、灌草和河流，构建小流域和谐景观 20 km²，有效提升山地水源涵养功能；建设洋河、八号桥、妫水河低温湿地，有效改善官厅入库水质，打造世园会和官厅生态节点；实施永定河平原南段生态修复，形成 60.7 km 沙质断流河段的生态廊道节点贯通；新首钢节点的五湖一线形成水面 180 ha，绿化 300 ha，改善了城市段的生态环境。通过生态节点和景观生态流贯通的作用，实现河流的生态修复和污染净化，恢复永定河山地受损生态系统。

技 术 来 源

- 海河南系独流减河流域水质改善和生态修复技术集成与示范（2015ZX07203011）
- 京津冀西北水源涵养及永定河（上游）水质保障技术与工程示范（2017ZX07101001）
- 张家口地区水源涵养功能保持与生态空间优化总体方案（2017ZX07101001）
- 冬奥会核心区生态修复与水源涵养功能提升技术与示范（2017ZX07101002）
- 区域水环境保护及湿地水质保障技术与示范（2017ZX07101003）
- 永定河（北京段）河流廊道生态修复技术与示范（2018ZX07101005）

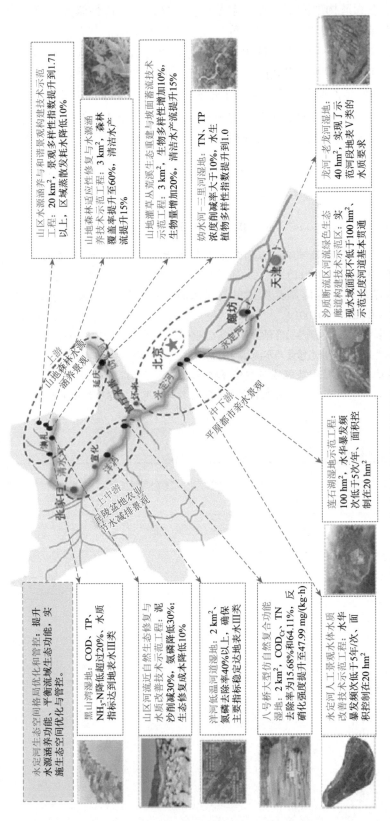

山区水源涵养与和谐景观构建技术示范工程：20 km²，景观多样性指数提升到1.71以上，区域蒸散发耗水降低10%

山地森林适应性修复与水源涵养技术示范工程：3 km²，森林覆盖率提升至60%，清洁水产流提升15%

山地灌草丛溪生态重建与面蓄流技术示范工程：3 km²，生物多样性增加10%，生物量增加20%，清洁水产流提升15%

妫河—三里河湿地：TN、TP浓度削减率大于10%，水生植物多样性指数提升到1.0

龙河—老龙河湿地：40 hm²，实现了示范河段地表V类范围的水质要求

沙质断流区河流绿色生态廊道构建技术示范区：实现水域面积不低于100 hm²，示范长度河道基本贯通

莲石湖湿地示范工程：100 hm²，水华暴发频次低于5次/年，面积控制在20 hm²

永定河人工景观水体水质改善技术示范工程：水华暴发频次低于5次/次，面积控制在20 hm²

八号桥大型仿自然复合功能湿地：2 km²，COD$_{Cr}$、TN去除率为15.68%和64.11%，反硝化强度提升至47.99 mg/(kg·h)

洋河低温河道湿地：2 km²，确保氨磷去除率40%以上，主要指标稳定达地表水Ⅲ类

山区河流近自然生态修复与水质改善技术示范工程：泥沙削减30%，氨磷降低10%；生态修复成本降低10%

黑山湾湿地：COD、TP、NH₃-N降低超过20%，水质指标达到地表水Ⅲ类

永定河生态空间格局优化和管控：提升水源涵养功能，平衡流域生态功能，实施生态空间优化与管控。

图101.3 河流生态廊道景观格局构建永定河生态景观群构建

102 近自然湿地生态修复和水质净化关键技术

适用范围：北方草型湖泊和湿地水生态修复和水环境改善。
关 键 词：近自然湿地；生态修复；水质净化；水系连通；水生植物配置；微生物强化；景观格局

一、基 本 原 理

利用基质固定、植物吸收和微生物降解，强化城市尾水中污染物的去除；优化近自然湿地的空间格局，形成深潭、浅滩、沟渠和生态岛等复合生态景观格局；集成水环境和水生态与 Delft3D 水动力的联合模拟，优化近自然湿地的水系连通；合理配置湿地植物、动物和微生物，修复脆弱湿地的生态系统；实施藻苲淀近自然湿地和马棚淀退耕还湿湿地建设。

二、工 艺 流 程

工艺流程（图 102.1）为"生态塘群预处理 – 功能湿地污染强化削减 – 近自然湿地生态景观提升"。

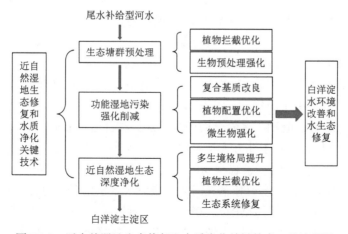

图102.1　近自然湿地生态修复和水质净化关键技术工艺流程图

（1）城市尾水由河道引入前置生态塘群进行预处理，经过植物强化拦截去除河水中颗粒污染物，经过微生物水解，提升有机物的可生化性。

（2）生态塘群预处理后，出水进入河口功能湿地，经过基质（碎石、钢渣和沸石）拦截、植物吸收和微生物降解，强化去除河水中主要污染物。

（3）功能湿地处理后，出水进入近自然湿地，经过深潭、浅滩、沟渠、生态岛等近自然生态系统的深度净化，实现河道、湿地和淀泊水质的互融互通。

三、技术创新点及主要技术经济指标

针对北方河湖城市尾水补给水量大、白洋淀入淀湿地生态系统退化、湿地水质净化功能低下等问题，突破近自然湿地水系连通、水动力优化、动植物配置和微生物强化等技术，经济有效地提升湿地的水质净化功能，促进湿地逐步形成良好的自然生态系统。通过技术突破，形成了近自然湿地生态修复和水质净化关键技术，促进河道、湿地和淀泊水质的互融互通，改善水体环境质量、维持生态系统稳定。通过工程示范，实施了白洋淀地区 6.3 km² 大尺度生态塘群预处理 – 功能湿地污染强化削减 – 近自然湿地生态修复工程，净化城市尾水 45 万 m³/d。具体表现在：

（1）突破了大尺度近自然湿地构建技术体系，实现了大城市再生水规模化生态利用。突破了城市尾水生态塘群预处理 – 功能湿地强化污染削减 – 近自然湿地生态景观提升一体化湿地构建技术体系，首次累计建设了白洋淀地区 6.3 km² 大规模近自然湿地系统，实现了每年 1.5 亿 m³ 以上城市尾水全收集、全处理和全补给，出水水质达到地表水Ⅳ类以上标准，可支撑北方 400 万以上人口城市再生水的生态利用。

（2）突破了"生态塘群 – 功能湿地 – 退耕还湿"梯级水质净化技术，实现了尾水补给型河水的水力负荷和污染负荷全控制。优化了前置生态塘植物配置，颗粒污染物去除效率提高 50% 以上、有机物水解率达到 25% 以上；系统优化了分区分级湿地基质级配，提出了湿地基质缓释长效除磷技术，实现溶解性磷削减 50% 以上；开发了 3% ～ 5% 芦苇杆或芦苇生物炭添加的清淤湿地立地条件改善技术，建立了"挺水 + 沉水"和"冷季 + 暖季"本土植物复合配置模式，首次突破底栖动物传质促进技术，水生植物生长速率提高 20% 以上，水体藻类及污染物去除率提升 30% 以上；形成了湿地植物定期收割管理方案，减少植物衰败二次污染 20% 以上。

（3）突破了"水系连通优化 – 立地条件改善 – 微生境营造"近自然生态修复技术，实现退耕、退塘、退渔、退养全面还湿。首次联合运用 ENVI、ArcGIS 和 Fragstats 遥感解译和统计分析，建立了北方大型湿地近自然生态水文连通模式，实现了沟渠、生态塘、植物塘、生态岛等生态景观格局的优化；首次集成了水环境、水生态与 Delft3D 水动力的联合模拟，确定了府河和孝义河河口湿地水质净化工程的引水方案，湿地水文连通性提高 30% 以上、水体污染削减 30% 以上；营造了良好的水生动物和鸟类等的栖息地，连通河流 – 湿地 – 淀泊生态系统，首次发现了成群小天鹅、疣鼻天鹅、鸿雁等国家二级重点野生保护鸟类，实现了破碎化湿地蓝绿生态风貌恢复，府河河口湿地获批河北省生态环境教育基地。

四、实际应用案例

（一）典型案例1：府河河口湿地水质净化工程

应用单位：中国雄安集团生态建设投资有限公司。

实际应用案例介绍：府河河口湿地水质净化工程采用具有分区、分级特征的前置沉淀生态塘＋潜流湿地＋水生植物塘，形成了一套解决低碳高氮磷微污染水的近自然水质净化工艺，为高标准河口湿地建设提供技术保障。

实际应用案例位于白洋淀藻苲淀范围内的府河、瀑河、漕河三河入白洋淀河口区，主要建设引配水工程、水质净化工程、配套设施及公共工程、智慧湿地工程，设计净化处理规模 25 万 m^3/d，总占地面积约 4.23 km^2。项目采用政府财政投资，建设总投资为 6.17 亿元，工程总承包中标总价 4.18 亿元。项目建设单位为中国雄安集团生态建设投资有限公司，工程总承包单位为中电建生态环境集团有限公司（牵头单位）、中国电建北京勘测设计研究院有限公司、中国电建华东勘测设计研究院有限公司联合体，监理单位为武汉宏宇建设工程咨询有限公司。项目已于 2020 年 6 月 30 日全部完工。湿地工程调试期 6 个月、试运行期 6 个月、稳定运行期 2 年。湿地工程获 2020 年度河北省建设工程"安济杯奖"（省优质工程），并获批 2020 年河北省生态环境教育基地。目前湿地出水水质优于地表水环境Ⅳ类标准，对于白洋淀水质达标、生态系统恢复、绿色生态空间构建、白洋淀"苇海荷塘"壮阔胜景重现、雄安新区生态文明建设保障有着重要的现实意义和长远意义。

（二）典型案例2：孝义河河口湿地水质净化工程

应用单位：中国雄安集团生态建设投资有限公司。

实际应用案例介绍：孝义河河口湿地水质净化工程采用具有分区、分级的前置沉淀生态塘＋潜流湿地＋多塘系统，形成了一套解决低碳高氮磷微污染水的近自然水质净化工艺，为高标准河口湿地建设提供技术保障。

实际应用案例位于安新县同口镇南，龙化乡北。主要建设内容包括引配水工程、水质净化工程、配套设施及公共工程、智慧湿地工程，设计处理规模 20 万 m^3/d，总占地面积约 2.11 km^2。项目采用政府财政投资，建设总投资 4.39 亿元，工程总承包合同总额 3.10 亿元。工程总承包单位中交第二航务工程勘察设计院有限公司（牵头单位）、北京京水建设集团有限公司、中交天航环保工程有限公司联合体。项目已于 2020 年 6 月 30 日全部完工。湿地工程调试期 6 个月、试运行期 6 个月、稳定运行期 2 年。目前湿地出水水质优于地表水环境Ⅳ类标准。孝义河河口湿地对于白洋淀水质达标、生态系统恢复、绿色生态空间构建、白洋淀"苇海荷塘"壮阔胜景重现、雄安新区生态文明建设保障有着重要的现实意义和长远意义。

技 术 来 源

- 入淀湿地复合生态系统构建技术研究和工程示范（2018ZX07110003）

103　低温河道近自然湿地氮磷削减关键技术

适用范围：北方地区近自然人工湿地构建。
关 键 词：近自然；河流湿地；水质保障；沉水植物滤网；低温；氮磷削减

一、基 本 原 理

综合运用物理、化学、生物等净化原理，实现北方低温水体氮磷削减率达到 30% 的预期目标。利用河道滩地、顺延河流形态、结合自然湿地形态和生物多样性特征，建成以塘为主体的多形态近自然人工湿地系统，通过延长水流路径、促进水位变动、构建深潭 – 浅滩格局等措施强化物理净水作用。借鉴生物脱氮除磷原理，集成植物滤网截留净化、多生境控碳脱氮、底质调节缓释除磷、地温 – 冰盖协同增温保温等技术，形成低温河道近自然梯级湿地氮磷削减关键技术。

二、工 艺 流 程

工艺流程主要分为"截留沉降＋富碳补给＋生物富集"和"抑藻控碳＋生物富集＋强化脱氮"两部分（图 103.1），具体如下：

（1）以溪流和岛屿湿地、鱼鳞湿地串联构成自然输水渠道和沉沙区，结合沉水植物滤网构建，强化物理截留沉降、植物富碳补给、微生物富集作用。出水自流进入由生物塘、单元表流湿地、潜流湿地等不同湿地形态优化组合的水质净化区，综合发挥植物 – 微生物等的协同脱氮、抑藻控碳作用净化来水。

（2）实施以人工引导为主的水生植物群落构建，配置分泌小分子有机物能力强、氮磷吸附效率高、拦截吸附能力强、时间生态位互补的沉水植物群落，构建沉水植物生态滤网，同时配置兼具水质净化与景观提升的挺水植物。

（3）构建短程硝化反硝化潜流湿地深度净化区，强化对含氮污染物的净化效果；布设新型缓释除磷填料，强化表流湿地底质对磷的吸附效果。

（4）优化取水方式，并配合水位调控措施，形成冰下运行方式；局部实施冷季型水生植物配置、耐低温生物菌群强化和保温基质材料配置措施，强化低温期稳定运行效果。

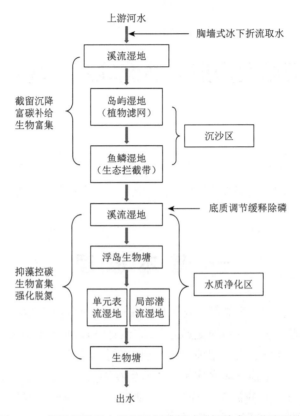

图103.1 低温河道近自然湿地氮磷削减关键技术工艺流程图

三、技术创新点及主要技术经济指标

技术创新点

1. 突破了植物滤网截留净化技术，实现了河水高效预处理

提出植物滤网截留净化技术，强化物理拦截、生物净化等水质改善效果。优选篦齿眼子菜、黑藻、狐尾藻、菹草等截留吸附能力强的沉水植物群落，构建水下植物滤网，实现对粒径小于 8～10 μm 不溶性胶体、悬浮性小颗粒的拦截和过滤，并为微生物富集提供巨大表面空间，强化近自然湿地系统污染去除功能。

2. 突破了多生境多塘控碳脱氮技术，实现了河水的控碳脱氮

提出深潭–浅滩交错、急流–缓流相间的多生境多塘空间的近自然湿地系统构建模式。优选分泌色氨酸等易降解小分子有机质能力强的狐尾藻、黑藻等植物滤网，强

化自然富碳补给、溶氧环境优化等作用，实现植物碳源补给量 1.6 ～ 2.4 mg/(g·d)，为异养型微生物反硝化作用提供碳源；基于水生植物与浮游藻类的竞争机制和物理拦截作用，优化植物滤网配置，防控因藻类过量繁殖导致的水体 COD 超标，实现控碳脱氮的水质保障目标。

3. 突破了底质调节缓释除磷技术，实现了河水的稳定除磷

研制新型钙基缓释除磷填料，初始可溶性磷浓度为 0.5 ～ 3 mg/L 条件下，磷去除率达到 70% ～ 90%，新型除磷填料的理论饱和吸附量介于 0.22 ～ 0.992 mg/g，除磷能力明显优于天然除磷填料；研发生石灰与土壤 1 : 5 ～ 1 : 10 比例掺混方法，形成基于湿地底质调节的缓释除磷技术，可溶性磷去除率达到 50% 以上，有效提升表流湿地稳定除磷效果，结合水生植物优化配置和运行调控，实现磷入河削减量达到 30% 以上。

4. 突破了地温-冰盖协同增温保温技术，实现了近自然湿地低温期稳定运行

形成"胸墙式冰下折流取水 – 高水位调控"运行模式，实现近自然湿地冰盖下运行；基于"地温 – 冰层"协同增温保温作用，维持低温期（水温低于 10℃）冰下水温 2 ～ 3℃，降低生物温度胁迫，冷季型沉水植物生物量、生理活性维持在最佳温度条件下的 10% ～ 20%，实现低温期（水温低于 10℃）氮磷削减率达到 20% 以上。

四、实际应用案例

依托官厅水库八号桥水源净化湿地工程，于河北省怀来县官厅水库八号桥永定河入库口，利用长约 3.5 km，宽约 700 m 的河道及滩地，建成近自然复合功能湿地示范工程，建设总面积约 210 ha，净水规模 1 ～ 3 m³/s，于 2019 年 9 月底通水运行。

该工程针对永定河河道受污染来水水质波动大、氮磷污染物超标等问题，结合北方地区低温、水源地高标准要求，秉承自然生态理念，综合溪流、生态塘、表流湿地、潜流湿地等多种形态，运用物理、化学、生物和生态组合净化原理，综合集成除磷、水位 / 流量调控、耐低温植物配置、微生物菌群筛选、湿地结构优化等关键技术，形成了集水质保障、生态修复及景观建设为一体的大型近自然复合功能湿地系统。

系统运行期间，常温期上游来水水质介于 Ⅳ ～ Ⅴ 类之间、平均水力负荷 0.104 m³/(m²·d)，COD 平均去除率达到 15.68%；氮磷去除率分别达 64.11% 和 75.59%，超过 30% 的预期目标。低温期（水温低于 10℃时）湿地系统持续运行；平均水力负荷 0.07 m³/(m²·d)，氮磷削减率分别达 50.38%、64.4%，有效破解北方地区近自然湿地越冬运行难题。

技 术 来 源

- 妫河世园会及冬奥会水质保障与流域生态修复技术和示范
  （2017ZX07101004）

104　生态清洁小流域建设关键技术

适用范围：北方地区小流域综合治理。
关 键 词：农业面源污染防控；河沟道生态修复；参与式最佳管理实践；
　　　　　　生态清洁小流域

一、基 本 原 理

小流域是流域综合管理的基本单元。生态清洁小流域建设以小流域为单元，遵循流域的系统性和生态系统完整性，以清水下山、净水入河、生境和生物多样化为目标，实施山水林田湖草系统修复，实现流域内人水和谐、生态系统良性循环。

二、工 艺 流 程

该技术以小流域全要素监测评价为基础，集成农业和农村面源污染防控、河沟水生态功能提升等治理技术，辅以参与式最佳管理实践，达到流域"清洁""生态"的综合目标。逻辑技术框架如图 104.1 所示。

三、技术创新点及主要技术经济指标

（一）技术创新点

针对北方地区小流域治理形成综合性解决方案，将生态清洁小流域 1.0 版本由农业源头污染治理技术上升到控 – 蓄 – 净过程削减和资源化利用技术、由小型水体自然修复技术扩展到再生水补给为主的多水源河沟道多生境构建技术、由建设前和建设后农民参与式上升到全过程的参与式最佳管理实践（BMPs）的 2.0 版本。

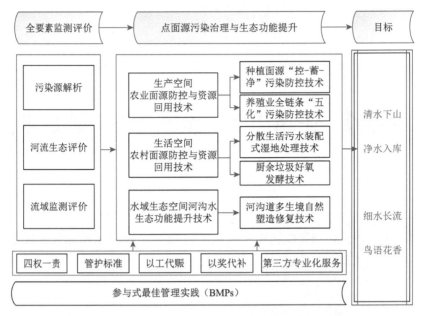

图104.1 生态清洁小流域建设关键技术工艺流程图

（二）主要技术经济指标

（1）采用"肥药减量优化－田间保土蓄肥－生态沟渠净化－种养结合回用"技术链条实施农业面源污染防控，实现化肥减量13%，N、P流失分别减少11%和24%以上；农药减量10%，对白粉病、灰霉病等病害防效达60%～65%。

（2）提出河道多生境自然塑造修复技术，采用"渗滤型边滩＋多级塘湿地＋近自然河溪"模式，人工引导的河流水文冲淤与形态重塑相结合，可抵御5年一遇以上的洪水，TN和TP削减45%以上，NH_3-N和COD削减60%～70%，生境类型增加8种以上。

（3）建立"四权一责"的公众参与激励机制，确定小流域运行管护标准，尝试第三方专业化服务方式，探索以工代赈和以奖代补等建设新模式，保障公众全程参与流域治理与管理。

四、实际应用案例

（一）典型案例1

南沙河源头（海淀区）生态清洁小流域示范工程位于南沙河中上游，共6条小流域，总面积为105 km²。针对该流域存在的污染源多样、生态退化严重等问题，构筑"农田绿地生态修复区、人居产业生态治理区、河道沟渠生态保护区"三道防线，通过面源污染防控、雨水径流调控和河沟道生态修复等三大类工程，实施山水林田湖草一体化治理，达到流域污染物削减与生态功能提升的综合目标。

（二）典型案例2

北沙河源头（昌平区）生态清洁小流域示范工程。位于昌平区西部北沙河中上游，共 8 条小流域，总治理面积为 114 km²。针对示范区内的植被退化、水土流失、农业和村镇地表径流面源污染、排水沟渠水环境污染和山地灾害等问题，采用了植被恢复、水土保持、村镇美化、沟渠生态修复、水资源高效利用和水污染防控等 6 大类 20 余项治理措施。达到小流域控制土壤侵蚀模数小于 200 t/(km²·a)，化肥和农药减量，入河污染物削减，生境和生物多样性提高的目标。

技 术 来 源

• 北运河上游水环境治理与水生态修复综合示范（2017ZX07102001）

105 河流原位修复与旁路湿地处理双循环强化净化关键技术

适用范围：北方浅山区季节性缺水河流综合治理（生态修复、水质改善以及景观提升）。

关 键 词：北方河流；水生植物；群落配置；河流湿地群；水循环系统；水质水生态模型

一、基 本 原 理

河流原位修复与旁路湿地处理双循环强化净化技术基于北方河流季节性缺水导致生境极度脆弱的特点，在大量试验和现场调查的基础上，根据河流的水深、底泥类型、河岸带宽度、景观功能需求等纵向生境特征进行水生植物种类和修复模式选择，构建了 1 套河流生态修复适用湿地植物群落配置决策支持系统，该系统能够根据多目标需求为决策者提供最优化的植物配置方案。根据研究区地形条件特征以及不同水源条件下的水质特性，在系统分析研究区水动力条件、污染物降解、沉积、水生植物与水质净化过程之间响应关系的基础上，研究确定湿地关键指标及运行过程中的水质响应参数，开发了 1 套水质 – 湿地植物模型，用于指导现有河流 – 湿地群循环水系的构建，实现研究区域内水系连通，提高水体流动性、激活河流湿地功效和潜能，形成循环净化体系，提升水体净化能力。

二、工 艺 流 程

工艺流程为"确定治理目标 – 水生植物筛选 – 水循环系统构建 – 水生植物空间配置 – 完成治理目标"（图 105.1），具体如下：针对不同的河流特点和治理需求（水环境改善、水生态系统修复、水景观提升），确定河流治理目标及其量化指标。利用"河流生态修复适用湿地植物群落配置系统"进行水生植物的筛选与配置，包括群落配置、色彩搭配、季节搭配等。利用"河流湿地群生态连通体系构建模型"对治理河流进行水循环系统构建，包括水量空间分配和水生植物空间布局优化。按照确定的最佳工程设计参数，完成工程设计、施工等，实现国家和地方重大规划确定的治理目标。

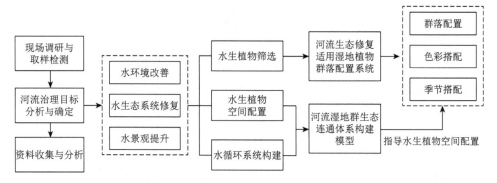

图105.1　河流原位修复与旁路湿地处理双循环强化净化技术关键技术工艺流程图

三、技术创新点及主要技术经济指标

突破了低流量或静止河道的高标准水质保障及脆弱生境的有效修复的技术瓶颈，依托自主研发的定量化预测评估模型进行优化，创新性构建了河流－湿地群生态连通的内循环系统和旁路湿地强化净化外循环系统的协同技术体系，实现了高标准水质和景观的双重提升。

技术创新点

一是研发了基于底泥缓释除磷技术的生境岛景观构建技术，破解河道清淤底泥处理难题的同时提升了景观格局。基于河流受损生境与水生植物群落特征研究，构建了涵盖415种湿地植物的群落配置决策支持系统，从水质净化、受损生境重建、水生植物群落稳定维持、景观格局综合提升等多维度出发，将水体污染物高效去除与仿生态景观技术相耦合，支撑了区域河流水生态景观格局重建，能够根据水质提升和景观改善多目标需求为决策者提供最优化的植物配置方案。可为工程设计或施工单位提供支撑，用于指导类似河流生境破碎斑块原位修复和水质提升。

二是自主研发了基于"WQ+Veg"EcoLab（水质＋营养盐＋湿地植物）模块的定量化预测评估模型，构建了基于河流表流湿地原位修复的内循环系统和旁路湿地强化净化外循环系统的协同治理技术体系。通过对河流湿地群与旁路湿地不同单元污染物去除效果进行量化，确定了湿地类型、水生植物种植密度、湿地空间分布的最优化组合，提出了丰平枯来水条件下的适宜调度运行方式。

河流原位修复与旁路湿地处理双循环强化净化技术通过用于妫水河（世园会段）水生态治理，世园会段水质由Ⅳ～Ⅴ类提升为Ⅲ类，水生植物多样性指数平均由0.3提升至2.05，"水质－生态－景观"三位一体得到明显提升，有力支撑了世园会的圆满召开。该技术有利于推动北方浅山区季节性缺水河流生态修复由典型案例积累到半经验－半定量范式的转变，技术就绪度从 3 级提高到 7 级，可在京津冀河流生态修复和景观提升中推广应用。

四、实际应用案例

应用单位：北京市延庆区水务局。

实际应用案例介绍：妫水河水循环系统修复示范工程（图 105.2 和图 105.3）位于北京市延庆区妫水河（世园会段），示范河段长度 12 km，配套经费 2267 万元。示范工程通过河流原位修复与旁路湿地处理双循环强化净化技术的研发与示范，利用自主研发的河流生态修复适用湿地植物群落配置系统，结合妫水河世园会段高标准景观需求，将水体污染物高效去除与仿生态景观技术相耦合，进行了妫水河 12 km 的河道生态修复和景观提升工程应用。利用自主研发的河流 – 湿地群生态连通体系评估模型，构建了从妫水河（世园会段）下游段提水入三里河潜流湿地净化后，经三里河支流汇入妫水河（世园会段）上游，连通潜流湿地和河道表流湿地，形成局部水循环系统，通过模拟得出了河流湿地群的最优空间布局，示范工程共种植水生植物总面积 336854 m²。示范工程实施后，妫水河世园会段水质由 V 类提升到平均水质 III 类（COD ≤ 20 mg/L、NH₃-N ≤ 1 mg/L、TP ≤ 0.2 mg/L、DO ≥ 5 mg/L 等），支撑了妫水

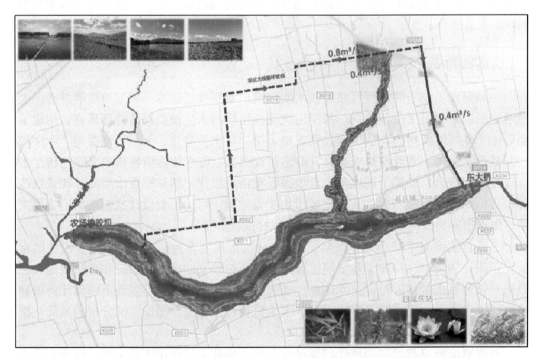

图105.2 河流原位修复与旁路湿地处理双循环强化净化关键技术示范工程平面布置图

示范工程实施前（2017年6月现场调研）

示范工程实施后（2019年6月现场调研）

图105.3　河流原位修复与旁路湿地处理双循环强化净化关键技术示范工程建设前后对照

河谷家营考核断面水质达到"水十条"考核要求。水生植物多样性指数由 0.3 提升到 2.05，全面改善了妫水河世园会段水生态景观，妫水河被评为 2018 年度北京市优美河湖，为 2019 中国北京世界园艺博览会的胜利召开提供了水生态环境保障。在国家"水十条""绿色办奥"等要求的约束下，关键技术可进一步在京津冀推广应用，为国家重大战略、工程以及地方重大治污工程的实施提供支撑。

技 术 来 源

- 妫河世园会及冬奥会水质保障与流域生态修复技术和示范（2017ZX07101004）

106 滞留河道原位电化学强化生物氮磷削减关键技术

适用范围：电解；光伏电池；生态浮床。

关 键 词：酚油协同萃取；资源回收；复配萃取剂；高浓度含酚废水；焦化废水；煤化工废水

一、基 本 原 理

本技术将电解引入生态浮床，强化了其对氨氮与磷酸盐的去除，并取得了良好的抑藻效果。电解析氢促进了填料表面氢自养反硝化菌的生长，生物反硝化结合电化学还原硝氮，大幅提高了浮床的脱氮效率。选用生物质炭或陶粒作为填料，可有效降低电解能耗，且通过电解实现对生物质炭和陶粒的原位改性，提升了其处理氮磷的能力，并缓解了电解及高浓度氨氮对浮床植物的胁迫作用，有效改善了河道水体环境。在生态浮床上增加电解系统，提高了脱氮除磷效率。电解生态浮床不仅可以通过强化基质的吸附能力或通过电化学还原作用提高水体中硝态氮的去除效率，还可以通过絮凝体的形成吸附藻体沉淀至底部，降低其光合作用强度，可有效抑制藻类生长。

二、工 艺 流 程

商品名为碧水器，产品的架构主体为 1080 mm×750 mm×350 mm 的聚氯乙烯（PVC）塑料管材框架（立方体状，黑色部分），主要利用黏胶剂进行粘接，或使用塑料焊枪进行焊接，框架管材尺寸为 Φ40 mm，厚 4 mm（尽可能厚，要求抗压性较好）。框架底部搭设 4 根 PVC 管作为横梁（绿色部分），主要起承重和桥架作用，用于放置四个塑料筐，保护产品避免因撞击等损坏。另框架中部四周加设 4 根管材（虚线部分），主要防止塑料筐滑出，起固定作用。塑料框架内放置外径为 510 mm×355 mm×310 mm，内径为 485 mm×325 mm×300 mm 的大型塑料筐 4 个，塑料筐孔径较小，其中可放置导电陶粒（Φ2 cm，密度 450 kg/m³）和电极，陶粒可以降低系统电解反应的电耗，同时可以吸附水体氮磷，其较大的比表面积可以为微生物提供较好的生长场所。4个塑料筐拼接成一个较大的长方体状，可用塑料焊枪焊接在一起，作为整体放入桥架系统。使用多个塑料筐拼接后可形成面积较大、高度较小的大型浮体，浮力较大，更易于保证装置的长久运行。

三、技术创新点及主要技术经济指标

（一）技术创新点

本关键技术将电解引入生态浮床，强化了其对氨氮与磷酸盐的去除，同时实现有效反硝化，并利用太阳能电池供电，实现一年四季高效氮磷削减。电解析氢促进了填料表面氢自养反硝化菌的生长，生物反硝化结合电化学还原硝氮，大幅提高了浮床的脱氮效率。选用生物质炭或陶粒作为填料，可有效降低电解能耗，且通过电解实现对生物质炭和陶粒的原位改性，提升了其处理氮磷的能力。并缓解了电解及高浓度氨氮对浮床植物的胁迫作用，有效改善了河道水体环境。在生态浮床上增加电解系统，提高了脱氮除磷效率。

（二）主要技术经济指标

碧水器具有良好的净化水质效果。光伏供电电压 30 V，碧水器连续运行 3 天，较河道生态浮床处理，每台服务面积 300 m^2 水面，重污染滞留河道生态强化净化组合设备冬季河道氮磷削减效果分别较生态浮床提升了 20% ～ 40%，设备运行费用为 0.044 元 /（台·天）。

四、实际应用案例

（一）典型案例1：断头浜型滞留河道强化净化技术示范工程

针对丰产河水体滞留、污染严重的问题，开展了滞留河道原位电化学强化生物氮磷削减技术的工程示范，开发的相应设备（商品名"碧水器"）应用于重污染河道，实现了重污染河道水质的有效提升（图 106.1）。

（二）典型案例2：连通型滞留河道强化净化技术示范工程

针对民丰河水体滞留、污染严重的问题，开展滞留河道原位电化学强化生物氮磷削减技术的工程示范，开发的相应设备应用于重污染河道，有效削减了水体氮磷污染（图 106.2）。

图106.1　断头浜型滞留河道强化净化技术示范工程图

图106.2　连通型滞留河道强化净化技术示范工程图

（三）典型案例3：南京信息工程大学无锡滨江学院校区

滨江学院人工湖占地约 2.7 万 m^2，水深 2.5 m，接纳滨江学院一期二期陆域汇水（包括地表径流、坡面降水、绿化用水等），总计约 25.1 万 m^3/a。人工湖四周设有 3 个雨水排放口，湖体补水主要通过雨水及地表径流，湖水经东南侧溢流堰排入北宅浜，最后汇入九里河。水体交换周期长，流动性差。工程基于雨水径流净化与生态修复相结合的思路，采用了初期雨水径流拦截过滤技术、水生植物及微生物的协同构建技术、水生植被被人工诱导的自组织修复技术和滞留河道原位电化学强化生物氮磷削减技术保障人工湖水质，在净化雨水、确保水质的同时，兼顾景观效果，形成了稳定的水生态系统。该工程充分发挥了人工湖作为城市湿地的滞水和净化功能，将生态工程深度结合海绵城市建设，创造性地解决了城市海绵体纳污能力不够、净化性能不足等问题，保障了人工湖的蓄水和自净功能，使 NH_3-N 和 TP 浓度达到地面水环境质量的Ⅲ类标准，同时营造了生态与景观相结合的校园水景（图 106.3）。

图106.3 南京信息工程大学无锡滨江学院校区图

技 术 来 源

- 河网区上游滞流河道治理和生态净化关键技术研发与工程示范（2017ZX07204002）

107 重污染河道催化强化生态净化关键技术

适用范围：适用于氮磷高的黑臭河道重污染水体。
关 键 词：重污染；催化强化；生态净化

一、基 本 原 理

本技术将光电催化与生物净化进行集成实现对重污染水体中关键指标进行削减。负载催化材料的功能纤维放置于水面下 3～5 cm 处，纤维正面材料吸收日光能量并转化为电能，电能以激发态电子形式与水分子、氧气结合形成活性氧，活性氧对水体中有机污染物进行一定程度分解，大分子有机物可以转化为小分子产物，提升生物利用性。与传统填料表面不同，在催化材料介导下形成的活性氧会改变功能纤维表面的环境，在表面至离表面一定距离形成一层洁净微区，导致纤维表面生物膜组成和结构发生改变，表面固着生物菌藻胶团物在一定范围内在生态位竞争过程上具有优势，其对水中氮磷进行削减，结合遮光效应，也会带来对水体浮游藻类抑制效果。功能纤维周边的植物根系一是可以吸收水体氮磷等物质，另一方面催化强化所带来的包括一定活性氧、提升的氧化还原电位的微环境改善，也促进了植物的生长。

二、工 艺 流 程

产品表现形式为新型催化强化生物净化浮床，结构上由催化强化单元、生物载体单元与植物轻质基体单元组成，可根据实际使用条件进行自由调整。催化强化单元与植物轻质基体单元尺寸一致，均为长 3000 mm，宽 1350 mm。强化单元采用 Φ75 的 PVC 空心管架，内部放置催化功能纤维。周边为植物轻质基体单元，厚度为 400 mm。各个单元通过固定配件进行连接。生物填料的长度根据水体深度进行调整，其下端加挂配重。对于自然驳岸河道，一般采用在离两侧河岸适当距离处，向河底打入镀锌钢管桩，而后在桩之间拉设聚乙烯绳（或钢丝绳），再将每列材料纤维网牵引固定于绳上。对于硬质驳岸河道，一般采用在两侧河岸水面以上适当距离处打孔，拧入带挂钩膨胀螺丝，而后在挂钩之间拉设聚乙烯绳（或钢丝绳），再将每列材料纤维网牵引固定于绳上。整个浮床设置于水面下 3 ～ 5 cm 处。

三、技术创新点及主要技术经济指标

（一）技术创新点

催化氧化与生态植物净化耦合，前者对有机污染进行削减，后者对氮磷进行削减，有效提升综合净化效果；催化材料与固着生物膜结合，提升水体透明度，促进水体生物生长。

（二）主要技术经济指标

新型催化强化生物净化浮床具有良好的净化水质效果。该新材料布置简单，管理方便，每套服务水域面积 1000 m²。该材料的布置要求光照充足，河道流速不超过 5 ～ 10 cm/s，水深在 0.5 ～ 4 m 之间，按照河道水面面积 30% 布设，催化强化生态净化技术对比生态浮床技术，COD、NH_3-N 和 TP 平均削减效率由现有生态浮床技术的 28%、24% 和 22% 分别提高至 66%、65% 和 53%，实现有机物和氮磷削减率由目前的 20% 提升至 50% 以上。

四、实际应用案例

（一）典型案例1：连通型滞留河道强化净化技术示范工程

针对滞留河道水体自净能力差的现状，在控污基础上，基于水质可持续改善目标，以可持续的曝气复氧等水质改善工程为基础，进行光催化氧化技术等物化强化净化技术的工程示范，提高了滞留河道水质净化能力的可持续性。技术增量为通过耦合催化氧化实现河道生态净化功能强化，提升生态净化速率和效果，投资费用约 1.36 元 /m²，无动力消耗与运行费用。月平均维护费用约 0.05 元 /m² 水面积。技术就绪度由目前的 4 级提升到 8 级。通过技术联用，民丰河 COD、NH_3-N 及 TP 得到有效削减，DO 指标年平均值大于 2 mg/L。

（二）典型案例2：上海长兴岛

面对水环境的污染现状和不断扩充增加的污染物清单，需要开发一种绿色的、可持续的、环境友好的水质净化技术。本研究采用催化功能纤维，开展工程化验证基地优选、试验方案顶层设计、现场工程施工等工作。通过数据采集和分析，筛选功能纤维对微污染水源的净化因子（指标），验证催化强化技术水质净化效果，为高性能功能纤维的 L 级与工程化应用提供技术支撑。试验选址：青草沙水库实证基地内 70 m（长）×70 m

（宽）×5 m（水深）的两个方形水池。试验池编号 T1，空白对照池编号 C1。

试验组透明度高于空白对照组，催化功能纤维对改善水体透明度具有积极的效果。水体透明度的改善，有利于水体生态结构的调整。

至 2018 年 7 月 31 日，试验组抗生素浓度 6.51 ng/L，空白对照组 17.93 ng/L，总去除率分别为 93.3% 和 78.9%。试验组和空白对照组抗生素总量随时间呈现逐渐下降的趋势。试验组抗生素去除率比空白对照组高 14.4%。催化功能纤维对抗生素的降解具有一定的强化作用。强化的原因可能是直接降解（催化降解）、也可能是催化改善水体环境，调节水生态结构提高了微生物新陈代谢水平（生物降解）。空白池与试验池水下摄影如图 107.1 所示。

试验组 T1 的内分泌干扰物总体去除率为 71.7%，空白对照组 C1 的内分泌干扰物总体去除率为 44.7%。试验组对内分泌干扰物的去除率比空白对照组高 27%，催化功能纤维对内分泌干扰物具有一定的去除效果。去除效果可能是直接降解（催化降解），也可能是催化改善水体环境，调节水生态结构提高了微生物新陈代谢水平（生物降解）。

图107.1　空白池（左）与试验池（右）水下摄影对比

技 术 来 源

- 河网区上游滞流河道治理和生态净化关键技术研发与工程示范
  （2017ZX07204002）

108 河道内源污染改性生物质炭阻断关键技术

适用范围：高浓度氮磷污染底泥有效态氮磷削减。
关 键 词：内源氮磷；改性生物炭；固磷；释氮；电化学；微生物

一、基 本 原 理

产品表现形式为一种新型炭基污染阻控材料。以疏浚重污染河道底泥为基础材料，与常规生物质残体如木屑、竹片等混合，形成有机质和矿物质均较高的原材料，再以 $FeCl_3$ 对原料进行预处理，形成均质的填料。经过 500℃ 限氧热解 2 h 后获取底泥基改性生物质炭复合材料。在此基础上，进一步对该材料进行活性改性处理，即利用其多孔特性负载氨氮降解菌，得到具有微生物活性的铁改性复合生物质炭。炭材料可以以粉状态存在，也可以以片状或块状结构成型。将其投加至河道水体，即可实现河道水体中氮磷的削减和阻控。生物质炭中的铁元素可与底泥中磷结合，转化为沉淀态而极其稳定，对底泥中磷元素的缓慢释放，尤其是扰动较大时的释放有显著阻控作用，并且在磷的长效控制方面作用更为显著。同时利用负载的氨氧化细菌氧化 NH_3-N，实现对 NH_3-N 阻控，并通过硝化 – 反硝化作用实现脱氮。

二、工 艺 流 程

产品的制备工艺：以疏浚重污染河道底泥为基础材料，与常规生物质残体如木屑、竹片等混合，形成有机质和矿物质均较高的原材料，再以 $FeCl_3$ 对原料进行预处理，形成均质的填料。底泥与生物质残体的混合比约为 1：1（质量比），$FeCl_3$ 改性剂的添加比例为 20%（质量分数），且以溶液浸渍法进行处理。上述原料经过 500℃ 限氧热解 2 h 后获取底泥基改性生物质炭复合材料。在此基础上，进一步对该材料进行活性改性处理，即利用其多孔特性负载氨氮降解菌。氨氮降解菌粉为多种细菌的混合菌粉，包括芽孢杆菌，乳酸杆菌，肠杆菌和蛭弧菌。上述各菌粉分别按照 80%、10%、5% 和 5% 的质量百分比机械混合。所得到的具有活性菌的底泥基改性生物质炭即可用以投掷于河道水体中控制氮磷释放。

产品的应用流程：向 600 kg 重污染底泥中以 5% 的比例投放底泥基改性生物质炭。对底泥表面水体以及底泥上覆水中层进行取样，并测定其氮磷浓度与水质指标。结果表明改性生物质炭可有效用于河道底泥的长期磷阻控，一周之内，将上覆水体 NH_3-N 浓度由 3.5 mg/L 降至 2.5 mg/L 以下，将 TP 由 0.5 mg/L 降低到 0.3 mg/L 以下。较现有的覆盖技术，通过改性生物质炭阻断可实现氮磷释放率降低 30% 以上。

三、技术创新点及主要技术经济指标

（一）技术创新点

本关键技术具有显著创新性，又具备原位可利用性。采用矿物质含量较高的底泥以及有机质含量较高的生物质残体作为基础原材料，制备生物质炭产品，并通过铁负载和活性菌负载改性的手段，获取了一种具有化学阻控磷和微生物转化氮能力的高性能复合材料，即可缓解河道底泥氮磷释放，同时实现了废弃物的消纳和处置。

（二）主要技术经济指标

改性生物质炭材料应用于河道水体氮磷削减修复，较现有的覆盖技术，改性生物质炭投加量大约为 2.0 kg/m²，投资费用约 60 元 /m² 水面积。较现有覆盖技术，实现较河道治理前底泥氮磷释放降低 30% 以上。

四、实际应用案例

典型案例：上海毛竹环境科技有限公司

案例介绍：公司自主生产了改性生物质炭如图 108.1。生产流程为从无锡太湖边白茅村底泥堆场采集了大量脱水后的底泥，与木屑混合，并经过 $FeCl_3$ 前处理后，在 500℃ 条件下，于大型高温热解炉中生产生物质炭，并通过负载活性菌的形式使之具有微生物活性。产品经检测后用于河道水体修复。由于该区域为密集居民生活区，且旁边有一座大型农副产品批发市场，河道污染较为严重。经过 10 天左右的工艺运行，上覆水体氮浓度由平均 4.0 mg/L 降到平均 2.0 mg/L 左右，磷由 0.4 mg/L 降低到 0.2 mg/L 以下，较现有的覆盖技术，通过改性生物质炭阻断可实现氮磷释放率降低 30% 以上。

图108.1　上海毛竹环境科技有限公司典型案例图

技 术 来 源

- 河网区上游滞流河道治理和生态净化关键技术研发与工程示范
（2017ZX07204002）

109　基于净污新材料的河流绿色生态廊道构建关键技术

> **适用范围**：河道净污容量提升。
>
> **关 键 词**：新型净污材料；河流形态优化；净污型堤岸；内源污染控制；河流绿色生态廊道

一、基 本 原 理

所研发的系列多孔透水材料具有较好的物理性能特性（最小孔隙率 ≥ 20%，透水系数 ≥ 4.5 cm/s，抗压强度 ≥ 15 MPa），同时可以通过材料附着微生物的降解作用以及自身的吸附截留作用，较好地去除水体中的污染物，并基于新型多孔净污材料从河流净污堤岸、形态优化以及内源控制技术三个维度，通过自然植被防护与生态工程防护的有机结合，构建"稳定性、净污性、生态性、景观性和亲水性"于一体的生态廊道关键技术。具体技术包括多层复合透水净污材料、复合功能净污堤岸构建技术、顺直河流形态优化技术以及多孔材料生态毯技术。本关键技术实施后监测结果表明河道的 TN、NH₃-N 和 TP 浓度分别降低了 15.46% ～ 16.89%、15.44% ～ 17.15%、15.59% ～ 17.51%。

二、工 艺 流 程

（1）将水泥、河砂、短切玻璃纤维、羧甲基纤维素和水均匀混合，再将混合浆料、水泥发泡剂、$NaHCO_3$、水在发泡机中混合均匀后倒入模具中固化 7 天。

（2）将碎石、水泥、砂、水按搅拌均匀后倒入模具，固化 3 天。

（3）采用不同粒径碎石，重复步骤（2）。

（4）脱模后，置于恒温保湿强化养护箱中养护 15 天。

（5）将所制成的新型材料应用至复合功能净污堤岸构建技术、顺直河流形态优化技术、多孔材料生态毯技术等技术中。

三、技术创新点及主要技术经济指标

（一）技术创新点

（1）多层复合透水净污材料是经过多种材料复合加工而成的不同形状及强度和孔隙率的块状透水材料。在制作过程中，采用骨料交联法改善多孔砌块结构和成孔效果；通过添加玻璃纤维材料以提高其抗压强度；通过对浆料流动度和料灰比的优化来提高其透水性能；通过湿养护的方法，解决其由于多孔结构引起的水分散失快的问题。

（2）复合功能净污堤岸构建技术克服了传统石笼技术中块石吸附污染物性能较低的缺点，将传统石笼中的块石以块石与新型多孔材料 6∶4 混合比所替代。

（3）顺直河流形态优化技术克服了河网区顺直河流生态修复空间有限的问题，在河流蓝线范围内进行河流纵向－横向－垂向的形态重塑，在优化河流形态的同时构造河床湿地系统。

（4）多孔材料生态毯技术在运用新型净污材料替代传统基质的同时，克服了淤泥较深河床水生植物恢复困难的问题。

（二）主要技术经济指标

关键技术实施后河道的总氮、氨氮和总磷浓度可降低 15% 以上，河道净污能力提升。

四、实际应用案例

应用单位：无锡市新吴区住房和城乡建设局。

实际应用案例介绍：基于净污新材料的河流绿色生态廊道构建关键技术成果在无锡市新吴区住房和城乡建设局负责实施的"新吴区张塘河、古市桥港河道整治工程"以及"徐塘桥河综合整治工程"中进行了示范应用（图 109.1），工程示范总

图109.1 新吴区张塘河、古市桥港河道整治工程和徐塘桥河综合整治工程图

规模 14.8 km。第三方监测结果表明，与工程实施前相比示范区河流水质提升效果显著，景观环境得到很好改善。示范区河流 TN、NH_3-N 和 TP 浓度分别降低了 15.46% ～ 16.89%、15.44% ～ 17.15%、15.59% ～ 17.51%。

技 术 来 源

- 河网区上游滞流河道治理和生态净化关键技术研发与工程示范 （2017ZX07204002）

110 河道水生植被的方格化种植及稳定化关键技术

> **适用范围**：透明度与水深比小于 0.3、往复流的流速大于 10 cm/s，河道
> 近岸水生植被密度小于 10%，边坡比 1：5～1：1 的河道
> 近岸带水生植被修复工程，快速提高河道水生植被修复效率和
> 定值成活率。
>
> **关 键 词**：方格化种植；稳定化；河道；岸坡；水生植被

一、基 本 原 理

水生植被恢复重要的生境条件一般包括底质水质条件改善、透明度保持等，而河流水生植被恢复的条件中最重要的是抵抗水流冲刷保持水生植物的稳定性。针对望虞河西岸河网区河道整治工程后形成的河道断面存在护岸基质易流失，局部底泥污染物浓度高，支流河道蓄积污染严重，高水位、大变幅条件下水生植物存活率低的问题，重点从底质生境、水质生境、先锋物种促生根保稳定，以及种植固定技术等方面进行研发和集成，形成水生植物快速定植和规模化修复的种植技术。

二、工 艺 流 程

工艺流程为"河道基底生境改善 – 水生植物联合固定化脱氮微生物改善河道生境 – 先锋物种促生根技术 – 方格化种植及稳定化技术"（图 110.1）。

（1）使用基于生物质炭、黏土和固化剂的环境友好型近岸底质改良剂对河道基底进行改良。

（2）利用底泥（氧化还原电位低）和上覆水（氧化还原电位高）的氧化还原电位差，构建水体"原电池"系统，在无需外部电能输入的情况下，强化氧化底泥有机污染物，提高氧化还原电位，消除黑臭。

（3）根据近岸水深浅水生植物易成活的特点，利用方格化种植及稳定化技术固定种植水生植物，结合固定化氮循环菌的高效除氮能力，研发岸坡水生植被 – 功能微生

物联合配置强化净化技术，减缓岸坡淘蚀与多流态冲刷的影响，提高水体透明度，削减氮磷等污染蓄积量，初步改善水生态修复初期的河道生境条件，为河道生境优化以及水生植被的规模化修复提供基础。

（4）先锋物种筛选：筛选出苦草、马来眼子菜、荇菜、穗花狐尾藻、金鱼藻、轮叶黑藻 6 种土著水生植物作为先锋物种。

（5）促生根剂种类选择 3- 吲哚乙酸（IAA），2 μmol IAA 能有效促进苦草和荇菜的根系和植株生长，0.5 μmol IAA 能有效促进狐尾藻和眼子菜的根系和植株生长。用生物质炭包吸附一定剂量的 IAA 用于促进水生植物先锋种生根定植是可行的，有大规模推广利用的价值。

（6）水生植物的种植方格可根据河道近岸带地形，柔性方格可用生物绳、渔网，硬质方格可采用铁丝、竹片等材料制成的网片，每个尺寸应根据河道形态的复杂程度具体调整，网格面积可自由设置，利用扎带捆绑植物根部的方式来用来固定植物。对于河道边坡缓、水流弱的河段采用柔性方格，对于河道边坡陡、流速大的河段，应采用硬质方格。

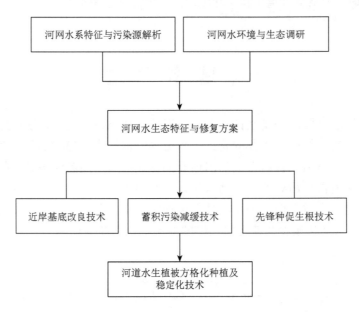

图110.1　河道水生植被的方格化种植及稳定化工艺流程图

三、技术创新点及主要技术经济指标

（一）技术创新点

研发了适应不同河道断面坡度、形式的水生植被的方格化种植及稳定化技术，解决了河道快速定植、规模化修复的应用难题。

针对望虞河西岸河网区河道水位变化大、多流态的特点，在河道生境改善和先锋物种促生根的研究基础上，比选水生植被的不同配置和种植密度的修复效果，构建了适应河道多水位变化的水生植物群落的配置和定植技术参数，研发了适用于不同坡岸河道生态修复的"河道基底生境改善—水生植物联合固定化脱氮微生物改善河道生境—先锋物种促生根技术—方格化种植及稳定化技术"，应用于河道快速、规模化的生态修复工程，提高了河道近岸水生植被修复效率和定植成活率，技术应用达到了近岸水域水生植被覆盖度从 10% 以下提高到 40%，水生植被生物多样性指数比修复前提高 30% 以上，长效维护成本小于 10 元 /m²，突破了河网区河道规模化水生植被修复效率低的瓶颈。

（二）主要技术经济指标

1. 近岸基底改良

基于生物质炭、黏土和固化剂的环境友好型近岸底质改良剂：按照稻壳炭：底泥 = 0.025 ：1（体积比）的比例投加后，土壤基底改良效果最佳。水蚯蚓投加量为 100 cell/0.1 m² 时，底泥有机物去除率可达 28.8%。

生物辅助微生物电极修复河道底泥技术：微生物电极系统原位强化底泥电极材料为碳毡。框架为 PVC 管材，将电极固定后，投入水体。阳极位置泥水界面下方 5 ～ 10 cm，阴极与水面距离不超过 1 m，除布置电极系统和修复后回收，整个修复过程无需维护，时间为 5 ～ 8 个月。

2. 水生植物联合固定化脱氮微生物改善原位河道水质

固定化氮循环菌用竹桩固定。将吸附在凝胶上的微生物采用网兜悬挂在水生植物修复区水面下 10 ～ 20 cm 处。更换频率为初期每周 1 次，1 个月后每月 1 次。每 100 m² 修复水域投放约 2 kg 固定化氮循环菌。实验柱置于室内条件培养，每隔 30 天更换一次柱内上覆水，狐尾藻添加量为 4 g/ 柱，生物炭添加量为土壤干重的 2%，铁氨氧菌分别在第 0 个月和第 3 个月投加一次，每次添加量为 500 mL 菌液。

3. 先锋物种促生根

筛选出了适合望虞河西岸河网区高水位、大变幅特性，具备很强的适应能力，并对水体 N、P 等污染具有较好去除和削减作用的先锋种：荇菜、苦草、马来眼子菜、狐尾藻、黑藻、金鱼藻。2 mol/L NaOH 浸渍，800℃活化为活性炭吸附促生根剂的最优改性条件。用改性后的生物质炭吸附搭载 IAA 装成炭包绑在植物根系附近，通过盆栽或者金属网格定植。IAA 使用剂量为荇菜、苦草 2 μmol/ 株，狐尾藻、眼子菜为 0.5 μmol/ 株，能有效促进根系生长。

4. 方格化种植技术

水生植物栽种，浅水区（＜ 1 m）推荐沉水植物为马来眼子菜、苦草，中水区（1 ～

2 m）推荐荇菜、轮叶黑藻，深水区（2～3 m）推荐金鱼藻和穗花狐尾藻。建议苦草 5 株 / 丛，14 丛 /m²；荇菜 3 株 / 丛，10 丛 /m²；狐尾藻 2 株 / 丛，10 丛 /m²。

水生植物的种植方格可根据河道近岸带地形，选择硬质方格或柔性方格，柔性方格可用生物绳、渔网，硬质方格可采用铁丝、竹片等材料制成的网片，每个尺寸应根据现场情况，河道形态的复杂程度具体调整，网格面积可自由设置，利用扎带捆绑植物根部的方式来用来固定植物。对于河道边坡缓、水流弱的河段采用柔性方格，对于河道边坡陡、流速大的河段，应采用硬质方格。

技术适用于河道多水位和流态变化，河道透明度与水深比变幅大（0.3～1.0），往复流速度变幅大于 10 cm/s，水生植物群落配置和定植的初始种植密度变幅可达 10%～30%，近岸带边坡地形边坡比变幅可达 1：5～1：1。技术应用达到了近岸水域水生植被覆盖度从 10% 以下提高 40% 以上，水生植被生物多样性指数比修复前提高 30% 的考核要求。投资成本小于 150 万元 /km，维护成本小于 10 元 /m²。

四、实际应用案例

典型案例：望虞河西岸河网区256万m²水生态修复工程

涉及生态修复河道 8 条、鱼塘改造 7.9 万 m²，通过地形再造、底质生境改善，水生植被方格化种植技术和自组织修复技术的综合应用，调活了整片水系，稳步提升河流水质，提高水生植被覆盖率，达到了近岸水域（距离岸 2 m 以内）水生植被覆盖度从 10% 以下提高到 40%，生物多样性指数较修复前提高 30%，河道生态修复投资成本不高于 180 万元 /km 河长的考核指标（图 110.2）。为无锡市伯渎港 – 承泽坎省考断面的长期稳定达到地表Ⅲ类水标准发挥了重要作用，整体改善了荡东片区河道水质和生态景观环境，提升了区域的整体形象和品质，为荡东地区增添了美丽乡村风景线，获得了地方政府部门的好评，受到当地媒体的关注和宣传报道。

图110.2 河道水生植被的方格化种植及稳定化技术应用

水生态修复工程建设前（上）、建设中（中）及建设后（下）照片

技 术 来 源

- 望虞河西岸河网区干流河道水生态修复及实时诊断联动能力提升技术与示范（2017ZX07204004）

111　河道水生植被人工诱导的自组织修复关键技术

> **适用范围**：适用于含水率约为 5.0% ～ 10.0%，孔隙度约为 25.0% ～ 30.0% 的结构受损的滨岸带，以及 TN、TP 分别小于 1.5 g/kg 和 1.0 g/kg，影响植被分蘖和光合速率的滨岸带生态系统恢复。
>
> **关 键 词**：河道滨岸带；自组织修复；植物；土壤；生物质炭；膨润土；丛植菌根真菌

一、基 本 原 理

　　人工诱导的自组织修复是指在人工干预下生态系统内的生物与非生物成分通过系统自身代谢反应过程及各组分间竞争、协同与正负反馈等作用，使系统内部与外界元素互利共存，实现系统内对能量的获取、转换、传递和分配优化，进而增强系统的环境和生态功能。因此，针对滨岸带土壤结构受损、营养含量低等问题，基于生物质炭、膨润土等基底改良技术、近自然水力控制技术和微生物菌剂等技术，通过先锋植物促生进行生态系统内的自然选择和协同进化等自组织过程调控，利用保水固土、提升营养、根际作用、拦截吸附污染等正反馈作用，改善土壤的结构适宜性和生态适宜性，调控系统内部的物质流、能量流和信息流流动，促进植物、微生物等生长繁殖和群落恢复，进而达到人工诱导促进自组织修复的目的。

二、工 艺 流 程

　　工艺流程如图 111.1 所示，滨岸带生境质量自组织修复技术包括滨岸带"孔隙度与保水性改良 – 土壤营养改良 – 土壤微生物群落调控"。在河网区域生境质量评估基础上，利用人工诱导的自组织修复原理，研发低人为干预度的近自然修复手段，构建和完善人工诱导自组织修复技术方法库。针对河道滨岸带土壤结构性差、营养缺乏、植被较少等复合受损问题，利用多种改良剂搭配先锋植物促生，促进植被修复向自组织修复转变，实现区域生态系统的有效恢复。

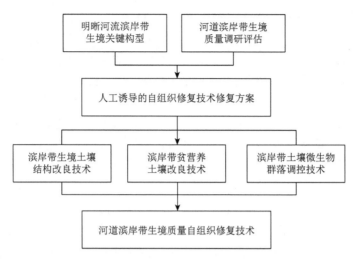

图111.1 河道水生植被人工诱导的自组织修复技术工艺流程图

三、技术创新点及主要技术经济指标

（一）技术创新点

研发了滨岸带"孔隙度与保水性改良－土壤营养改良－土壤微生物群落调控"的低扰动自组织修复方法库，通过集成应用为河网区河道水生态功能自组织持续改善提供了保障，降低了河道水生植被修复成本。

构建了面向水生态系统自组织修复关键物种类型的评价技术，针对河道滨岸带生境现状，从土壤、植物、微生物等组分角度建立了自组织修复的关键结构类型，综合应用了生物质炭、膨润土和微生物菌剂等研发了滨岸带"孔隙度与保水性改良—土壤营养改良—土壤微生物群落调控"的人工诱导的自组织修复改良方法库。通过集成应用对滨岸带生态系统进行低强度人为诱导，修复后水体质量显著提升，TSS 浓度下降至 9.0 mg/L，COD 降至 12.0 mg/L，NH_3-N 含量下降了 34.87%。滨岸带植被覆盖率可从初始的 10% 提升到 45% 左右，局部覆盖率可高达 70% ~ 80%，达到了改良植物定植促生和提高覆盖率的要求，实现了生态系统的稳序恢复，具有较好的经济和社会环境效益以及工程应用前景。

（二）主要技术经济指标

（1）滨岸带孔隙度与保水性改良：针对孔隙度较小、保水性较差的滨岸带土壤，施用 5% 质量比低温（450 ~ 550℃）缺氧烧制的秸秆生物质炭、2.5% 质量比钠基膨润土对其进行改性。改良后的土壤含水率最高可提升 202.47%，总孔隙度最高可达 66.10%。

（2）滨岸带土壤营养改良：针对贫营养滨岸带土壤，利用 5% ~ 10%（质量分数）无危害疏浚河道底泥、5%（质量分数）秸秆生物质炭、摩西球囊霉菌剂等进行改良。经玉米秸秆生物质炭后改良后的土壤 TN、TP 可提升 229.85% 和 127.27%，土壤有效磷可提升至（79.20±3.95）mg/kg；经底泥改良后土壤有机质含量可达 42.2 g/kg；改良后芦苇平均分蘖数最大值达（227.273±11.364）株 /(m²·20 d)，平均株高最大值达（113.30±5.67）cm，生物量干重可达（3203.25±40.04）g/m²。

（3）滨岸带土壤微生物群落调控：针对部分有重金属镉污染存在的滨岸带土壤，利用 1%～5% 的钠基膨润土搭配 3.0～9.0 mg/kg 的地表多样孢囊霉菌进行复合改良。改良下根系环境脂质类代谢物增加到 9 种，LysoPC 类脂质信号分子代谢物表达增加与 2- 羟基肉桂酸类代谢物减少促进了植物生长，芦苇平均分蘖极大值可达（81.320±4.067）株 /(m²·20 d)，净光合作用速率可达（21.420±1.071）μmol/(m²·s)。在微环境尺度对滨岸带生境中存在的污染物进行生物有效性干预，提升植物的胁迫抗性能力和光合能力，促进滨岸带生境生态功能和环境功能的表达，达到重金属污染下生境的质量提升。通过在微环境尺度对滨岸带生境中存在的污染物进行生物有效性干预，提升植物的胁迫抗性能力和光合能力，促进滨岸带生境生态功能和环境功能的表达，达到镉污染下土壤微生物群落调控与生境质量提升。在微环境尺度对滨岸带生境中存在的污染物进行生物有效性干预，提升植物的胁迫抗性能力和光合能力，促进滨岸带生境生态功能和环境功能的表达，达到部分重金属镉污染下土壤微生物群落调控与生境质量提升。

四、实际应用案例

在望虞河西岸河网区采用自组织修复方法库中的相关水力调节和基质改良方法，对河道护岸基底进行相应改良和性质提升，并同时选择适合本区域生长的先锋植物进行栽种和促生建设，整体河道修复长度大于 10 km，近岸地区水域水生植被覆盖度达到 40%。

基于河道水生态质量现状，结合人工诱导自组织修复原理与技术体系，对滨岸带生态系统进行低限度人为诱导和调控。在滨岸带生境修复中本技术应用后显著提升了土壤结构性质和营养水平，土壤含水率最高可提升 26.42%，总孔隙度可提升至 61.70%，土壤有效磷可提升 200%。修复后水体质量显著提升，TSS 浓度下降至 9.0 mg/L，COD 降至 12.0 mg/L，NH₃-N 含量下降了 34.87%，达到地表水环境质量标准 Ⅰ 和 Ⅱ 类水平。改良后的滨岸带植被植物种类数量与生长有明显提升。芦苇株高可提升 118.96%，平均分蘖可提升 120.79%。改良区河道滨岸带植被覆盖率可从初始的 10% 提升到 45% 左右，部分芦苇蔟丛附近覆盖率可达 70%～80%，达到了改良区域植物定植促生和提高覆盖率的要求，实现了生态系统的稳序恢复，具有较好的经济和社会环境效益以及工程应用前景。

技 术 来 源

- 望虞河西岸河网区干流河道水生态修复及实时诊断联动能力提升技术与示范（2017ZX07204004）

112 基于活性过滤与生物反应的河口水质改善关键技术

> **适用范围**：国内同类中小型有闸坝河口水体应急治理和水质改善。
>
> **关 键 词**：活性过滤；生物反应；河口；水质改善

一、基 本 原 理

针对出入湖河口水域水流态变化导致的泥沙、悬浮物增加，湖向蓝藻扩散堆积、局部水域水质较差等问题，结合区域水质敏感区及重点区识别，在顺应水文水动力优化调整的基础上，开展基于活性过滤与生物反应的河口水质改善技术研究，也是局部水体水动力条件优化的一部分。该技术研究以降低水体浊度（提高透明度）、部分削减氮、磷污染物浓度为目标，通过开发适宜的局部水体活性过滤技术、原位生物反应净水技术等，并与滨水生物滤解带工艺组合优化，在实现对局部水域水质改善的同时，增加水体微生物活性，为水质长期稳定创造条件。

二、工 艺 流 程

工艺流程（图 112.1）为"活性过滤设备→生物滤解带装置→原位生物反应净水设备（单一或组合）"。具体如下：

（1）对滨湖城市出入湖河口情况进行技术应用基础调查，针对水域水流态变化导致的泥沙、悬浮物增加，湖向蓝藻扩散堆积、局部水域水质较差等问题，结合区域水质敏感区及重点区识别，在顺应水文水动力优化调整的基础上，因地制宜地进行关键技术应用。

（2）关键技术以降低水体浊度（提高透明度）、部分削减氮、磷污染物浓度为目标，具体包括活性过滤设备、生物滤解带装置、原位生物反应净水设备三部分，活性过滤设备中可投加原位微生物，该过程亦可用原位生物反应净水设备激活水体原位微生物替代，活性过滤设备出水与生物滤解带装置衔接，可分散水体，扩大作用面积，在实现对局部水域水质改善的同时，增加水体微生物活性，为水质长期稳定创造条件。

（3）按照目标要求进行技术具体应用，设置活性过滤设备、生物滤解带装置、原位生物反应净水设备的单一或组合技术应用。

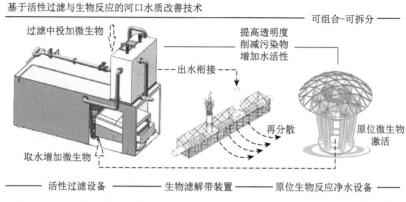

图112.1　基于活性过滤与生物反应的河口水质改善关键技术研发工艺流程图

三、技术创新点及主要技术经济指标

（一）技术创新点

（1）以河口局部水域为出发点，首次提出"活性"过滤的思路，在传统过滤设备主要以物理化学过程为主的基础上，增加了生物反应的过程。

（2）改变微生物菌剂治理污染水体的粗放方式，在不外加微生物的前提下，通过激活水体本土有益微生物菌群，实现改善和稳定水质的目的。

（3）通过工艺组合将水质强化净化与长效稳定相结合的技术体系思路，具备部分原始创新和集成创新。

（4）改变了现有水体过滤设备只注重简单物理化学过滤而忽略生物活性的弊端，可实现利用滤后出水持续净化目标水体的目的。

（5）解决了直立挡墙陆水界面无法生态衔接的问题，利用滨水滤解带装置提高了水体岸线生物活性，并成为活性过滤设备出水的分散入水体场所，增强了活性过滤的辐射范围。

（6）提升了现有原位修复技术的系统性，更高效地运用了微生物、植物、基质、水体的综合作用能力。

（二）主要技术经济指标

处理效果方面，受水体污染程度尤其是悬浮物、藻类含量等因素的影响，技术系统中的活性过滤设备对浊度或悬浮物的处理效率可以达到85%～90%，微生物耦合后处理效率可稳定在90%及以上；运行成本方面，综合考虑电耗、药剂使用量、人工等因素，按照市场价格计算成本，吨水成本为0.198元（活性过滤设备投加微生物），若投加微生物步骤用原位生物反应设备代替，则吨水成本为0.176元，如按照活性过滤设备占水域总水量的20%过滤量计算，吨水处理成本则更低；技术就绪度等级方面，本技术系统已得到推广应用，形成了成熟的技术体系，并形成《出入湖河口生境改善工程技术指南》待发布，技术就绪度达到8级水平。

四、实际应用案例

在雪浪街道采矿厂浜、北横山浜、小桥浜等八十条河道水环境综合整治工程之漆塘浜水生物修复工程施工过程中（图112.2），应用了"十三五"国家水专项梅梁湾项目——滨湖城市水体出入湖河口水域生境改善技术与工程示范课题中，由上海市农业科学院、中国环境科学研究院研发的基于活性过滤与生物反应的河口水质改善技术中的活性滤解带技术，对河口区径流拦截、浑浊度降低、水质改善及景观提升等方面起到了积极作用，并提高了无锡恒诚水利工程建设有限公司的技术应用水平。同时，由该公司负责实施的蠡湖水环境深度治理和生态修复研究项目以及水环境综合整治项目——小渲河"样板"河道创建（水体修复、调水引流）项目工程中，亦采用了国家"十三五"水专项梅梁湾项目——滨湖城市水体出入湖河口水域生境改善技术与工程示范中的生物滤解带技术，并在工程中进行了直接应用，综合治理效果极佳，治理成果得到了各级政府部门的高度认可，为滨湖区水环境治理作出了极大贡献。

图112.2 河道水环境综合整治工程之漆塘浜水生物修复工程施工过程图

技 术 来 源

- 滨湖城市水体出入湖河口水域生境改善技术与工程示范（2017ZX07203005）

113 典型乡土湿地植被快速恢复关键技术

适用范围：大中型河流大型河漫滩上退化湿地恢复、退耕还湿工程。
关 键 词：大型河漫滩；退化湿地恢复；退耕还湿；乡土湿地植物；无性
繁殖；生境恢复；生物栖息地
主要技术指标和参数：植物成活率80%以上，3～5年形成群落。

一、基 本 原 理

河漫滩是河流定期洪泛的淹没场所，也是湿地植物、动物重要的栖息地，发挥
着生物迁徙廊道、物质过滤及生态屏障等多种功能。先锋种、建群种是湿地系统的
标志性物种，提高其耐冲击能力和适应性是河漫滩湿地快速恢复的关键。典型湿地
乡土植被快速恢复技术的原理是充分利用湿地植物根茎枝的无性繁殖能力，增强其
环境适应性与生态位竞争能力，实现快速建群，为生物多样性恢复创造基本的生境
条件。

典型顶级群落塔头苔草通过分根大量增加繁殖体数量，扩大定植规模，采用剪叶
有效刺激子株快速发芽，提高成活率。典型先锋植物沼柳利用根枝进行无性繁殖，通
过枝条扦插密植扩大了群丛的生态位优势，增强了对光、养分等资源的竞争能力，达
到斑块状迅速建群。代表性水生植物香蒲主要利用其根茎进行无性繁殖，根据其生长
特性（根茎每年扩张1米左右）和生命周期原理（6～8年进入衰草期），通过条带挖
掘来控制新根的扩张方向，使其保持盛草活力，实现有序的更新保育。

二、工 艺 流 程

塔头苔草分根移植：①选苗：选择发芽的塔头草墩，挖掘移走1/2的草墩；②分
根：利用刀具对挖掘出来的草墩进行切割；③剪叶与移栽：将切割的塔头幼苗剪
头后埋入土坑，行间距在0.5 m以上；④水位控制：水深5 cm。其工艺流程具体
如图113.1所示。

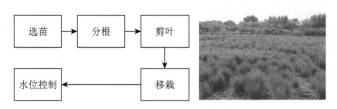

图113.1　塔头苔草分根移植工艺流程图

沼柳扦插密植：①枝条选取：春季发芽前剪取 3 年左右木质化良好的枝条，剪成长 12 ～ 15 cm 的插条，每根插条保证有 4 个以上芽苞，成捆包装；②浸泡：移栽前将成捆的枝条放到泡塘岸边，浸泡 1 ～ 3 天；③扦插：采用多行（3 ～ 4 行）、密植（行株距 10 ～ 15 cm）的方法扦插，地上露出 3 ～ 5 cm。其工艺流程具体如图 113.2 所示。

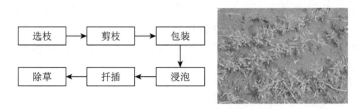

图113.2　沼柳条带状扦插密植工艺流程及条带位置示意图

三、技术创新点及主要技术经济指标

该技术适用于大型河漫滩上退化湿地恢复、退耕还湿工程。关键技术就绪度与"十一五"前相比从 6 级提升到 8 级，部分成果获吉林省科技进步奖一等奖。

（一）技术创新点

湿地植物是湿地生态系统的基本构成要素，典型本土湿地植被是湿地恢复的标志，典型本土湿地植被恢复是河漫滩生态功能恢复的前提。河漫滩受河水洪泛与凌汛的强烈冲击，研发耐冲击、适应性强的本土湿地植物的种植技术，可以规模化恢复典型湿地植被，实现快速建群，取得的技术突破如下：

1. 创新点一：塔头苔草分根移植快速恢复技术

塔头苔草的有性繁殖成活率低，成墩时间长，原创的快速恢复技术通过分根提供大量繁殖体、剪头有效刺激子株快速发芽，突破了成墩移植植株成活率低、定植规模小、群落恢复时间长的瓶颈，大幅度提高了塔头苔草无性繁殖效率，可快速建群，成活率80%以上，群落恢复时间由 8 ～ 10 年缩短到 3 ～ 5 年。

2. 创新点二：沼柳条带状扦插密植快速恢复技术

沼柳有强大的活枝无性繁殖再生能力，枝条内形成层和维管束组织细胞具有分裂能力，可发育出不定根，并形成根系。活枝扦插是最快速、经济的繁殖方式，但扦插后的幼苗成活率低，创建的沼柳条带状扦插密植（株行距 10 ～ 15 cm）快速建群技术突破了当年幼苗被周围植被遮盖，光合作用不足而死亡的瓶颈，提高了幼苗采光与养分竞争的能力，能够快速形成斑块状的优势群落，大大提高了幼苗当年的成活率，实现快速建群。

3. 创新点三：香蒲条带更新保育技术

香蒲可通过根系自我繁殖，但调查研究发现恢复后 6 ～ 8 年即进入衰草期，发明的人工控制衰草的更新保育技术巧妙利用其根系延展方向和衰亡规律，用机械方式条带状（条带宽约 2 m）间隔翻耕，每一条带 6 ～ 8 年翻耕 1 次，定期定向清除老根，控制新根扩展方向，保持香蒲的盛草活力，突破了香蒲群落恢复后 6 ～ 8 年即进入衰草期而大片死亡的"魔咒"，诱导香蒲群落有序"更新"。

（二）主要技术经济指标

塔头苔草分根移植：挖掘移走约一半的塔头苔草草墩，草墩地下部分长度需超过 25 cm；切割 20 份左右；移栽的行间距在 0.5 m 以上，挖坑深度 20 cm，埋入土坑使地上部分高出地表 5 ～ 10 cm；移栽后灌水至水深 5 cm。

沼柳扦插密植：选取 2 ～ 3 龄木质化活枝，剪成 10 ～ 15 cm 的小段；条带状密植（3 ～ 4 行、行株距 10 ～ 15 cm），地上露出 3 ～ 5 cm；当年成活率可达到 80% 以上。

香蒲条带更新：划分为宽约 2 m 的长条状斑块，每个斑块 6 ～ 8 年翻耕 1 次，翻耕深度 30 ～ 40 cm。

四、实际应用案例

该关键技术在富锦沿江、三江、七星河、莫莫格等自然保护区，以及哈尔滨太阳岛公园、三环泡国家湿地公园的湿地植被恢复、生物多样性恢复工程中得到应用，累计应用面积 20000 hm² 以上。

典型案例：黑龙江省富锦沿江湿地自然保护区富绥大桥江段湿地恢复示范工程

该关键技术在黑龙江省富锦沿江湿地自然保护区富绥大桥江段湿地恢复示范工程中得到应用如图 113.3 和图 113.4 所示，该江段南侧河漫滩宽约 2 km，因农业垦殖、桥梁建设、挖沙等人为活动破坏严重。示范区位于富锦市上游 4 km，面积 360 hm²。经过 4 ～ 5 年的湿地植被恢复，生态景观、结构与功能得到明显提升，生态湿地覆盖率（含水面）达 83%，储存水分 157×10⁴ m³，沼泽湿地面积由 55 hm² 增加到

169 hm^2；植物固碳量 2346 吨，单位面积地上生物量增加 36.6%；水禽栖息地适宜性面积占比达到 60%，鸟类由 5 种增加到 9 种，典型湿地水禽鹭科、鸥科、鸭科种群数量明显增加。

图113.3 示范区恢复中的塔头苔草和沼柳景观

图113.4 示范区鸟瞰图

技 术 来 源

• 下游沿江湿地生态功能与生物多样性恢复技术集成与综合示范（2012ZX07201004）